部分预制装配型钢混凝土结构

杨 勇　陈 阳　薛亦聪　著
于云龙　冯世强

科学出版社

北京

内 容 简 介

本书系统介绍作者团队在部分预制装配型钢混凝土结构方面的研究工作和取得的成果，具体内容包括：部分预制装配型钢混凝土梁的受弯、受剪性能研究；部分预制装配型钢混凝土柱的轴压、偏压、压剪和抗震性能研究；部分预制装配型钢混凝土柱的受剪承载力计算方法研究。本书内容具有较好的系统性、理论性和实用性，可为部分预制装配型钢混凝土结构及预制装配组合结构的设计研究提供理论依据和科学支撑。

本书可作为高等院校土木工程、桥梁工程、工程力学专业本科生和研究生教材，也可供预制装配结构和组合结构的研究、设计和施工人员参考。

图书在版编目（CIP）数据

部分预制装配型钢混凝土结构/杨勇等著. —北京:科学出版社,2021.9
ISBN 978-7-03-067344-2

Ⅰ.①部… Ⅱ.①杨… Ⅲ.①预制结构–钢筋混凝土结构 Ⅳ.①TU755

中国版本图书馆 CIP 数据核字（2020）第 268753 号

责任编辑：杨 丹 / 责任校对：杨 赛
责任印制：师艳茹 / 封面设计：陈 敬

科学出版社 出版
北京东黄城根北街 16 号
邮政编码：100717
http://www.sciencep.com

北京九天鸿程印刷有限责任公司 印刷
科学出版社发行　各地新华书店经销

*

2021 年 9 月第 一 版　开本：720×1000　B5
2021 年 9 月第一次印刷　印张：22 1/2　插页：1
字数：451 000

定价：220.00 元
（如有印装质量问题，我社负责调换）

前　言

型钢混凝土结构是在钢结构和钢筋混凝土结构基础上发展起来的一种结构体系。型钢混凝土结构兼有钢筋混凝土结构和钢结构的性能优势。与钢筋混凝土结构相比，由于在截面内配置型钢，型钢混凝土结构具有承载力高、刚度大和抗震性能好等优点。与钢结构相比，由于型钢受到外部混凝土约束和保护作用，型钢混凝土结构具有更大的刚度、承载能力和更好的防火性能与耐久性能。

型钢混凝土结构因良好的受力性能和抗震性能，在上海环球金融中心、上海金茂大厦、武汉绿地中心、陕西信息大厦等超高层建筑中大量应用，同时也在一些复杂不规则建筑及高层建筑的转换层等重要部位大量应用。但是，由于型钢混凝土结构施工工序偏多且现场施工较复杂，型钢混凝土结构在常见的多层和高层建筑中应用相对较少，影响和制约了型钢混凝土结构的推广应用。

预制装配混凝土结构是以预制构件为主要受力构件并经装配连接而成的混凝土结构。相比现浇混凝土结构，预制装配混凝土结构在提高劳动生产率、机械化水平、工程质量和加快施工进度以及降低现场湿作业量、建筑垃圾、扬尘、噪音污染等方面具有明显优势。预制装配混凝土结构能有效提高生产效率并节约能源，促进绿色环保建筑发展，提高和保证建筑工程质量，是未来我国建筑结构发展的重要方向，也是我国建筑工业化发展的重要途径。

随着型钢混凝土结构和预制装配混凝土结构的发展和应用，全预制装配型钢混凝土结构应运而生，其主要施工方法是将型钢混凝土构件在工厂进行预制，然后运输至工地进行现场拼接装配。全预制装配型钢混凝土结构能很好地弥补型钢混凝土结构在施工方面的不足，且绿色环保、经济效益高、工业化程度高。但因全预制装配型钢混凝土构件截面和自重较大，运输及现场吊装成本较高，并且各构件连接时的可靠性和结构整体性不易保证，所以其抗震性能差于现浇型钢混凝土结构，推广应用受到较大的限制。

鉴于此，本书作者课题组在全预制装配型钢混凝土结构基础上，提出部分预制装配型钢混凝土结构(PPSRC 结构)。PPSRC 结构的主要施工方法是预先制作好型钢混凝土构件(梁、柱、剪力墙等)的型钢、钢筋骨架和外部混凝土部分，运输至工地安装再后浇内部混凝土，从而形成部分预制、部分现浇的型钢混凝土结构。PPSRC 结构蕴含着"组合、叠合、混合"设计思想，其中，组合是指将型钢、高性能混凝土和普通混凝土等不同材料元件进行优化组合，以充分发挥不同材料元件的性能优势；叠合是指通过合理构造方式使预制部分和现浇部分有效叠合，形成部分预制、部分现浇的叠合构件；混合是指采用合理连接方式将不同类型的构件、结构进一步混合装配，形成混合构件和混合结构。由于预制部分具有足够强度和刚度，PPSRC结构可以实现施工阶段免模板和免临时支撑；同时由于外部预制混凝土和内部现浇混凝土可以采用不同类型和不同强度等级的混凝土，即预制部分可以使用超高性能混凝土、活性粉末混凝土等高性能混凝土，现浇部分可以使用普通混凝土、再生混凝土、轻骨料混凝土等混凝土，PPSRC结构可以很好地实现差异化使用材料的需求和优势。总体而言，PPSRC结构与现浇型钢混凝土结构、全预制装配型钢混凝土结构相比，在受力性能、施工建造效率、高性能材料应用等方面均有显著优势，也符合《装配式混凝土建筑技术标准》(GB/T 51231—2016)等提倡的预制和现浇结合的设计理念，是一种具有良好应用前景的新型预制装配建筑结构体系。

本书主要对PPSRC结构的梁和柱进行介绍。全书共9章，第1章为绪论，第2章为PPSRC梁的受弯性能研究，第3章为PPSRC梁的受剪性能研究，第4章为PPSRC柱的轴压性能研究，第5章为PPSRC柱的偏压性能研究，第6章为PPSRC柱的压剪性能研究，第7章为PPSRC长柱的抗震性能研究，第8章为PPSRC短柱的抗震性能研究，第9章为PPSRC柱的受剪承载力计算方法研究。

参与本书撰写工作的有：杨勇(第1、4、7章)，于云龙(第2、3章)，陈阳(第4、5、6、9章)，冯世强(第5章)，薛亦聪(第7、8、9章)。全书由杨勇统稿。

本书的出版得到国家重点研发计划项目(项目编号：2017YFC0703404、2016YFC0701403)，国家自然科学基金面上项目(项目编号：51578443、51478287)，陕西省杰出青年科学基金项目(项目编号：2019JC-30)，陕西省自然科学基金项目(项目编号：2015JM5187)，西安建筑科技大学一流学科建设项目等的资助和支持，在此表示感谢！

本书的主要试验在西安建筑科技大学结构工程与抗震教育部重点实验室完成，在此对实验室全体老师的付出致以诚挚的谢意！

本书的研究工作是作者及课题组研究生共同努力完成的，在此向于云龙、李辉、薛亦聪、陈阳、马新堡、张锦涛、蒋雪雅、张超瑞、夏泽宇、郭亚康、龚志超、张林、王念念、陈展、高峰奇、冯涛、张文松、林夏如、周建橙、马维政、冯世强、陈辛、孙东德、魏博、杜星、党朝辉、张逸群、谢芸阳、周会垚、冯映雪、杨叶、姚旭锟、郝宁、苌昊、马慕达、李彦超、周潘、王晨、曹燕妮的辛勤付出致以诚挚的谢意！

鉴于作者学识和水平有限，书中难免存在不足之处，本书作者怀着感激的心情恳请读者批评指正。

目　　录

彩图

第1章 绪 论

1.1 研 究 背 景

近二十年来，我国高层建筑的建设规模位居世界前列，在建筑高度不断增加的同时，建筑体型也越加复杂，且多向大跨及重载方向发展，从而使构件承受的荷载越来越大[1]。为了减小传统钢筋混凝土(reinforced concrete，RC)构件的截面面积以扩大建筑的实际使用面积,钢-混凝土组合结构逐渐成为高层及超高层建筑结构较多选用的承重及抗侧力结构形式[2-11]。

如图 1.1 所示，作为钢-混凝土组合结构中一种重要的结构形式，由于在传统 RC 结构中配置了型钢，型钢混凝土(steel reinforced concrete，SRC)结构具有承载力高、轴向和抗侧刚度大与变形性能好等优点。同时 SRC 构件中型钢包裹在混凝土中，有效解决了传统钢结构建筑中的防火、防锈蚀及局部稳定性等问题。

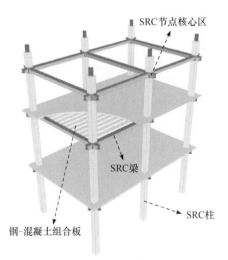

图 1.1 SRC 框架结构

综上所述，与 RC 结构相比，SRC 结构优势如下[2-11]：

(1) 承载力高。由于在截面内部配置了型钢，在相同截面尺寸条件下，SRC 构件的承载力相比 RC 构件显著提高，可以有效减小构件的截面面积。在高层及超高层建筑中，梁、柱构件截面面积的减小可以有效增加建筑使用面积和层高，产生良好的建筑使用效果和经济效益。

(2) 施工速度快。如图 1.2 所示，在混凝土未浇筑成型之前，SRC 构件中的型钢已连接形成型钢骨架，型钢骨架可以在施工时作为承重构件，承受模板与其他施工荷载。同时，相比采用 RC 结构的高层建筑，采用 SRC 结构的高层建筑不必等待混凝土达到预定强度即可继续进行上层结构施工，使工期进一步缩短。

(a) 成都市某施工现场　　　　　　　　　(b) 西安市某施工现场

图 1.2　SRC 结构施工现场

(3) 抗震性能好。SRC 结构中的型钢可增强地震作用下构件的变形能力与耗能性能，尤其适用于地震设防区域的高层及超高层建筑。

与钢结构相比，SRC 结构优势如下[2-11]：

(1) 防火、防锈蚀能力好。SRC 构件中型钢被外部混凝土包裹，其防火、防锈蚀性能显著提高。最早采用 SRC 结构的主要目的就是利用其良好防火能力。

(2) 刚度大。SRC 构件中的型钢外包混凝土可显著提升构件的刚度。配钢率相等时，SRC 构件的刚度明显大于钢构件。因此，将 SRC 结构应用于高层及超高层建筑，可有效克服钢结构变形过大的缺点。

(3) 稳定性好。SRC 构件中型钢包裹于混凝土中，混凝土可有效约束其内部型钢，防止型钢发生局部屈曲，因此 SRC 构件中的型钢一般不需加设加劲肋。同时，型钢和混凝土组合后有更大的轴向刚度，构件的整体稳定性也显著提高。

(4) 经济性好。与钢结构相比，经合理设计的 SRC 结构可节省钢材约 50%甚至更多，可有效降低建造成本。

因为 SRC 结构的受力性能优越，许多超高层建筑，如上海环球金融中心、上海金茂大厦、中央电视台总部大楼、北京国贸三期主楼等工程均采用 SRC 结构。但 SRC 结构也存在一些不足。传统现浇 SRC 结构的施工方法为首先进行构件中梁、柱型钢的整体拼装，其次进行钢筋的绑筋与模板的支设，最后浇筑混凝土。由于 SRC 构件中同时存在型钢与钢筋，含有粗骨料的普通混凝土的浇筑及振捣质量不易保证；同时梁柱节点处构造复杂，钢筋密布且施工工序繁杂，使现浇 SRC 结构的施工难度进一步增加(图 1.3)。因此，SRC 结构在推广应用中受到了极大的限制，没有得到量大面广的使用。

(a) SRC结构梁柱边节点 　　　　　　　 (b) SRC结构梁柱中节点

图 1.3　SRC 结构梁柱节点

如图 1.4 所示，经有效抗震设计的预制混凝土(precast concrete，PC)结构可以有效简化 RC 结构现场施工工序，因而在国内外得到广泛应用[12-17]。PC 结构与现浇 RC 结构相比主要有以下优点：

(a) 预制墙板 　　　　　　　　　　　 (b) 预制梁

图 1.4　PC 预制构件

(1) 构件质量好。PC 构件主要在预制工厂制作，相比施工现场制作，生产条件更好，质量更可控。预制工厂制作的 PC 构件在强度、耐久性、密实性、防水性等方面比施工现场制作的 RC 构件更有保证；同时预制工厂制作时可使用更精细的模板以及蒸汽养护，从而使构件表面质量更佳。

(2) 生产效率高。在预制工厂制作 PC 构件时大多使用自动化、机械化的方式，其生产效率高于施工现场制作的构件。同时，PC 构件运输至施工现场后的安装也多采用机械化施工方式，不需要(干式连接)或仅需少量(湿式连接)的混凝土作业，减少了现浇混凝土的养护时间，且受天气及季节的影响较小，施工较为便捷。

(3) 有利于高性能土木工程材料的使用。随着高性能水泥基材料的不断涌现，将其用于 RC 结构中以增强结构性能的需求不断提升。以工程水泥基复合材料(engineered cementitious composite，ECC)及活性粉末混凝土(reactive powder concrete，RPC)等超高性能混凝土(ultra-high performance concrete，UHPC)为代表的高性能水泥基材料的水灰比均较小且掺有不同种类的纤维，因此其流动性降低且多需要蒸汽养护以达到目标性能，现场施工时的使用难度进一步增加。预制工厂制作的 PC 构件有利于上述高性能水泥基材料的推广。

综上所述，SRC 结构受力性能优越但现场施工工序繁杂，PC 构件质量好且现场施工效率高。因此将二者的优势结合，不但可以解决传统 SRC 结构现场施工困难的问题，还能结合 PC 结构的特点形成受力与施工性能更好的新型结构体系。

1.2 型钢混凝土结构

SRC 结构的应用始于 20 世纪初，欧美国家主要用来改善钢结构的耐火性能[9]。苏联在第二次世界大战后将 SRC 结构大量应用于工业厂房的建造中，并发布了相关标准[18]。由于 SRC 结构的抗震性能优越，地震频发的日本于 20 世纪 50 年代开始对 SRC 构件及结构进行了较为系统的研究，并发布了相关标准[19]。20 世纪 50 年代我国借鉴苏联的相关设计方法将 SRC 结构首先应用于工业厂房的建设中，并随着 SRC 结构在地震设防区域应用的不断增多，先后发布了《钢骨混凝土结构技术规程》(YB 9082—2006)[20]、《型钢混凝土组合结构技术规程》(JGJ 138—2001)[21]及《组合结构设计规范》(JGJ 138—2016)[22]以指导 SRC 结构的设计与应用。

从 20 世纪 80 年代中期至今，西安建筑科技大学相关研究人员对 SRC 梁、柱、节点及框架结构的黏结性能、基本力学性能与抗震性能进行了系统的研究[23-30]。随着建筑材料技术的不断发展及高层结构对构件承载力要求的逐渐提高，西安建筑科技大学[31-32]、大连理工大学[33-38]与重庆大学[39]也系统地开展了型钢高强混凝土(steel reinforced high-strength concrete，SRHSC)结构的研究。

目前，对传统 SRC 结构与 SRHSC 结构的基本力学性能与抗震性能的研究较多[40-44]。随着高强钢材及其连接技术的不断发展，近年来国外学者开始研究使用高强钢材与高强混凝土的 SRC 构件。Lai 等[45-50]进行了 C100 级以上的混凝土与S500 级以上钢材 SRC 柱的轴压性能试验研究，并提出了相应的承载力计算方法，但其黏结性能、偏压性能及抗震性能仍需进一步研究。

综上所述，现阶段关于 SRC 构件与结构的研究多处于材料创新应用阶段，即对 SRC 构件截面内的混凝土与钢材进行材料替换，较少对制约 SRC 结构应用的关键因素，即繁杂的现场施工流程进行有效的研究。与此同时，高强钢材与 UHPC 组合而成的 SRC 构件主要处于试验研究阶段。如何更好地保证高强钢材现场施工连接质量以及保证 UHPC 的施工现场浇筑养护与质量的问题仍未得到有效解决。此外，现阶段 UHPC 的造价昂贵且对生产与养护要求较高，如何结合湿式连接 PC 构件的叠合施工特点，并在满足承载力的前提下适当减少 UHPC 用量也是亟待研究的问题。基于此，开展传统 SRC 结构、PC 结构与高性能土木工程材料的优化组合研究势在必行。

1.3 装配式型钢混凝土结构

为了充分结合 SRC 结构受力性能与 PC 结构施工性能的优势，国内外工程技术人员进行了许多尝试，提出了装配式 SRC 结构。

日本是地震频发的国家，在 20 世纪 70 年代，日本住宅公团(现在的都市基础配备公团)开始使用将 SRC 结构预制化的 H-PC 工法来建设住宅，并迅速普及。当时的 H-PC 工法是指将使用 H 型钢的 SRC 柱或梁构件预制化，但由于钢筋连接方法有限，预制 SRC 构件间的连接主要以型钢焊接为主，结构主要依靠型钢承受荷载。随着钢材价格的不断提高以及钢筋连接方式的不断完善，工程设计人员为使 H-PC 工法中的 RC 部分也能承受部分荷载，提出了 SR-PC 工法。如图 1.5 所示，在 SR-PC 工法中，SRC 梁采用预制方法制作，SRC 柱依然采用现场现浇的方式施工，使得 PC 结构施工便捷的优势未能最大程度地发挥[16, 51-53]。

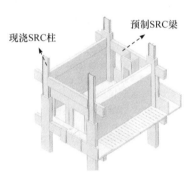

图 1.5 SR-PC 工法示意图

为使预制钢-混凝土组合(混合)结构的发展更加多样化，日本藤田(Fujita)公司提出了可供多高层建筑使用的藤田预制型钢混凝土(Fujita steel reinforced precast concrete, FSRPC)工法，其中又分为使用预制 RC 柱与钢梁的 FSRPC-B 工法与使用预制 SRC 柱与钢梁的 FSRPC-T 工法[54]。如图 1.6(a)、(b)所示，在初期的 FSRPC-B 工法中，预制 RC 柱为一个预制单元，而节点核心区与钢梁拼接为另一个预制单元，在施工现场定位 RC 柱并使用灌浆套筒连接上、下柱的钢筋后，将包含节点核心区与钢梁的预制单元放置于 RC 柱顶即完成一个跨度的施工。此外，FSRPC-B 工法通过在节点核心区设置直交钢梁及钢板箍与钢板筒以进一步提升抗震性能。

因初期的 FSRPC-B 工法中节点核心区与钢梁组成的预制单元与预制 RC 柱间的对接工艺较为复杂，为了进一步提升施工速度，藤田公司提出了改进的 FSRPC-B 工法，如图 1.6(c)、(d)所示。在改进的 FSRPC-B 工法中，带节点核心区的预制 RC 柱为一个预制单元，钢梁为另一个预制单元，为了方便两个预制单元间的连接，节点核心区外设型钢牛腿。因此，现场施工中，仅需在定位上、下 RC 柱并使用灌浆套筒连接后，使用钢结构连接工艺连接两个柱间的钢梁即可完成一个跨度的施工。相比于前述 FSRPC-B 工法在节点核心区与钢梁放置于 RC 柱顶时需要使柱中预留钢筋准确穿过节点核心区的施工工艺，改进的 FSRPC-B 工法中的钢梁与型钢牛腿的连接速度更快，施工难度更低。

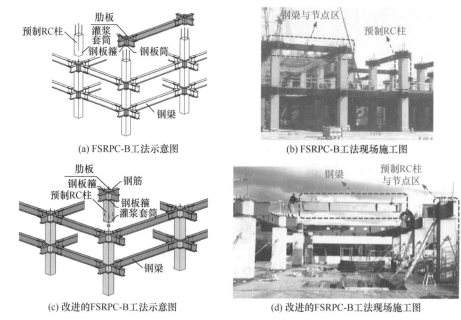

(a) FSRPC-B工法示意图   (b) FSRPC-B工法现场施工图

(c) 改进的FSRPC-B工法示意图   (d) 改进的FSRPC-B工法现场施工图

图 1.6   FSRPC-B 工法与改进的 FSRPC-B 工法示意图及现场施工图

    为了进一步提升结构的承载能力与抗侧刚度，藤田公司在改进的 FSRPC-B 工法基础上提出了使用预制 SRC 柱的 FSRPC-T 工法。如图 1.7 所示，除将预制 RC 柱更换为预制 SRC 柱外，FSRPC-T 工法的现场施工工艺与改进的 FSRPC-B 工法的现场施工工艺基本相同，而预制 SRC 柱间型钢的连接创新地使用了型钢灌浆套筒连接工艺。虽然 FSRPC-T 工法在日本得到了众多应用，但型钢灌浆套筒连接工艺较为复杂，且连接质量不易控制；另外，为了连接方便，FSRPC-T 工法中预制 SRC 柱中的型钢均采用了圆形钢管，同时在连接部位刻槽便于灌浆锚固，使钢管加工工艺变得复杂。

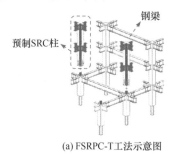 

(a) FSRPC-T工法示意图   (b) FSRPC-T工法现场施工图

图 1.7   FSRPC-T 工法示意图及现场施工图

    韩国同为地震易发的国家，为了推进预制 SRC 结构的应用，Hong 等[55-62]提出了使用部分预制 SRC 梁与现浇或预制 SRC 柱的模块化混合体系(modularized hybrid system，MHS)。如图 1.8 所示，MHS 中的梁构件使用部分预制 SRC 梁，即在预制工厂预制 SRC 梁的型钢、钢筋骨架及部分混凝土。在部分预制的 SRC 梁运输至施工现场并安装完成后，使用现浇混凝土浇筑压型钢板-混凝土组合板、SRC 梁的现浇部分和 SRC 柱。相比于 FSRPC-T 工法的全预制 SRC 结构，MHS 的部分预制、部分现浇制作模式的整体性更好。但 MHS 的竖向承重构件依然采用现浇施工方式，虽然 Nzabonimpa 等[60-61]提出了采用全预制 SRC 柱并使用钢结构连接的 MHS，但其预制 SRC 柱仍采用传统 SRC 柱的截面形式，未结合 PC 构件的叠合施工特点优化 SRC 柱的截面布置形式。

(a) MHS梁预制施工

(b) MHS梁预制部分运输

(c) MHS梁吊装

(d) MHS梁安装

(e) MHS梁柱待浇筑

(f) MHS梁柱浇筑完成

图 1.8 MHS

我国学者也研究了预制 SRC 结构，其中程万鹏等[63-64]提出了在梁柱节点区采用型钢连接的预制装配型钢混凝土框架体系，并对其梁柱节点进行了拟静力试验研究。但该结构体系中的 SRC 部分仅用于梁、柱间的连接，而非主要受力部件。张雪松等[65]提出了梁端采用狗骨式连接的装配整体式型钢混凝土框架体系，并对其梁柱节点进行了拟静力试验研究。但该结构体系基本属于全装配 SRC 结构，仅预制节点核心区与预制梁构件的连接部位采用部分后浇处理，其结构整体性与传统现浇 SRC 结构相比仍有一定差距。

综上所述，装配式 SRC 结构体系多采用全装配建造方式，即 SRC 梁构件在预制工厂完成制作与养护，运输至施工现场后采用钢结构连接方式或部分后浇的连接方式进行梁柱及梁间连接；而其竖向承重构件，如 SRC 柱及 SRC 剪力墙，则采用全预制构件或传统的现浇施工方式制作。全装配 SRC 结构的构件连接部位在承载力及刚度等方面均不及传统现浇 SRC 结构，在地震作用下，结构的变形会集中在连接区域而导致连接部位局部失效；且全预制 SRC 构件自重较大，不利于运输和施工现场吊装。同时，上述各结构体系仅借鉴了 PC 结构的施工性能优势，并未涉及高性能土木工程材料，也未结合湿式连接 PC 结构的叠合施工特点与高性能土木工程材料的性能优势来改进传统 SRC 构件的截面布置形式，使传统的 SRC 构件在控制造价的前提下未能得到结构性能方面的显著提升。

1.4 部分预制装配型钢混凝土结构

为扩大 SRC 结构的工程应用同时推进建筑产业化的发展，本书提出了部分预制装配型钢混凝土(partially precast steel reinforced concrete，PPSRC)结构，如图 1.9 所示。PPSRC 结构由 PPSRC 梁、PPSRC 柱与 PPSRC 节点核心区构成。PPSRC 梁(图 1.10)由预制和现浇两部分组成，其中预制部分包括型钢、钢筋骨架与预制 U 形高强混凝土或超高性能混凝土外壳。在 PPSRC 梁的预制部分运输至施工现场安装完成后，使用现浇混凝土浇筑梁芯与楼板以增强楼盖的整体性。PPSRC 柱(图 1.11)也由预制和现浇两部分组成，其中预制部分包括十字型钢、纵筋、连续矩形螺旋箍筋及高强混凝土或超高性能混凝土。当 PPSRC 柱的预制部分运输至施工现场并定位后，再浇筑普通混凝土以形成完整的 PPSRC 柱。对于轴压比小的柱，也可采用内部空心的部分预制装配型钢混凝土(hollow web partially precast stell reinforced concrete, HPSRC)。

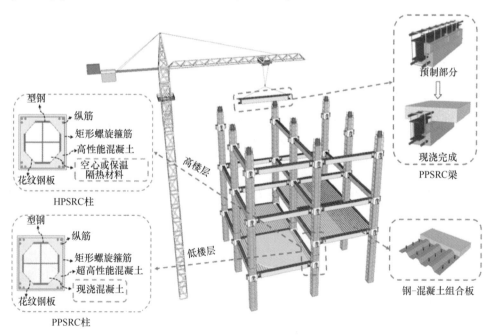

图 1.9 PPSRC 结构示意图

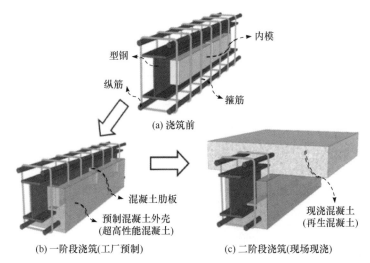

图 1.10　PPSRC 梁结构示意图

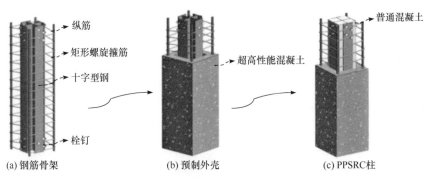

图 1.11　PPSRC 柱结构示意图

通过合理优化设计，与现浇 SRC 梁、柱相比，PPSRC 梁、柱具有以下性能优势：

(1) 设计灵活。对于 PPSRC 梁，在正弯矩作用下，梁跨中预制部分处于受拉区，为提高 PPSRC 梁的施工阶段刚度、抗裂性能、受剪承载能力、耐久性和耐火性能，其预制部分可以采用高强混凝土或超高性能混凝土。处于受压区的现浇部分由于有型钢上翼缘和混凝土翼缘板共同参与受力作用，采用普通强度混凝土即可。在负弯矩作用下，梁端处于受压区的为采用高强混凝土或超高性能混凝土的预制部分，由于混凝土强度较高，截面受压区高度较小，同时结合箍筋加密约束高强混凝土，截面塑性转动能力可得到较好保证或有较大提高。因此，在 PPSRC 梁中，通过差异化使用不同强度等级的混凝土，使设计更加灵活。对于 PPSRC 柱，预制部分采用的高强混凝土或 UHPC 可承担所有施工阶段荷载和大部分使用阶段荷载,而柱内部现浇混凝土仅承担部分使用阶段荷载。现浇混凝土同时受到外部预制部分混凝土和型钢的横向约束,其强度和变形能力可得到有效提高。因此,在材料选择方面,PPSRC 柱中的预制外壳与内部后浇混凝土具有良好的独立性,即 PPSRC 柱预制混凝土和后浇混凝土的混凝土类型与混凝土强度等级可以根据工程实际情况进行优化设计,外部预制混凝土可选择 UHPC 或高强混凝土,内部混凝土可以为普通混凝土、再生混凝土或轻骨料混凝土等,材料选择方便,可适用于不同实际工程情况和需求。

(2) 施工简便。PPSRC 梁的预制部分可在预制工厂生产,在工地通过将预制部分的型钢与组合柱或钢柱直接连接(或与混凝土柱过渡连接)形成连续梁受力状态,再浇筑混凝土楼板即完成 PPSRC 梁施工安装。与传统 SRC 梁相比,PPSRC 梁中型钢作为施工阶段连接和临时支撑构件,现场不用支模、绑扎钢筋和架设梁下临时支撑。若楼板采用压型钢板-混凝土组合板或叠合楼板,则整个楼盖施工过程中均无须支模、拆模和临时支撑,现场施工工序、施工材料和施工工时均大幅减少。PPSRC 柱中预制部分也是在工厂生产,在施工现场与柱脚、PPSRC 梁连接后,再浇筑内部混凝土即完成 PPSRC 柱的施工安装。与传统 SRC 柱相比,PPSRC 柱在施工现场无须绑扎钢筋及支模,能有效简化现场施工工序、加快施工进度,并节约施工成本。

(3) 性能提升。PPSRC 梁可以在预制部分采用高强混凝土或超高性能混凝土,现浇部分采用普通强度混凝土。因此,在实际工程应用中,选择楼板混凝土时可以不受梁中混凝土强度限制,有效提升结构使用功能需求。例如,对于 PPSRC 梁的现浇部分混凝土和楼板混凝土,为节约资源,可以采用再生混凝土;为减轻楼盖自重,可以采用轻骨料混凝土;为提高楼减振、隔音效果,可以采用橡胶混凝土或吸声混凝土;为提高楼盖保温性能,可以采用保温隔热混凝土。相比于传统 SRC 柱,PPSRC 柱结合了湿式连接 PC 构件叠合施工、UHPC 与 SRC 构件力学与耐久性能优越的特点,在同一柱截面内设计两种不同类型的混凝土。PPSRC 柱的预制外壳均由高强混凝土或 UHPC 浇筑,从而有效提高 PPSRC 柱与 HPSRC 柱的承载能力、轴向刚度、抗裂性能、耐久性能和耐火性能。同时,预制部分可以采用连续螺旋复合箍筋等现场不易施工但工厂预制方便且受力性能良好的箍筋形式,从而有效提高柱的延性和抗震性能。另外在 PPSRC 结构中,PPSRC 梁芯及楼板混凝土整体浇筑,可进一步保证梁与楼板的结构整体性。

(4) 施工质量好。在传统 SRC 梁、柱构件施工过程中,由于 SRC 构件构造复杂、施工工序多、施工作业难度大,常出现 SRC 梁腹板和下翼缘保护层中混凝土振捣不充分、梁柱中钢筋错位以及节点核心区箍筋配置不足等施工质量问题,施工质量难以控制。在本书提出的 PPSRC 构件中,梁的腹板以下和柱的外壳部分均为工厂预制，混凝土浇筑振捣方便并且可采用蒸汽养护，型钢和钢筋定位及箍筋安装布置等施工质量均能得到很好控制，因此施工质量大大提升。

总体来讲，PPSRC 梁、柱与传统 SRC 梁、柱相比，简化了施工工序，降低了施工难度，能有效解决长期制约传统 SRC 梁推广应用的难题，并且能充分发挥和有效提升传统 SRC 构件在受力性能、耐久性能、耐火性能和经济性能等方面的显著优势，可以广泛与各类钢筋混凝土和钢结构混合使用，尤其适用于大跨度、重荷载或复杂、不规则的高层建筑和超高层建筑。因此，对 PPSRC 梁、柱等构件开展深入研究以促进其推广应用极具工程实践意义。

1.5　本书的主要内容

(1) PPSRC 梁的受弯性能研究。结合大量的试验研究结果，分析预制与现浇混凝土强度、截面形式对试件破坏形态和受弯承载力的影响，并采用有限元分析软件进行参数分析。同时，基于平截面假定建立 PPSRC 梁的受弯承载力计算方法和变形计算公式。

(2) PPSRC 梁的受剪性能研究。结合大量的试验研究结果，重点分析剪跨比、现浇混凝土强度、型钢类型等参数对其受剪性能的影响，并基于桁架-拱模型建立 PPSRC 梁的受剪承载力计算公式。

(3) PPSRC 柱的轴压性能研究。结合大量的试验研究结果，着重考察空心截面柱和实心截面柱、内部混凝土强度等级、配箍率以及抗剪栓钉等参数对柱破坏形态及轴压承载力的影响规律。基于已有箍筋约束混凝土本构模型，提出十字型钢约束混凝土本构模型。借助 ABAQUS 有限元软件对足尺试件不同截面配钢率、体积配箍率、内部混凝土强度、抗剪栓钉等参数进行分析，结合现有规范，建立 PPSRC 柱轴压承载力计算公式。

(4) PPSRC 柱的偏压性能研究。将空心截面柱和实心截面柱、内部混凝土强度等级、相对偏心距作为重点研究参数，开展大量的试验研究，对 PPSRC 柱偏压荷载下的破坏形态和正截面受弯承载力的影响规律进行全面分析。借助 ABAQUS 有限元分析软件对足尺 PPSRC 柱在不同偏心距下内部混凝土强度等级、混凝土外壳预制率和截面配钢率等参数对试件正截面受弯承载力的影响进行分析。同时，建立 PPSRC 柱正截面受弯承载力计算方法和 PPSRC 柱使用阶段挠度计算公式。

(5) PPSRC 柱压剪性能研究。结合大量的试验研究结果，分析剪跨比、轴压比和内部混凝土强度对柱受剪性能的影响。借助 ABAQUS 有限元软件分析足尺 PPSRC 柱在不同内部混凝土强度等级、不同剪跨比和不同轴压力下斜截面受剪承载力的变化规律。

(6) PPSRC 柱的抗震性能研究。结合 PPSRC 长柱和短柱构件的拟静力试验研究，分析截面形式、剪跨比、轴压力、配筋率、配箍率与内部现浇混凝土强度对 PPSRC 柱抗震性能的影响。并基于试验研究结果和 OpenSees 平台提出纤维截面与非线性剪切弹簧组合模型，对 PPSRC 长柱和短柱构件的抗震性能进行数值分析和参数分析。

(7) 基于剪切变形的协调条件，提出适用于 PPSRC 柱构件的斜截面受剪承载力计算方法，根据现有文献建立试验结果数据库，并采用数据库的试验结果对模型进行了验证，提出了相关设计方法与建议。

参 考 文 献

[1] 徐培福, 王亚勇, 戴国莹. 关于超限高层建筑抗震设防审查的若干讨论[J]. 土木工程学报, 2004, 37(1): 1-6, 12.

[2] 聂建国, 刘明, 叶列平. 钢-混凝土组合结构[M]. 北京: 中国建筑工业出版社, 2005.

[3] 聂建国, 陶慕轩, 黄远, 等. 钢-混凝土组合结构体系研究新进展[J]. 建筑结构学报, 2010, 31(6): 71-80.

[4] 赵鸿铁. 钢与混凝土组合结构[M]. 北京: 科学出版社, 2001.

[5] 聂建国. 钢-混凝土组合结构原理与实例[M]. 北京: 科学出版社, 2009.

[6] 薛建阳. 组合结构设计原理[M]. 北京: 中国建筑工业出版社, 2010.

[7] Hajjar J F. Composite steel and concrete structural systems for seismic engineering[J]. Journal of Constructional Steel Research, 2002, 58(5-8): 703-723.

[8] Roeder C W. Overview of hybrid and composite systems for seismic design in the United States[J]. Engineering Structures, 1998, 20(4-6): 355-363.

[9] Johnson R P. Composite Structures of Steel and Concrete: Beams, Slabs, Columns and Frames for Buildings[M]. Oxford: Blackwell Publishing, 2004.

[10] El-Tawil S, Deierlein G G. Strength and ductility of concrete encased composite columns[J]. Journal of Structural Engineering, 1999, 125(9): 1009-1019.

[11] Chen C, Wang C, Sun H. Experimental study on seismic behavior of full encased steel-concrete composite columns[J]. Journal of Structural Engineering, 2014, 140(6): 04014024.

[12] Kurama Y C, Sritharan S, Fleischman R B, et al. Seismic-resistant precast concrete structures: State of the art[J]. Journal of Structural Engineering, 2018, 144(4): 1-18.

[13] 王俊, 赵基达, 胡宗羽. 我国建筑工业化发展现状与思考[J]. 土木工程学报, 2016, 49(5): 1-8.

[14] Tam V W Y, Tam C M, Zeng S X, et al. Towards adoption of prefabrication in construction[J]. Building and Environment, 2007, 42(10): 3642-3654.

[15] Park R. Seismic design and construction of precast concrete buildings in New Zealand[J]. PCI Journal, 2002, 47(5): 60-75.

[16] 社团法人预制建筑协会. 第一册 预制建筑总论[M]. 朱邦范, 译. 北京: 中国建筑工业出版社, 2011.

[17] 范力. 装配式预制混凝土框架结构抗震性能研究[D]. 上海: 同济大学, 2007.

[18] 苏联国家建设委员会. 苏联劲性钢筋混凝土结构设计指南: СИ3-78[R]. 北京: 冶金部建筑研究总院, 1983.

[19] 若林实, 高田周三. 鉄骨鉄筋コンクリート構造[M]. 东京: 彰国社, 1967.

[20] 中华人民共和国发展和改革委员会. 钢骨混凝土结构技术规程: YB 9082—2006[S]. 北京: 冶金工业出版社, 2007.

[21] 中华人民共和国住房和城乡建设部. 型钢混凝土组合结构技术规程: JGJ 138—2001[S]. 北京: 中国建筑工业出版社, 2001.

[22] 中华人民共和国住房和城乡建设部. 组合结构设计规范: JGJ 138—2016[S]. 北京: 中国建筑工业出版社, 2016.

[23] 白国良. 型钢筋混凝土(SRC)结构的基本受力行为与设计方法[D]. 西安: 西安建筑科技大学, 1997.

[24] 薛建阳. 地震作用下型钢混凝土框架振动台试验及弹塑性动力分析[D]. 西安: 西安建筑科技大学, 1997.

[25] 杨勇. 型钢混凝土粘结滑移基本理论及应用研究[D]. 西安: 西安建筑科技大学, 2003.

[26] 王彦宏. 型钢混凝土偏压柱粘结滑移性能及应用研究[D]. 西安: 西安建筑科技大学, 2004.

[27] 李俊华. 低周反复荷载下型钢高强混凝土柱受力性能研究[D]. 西安: 西安建筑科技大学, 2005.

[28] 陈宗平. 型钢混凝土异形柱的基本力学行为及抗震性能研究[D]. 西安: 西安建筑科技大学, 2007.

[29] 马辉. 型钢再生混凝土柱抗震性能及设计计算方法研究[D]. 西安: 西安建筑科技大学, 2013.

[30] 柯晓军. 新型高强混凝土组合柱抗震性能及设计方法研究[D]. 西安: 西安建筑科技大学, 2014.

[31] 车顺利. 型钢高强高性能混凝土梁的基本性能及设计计算理论研究[D]. 西安: 西安建筑科技大学, 2008.

[32] 张亮. 型钢高强高性能混凝土柱的受力性能及设计计算理论研究[D]. 西安: 西安建筑科技大学, 2011.

[33] 姜睿. 超高强混凝土组合柱抗震性能的试验研究[D]. 大连: 大连理工大学, 2007.

[34] 闫长旺. 钢骨超高强混凝土框架节点抗震性能研究[D]. 大连: 大连理工大学, 2009.

[35] 朱伟庆. 型钢超高强混凝土柱受力性能的研究[D]. 大连: 大连理工大学, 2014.

[36] 刘伟. 钢骨超高强混凝土框架边节点抗震性能研究[D]. 大连: 大连理工大学, 2017.

[37] 马英超. 单层单跨钢骨超高强混凝土框架结构抗震性能研究[D]. 大连: 大连理工大学, 2017.

[38] 张建成. 钢骨超高强混凝土框架结构体系抗震性能研究[D]. 大连: 大连理工大学, 2017.

[39] 冯宏. 型钢高强混凝土框架柱抗震性能研究[D]. 重庆: 重庆大学, 2013.

[40] Ricles J M, Paboojian S D. Seismic performance of steel-encased composite columns[J]. Journal of Structural Engineering, 1994, 120(8): 2474-2494.

[41] Naito H, Akiyama M, Suzuki M. Ductility evaluation of concrete-encased steel bridge piers subjected to lateral cyclic loading[J]. Journal of Bridge Engineering, 2011, 16(1): 72-81.

[42] Mirza S A, Lacroix E A. Comparative strength analyses of concrete-encased steel composite columns[J]. Journal of Structural Engineering, 2004, 130(12): 1941-1953.

[43] Denavit M D, Hajjar J F, Perea T, et al. Elastic flexural rigidity of steel-concrete composite columns[J]. Engineering Structures, 2018, 160: 293-303.

[44] Lacki P, Derlatka A, Kasza P. Comparison of steel-concrete composite column and steel column[J]. Composite Structures, 2018, 202: 82-88.

[45] Lai B, Liew J Y R, Xiong M. Experimental and analytical investigation of composite columns made of high strength steel and high strength concrete[J]. Steel and Composite Structures, 2019, 33(1): 67-79.

[46] Lai B, Liew J Y R, Venkateshwaran A, et al. Assessment of high-strength concrete encased steel composite columns subject to axial compression[J]. Journal of Constructional Steel Research, 2020, 164: 105765.

[47] Lai B, Liew J Y R, Hoang A L, et al. A unified approach to evaluate axial force-moment interaction curves of concrete encased steel composite columns[J]. Engineering Structures, 2019, 201: 109841.

[48] Lai B, Liew J Y R, Hoang A L. Behavior of high strength concrete encased steel composite stub columns with C130 concrete and S690 steel[J]. Engineering Structures, 2019, 200: 109743.

[49] Lai B, Liew J Y R, Xiong M. Experimental study on high strength concrete encased steel composite short columns[J]. Construction and Building Materials, 2019, 228: 116640.

[50] Lai B, Liew J Y R, Wang T. Buckling behaviour of high strength concrete encased steel composite columns[J]. Journal of Constructional Steel Research, 2019, 154: 27-42.

[51] 社团法人预制建筑协会. 第二册　W-PC 的设计[M]. 朱邦范, 译. 北京: 中国建筑工业出版社, 2011.

[52] 社团法人预制建筑协会. 第三册　WR-PC 的设计[M]. 朱邦范, 译. 北京: 中国建筑工业出版社, 2011.

[53] 社团法人预制建筑协会. 第四册　R-PC 的设计[M]. 朱邦范, 译. 北京: 中国建筑工业出版社, 2011.

[54] Yoshino T, Kanoh Y, Mikame A, et al. Mixed structural systems of precast concrete columns and steel beams[J]. IABSE Brussels, 1990, 60: 401-406.

[55] Kim S, Hong W K, Kim J H, et al. The development of modularized construction of enhanced precast composite structural systems (smart Green frame) and its embedded energy efficiency[J]. Energy and Buildings, 2013, 66(5): 16-21.

[56] Hong W K, Park S C, Kim J M, et al. Composite beam composed of steel and precast concrete (modularized hybrid system, MHS). Part Ⅰ: Experimental investigation[J]. Structural Design of Tall and Special Buildings, 2010, 19(3): 275-289.

[57] Hong W K, Kim J M, Park S C, et al. Composite beam composed of steel and precast concrete. (modularized hybrid system, MHS) Part Ⅱ: Analytical investigation[J]. Structural Design of Tall and Special Buildings, 2009, 18(8): 891-905.

[58] Hong W K, Park S C, Lee H C, et al. Composite beam composed of steel and precast concrete (modularized hybrid system). Part Ⅲ: Application for a 19-storey building[J]. Structural Design of Tall and Special Buildings, 2010, 19(6): 679-706.

[59] Hong W K, Kim S I, Park S C, et al. Composite beam composed of steel and precast concrete (modularized hybrid system). Part Ⅳ: Application for multi-residential housing[J]. Structural Design of Tall and Special Buildings, 2010, 19(7): 707-727.

[60] Nzabonimpa J D, Hong W K. Structural performance of detachable precast composite column joints with mechanical metal plates[J]. Engineering Structures, 2018, 160: 366-382.

[61] Nzabonimpa J D, Hong W K, Kim J. Experimental and non-linear numerical investigation of the novel detachable mechanical joints with laminated plates for composite precast beam-column joint[J]. Composite Structures, 2018, 185: 286-303.

[62] Kim J, Hong W K, Kim J H. Experimental investigation of the influence of steel joints upon the flexural capacity of precast concrete columns[J]. Structural Design of Tall and Special Buildings, 2016, 26(5): e1340.

[63] 程万鹏, 宋玉普, 王军. 预制装配式部分钢骨混凝土框架梁柱中节点抗震性能试验研究[J]. 大连理工大学学报, 2015, 55(2): 171-178.

[64] 程万鹏, 宋玉普, 张秀娟. 预制装配式部分钢骨混凝土框架梁柱节点承载能力的试验研究[J]. 大连交通大学学报, 2014, 35(4): 52-55.

[65] 张雪松, 李忠献. 低周反复循环荷载作用下装配整体式钢骨混凝土框架节点抗震性能试验研究[J]. 东南大学学报(自然科学版), 2005, 35(S1): 1-4.

第2章 PPSRC 梁的受弯性能研究

2.1 引　言

部分预制装配型钢混凝土(PPSRC)梁将不同强度、不同种类的混凝土通过部分预制、部分现浇的方式结合，具有型钢混凝土梁的受力性能好和装配式构件施工便捷的双重优点。差异化使用材料和优化截面组合形式是 PPSRC 梁的核心设计思想。同一截面不同材料的相互作用机理及影响规律较为复杂，其各有特点又相互关联，因而，试验研究是揭示 PPSRC 梁受力行为必不可少的基础性工作。国内外有关装配式型钢混凝土梁受弯性能的研究较少，尚不能对 PPSRC 梁的受弯性能及设计方法起到良好的指导作用。

本章为探究 PPSRC 梁的受弯性能，进行 9 个试件的静力弯曲试验，对预制区分别采用普通混凝土和高强混凝土的 PPSRC 梁进行考察，分析不同类型试件的破坏模式、应变发展及承载力变化规律。采用有限元软件考察现浇混凝土强度、截面类型等参数对受弯承载力的影响。结合试验研究和数值计算结果，分析 PPSRC 试件的开裂荷载、极限承载力、延性和截面应变分布等受力性能。基于型钢混凝土梁刚度和受弯承载力的计算理论，分析和建立适用于 PPSRC 梁的刚度计算公式及受弯承载力计算公式。

2.2　试　验　概　况

2.2.1　试件设计

试验共设计了 9 个 T 形截面试件，包括 8 个 PPSRC 梁试件和 1 个整浇 SRC 对比试件。试件截面形式分为 A、C 两种，类型 A 试件尺寸示意图如图 2.1 所示，T 形梁型钢采用 HN175×90×5×8(HN1)，混凝土翼缘板宽度为 880mm，厚度为 100mm，梁截面高度为 300mm，腹板截面宽度为 200mm。类型 C 试件尺寸示意图如图 2.2 所示，梁尺寸为 300mm×650mm，预制梁高度为 500mm，现浇层厚度为 150mm。型钢采用 HN500×200×9×14(HN3)，下部纵筋采用 PSB1080 级钢筋，直径为 32mm，箍筋采用 HPB300 级钢筋，直径为 6mm，间距为 150mm。

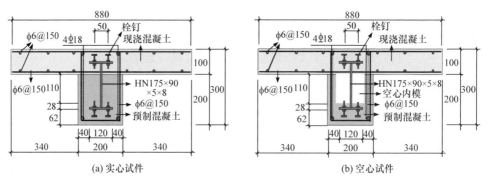

图 2.1　类型 A 试件尺寸示意图(单位：mm)

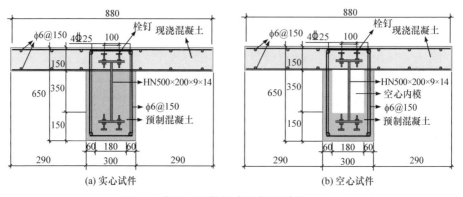

图 2.2　类型 C 试件尺寸示意图(单位：mm)

　　分别在型钢上下翼缘的端部布置纵向抗剪螺栓。类型 A 试件每侧每端均设有 8 个 M12 抗剪螺栓，类型 C 试件型钢上、下翼缘的端部设有 M16 抗剪螺栓，每侧每端均为 14 个。选择现浇混凝土强度和截面形式作为主要对比参数，试件设计参数如表 2.1 所示。

表 2.1　PPSRC 梁受弯试件参数汇总表

试件编号	剪跨比	试件长度 l/mm	截面形式	$f_{cu,out}$/MPa	$f_{cu,in}$/MPa	型钢类型	加载方式
PPSRCF-1	3.0	2600	类型 A(实心)	54.0	21.7	HN1	两点加载
PPSRCF-2	3.0	2600	类型 A(实心)	54.0	38.1	HN1	两点加载
PPSRCF-3	3.0	2600	类型 A(实心)	54.0	68.0	HN1	两点加载
PPSRCF-4	3.0	4550	类型 C(实心)	88.8	31.8	HN3	两点加载

试件编号	剪跨比	试件长度 l/mm	截面形式	$f_{cu,out}$/MPa	$f_{cu,in}$/MPa	型钢类型	加载方式
PPSRCF-5	3.0	2600	类型 A(空心)	54.0	21.7	HN1	两点加载
PPSRCF-6	3.0	2200	类型 A(空心)	54.0	38.1	HN1	两点加载
PPSRCF-7	3.0	2600	类型 A(空心)	54.0	68.0	HN1	两点加载
PPSRCF-8	3.0	4550	类型 C(空心)	88.8	31.8	HN3	两点加载
SRC-3	3.0	2200	类型 A(实心)	——	68.0	HN1	两点加载

注：$f_{cu,out}$ 为预制混凝土立方体抗压强度；$f_{cu,in}$ 为现浇混凝土立方体抗压强度。

2.2.2　材料性能

本次试验中，混凝土按预制和现浇两部分分两批浇筑，预制部分混凝土为第一批浇筑的混凝土，类型 A 试件的预制混凝土设计强度等级为 C60，类型 C 试件的预制混凝土采用的是高强混凝土，设计强度等级为 C80。高强混凝土配合比如表 2.2 所示。两种类型的现浇混凝土设计强度分别为 C20、C30、C40 和 C60。所有批次混凝土均制作两组 150mm×150mm×150mm 的立方体试块，并进行 28 天同条件养护。试块强度试验采用电液式压力试验机进行加载，混凝土力学性能参数见表 2.3。型钢采用 Q235 钢，纵筋为 HRB335、HRB400 和 PSB1080 级钢筋，箍筋采用 HPB300 级钢筋，按照《金属材料　拉伸试验　第 1 部分：室温试验方法》[1] (GB 228.1—2010)进行材性试验，钢材材性测试结果见表 2.4。

表 2.2　高强混凝土配合比

水灰比	与水泥的质量比							钢纤维掺量(体积比)
	水泥	硅灰	粉煤灰	矿渣粉	粗砂	细沙	减水剂	
0.22	1	0.15	0.2	0.1	0.8	0.5	0.003	0.015

表 2.3　混凝土力学性能参数

立方体抗压强度 f_{cu}/MPa	轴心抗压强度 f_c/MPa	轴心抗拉强度 f_t/MPa	弹性模量 E_c/MPa
21.7	16.5	2.0	$2.03×10^4$
31.8	24.0	2.6	$2.63×10^4$
38.1	28.5	2.9	$3.21×10^4$
45.0	33.4	3.3	$3.36×10^4$
54.0	39.7	3.7	$3.52×10^4$
68.0	49.5	3.5	$3.69×10^4$
88.8	64.1	4.2	$3.86×10^4$

注：$f_c=\alpha_{c1}\alpha_{c2}f_{cu}$，规定当混凝土强度等级小于等于 C50 时，$\alpha_{c1}=0.76$，$\alpha_{c2}=1.0$；当混凝土强度等级为 C80 时取 $\alpha_{c1}=0.82$，$\alpha_{c2}=0.87$，中间线性插值；混凝土轴心抗拉强度等级小于 C50 时 $f_t=0.26\ f_{cu}^{2/3}$，大于等于 C50 时 $f_t=0.21\ f_{cu}^{2/3}$。

表 2.4　钢材材性测试结果

钢材		厚度或直径/mm	强度等级	屈服强度 f_y/MPa	极限强度 f_u/MPa
型钢	翼缘	8	Q235	273	450
	腹板	5	Q235	262	436
	翼缘	14	Q235	272	432
	腹板	9	Q235	317	452
箍筋		6	HPB300	387	545
		18	HRB335	420	578
纵筋		25	HRB400	443	598
		32	PSB1080	1103	1211

2.2.3　试件制作

本次试验的 PPSRC 梁均为二阶段浇筑型钢混凝土梁，具体制备步骤如下：

(1) 先将预先加工好的纵向受力钢筋和箍筋绑扎制作成钢筋骨架，抗剪螺栓布置如图 2.3(a)所示，然后将型钢放进钢筋骨架中，见图 2.3(b)。

(2) 在 U 形外壳中(梁剪跨段位置)预先放置空心内模，见图 2.3(c)，两内模间距 150mm，一次浇筑成型后去掉内模即形成 U 形预制混凝土截面。两内模之间形成 150mm 厚的预制混凝土横肋板，横肋板加强了预制混凝土与后浇筑混凝土之间纵向共同工作性能。

(3) 对型钢及下部纵筋在底模上铺设垫块以达到要求的保护层厚度，见图 2.3(d)。在带内模的型钢、钢筋骨架外侧架设第一次浇筑模板，见图 2.3(e)。

(4) 第一次浇筑时对叠合面不进行处理，形成自然粗糙面，增加新旧混凝土之间的纵向抗剪作用，提高整体性。混凝土初凝后将内模取出，图 2.3(f)为预制混凝土浇筑成型示意图，图 2.3(g)为预制 U 形混凝土外壳示意图。对于整浇试件，一次将腹板和翼缘板浇筑完。对于预制空心梁试件，在一次浇筑成型后对内模不进行处理。

(5) 一次浇筑结束后，对翼缘板内的面筋和底筋进行绑扎，并与型钢钢筋笼绑扎在一起，架设二阶段浇筑的模板，进行第二批混凝土浇筑，T 形截面 PPSRC梁见图 2.3(h)。

　　　　(a) 抗剪螺栓布置　　　　　　　　　　　　　(b) 钢筋骨架

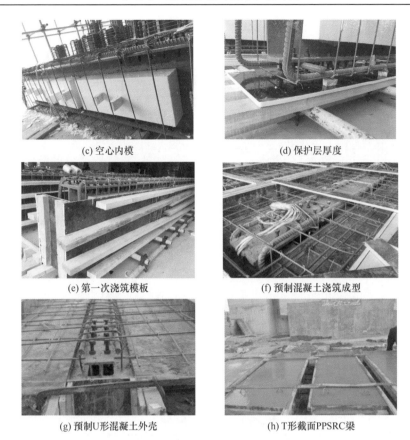

(c) 空心内模　　　　　　　　　　(d) 保护层厚度

(e) 第一次浇筑模板　　　　　　　(f) 预制混凝土浇筑成型

(g) 预制U形混凝土外壳　　　　　(h) T形截面PPSRC梁

图 2.3　PPSRC 梁试件加工示意图

2.2.4　量测方案

预制混凝土浇筑前，应变测点预先布置在试件跨中截面的钢筋、型钢上下翼缘及腹板上，以测量钢筋和型钢在加载过程中的应变变化情况。加载前，梁的纯弯段沿跨中主裂缝开展方向布置混凝土应变仪，测量加载过程中混凝土的应变值。类型 A 试件应变片布置示意图如图 2.4 所示。

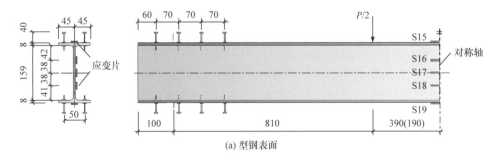

(a) 型钢表面

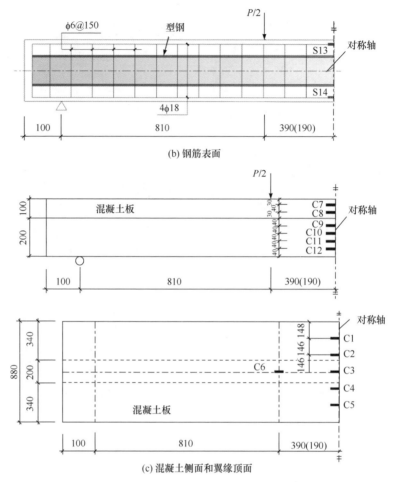

(b) 钢筋表面

(c) 混凝土侧面和翼缘顶面

图 2.4　类型 A 试件应变片布置示意图(单位：mm)

2.2.5　加载方案

本次试验分两批进行加载，分别使用 5000kN 和 20000kN 电液伺服压剪试验机，试验在西安建筑科技大学结构工程与抗震教育部重点实验室进行，加载装置示意图如图 2.5 所示。主要对试件的荷载、竖向位移及混凝土、型钢和钢筋的应变进行测量，所有测试数据均通过 TDS602 数据采集仪采集。试验时，考虑梁的两端支座不均匀沉降对所测量试件变形的影响，为求得较准确的跨中挠度值，本次试验利用试件支座处沉降位移平均值与跨中挠度测量值得到试件的跨中位移实际值。沿试件的跨中及支座对称位置布置若干位移计，类型 A 试件加载示意图如图 2.6 所示。

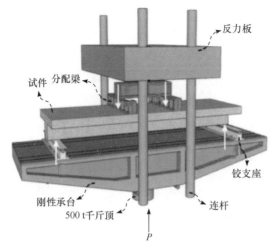

图 2.5　加载装置示意图

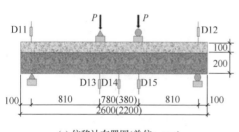

(a) 位移计布置图(单位: mm)

(b) 加载照片

图 2.6　类型 A 试件加载示意图

2.3　试　验　结　果

2.3.1　试验现象

1. 预制梁采用普通混凝土试件受弯性能试验现象

6 个 T 形 PPSRC 梁和 1 个 SRC 梁试件均发生典型的弯曲破坏,类型 A 试件破坏形态如图 2.7 所示。从破坏形态上看,PPSRC 实心梁试件与 PPSRC 空心梁试件无明显区别,与现浇 SRC 试件表现出相似的受力过程,展现出较好的延性。受力过程以试件 PPSRCF-2 为例,加载初期,试件挠度增长较缓慢,荷载和跨中挠度大致呈线性增长趋势。加载至 54kN($13\%P_u$,P_u 为试验峰值荷载)时,跨中腹板底部出现第一条竖向裂缝,长度约为 30mm。加载至 71kN($17\%P_u$)时,腹板加载点处出现第二条竖向裂缝,长度约为 50mm,随着荷载增加,梁底部持续有新裂缝产生。加载至 325kN($78\%P_u$)时,翼缘板侧面出现一条竖向裂缝,长度约为

80mm，继续加载，基本无新裂缝产生，主裂缝宽度进一步增大，最大宽度约为 1mm。此时在支座上方的叠合面处有细微横向裂缝，长度约为 80mm。加载至 388kN($93\%P_u$)以后，腹板主裂缝基本贯通，与翼缘板底面裂缝连接，翼缘顶面出现纵向裂缝，且已贯通，梁加速破坏。最大裂缝宽度超过 1.5mm 时，加载至 417kN($100\%P_u$)达到极限荷载，受压区混凝土压碎，下部混凝土持续剥落。

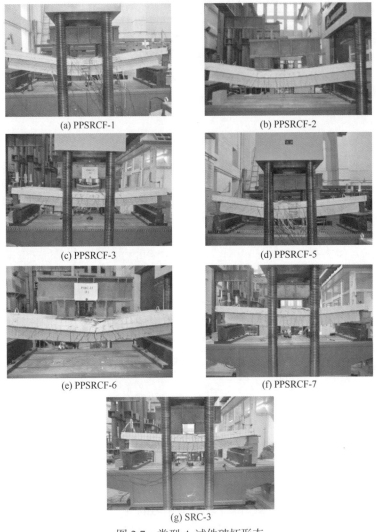

(a) PPSRCF-1　　　　　　　　　　　(b) PPSRCF-2

(c) PPSRCF-3　　　　　　　　　　　(d) PPSRCF-5

(e) PPSRCF-6　　　　　　　　　　　(f) PPSRCF-7

(g) SRC-3

图 2.7　类型 A 试件破坏形态

2. 预制梁采用高强混凝土试件受弯性能试验现象

2 个足尺 PPSRC 梁均发生典型的弯曲破坏，类型 C 试件破坏形态如图 2.8 所示。从破坏形态上看，实心截面试件与空心截面试件无明显区别，均展现出较好的延性。以实心试件 PPSRCF-4 为例，加载初期，挠度增长较缓慢，荷载和跨中挠度大致呈线性增长趋势。加载至 197kN(14%P_u)时，跨中腹板底部出现第一条竖向裂缝，长度约为 260mm。加载至 240kN(17%P_u)时，一侧加载点对应翼缘板侧面出现第一条垂直裂缝，长度约为 90mm。加载至 395kN(28%P_u)时，一侧剪跨段出现第一条竖向裂缝，长度约为 40mm。随着荷载增加，剪跨段和纯弯段持续有新裂缝产生。加载至 578kN(41%P_u)时，一侧剪跨段出现第一条斜裂缝，长度约为 400mm。加载至 1072kN(76%P_u)时，纯弯段第一条裂缝宽度增至 3mm。继续加载，基本无新裂缝产生，3 条主裂缝宽度进一步增大。叠合面位置产生细微横向裂缝，无明显滑移产生。加载至 1184kN(84%P_u)时，由于裂缝不断加宽，裂缝处钢纤维被拔出，发出连续的响声，腹板主裂缝基本贯通。加载至 1410kN(100%P_u)时，达到极限荷载，受压区混凝土压碎，之后继续加载，跨中挠度值迅速增加，但持荷性能良好。

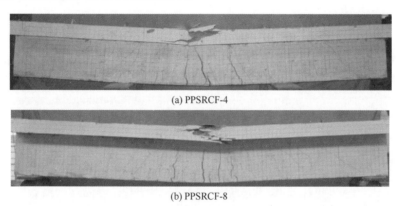

(a) PPSRCF-4

(b) PPSRCF-8

图 2.8　类型 C 试件破坏形态

2.3.2　荷载-挠度曲线

图 2.9(a)和图 2.9(b)分别为类型 A 试件的弯矩-转角曲线和类型 C 试件的弯矩-跨中位移曲线。从图中可以看出，加载初始阶段，各试件变形随荷载变化基本一致，现浇混凝土强度等级为 C20 的试件 PPSRCF-1 和试件 PPSRCF-5 率先进入屈服阶段，试件屈服后仍能保持相当长的一段屈服平台，现浇混凝土强度等级为 C60 的试件 PPSRCF-3 和 PPSRCF-7 在达到峰值荷载后有明显的下降段，这与整浇混凝土试件 SRC-3 受力行为近似。采用足尺模型的实心试件 PPSRCF-4 和空心试件 PPSRCF-8 全受力曲线基本一致，可以看出各试件的弯曲刚度无明显差异，均表现出良好的延性。

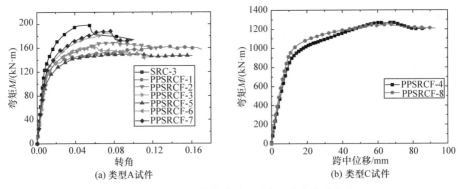

(a) 类型A试件　　　　　　　　　　(b) 类型C试件

图 2.9　试件弯矩-转角曲线和弯矩-跨中位移曲线

2.3.3　试验结果特征值

表 2.5 中给出了各试件受力阶段的主要特征值。其中屈服荷载 P_y 与屈服位移 Δ_y 的确定方法有三种：

表 2.5　各试件受力阶段的主要特征值

试件编号	P_{cr}/kN	P_y/kN	P_u/kN	M_u/(kN · m)	Δ_y/mm	Δ_u/mm	Δ_u/Δ_y	破坏形态
PPSRCF-1	18.38	310.85	397.36	160.93	22.80	105.51	4.62	弯曲
PPSRCF-2	21.06	351.15	416.73	168.78	19.09	97.95	5.13	弯曲
PPSRCF-3	25.35	324.50	469.84	190.28	16.41	81.08	4.94	弯曲
PPSRCF-4	200.20	918.13	1410.22	1269.20	14.85	89.53	6.02	弯曲
PPSRCF-5	17.16	345.00	365.47	148.02	25.27	121.27	4.80	弯曲
PPSRCF-6	14.43	308.95	399.51	161.80	15.95	93.00	5.83	弯曲
PPSRCF-7	23.40	357.75	465.68	188.56	11.81	81.76	6.92	弯曲
PPSRCF-8	260.41	1015.10	1390.21	1251.199	14.98	93.23	6.22	弯曲
SRC-3	28.86	390.65	487.36	197.38	13.83	81.09	5.86	弯曲

注：P_{cr} 为开裂荷载；P_y 为屈服荷载；P_u 为峰值荷载；M_u 为峰值弯矩，$M_u=P_u/2 \cdot a$，a 为剪跨段长度；Δ_y 为试件屈服荷载对应的屈服位移；Δ_u 为试件停止加载时的极限位移；Δ_u/Δ_y 为延性系数。

(1) 能量等效法[2]。如图 2.10(a)所示，过坐标轴原点作割线 OA，使得 OA 与骨架曲线围合的面积与区域 ABC 的面积相等，则 B 点在骨架曲线上的垂直投影为屈服点，与其对应的水平位移与水平荷载即为试件的屈服位移与屈服荷载。

(2) R-Park 法[3]。如图 2.10(b)所示，过坐标轴原点作割线 OA，A 点位于骨架曲线上，且其水平荷载为峰值荷载的 75%。OA 与过骨架曲线峰值点的水平线相

交于 B 点，则 B 点在骨架曲线上的垂直投影为屈服点，与其对应的水平位移与水平荷载即为试件的屈服位移与屈服荷载。

(3) 通用屈服弯矩法[4]。如图 2.10(c)所示，过坐标轴原点作骨架曲线的切线 OA，OA 与过骨架曲线峰值点的水平线相交于 A 点，B 点为 A 点在骨架曲线上的垂直投影。之后连接 OB 并延伸，延伸线与过骨架曲线峰值点的水平线相交于 C 点，则 C 点在骨架曲线上的垂直投影为屈服点，与其对应的水平位移与水平荷载即为试件的屈服位移与屈服荷载。

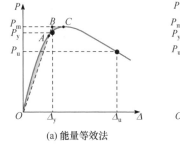 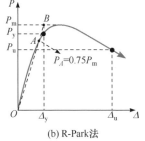 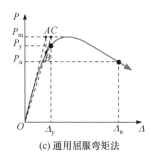

(a) 能量等效法　　　　　(b) R-Park法　　　　　(c) 通用屈服弯矩法

图 2.10　确定屈服位移的方法

上述确定试件屈服点的方法各有优劣，其中能量等效法可以准确地定义试件的屈服点，但使线 OA 与骨架曲线围合的面积与区域 ABC 的面积相等时 A 点的确定过程较为复杂，需要迭代运算求解；R-Park 法中屈服荷载系数 0.75 的确定存在一定的随意性，有些研究者还提出了其他取值；通用屈服弯矩法仅通过作图即可确定构件的屈服点，且作图过程中无须引入与 R-Park 法类似的经验系数，故本书使用通用屈服弯矩法确定各试件的屈服点。

2.3.4　应变分布

图 2.11 为试件截面应变分布图。由混凝土和型钢不同截面高度处测得的应变随荷载变化曲线可以看出，应变大致符合平截面假定。随着荷载的增加，中和轴上移，根据型钢材性试验结果，可以计算出型钢腹板的屈服应变为 1549$\mu\varepsilon$。由图 2.11 可以看出，型钢部分屈服。

从型钢上布置的应变片测量结果可以看出，纯弯段型钢翼缘和腹板在破坏时均已屈服。同时，从混凝土上布置的应变片测量结果可以看出，跨中混凝土应变随截面高度呈线性变化，基本满足平截面假定，也进一步说明空心 PPSRC 梁与实心 PPSRC 梁具有良好的整体性能，试件中预制混凝土、现浇混凝土和型钢均结合良好并能协同工作。

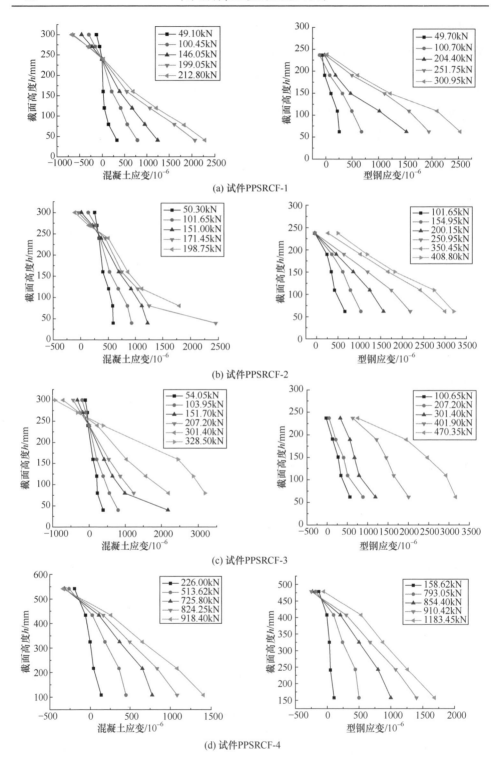

(a) 试件PPSRCF-1

(b) 试件PPSRCF-2

(c) 试件PPSRCF-3

(d) 试件PPSRCF-4

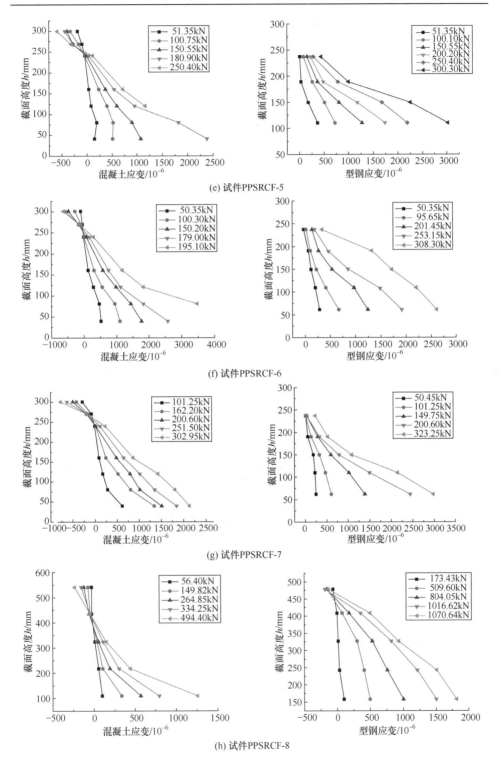

(e) 试件PPSRCF-5

(f) 试件PPSRCF-6

(g) 试件PPSRCF-7

(h) 试件PPSRCF-8

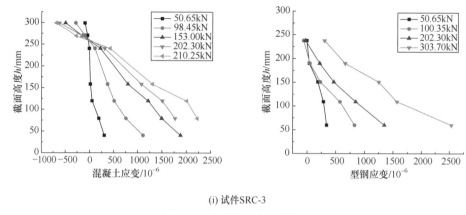

(i) 试件SRC-3

图 2.11 试件截面应变分布图

2.4 有限元分析方法

本节在试验研究的基础上,采用 ABAQUS 软件对 PPSRC 梁的受弯性能进行分析,更加深入地了解 PPSRC 梁的受力机理。通过对试验试件进行有限元分析,确定选取的有限元模型的恰当性,为深入研究 PPSRC 梁的受力机理奠定基础。

1. ABAQUS 简介

ABAQUS 是一款功能强大的有限元分析软件,核心是求解器模块。ABAQUS/Standard 和 ABAQUS/Explicit 是互相补充的、集成的分析模块。ABAQUS 基于丰富的单元库和材料模型库,可模拟多种复杂几何形状和常见工程材料,如钢筋混凝土、金属、橡胶及复合材料等。无论是简单的线弹性问题,还是包含几种不同材料、复杂的机械和热载荷耦合过程以及变化解除条件的非线性组合问题,ABAQUS 都能够分析[5]。

2. 简化及假定

对 PPSRC 梁进行有限元分析时,需做如下假定:

(1) 混凝土与钢筋、型钢之间,预制与现浇混凝土之间均无相对滑移,界面连接均定义为绑定约束(Tie),钢筋嵌入(Embedded)混凝土中。

(2) 忽略混凝土的收缩、徐变等效应,仅限于短期荷载作用下的分析。

3. 单元类型

本节在建立三维有限元模型时,采用分离式方法建立 PPSRC 梁的各个部件。

钢筋和箍筋采用三维两节点桁架单元(T3D2)，混凝土及型钢采用三维八节点六面体一阶线性减缩积分单元(C3D8R)，并且在支座及加载点处分别设置了钢垫块。

4. 材料属性

1) 混凝土

混凝土受压本构关系选用 Hognestad 曲线[6]形式，轴心受压应力-应变关系曲线如图 2.12 所示。对曲线的上升和下降段分别给出了分段公式(2.1)，其上升段为二次抛物线，下降段为斜直线。

$$\sigma=[2(\varepsilon_1/\varepsilon_0)-(\varepsilon_1/\varepsilon_0)^2]\sigma_0, \quad 0\leqslant\varepsilon_1\leqslant\varepsilon_0 \tag{2.1a}$$

$$\sigma=[1-0.15(\varepsilon_1-\varepsilon_0)/(\varepsilon_u-\varepsilon_0)]\sigma_0, \quad \varepsilon_0\leqslant\varepsilon_1\leqslant\varepsilon_u \tag{2.1b}$$

式中，ε_1——受压混凝土应力对应的应变；

ε_0——峰值应力(轴心抗压强度)σ_0对应的峰值应变，ε_0取 0.002；

ε_u——极限应力 σ_u 对应的极限应变。

混凝土受拉本构关系选用过镇海等[7]提出的曲线形式，轴心受拉应力-应变关系曲线如图 2.13 所示。

$$\sigma=[1.2(\varepsilon_2/\varepsilon_t)-0.2(\varepsilon_2/\varepsilon_t)^6]\sigma_t, \quad \varepsilon_2\leqslant\varepsilon_t \tag{2.2a}$$

$$\sigma=\frac{\varepsilon_2/\varepsilon_t}{\alpha_t(\varepsilon_2/\varepsilon_t-1)^{1.7}+\varepsilon_2/\varepsilon_t}\sigma_t, \quad \varepsilon_0\leqslant\varepsilon_2\leqslant\varepsilon_u \tag{2.2b}$$

式中，ε_2——受拉混凝土应力对应的应变；

ε_t——峰值应力(轴心抗拉强度)σ_t对应的峰值应变；

α_t——下降段曲线参数，$\alpha_t=0.312\sigma_t^2$。

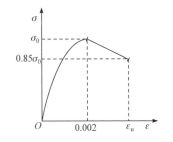

图 2.12　轴心受压应力-应变关系曲线　　　图 2.13　轴心受拉应力-应变关系曲线

有限元中混凝土塑性损伤模型参数取值见表 2.6。

表 2.6　有限元中混凝土塑性损伤模型参数

膨胀角	偏移值	σ_{b0}/σ_{c0}	K_0	黏性系数
30°	0.1	1.16	0.6667	0.0004

2) 钢材

采用理想弹塑性模型分析钢材的单轴应
力-应变关系。应力在达到屈服强度以前，应
力与应变服从线弹性关系；应力达到屈服强度
后，应力随着应变的增大保持为常数 σ_s 不变。
钢筋应力-应变关系曲线如图 2.14 所示。钢材
参数取值见表 2.7。

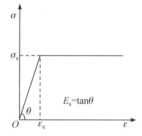

图 2.14　钢筋应力-应变关系曲线

表 2.7　钢材参数取值

参数	单位	材料类型		
		型钢	钢筋	垫块
质量密度	kg/m³	7800	7800	7800
弹性模量	MPa	205000	209000	210000
泊松比	—	0.28	0.30	0.30
屈服强度	MPa	270	390	—

5. 模型装配与约束定义

在定义模型之间的约束时，为便于约束条件的施加及后期网格的划分，利用
分割工具对模型进行切割，模型划分示意图如图 2.15 所示。

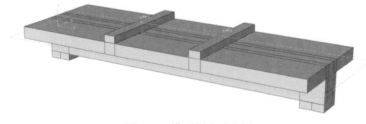

图 2.15　模型划分示意图

首先建立如图 2.16 所示的基本模型图，将钢筋合并(Merge)成整体钢筋骨架。
然后沿翼缘板底面设置参考面，将钢筋骨架按参考面分成上下两部分，上部分钢
筋骨架嵌入现浇混凝土单元，下部分钢筋骨架嵌入预制混凝土单元。型钢同样沿

预制 U 形截面槽底分成两部分：上部分嵌入现浇混凝土单元，下部分嵌入预制混凝土单元。加载点和支座处的钢垫块与混凝土之间的约束关系选择为 Tie，预制混凝土和现浇混凝土接触面也同样采用 Tie 约束。

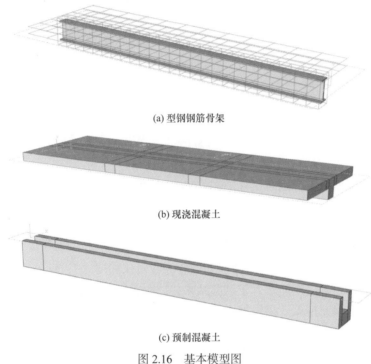

(a) 型钢钢筋骨架

(b) 现浇混凝土

(c) 预制混凝土

图 2.16　基本模型图

6. 荷载与边界条件

根据试验中简支梁试件的边界条件，建模时在试件与支座和加载点接触位置均设置了刚性垫块，并对所建立的模型两端的垫块下方分别施加位移约束，一端约束为 U1=U2=U3=0，另一端约束为 U1=U2=UR3=0。加载方式采用位移控制加载，分别在参考点 RP-1 与 RP-2 上施加向下的位移。

7. 网格划分

模型网格的划分：型钢、钢筋、混凝土的单元尺寸为 20mm×20mm，垫块的单元尺寸为 40mm×40mm。装配件边界条件及网格划分如图 2.17 所示。

8. 求解

依次完成部件建立，部件属性、相互作用、边界条件、荷载定义以及网格划分后，即可进行分析作业，设置分析步的时间长度为 1。同时，为了保证有限元结果的精确度和提高计算速度，最大增量步设置为 10000，初始增量步设置为 0.001。

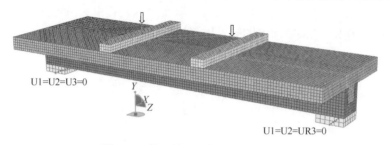

图 2.17　装配件边界条件及网格划分

2.5　有限元分析结果与试验结果对比

按上述建模过程分别对试件 PPSRCF-2 和 PPSRCF-5 进行数值计算，并与试验结果进行对比，以校核参数选取、相互作用设定及网格划分的正确性。

2.5.1　荷载-挠度曲线

弯矩-跨中挠度有限元模拟曲线与试验曲线对比如图 2.18 所示。可以看出，数值计算的初始阶段刚度略大于试验结果，屈服阶段模拟结果趋近于试验结果。总体来说，有限元模拟效果较好，试验曲线和模拟曲线吻合度较高，选取的计算模型较为准确地模拟了 PPSRC 梁的整个受力过程。

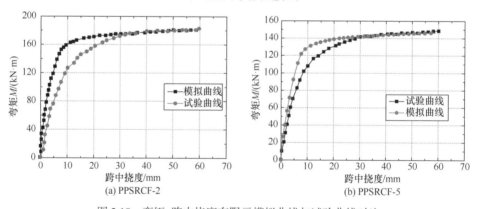

图 2.18　弯矩-跨中挠度有限元模拟曲线与试验曲线对比

2.5.2　应力分布

图 2.19 为试件 PPSRCF-2 的应力云图。混凝土应力较大的位置出现在试件跨中加载点处，达到 16.2N/mm²，且沿支座两端逐渐减小。翼缘中的应力由梁中心

向两侧逐渐减小。混凝土腹板上的云纹图反映了试件裂缝的开展情况，与试验情况基本一致。

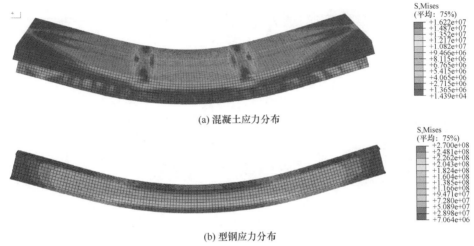

(a) 混凝土应力分布

(b) 型钢应力分布

图 2.19　试件 PPSRCF-2 的应力云图

2.5.3　应变分布

混凝土塑性损伤模型不能在积分点显示裂纹，只能通过图示方法显示裂缝的方向。用等效塑性应变的概念来定义裂缝的开展方向，即裂缝面的发展矢量与最大塑性应变方向平行，通过显示最大塑性应变来显示裂缝的开展情况。

图 2.20 为试件 PPSRCF-2 的混凝土塑性应变图，通过观察损伤演化情况，可以追踪 PPSRC 梁的混凝土的开裂过程。荷载为 45kN 时，跨中底部位置混凝土受拉开始屈服，出现损伤，该荷载作用下的受力阶段对应为初始裂缝产生阶段。加载至 200kN 时，混凝土受拉屈服区域逐渐增加，腹板跨中的弯曲裂缝开始贯通腹板。荷载达到 360kN 时，基本已无新裂缝产生，跨中纯弯段受拉屈服区域裂缝分布密集，试件裂缝随荷载的增加沿已有跨中竖向裂缝继续扩张，加载点处受压混凝土开始进入屈服阶段。其裂缝开展过程与试验结果较为吻合，再次证明了有限元模型的合理性。

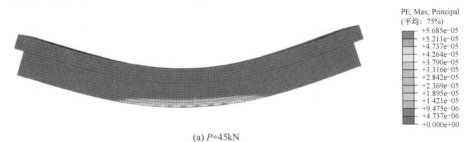

(a) P=45kN

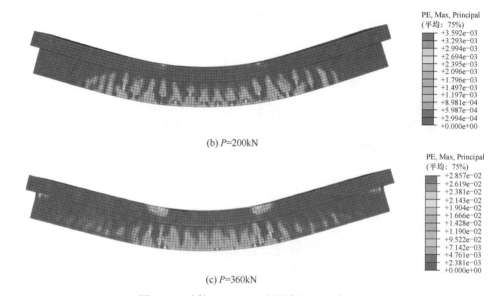

(b) P=200kN

(c) P=360kN

图 2.20　试件 PPSRCF-2 的混凝土塑性应变图

2.6　PPSRC 梁受弯性能有限元分析

2.6.1　矩形截面 PPSRC 梁

从 2.3 节的 PPSRC 梁受弯性能试验结果可知,由于受弯试件均为 T 形截面梁,受压区混凝土的宽度较大使得相对受压区高度较小,中和轴位置多处于内部型钢上翼缘附近,中和轴以下的混凝土不参加受弯计算,故得到的空心截面试件的受弯承载力和实心截面试件相近。为了充分验证上述结论对空心截面 PPSRC 梁的适用性,此处对矩形截面 PPSRC 梁进行分析。以试件 PPSRCF-1 为原型,各参数与实际试验保持一致。矩形截面 PPSRCF 梁混凝土参数设置如表 2.8 所示,弯矩-跨中挠度曲线如图 2.21 所示。

表 2.8　矩形截面 PPSRCF 梁混凝土参数设置

试件编号	截面形式	跨度/mm	剪跨比	现浇混凝土强度等级	预制混凝土强度等级	加载方式
PPSRCF-1-1	矩形(实心)	2600	3.0	C20	C60	两点加载
PPSRCF-1-2	矩形(空心)	2600	3.0	C20	C60	两点加载
PPSRCF-1-3	矩形(实心)	2600	3.0	C40	C60	两点加载
PPSRCF-1-4	矩形(空心)	2600	3.0	C40	C60	两点加载
PPSRCF-1-5	矩形(实心)	2600	3.0	C60	C60	两点加载
PPSRCF-1-6	矩形(空心)	2600	3.0	C60	C60	两点加载

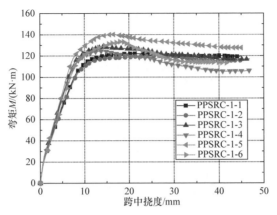

图 2.21　矩形截面 PPSRCF 梁弯矩-跨中挠度曲线

从图 2.21 可以看出，空心梁与实心梁受力行为相似，试件 PPSRCF-1-1、
PPSRCF-1-2、PPSRCF-1-3、PPSRCF-1-4、PPSRCF-1-5 和 PPSRCF-1-6 的极限弯
矩分别为 121.96kN·m、119.85kN·m、128.13kN·m、124.45kN·m、140.11kN·m
和 133.50kN·m，加载至峰值荷载后各试件下降段较为平缓，均有良好的延性。
矩形截面试件与 T 形截面试件的弯矩-跨中挠度曲线相似，现浇混凝土强度等级
为 C60 的试件峰值荷载后下降比较明显，其余试件下降较为平缓。

2.6.2　不同型钢类型 PPSRC 梁

为进一步优化 PPSRC 梁截面形式，针对 PPSRC 梁施工中存在的部分问题，
此处提出另外两种型钢类型的 PPSRC 梁作为优化截面进行模拟分析，即宽翼缘
型钢和 T 型钢，截面示意图如图 2.22 所示。第一种截面形式内部采用宽翼缘型钢，
在保持楼层净高不变的前提下，通过降低梁高来降低层高从而达到增加总层数的
目的。第二种截面形式采用 T 型钢替换原 H 型钢，从而达到二次混凝土浇筑施工
便利的目的。

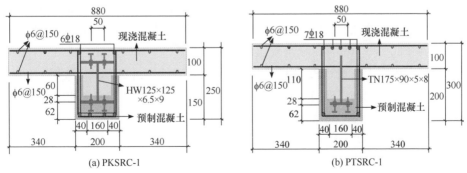

图 2.22　截面示意图(单位：mm)

　　试件 PTSRC-1 保持 PPSRC 梁的高度 300mm 不变,将内部型钢上翼缘去掉,用 3 根直径 18mm 的纵筋替代。试件 PKSRC-1 则将原有 HN175×90×5×8 型钢替换成 HW125×125×6.5×9,同时将梁高降低为 250mm,底部增加两根直径 18mm 的钢筋。不同型钢类型 PPSRC 梁弯矩-跨中挠度曲线如图 2.23 所示,混凝土强度参数设置见表 2.9。

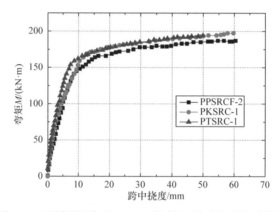

图 2.23　不同型钢类型 PPSRC 梁弯矩-跨中挠度关系曲线

表 2.9　不同型钢类型 PPSRC 梁混凝土强度参数设置

试件编号	剪跨比	梁高/mm	现浇混凝土强度等级	预制混凝土强度等级	型钢类型
PKSRC-1	3.0	250	C20	C60	HW125×125×6.5×9
PPSRCF-2	3.0	300	C20	C60	HN175×90×5×8
PTSRC-1	3.0	300	C20	C60	TN175×90×5×8

　　从图 2.23 中的弯矩-跨中挠度关系曲线可以看出,采用两种改进的型钢均可达到与试验试件近似的受力行为,试件加载至 60mm 时,3 个试件的极限弯矩分别为 187.65kN·m、198.01kN·m、196.28kN·m,说明均有较好的延性。由于有限元分析中采用的试件截面尺寸较小,PKSRC 梁高度降低有限,如果采用足尺模型则梁高降低会更为明显,经济效应也会更为显著。

　　内部采用倒 T 型钢的 PPSRC 梁与内部布置 H 型钢的 PPSRC 梁的受弯性能类似。考虑到倒 T 型钢更加便于施工和二次混凝土的浇筑,此处采用数值计算方法对 T 型钢 PPSRC 梁的受弯性能进行分析,选取现浇混凝土强度和截面形式作为影响参数,T 型钢 PPSRC 梁混凝土强度参数设置如表 2.10 所示,表中未列出的参数与实际试验保持一致。

表 2.10　T 型钢 PPSRC 梁混凝土强度参数设置

试件编号	截面形式	剪跨比	梁高/mm	现浇混凝土强度等级	预制混凝土强度等级	型钢类型
PTSRC-2	矩形(实心)	3.0	300	C20	C60	HN175×90×5×8
PTSRC-3	矩形(空心)	3.0	300	C20	C60	HN175×90×5×8
PTSRC-4	矩形(实心)	3.0	300	C40	C60	HN175×90×5×8
PTSRC-5	矩形(空心)	3.0	300	C40	C60	HN175×90×5×8
PTSRC-6	矩形(实心)	3.0	300	C60	C60	HN175×90×5×8
PTSRC-7	矩形(空心)	3.0	300	C60	C60	HN175×90×5×8

图 2.24 为 T 型钢 PPSRC 梁弯矩-跨中挠度关系曲线。由图可以看出，内部采用 T 型钢的 PPSRC 空心梁与实心梁受力行为相似，试件 PTSRC-2、PTSRC-3、PTSRC-4、PTSRC-5、PTSRC-6 和 PTSRC-7 的极限弯矩分别为 113.15kN·m、112.035kN·m、124.58kN·m、122.53kN·m、136.69kN·m 和 131.47kN·m。相比 H 型钢的 PPSRC 梁，加载至峰值荷载后各试件下降段较为明显，现浇混凝土强度等级为 C40、C60 的试件尤为突出，但均能维持 85%的极限荷载继续工作，具有较好的延性。

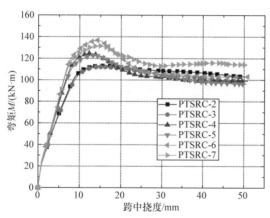

图 2.24　T 型钢 PPSRC 梁弯矩-跨中挠度关系曲线

2.7　参　数　分　析

2.7.1　现浇混凝土强度

图 2.25 为弯矩-混凝土强度关系曲线。由图 2.25(a)可以看出，随着现浇混凝

土强度提高，试件的受弯承载力提高。同时，从 T 形截面空心试件的试验结果可看出，当现浇混凝土强度从 21.7MPa 提高到 68.0MPa，试件的受弯承载力提高了 27.3%。从实心试件的试验结果可以看出，当现浇混凝土强度从 21.7MPa 提高到 68.0MPa，试件受弯承载力提高了 18.2%。表明虽然空心试件受弯承载力较实心试件低，但空心试件的受弯承载力随现浇混凝土强度提高的幅度较实心试件大。

图 2.25(b)为有限元计算的矩形截面试件弯矩-混凝土强度关系曲线。由图可以看出，H 型钢的 PPSRC 梁受弯承载力均大于 T 型钢的 PPSRC 梁，两者承载力的差异随混凝土强度的提高而减小。当现浇混凝土强度从 20MPa 提高到 60MPa时，采用 T 型钢的矩形实心梁的受弯承载力提高了 21%，采用 H 型钢的矩形实心梁的受弯承载力提高了 15%。采用 T 型钢的试件随现浇混凝土强度的提高，承载力提高幅度较大。

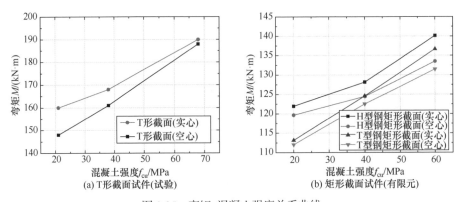

(a) T形截面试件(试验)   (b) 矩形截面试件(有限元)

图 2.25 弯矩-混凝土强度关系曲线

2.7.2 截面类型

空心梁与实心梁承载力对比如图 2.26 所示。图 2.26(a)给出了 T 形截面试件承载力对比结果，可以看出，空心梁试件的承载力均略低于实心梁试件，表明腹部空心会在一定程度上降低截面受弯承载力，但是降低幅度较小，最大为 8%。另外，由类型 A 试件的变化趋势可以看出，这种降低幅度随着现浇混凝土强度的增加而逐渐降低，现浇混凝土强度为 68.4MPa 的空心试件 PPSRCF-7 相对实心试件PPSRCF-3，其承载能力仅仅降低 0.9%。

图 2.26(b)为有限元计算的矩形截面试件承载力对比图，可以看出，现浇混凝土强度等级为 C20 的空心截面试件和实心截面试件，其受弯承载力仅相差 1%～2%，两者的差距随现浇混凝土强度的增加而增大，现浇混凝土强度等级为 C60时两者相差 4%～5%。采用 T 型钢的矩形梁与 H 型钢矩形梁的空心和实心截面承

载力差距较小。

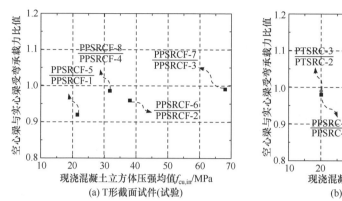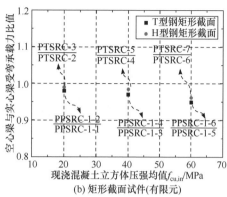

图 2.26　空心梁与实心梁承载力对比

2.7.3　制作工艺

此次受弯性能试验中与整浇梁试件 SRC-3 进行对比的分别为实心梁试件 PPSRCF-3 和空心梁试件 PPSRCF-7,两个试件预制混凝土强度和现浇混凝土强度分别为 54.0MPa 和 68.0MPa。PPSRC 梁与整浇梁承载力对比如图 2.27 所示。可以看出,实心试件比整浇试件承载力降低 3%,空心试件比整浇试件承载力降低 4%,PPSRC 梁和 SRC 梁的承载力基本相同,表明制作方式对承载力影响较小。

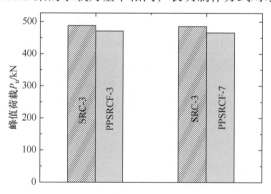

图 2.27　PPSRC 梁与整浇梁承载力对比(试验)

2.7.4　型钢截面形式

T 型钢 PPSRC 梁和 H 型钢 PPSRC 梁试件承载力对比如图 2.28 所示。可以看出,T 型钢 PPSRC 梁与 H 型钢 PPSRC 梁相比受弯承载力有所降低,但降低幅度不大。两者受弯承载力差异随混凝土强度的提高逐渐减小,承载力降低幅度最大为 8%,最小为 1%。

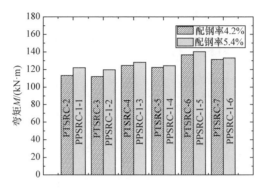

图 2.28　不同型钢截面形式试件承载力对比(有限元)

2.8　PPSRC 梁受弯刚度及变形计算

从前述试验研究结果可以看出，PPSRC 梁受弯过程中，在型钢-混凝土界面、外部混凝土-内部混凝土界面之间均未出现明显滑移，表明 PPSRC 梁截面具有良好组合作用，型钢、外部混凝土和内部混凝土之间能够良好共同工作，并通过良好组合，使 PPSRC 梁截面具有良好承载能力和受弯刚度。PPSRC 梁截面受弯刚度计算是 PPSRC 梁使用阶段的变形计算和验算的主要内容，在 PPSRC 梁受弯刚度计算时需要考虑以下三个问题：①已有型钢混凝土结构研究表明，在型钢混凝土结构中，型钢翼缘和腹板会对截面混凝土形成良好约束，在截面内形成一个由型钢翼缘和腹板约束形成的混凝土"刚心区"，"刚心区"混凝土与其他部分混凝土具有较大差异，主要表现在"刚心区"混凝土对截面受弯刚度贡献更大，在截面受弯刚度计算时需要予以区别考虑。PPSRC 梁与型钢混凝土梁相似，在PPSRC 梁截面中也同样存在受型钢翼缘和腹板约束的混凝土"刚心区"，在 PPSRC梁受弯刚度计算时应该同样区别考虑。②在 PPSRC 梁中，外部预制混凝土和内部混凝土强度等级不一致，外部混凝土多采用高强混凝土或者超高性能混凝土，而内部混凝土一般采用普通混凝土，因此，在 PPSRC 梁截面受弯刚度计算时，还需要对不同强度混凝土对受弯刚度的贡献予以考虑。③对于空心 PPSRC 梁，截面内部为空心，主要依靠外部预制混凝土(含钢筋骨架)与型钢共同组合提供截面受弯刚度，而截面受弯刚度计算时如何准确考虑空心的影响也是值得研究的问题。本节结合理论分析和试验研究结果，考虑上述三个问题，提出实用的 PPSRC梁受弯刚度及变形计算方法。

2.8.1　国内型钢混凝土梁刚度计算方法

《组合结构设计规范》[8]通过大量的型钢混凝土梁试验，提出加载过程中梁截面平均应变符合平截面假定，截面弯曲刚度可以采用钢筋混凝土截面弯曲刚度和型钢截面弯曲刚度叠加的原则来处理。

截面弯曲刚度 B 计算公式为

$$B = \left(0.22 + 3.75 \frac{E_s}{E_c} \rho_s \right) E_c I_c + E_a I_a \tag{2.3}$$

式中，E_s——纵向钢筋弹性模量；

ρ_s——受拉钢筋配筋率；

E_c——混凝土弹性模量；

E_a——型钢的弹性模量；

I_c——混凝土截面惯性矩；

I_a——型钢截面惯性矩。

《钢骨混凝土结构技术规程》[9]6.2.13 条规定，短期荷载下的截面抗弯刚度可以忽略钢骨部分与钢筋混凝土部分的组合作用，即

$$B = B_{rc} + E_{ss} I_{ss} \tag{2.4}$$

$$B_{rc} = \frac{E_s A_s h_0^2}{1.15\psi + 0.2 + \dfrac{6\alpha_E \rho}{1 + 3.5\gamma_f'}} \tag{2.5}$$

式中，ψ——裂缝间纵向受拉普通钢筋应变不均匀系数，$\psi = 1.1\left(1 - M_c / M_k^{rc} \right)$，

M_c 为混凝土截面的开裂弯矩；M_k^{rc} 为荷载效应标准组合下，混凝土截面所承担的弯矩。当 $\psi < 0.2$ 时，取 $\psi = 0.2$；当 $\psi > 1.0$ 时，取 $\psi = 1.0$；对直接承受重复荷载的构件，取 $\psi = 1.0$。

ρ——纵向受拉钢筋配筋率。

E_{ss}——型钢弹性模量。

I_{ss}——型钢截面惯性矩。

α_E——钢筋弹性模量与混凝土弹性模量的比值，即 E_s/E_c。

γ_f'——受压翼缘增强系数，$\gamma_f' = (b_f' - b)h_f' / bh_0$，当 $h_f' > 0.2h_0$ 时，取 $h_f' = 0.2h_0$。

《组合结构设计原理》[10]认为，型钢混凝土梁的刚度由受型钢约束的核心区混凝土、外围混凝土和型钢三者刚度叠加：

$$B = B_{rc}' + B_c + B_s \tag{2.6}$$

式中，B_{rc}'——不受型钢约束的钢筋混凝土部分对中和轴的抗弯刚度；

B_c——受型钢约束的钢筋混凝土部分对中和轴的抗弯刚度；

B_s——型钢对中和轴的抗弯刚度。

计算公式分别如下：

$$B'_{rc} = \frac{E_s A_s h_0^2}{1.15\psi + 0.2 + \dfrac{6\alpha_E \rho}{1 + 3.5\gamma'_f}} \tag{2.7}$$

其中，《混凝土结构设计规范》[11]7.1.2 条中 ψ 的计算公式为

$$\psi = 1.1 - 0.65 \frac{f_{tk}}{\rho_{te}\sigma_s} \tag{2.8}$$

式中，ρ_{te}——按有效受拉混凝土截面面积计算的纵向受拉钢筋配筋率

$\rho_{te} = \dfrac{A_s + A_p}{A_{te}}$，其中 $A_{te} = 0.5bh + (b_f - b)h_f$；

σ_s——按荷载准永久组合计算的钢筋混凝土试件纵向受拉普通钢筋应力
　　　或按标准组合计算的预应力混凝土试件纵向受拉试件等效应力。

$$B_c = E_c \left[\frac{1}{12} b_c h_s^3 + b_c h_s \left(\frac{h_s}{2} + a'_s - \bar{x} \right)^2 \right] \tag{2.9}$$

式中，b_c——受型钢约束的核心混凝土的折算宽度；

$\bar{x}$——混凝土平均受压区高度。

对于 b_c 的取值，《混凝土结构设计规范》中的计算方法为：利用差分法得到梁的实际曲率，然后根据刚度的计算公式得到梁在短期荷载效应下的刚度 B，可以求得计算曲率，根据在每一级荷载作用下计算曲率和实际曲率相等即可求得 b_c 的值。通过对试验数据的计算得到 b_c 的平均值为 1.6 倍的型钢翼缘的宽度[12]，因此可认为 $b_c = 1.6b_s$。

$$B_s = E_{ss} \left[I_{sso} + A_{ss} \left(a'_s + \frac{h_s}{2} - \bar{x} \right) \right] \tag{2.10}$$

式中，I_{sso}——型钢截面惯性矩。

采用《组合结构设计规范》对 PPSRC 梁刚度进行计算，由于预制、现浇部分由两种不同强度混凝土结合，在计算时，需对混凝土弹性模量 E_c 行换算，建议按式(2.11)计算。各预制试件跨中挠度计算值(δ_c)与实测值(δ_t)对比结果如表 2.11 所示。

$$E_c = \frac{A_{c1}}{A_{c1} + A_{c2}} E_{c1} + \frac{A_{c2}}{A_{c1} + A_{c2}} E_{c2} \tag{2.11}$$

表 2.11　各预制试件跨中挠度计算值与实测值对比结果

试件编号	40%P_u			50%P_u			60%P_u		
	δ_c / mm	δ_t / mm	δ_c / δ_t	δ_c / mm	δ_t / mm	δ_c / δ_t	δ_c / mm	δ_t / mm	δ_c / δ_t
PPSRCF-1	2.06	4.12	0.50	2.57	5.31	0.48	3.09	6.71	0.46
PPSRCF-2	2.04	5.11	0.40	2.55	6.82	0.37	3.06	8.01	0.38
PPSRCF-3	2.24	5.13	0.44	2.80	6.33	0.44	3.36	8.18	0.41
PPSRCF-4	3.29	5.24	0.63	4.11	6.82	0.60	4.93	8.68	0.57
PPSRCF-5	2.58	3.38	0.76	3.22	5.03	0.64	3.87	6.45	0.60
PPSRCF-6	1.93	3.31	0.58	2.42	4.48	0.54	2.90	5.61	0.52
PPSRCF-7	3.04	4.52	0.67	3.80	5.78	0.66	4.56	7.62	0.60
PPSRCF-8	3.49	4.39	0.79	4.36	5.65	0.77	5.23	7.18	0.73
平均值			0.60			0.56			0.53
变异系数			0.14			0.12			0.11

从表 2.11 可以看出，当荷载分别为 40%P_u、50%P_u、60%P_u 时采用《组合结构设计规范》得到的计算挠度与试验挠度的比值的平均值分别为 0.60、0.56、0.53，平均值均小于 1，在 60%P_u 时计算挠度近似为试验挠度的一半，偏差较大。故《组合结构设计规范》对 PPSRC 梁挠度计算是不适用的。

2.8.2　PPSRC 梁刚度计算方法

PPSRC 梁其截面有预制混凝土和现浇混凝土两种，故一般在同一截面中会有两种不同强度等级的混凝土。试验中采用预制高强混凝土和现浇普通混凝土的结合，同时还考虑了受弯构件空心梁的受力性能，采用《组合结构设计原理》中提出三部分叠加的计算方法进行计算。PPSRC 梁计算图如图 2.29 所示，图中将其划分为三部分，即预制钢筋混凝土部分(不包含"刚心区"混凝土)、"刚心区"混凝土和型钢。

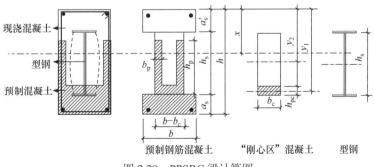

图 2.29　PPSRC 梁计算图

可以看出，图 2.29 中预制钢筋混凝土和"刚心区"混凝土存在两种混凝土，故重新计算 B_c 和 B_{rc}。由于预制和现浇混凝土的弹性模量不同，采用换算截面法将其换算为同一材料计算其换算截面惯性矩，从而得到换算截面后的梁的刚度。

1. 钢筋混凝土 B_{rc} 的计算

钢筋混凝土构件在荷载标准组合作用下的短期刚度按图 2.29 工字形截面计算：

$$B_{rc} = \frac{M_k}{\phi_m} = \frac{1}{\dfrac{\psi}{\eta} \cdot \dfrac{1}{E_s A_s h_0^2} + \dfrac{1}{\zeta b h_0^3 E_c}} = \frac{E_s A_s h_0^2}{\dfrac{\psi}{\eta} + \dfrac{\alpha_E \rho}{\zeta}} \tag{2.12}$$

式中，ψ——钢筋应变不均匀系数，反映了受拉混凝土(预制混凝土)对刚度的影响；

$\dfrac{\alpha_E \rho}{\zeta}$——反映了受压区混凝土(现浇混凝土)变形对刚度的影响；

α_E——钢筋与混凝土的弹性模量之比，$\alpha_E = E_s / E_c$，此处 E_c 为受压区(现浇混凝土)的弹性模量。

$$\psi = 1.1 - 0.65 \frac{f_{tk}}{\rho_{te} \sigma_s} \tag{2.13}$$

式中，f_{tk}——混凝土(预制)轴心受拉强度标准值；

ρ_{te}——按有效受拉混凝土截面面积计算的纵向受拉钢筋配筋率，$\rho_{te} = A_s / A_{te}$，A_{te} 为有效受拉混凝土截面面积，对于型钢混凝土叠合式受弯构件，按图 2.29 取 $A_{te} = 0.5(b - b_c)h + b_c a_s$。

2. "刚心区"混凝土 B_c 的计算

从图 2.29 可以看出，"刚心区"混凝土由预制和现浇两部分组成，此处采用换算截面法，将预制混凝土换算成现浇混凝土，计算方法如下：

$$\frac{E_{c1}}{E_{c2}} = \frac{1}{\alpha_c} \tag{2.14}$$

$$A_{c2} = \frac{A_{c1}}{\alpha_c} \tag{2.15}$$

$$I_0 = I_{c2} + A_{c2}(y_2 - x)^2 + \frac{I_{c1}}{\alpha_c} + \frac{A_{c1}}{\alpha_c}(y_1 - \bar{x})^2 \tag{2.16}$$

式中，E_{c1}——预制部分核心混凝土弹性模量；

E_{c2}——现浇部分核心混凝土弹性模量；

A_{c1}——预制混凝土截面面积；

A_{c2}——现浇混凝土截面面积；

I_{c1}——预制混凝土截面惯性矩；

I_{c2}——现浇混凝土截面惯性矩；

y_2——现浇混凝土截面的中和轴到顶部受压混凝土边缘的距离，$y_2 = (h_s - h_{pc})/2 + a_s'$；

y_1——现浇混凝土换算成等效预制混凝土截面的弹性中和轴到顶部受压混凝土边缘的距离，$y_1 = h_s - h_{pc}/2 + a_s'$；

$\bar{x}$——中和轴平均高度。

对于中和轴，计算截面按矩形型钢混凝土梁考虑[13]。在使用荷载作用下中和轴会随荷载变化，因此，在计算平均受压区高度时分两种情况考虑。

(1) 中和轴通过型钢腹板时裂缝截面应力示意图见图 2.30，钢筋、型钢与混凝土应力和应变关系如下：

$$\varepsilon_a = \frac{\varepsilon_c \left(h - x_c - a_a - \dfrac{t}{2} \right)}{x_c}, \qquad \varepsilon_a' = \frac{\varepsilon_c \left(h - x_c - a_a' - \dfrac{t}{2} \right)}{x_c}$$

$$\varepsilon_s = \frac{\varepsilon_c (h - x_c - a_s)}{x_c}, \qquad \varepsilon_s' = \frac{\varepsilon_c (x_c - a_s')}{x_c} \tag{2.17}$$

$$\sigma_a = E_a \varepsilon_a, \quad \sigma_a' = E_a \varepsilon_a', \quad \sigma_s = E_s \varepsilon_s, \quad \sigma_s' = E_s \varepsilon_s', \quad \sigma_c = E_c \varepsilon_c \tag{2.18}$$

式中，σ_s、ε_s——裂缝截面受拉钢筋应力、应变；

σ_a、ε_a——裂缝截面型钢受拉翼缘应力、应变；

σ_s'、ε_s'——裂缝截面受压钢筋应力、应变；

σ_a'、ε_a'——裂缝截面型钢受压翼缘应力、应变；

x_c——使用阶段裂缝截面的受压区高度；

t——型钢翼缘厚度。

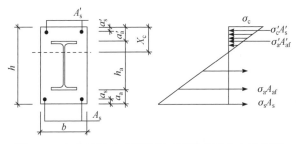

图 2.30　中和轴通过型钢腹板时裂缝截面应力示意图

根据 $\sum N = 0$ 得到裂缝截面的力平衡公式：

$$N_c + N_s + N_a - T_s - T_a = 0 \tag{2.19}$$

即
$$\frac{1}{2}bx_c\sigma_c + \sigma_s'A_s' + \sigma_a'A_{af}' + \frac{1}{2}\sigma_a't_w(x_c - a_a' - t) - \sigma_a A_{af} = 0 \tag{2.20}$$

将式(2.18)代入式(2.20)：

$$\frac{1}{2}bx_cE_c + \frac{x_c - a_s'}{x_c}E_sA_s' + \frac{x_c - a_s' - \dfrac{t}{2}}{x_c}E_aA_{af} + \frac{1}{2}\frac{x_c - a_s' - \dfrac{t}{2}}{x_c}E_at_w(x_c - a_s' - t)$$

$$-\frac{h - x_c - a_s - \dfrac{t}{2}}{x_c}E_aA_{af} - \frac{1}{2}\frac{h - x_c - a_s - \dfrac{t}{2}}{x_c}E_at_w(h - x_c - a_s - t) - \frac{h - x_c - a_s}{x_c}E_sA_s = 0$$

$$\tag{2.21}$$

试验受拉钢筋为 HRB335 级钢筋，型钢为普通热轧型钢。取 $E_s/E_c = E_a/E_c = \alpha_E$。由此，式(2.21)简化为

$$\frac{1}{2}bx_c^2 + \alpha_E x_c(A_s + A_s' + A_{af} + A_{af}' + h_a t_w)$$
$$-\alpha_E\left[a_s'A_s' + a_a'A_{af} + \frac{h_a t_w}{2}(h - a_a + a_a') + (h - a_s)A_s + (h - a_a)A_{af}\right] = 0 \tag{2.22}$$

试验采用的 H 型钢 $A_{af} = A_{af}'$，则

$$\frac{1}{2}bx_c^2 + \alpha_E x_c(A_s + A_s' + A_a) - \alpha_E\left[a_s'A_s' + \frac{A_a}{2}(h - a_a + a_a') + (h - a_s)A_s\right] = 0 \tag{2.23}$$

式中，$a_s' = h - a_s - h_a$，代入式(2.23)，得

$$\frac{1}{2}bx_c^2 + \alpha_E x_c(A_s + A_s' + A_a) - \alpha_E\left[a_s'A_s' + A_a\left(h - a_a - \frac{h_a}{2}\right) + (h - a_s)A_s\right] = 0$$

整理后得

$$\alpha_E(A_s + A_s' + A_a)\left[\frac{a_s'A_s' + A_a\left(h - a_a - \dfrac{h_a}{2}\right) + (h - a_s)A_s}{(A_s + A_s' + A_a)} - x_c\right] = \frac{1}{2}bx_c^2$$

简化为

$$\alpha_E(A_s + A_s' + A_a)(D - x_c) = \frac{1}{2}bx_c^2 \tag{2.24}$$

式中，D——试件受拉纵筋与型钢重心到受压混凝土边缘的距离；

　　　　A_a——型钢全截面面积。

$$D = \frac{a'_s A'_s + A_a\left(h - a_a - \dfrac{h_a}{2}\right) + (h - a_s)A_s}{(A_s + A'_s + A_a)} \tag{2.25}$$

(2) 中和轴不通过型钢时裂缝截面应力示意图见图 2.31，即型钢全截面受拉时，钢筋、型钢与混凝土应力和应变关系如下：

$$\varepsilon_a = \frac{\varepsilon_c\left(h - x_c - a_a - \dfrac{t}{2}\right)}{x_c}, \quad \varepsilon'_a = \frac{\varepsilon_c\left(a'_a - x_c - \dfrac{t}{2}\right)}{x_c}$$

$$\varepsilon_s = \frac{\varepsilon_c(h - x_c - a_s)}{x_c}, \quad \varepsilon'_s = \frac{\varepsilon_c(x_c - a'_s)}{x_c} \tag{2.26}$$

$$\sigma_a = E_a \varepsilon_a, \quad \sigma'_a = E_a \varepsilon'_a, \quad \sigma_s = E_s \varepsilon_s, \quad \sigma'_s = E_s \varepsilon'_s, \quad \sigma_c = E_c \varepsilon_c \tag{2.27}$$

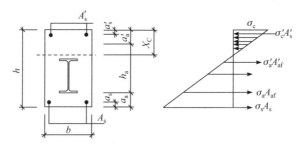

图 2.31　中和轴不通过型钢时裂缝截面应力

根据 $\sum N = 0$ 得到裂缝截面的力平衡公式：

$$T_s + T_a - N_c - N_s = 0 \tag{2.28}$$

则

$$\frac{h - x_c - a_s}{x_c} E_s A_s + \frac{1}{2}\left(\frac{h - x_c - a_a - \dfrac{t}{2}}{x_c} + \frac{a'_a - x_c - \dfrac{t}{2}}{x_c}\right) E_a t_w (h_a - 2t)$$

$$+ \frac{a'_s - x_c - \dfrac{t}{2}}{x_c} E_a A'_{af} + \frac{h - x_c - a_s - \dfrac{t}{2}}{x_c} E_a A_{af} - \frac{x_c - a'_s}{x_c} E_s A'_s - \frac{1}{2} b x_c E_c = 0 \tag{2.29}$$

按照如上过程进行推导，可以得到如下简化公式：

$$\alpha_E (A_s + A'_s + A_a)(D - x_c) = \frac{1}{2} b x_c^2$$

从以上公式可以发现，无论中和轴是否通过型钢，都可以按照式(2.24)计算裂缝截面的受压区高度 x_c。

　　由于裂缝的出现，梁各个截面中和轴的高度是变化的，即沿着梁长中和轴的位置并非直线。梁开裂后中和轴变化如图2.32所示，型钢混凝土梁平均受压区高度为

$$\bar{x} = \frac{1}{l_{cr}} \int_0^{l_{cr}} x \mathrm{d}z = 0.5(x_c + x_{max}) \tag{2.30}$$

式中，x_{max}为两裂缝区段中央混凝土的受压区高度，由抗裂强度验算可知，$x_{max} = 0.5h$。裂缝截面受压区高度x_c可以由式(2.24)求得。

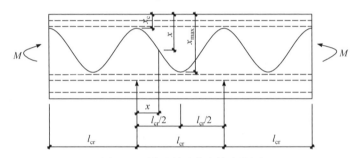

图 2.32　梁开裂后中和轴变化图

　　试验采用了空心 PPSRC 梁，在型钢约束的"刚心区"范围内没有混凝土，因此在计算空心预制试件核心区混凝土的刚度时，忽略这部分混凝土刚度对整个试件的影响。抗弯刚度计算公式如下。

　　空心预制试件：

$$\begin{aligned} B &= B_{rc} + B_s \\ &= \frac{E_s A_s h_0^2}{1.15\psi + 0.2 + \dfrac{6\alpha_E \rho}{1 + 3.5\gamma_f'}} + E_{ss}\left[I_{sso} + A_{ss}\left(a_s' + \frac{h_s}{2} - x\right)^2 \right] \end{aligned} \tag{2.31}$$

　　实心预制试件：

$$\begin{aligned} B &= B_{rc} + B_c + B_s \\ &= \frac{E_s A_s h_0^2}{1.15\psi + 0.2 + \dfrac{6\alpha_E \rho}{1 + 3.5\gamma_f'}} + E_{c2} I_0 + E_{ss}\left[I_{sso} + A_{ss}\left(a_s' + \frac{h_s}{2} - x\right)^2 \right] \end{aligned} \tag{2.32}$$

2.8.3　PPSRC 梁刚度与挠度计算结果

　　按式(2.31)和式(2.32)分别对空心和实心受弯构件刚度进行计算，刚度计算结果如表 2.12 所示。

表 2.12　刚度计算结果

试件编号	净跨 l_0 /mm	钢筋混凝土刚度 /(N·mm²)	"刚心区"刚度 /(N·mm²)	型钢刚度 /(N·mm²)	计算总刚度 /(N·mm²)
PPSRCF-1	2400	5.86×10^{12}	5.41×10^{7}	2.47×10^{12}	8.33×10^{12}
PPSRCF-2	2400	5.94×10^{12}	4.99×10^{7}	2.47×10^{12}	8.41×10^{12}
PPSRCF-3	2400	5.97×10^{12}	4.74×10^{7}	2.47×10^{12}	8.44×10^{12}
PPSRCF-4	4000	5.50×10^{13}	3.05×10^{9}	8.70×10^{13}	1.42×10^{14}
PPSRCF-5	2400	5.86×10^{12}	0	2.47×10^{12}	8.33×10^{12}
PPSRCF-6	2100	5.94×10^{12}	0	2.47×10^{12}	8.41×10^{12}
PPSRCF-7	2400	5.87×10^{12}	0	2.47×10^{12}	8.44×10^{12}
PPSRCF-8	4000	5.50×10^{13}	0	8.70×10^{13}	1.42×10^{14}

荷载短期效应组合作用下的刚度 B 按等刚度简支梁计算，由于正常使用阶段的荷载通常为试验极限荷载 P_u 的 30%～70%，故此处取试验荷载为 40%P_u、50%P_u 和 60%P_u 计算试验梁的跨中挠度。PPSRC 梁挠度计算简图如图 2.33 所示，跨中挠度计算结果见表 2.13。

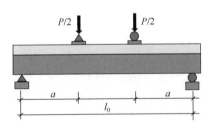

图 2.33　PPSRC 梁挠度计算简图

表 2.13　跨中挠度计算结果

试件编号	40%P_u			50%P_u			60%P_u		
	δ_c/mm	δ_t/mm	δ_c/δ_t	δ_c/mm	δ_t/mm	δ_c/δ_t	δ_c/mm	δ_t/mm	δ_c/δ_t
PPSRCF-1	4.72	4.12	1.15	5.90	5.31	1.11	7.08	6.71	1.06
PPSRCF-2	4.90	5.11	0.96	6.13	6.82	0.90	7.35	8.01	0.92
PPSRCF-3	5.51	5.13	1.08	6.88	6.33	1.09	8.26	8.18	1.01
PPSRCF-4	5.22	5.24	1.00	6.52	6.82	0.96	7.83	8.68	0.90
PPSRCF-5	4.34	3.38	1.28	5.43	5.03	1.09	6.51	6.45	1.00

续表

试件编号	40%P_u			50%P_u			60%P_u		
	δ_c / mm	δ_t / mm	δ_c / δ_t	δ_c / mm	δ_t / mm	δ_c / δ_t	δ_c / mm	δ_t / mm	δ_c / δ_t
PPSRCF-6	3.40	3.31	1.03	4.25	4.48	0.94	5.10	5.61	0.91
PPSRCF-7	5.46	4.52	1.21	6.82	5.78	1.18	8.19	7.62	1.08
PPSRCF-8	5.14	4.39	1.20	6.43	5.65	1.14	7.71	7.18	1.07
平均值			1.11			1.05			0.99
变异系数			0.09			0.09			0.07

从表 2.13 可以看出，在 40%P_u、50%P_u 和 60%P_u 时试件的跨中挠度计算值与试验值接近，其比值的最小值为 0.90，最大值为 1.28，平均值分别为 1.11、1.05 和 0.99，平均值≥1，可见按建议公式计算的挠度是相对安全的。

2.9　PPSRC 梁正截面受弯承载力计算

2.9.1　现有计算方法

随着型钢混凝土的应用越来越广泛，有关型钢混凝土结构的计算理论也越来越完善。国内外大量的试验研究表明，型钢与混凝土的黏结约为光圆钢筋与混凝土黏结力的 45%[14-15]，因此基于对型钢与混凝土之间黏结滑移影响的考虑，目前型钢混凝土梁的受弯承载力计算主要有三种理论：第一种是基于钢结构的计算方法，考虑了外围混凝土的作用；第二种是基于钢筋混凝土的计算方法，忽略型钢与混凝土之间黏结滑移的影响，认为型钢与混凝土共同工作；第三种方法认为梁的承载力由型钢部分和混凝土部分叠加而成[16]。

《钢骨混凝土结构设计规程》(YB 9082–97)是我国最早的关于型钢混凝土的规范。采用的是类似日本的强度叠加理论。对钢结构部分和钢筋混凝土部分分别计算受弯承载力，然后进行叠加。建议的计算方法为

$$M \leqslant M_{by}^{ss} + M_{bu}^{rc} \tag{2.33}$$

$$M_{by}^{ss} = \gamma_s W_{ss} f_{ss} \tag{2.34}$$

$$M_{bu}^{rc} = A_s f_{sy} \gamma h_{b0} \tag{2.35}$$

式中，γ_s ——截面塑性发展系数；

W_{ss} ——型钢的净截面抵抗矩；

f_{ss} ——型钢抗拉强度设计值；

f_{sy} ——受拉钢筋的抗拉强度设计值；

γh_{b0} ——受拉钢筋面积形心至受压区压力作用点距离。

《钢骨混凝土结构设计规程》忽略了型钢和混凝土组合作用的优势，计算结果偏于保守。采用《钢骨混凝土结构设计规程》对 PPSRC 梁进行计算，计算结果与试验结果对比如表 2.14 所示。

表 2.14　计算结果与试验结果对比

试件编号	截面形式	M_u^e/(kN·m)	$M^{c\text{-}YB}$/(kN·m)	$M^{c\text{-}YB}/M_u^e$
PPSRCF-1	类型 A(实心)	160.93	88.76	0.55
PPSRCF-2	类型 A(实心)	168.78	88.76	0.53
PPSRCF-3	类型 A(实心)	190.28	88.76	0.47
PPSRCF-4	类型 C(实心)	1269.20	783.18	0.62
PPSRCF-5	类型 A(空心)	148.02	88.76	0.60
PPSRCF-6	类型 A(空心)	161.80	88.76	0.55
PPSRCF-7	类型 A(空心)	188.56	88.76	0.47
PPSRCF-8	类型 C(空心)	1251.19	783.18	0.63
平均值				0.55
变异系数				0.11

注：M_u^e 为试验受弯承载力；$M^{c\text{-}YB}$ 为 YB 9082—2006 计算受弯承载力。

《组合结构设计规范》(JGJ 138–2016)采用基于钢筋混凝土结构的计算方法，在考虑加载后期黏结滑移的情况下，认为修正截面应变符合平截面假定，取混凝土的极限压应变为 0.003，将型钢翼缘当作纵向钢筋的一部分。《组合结构设计规范》建议的计算方法为

$$M \leqslant f_c bx(h_0 - 0.5x) + f_y' A_s'(h_0 - a_a') + f_a' A_{af}'(h_0 - a_a') + M_{aw} \tag{2.36}$$

$$f_c bx + f_y' A_s' + f_a' A_{af}' - f_y A_s - f_a A_{af} + N_{aw} = 0 \tag{2.37}$$

当 $\delta_1 h_0 < 1.25x$，$\delta_2 h_0 > 1.25x$ 时

$$N_{aw} = \left[2.5\xi - (\delta_1 + \delta_2)\right] t_w h_0 f_a \tag{2.38}$$

$$M_{aw} = \left[\frac{1}{2}\left(\delta_1^2 + \delta_2^2\right) - (\delta_1 + \delta_2) + 2.5\xi - (1.25\xi)^2\right] t_w h_0^3 f_a \tag{2.39}$$

$$\xi_{\mathrm{b}} = \frac{0.8}{1 + \dfrac{f_{\mathrm{y}} + f_{\mathrm{a}}}{2 \times 0.003 E_{\mathrm{s}}}} \tag{2.40}$$

混凝土受压区高度 x 应满足以下要求：

$$x \leqslant \xi_{\mathrm{b}} h_0 \tag{2.41}$$

$$x \geqslant a_{\mathrm{a}}' + t_{\mathrm{f}} \tag{2.42}$$

《组合结构设计规范》中建议的公式仅适用于中和轴位于型钢腹板中这种受力形式，对于中和轴通过型钢上翼缘和中和轴不经过型钢这两种形式并不适用，而试验梁的翼缘宽度较大，计算中和轴位于型钢上翼缘位置，故《组合结构设计规范》并不适用于 T 形截面的 PPSRC 梁计算。

2.9.2　PPSRC 梁正截面受弯承载力计算方法

从 2.9.1 小节的分析可以看出，《钢骨混凝土结构设计规程》偏于保守，不经济。《组合结构设计规范》具有一定的适用范围，对于 T 形截面 PPSRC 梁难以计算，故此处采用《钢与混凝土组合结构》[17]中的设计方法进行计算。《钢与混凝土组合结构》中的假定与《组合结构设计规范》相似，但弥补了其设计范围的局限性，考虑了中和轴在截面不同位置的计算方法，设计属于试算过程，需预先确定中和轴位置。

从受弯试验结果可以看出，实心 PPSRC 梁试件与空心 PPSRC 梁试件均表现出良好的受力性能，型钢、预制混凝土与现浇混凝土三者之间均无滑移产生，结合良好。同时从试件应变结果可以看出，在受力过程中跨中截面应变随截面高度呈线性变化且破坏时型钢翼缘及腹板均已达到屈服强度，故可应用塑性理论进行试件受弯承载力分析。图 2.34 为极限状态时截面应力图，为简化计算，采用如下基本假定：

(1) 截面应变分布符合平截面假定；

(2) 型钢与受力纵筋强度达到相应的屈服强度；

(3) 忽略受拉区混凝土强度对受弯承载力的贡献；

(4) 受压混凝土达到设计抗压强度，采用等效矩形应力方法考虑混凝土作用。

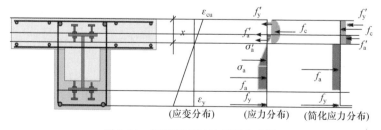

图 2.34　极限状态时的截面应力图

1. 中和轴位于混凝土翼缘板中且高于型钢上翼缘

当混凝土受压区高度 x 小于型钢上翼缘保护层厚度 h_1 时，中和轴位于混凝土翼缘板中且高于型钢上翼缘，如图 2.35 所示。可以认为型钢全截面处于受拉区，且强度达到受拉屈服强度。此时，试件受弯承载力可由式(2.43)和式(2.44)进行计算。

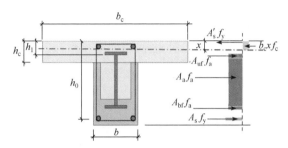

图 2.35　中和轴位于混凝土翼缘板中且高于型钢上翼缘

$$x=\frac{\left(A_s-A_s'\right)f_y+\left(A_{uf}+A_a+A_{bf}\right)f_a}{b_cf_c}\leqslant h_1 \tag{2.43}$$

$$M_u=A_sf_y(h_0-x)+A_{bf}f_a\left(h_w+h_1+\frac{t_f}{2}-x\right)+A_af_a\left(\frac{h_w}{2}+h_1-x\right)$$
$$+A_{uf}f_a\left(h_1-\frac{t_f}{2}-x\right)+A_s'f_y(x-a_s')+b_cxf_c\frac{x}{2} \tag{2.44}$$

式中，c——预制混凝土 U 形外壳厚度；

h_0——试件顶部距受拉纵筋截面中心的距离；

h_1——型钢上翼缘保护层厚度；

a_s'——受压纵筋保护层厚度；

t_f——型钢翼缘厚度；

A_s——受拉纵筋面积；

A_s'——受压纵筋面积；

t_w——型钢腹板厚度；

h_w——型钢腹板高度；

A_{uf}——型钢上翼缘面积；

A_{bf}——型钢下翼缘面积；

A_a——型钢腹板面积；

A_a'——中和轴上部型钢腹板面积。

2. 中和轴位于混凝土翼缘板中且通过型钢腹板

当混凝土受压区高度 x 大于型钢上翼缘保护层厚度 h_1、小于混凝土翼缘板厚

度 h_c 时，中和轴位于混凝土翼缘板中且通过型钢腹板，如图 2.36 所示。型钢上翼缘与中和轴上部型钢腹板受压屈服，型钢下翼缘与中和轴下部型钢腹板受拉屈服，此时试件受弯承载力可由式(2.45)和式(2.46)进行计算。

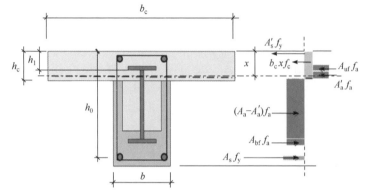

图 2.36　中和轴位于混凝土翼缘板中且通过型钢腹板

$$h_1 < x = \frac{(A_a - 2A_a' + A_{bf} - A_{uf})f_a + (A_s - A_s')f_y}{b_c f_c} \leqslant h_c \tag{2.45}$$

$$
\begin{aligned}
M_u &= A_s f_y (h_0 - x) + A_{bf}\left(h_w + h_1 - \frac{t_f}{2} - x\right) + (A_a - A_a')f_a\left(\frac{h_w + h_1 - x}{2}\right) \\
&\quad + A_a' f_a \frac{(x - h_1)}{2} + A_{uf} f_a\left(x - h_1 + \frac{t_f}{2}\right) + A_s f_y (x - a_s') + b_c x f_c \frac{x}{2}
\end{aligned}
\tag{2.46}
$$

3. 中和轴低于混凝土翼缘板且通过型钢腹板

当混凝土受压区高度 x 大于混凝土上翼缘板高度 h_c 时，中和轴低于混凝土翼缘板且通过型钢腹板，如图 2.37 所示。可以认为中和轴上部型钢受压屈服，下部型钢受拉屈服此时，应按试验中的空心截面和实心截面梁分开计算，试件受弯承载力可由式(2.47)～式(2.50)进行计算。

(1) 实心截面：

$$h_c < x = \frac{(A_a - 2A_a' + A_{bf} - A_{uf})f_a + (A_s - A_s')f_y - b_c h_c f_{c,in}}{(b - 2c)f_{c,in} + 2c f_{c,out}} + h_c \leqslant h_1 + h_w \tag{2.47}$$

$$
\begin{aligned}
M_u &= A_s f_y (h_0 - x) + A_{bf}\left(h_w + h_1 - \frac{t_f}{2} - x\right) + (A_a - A_a')f_a\left(\frac{h_w + h_1 - x}{2}\right) \\
&\quad + A_a' f_a \frac{(x - h_1)}{2} + A_{uf} f_a\left(x - h_1 + \frac{t_f}{2}\right) + A_s f_y (x - a_s') + b_c h_c f_c\left(x - \frac{h_c}{2}\right) \\
&\quad + (x - h_0)\left[(b - 2c)f_{c,in} + 2c f_{c,out}\right]\left(\frac{x - h_c}{2}\right)
\end{aligned}
\tag{2.48}
$$

(2) 空心截面：

$$h_c < x = \frac{(A_a - 2A_a' + A_{bf} - A_{uf})f_a + (A_s - A_s')f_y - b_c h_c f_{c,in}}{2cf_{c,out}} + h_c \leqslant h_1 + h_w \quad (2.49)$$

$$M_u = A_s f_y (h_0 - x) + A_{bf}\left(h_w + h_1 - \frac{t_f}{2} - x\right) + (A_a - A_a')f_a\left(\frac{h_w + h_1 - x}{2}\right)$$

$$+ A_a' f_a \frac{(x - h_1)}{2} + A_{uf} f_a \left(x - h_1 + \frac{t_f}{2}\right) + A_s f_y (x - a_s') \quad (2.50)$$

$$+ b_c h_c f_c \left(x - \frac{h_c}{2}\right) + 2cf_{c,out}(x - h_0)\left(\frac{x - h_c}{2}\right)$$

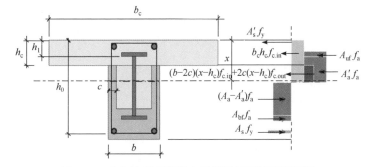

图 2.37　中和轴低于混凝土翼缘板且通过型钢腹板

　　根据上述计算方法得到 8 个试件的受弯承载力计算结果，其与试验结果的比较如表 2.15 所示。可以看出，计算结果与试验结果吻合良好，可采用建议计算方法对实心 PPSRC 梁和空心 PPSRC 梁进行受弯承载能力计算。

表 2.15　受弯承载力计算结果与试验结果比较

试件编号	截面形式	M_u^e /(kN·m)	$M_u^{c\text{-}JGJ}$ /(kN·m)	$M_u^{c\text{-}JGJ} / M_u^e$
PPSRCF-1	类型 A(实心)	160.93	128.93	0.80
PPSRCF-2	类型 A(实心)	168.78	136.65	0.81
PPSRCF-3	类型 A(实心)	190.28	154.13	0.81
PPSRCF-4	类型 C(实心)	1269.20	1105.17	0.87
PPSRCF-5	类型 A(空心)	148.02	128.93	0.87
PPSRCF-6	类型 A(空心)	161.80	136.65	0.85
PPSRCF-7	类型 A(空心)	188.56	154.13	0.82
PPSRCF-8	类型 C(空心)	1251.19	1105.17	0.88
平均值				0.84
变异系数				0.04

2.10 本 章 小 结

本章对 8 个 PPSRC 梁和 1 个 SRC 梁进行了受弯性能试验，并采用有限元软件对试验试件进行数值模拟分析。通过对比各特征点的应力和裂缝发展过程，发现数值计算结果与试验结果吻合较好。进一步采用数值模拟方法对 PPSRC 梁考虑不同截面形式、型钢类型等进行分析，并基于现有计算方法给出了适用于 PPSRC 梁的挠度和受弯承载力计算方法，得到如下结论：

(1) PPSRC 梁在受弯作用下，其预制部分与现浇部分两种混凝土均能够保持良好的共同工作性能，所采用的预制梁截面构造形式和连接方式可行。

(2) 空心 PPSRC 梁、实心 PPSRC 梁和整浇 SRC 梁受力行为接近，并具有相同破坏形态和相近的承载力，预制和现浇两种制作方式对试件受弯性能影响不明显。

(3) 空心 PPSRC 梁其腹板截面形式为空心，对试件受弯性能有一定影响，但这种影响随着现浇混凝土强度的增加而显著降低。

(4) 矩形截面的 PPSRC 梁受弯承载力随现浇混凝土强度的增加而提高，空心截面梁承载力略低于实心截面梁，整体相差不大。

(5) 倒 T 型钢和宽翼缘型钢的两种 PPSRC 梁经数值计算后，与试验试件的受力行为相似，承载力变化不大，考虑两类型钢带来的经济效益和施工工序的简化，倒 T 型钢是一种有效改进措施。

(6) T 形截面的空心 PPSRC 梁与实心 PPSRC 梁受力行为相似的结论同样适用于矩形截面梁，其矩形截面梁的承载力随现浇混凝土强度的增加而提高。

(7) T 型钢 PPSRC 梁与 H 型钢 PPSRC 梁受弯性能相似，两者承载力的差距随现浇混凝土强度的增加而减小，且空心截面与实心截面受力行为相差不大。

(8) 分析了现有 SRC 梁刚度计算方法，建立了型钢、钢筋混凝土和刚心区三部分叠加的刚度计算方法，计算结果与 PPSRC 梁试验结果吻合较好。

(9) 分析了现有 SRC 梁受弯承载力计算方法的特点。基于平截面假定建立了实心 PPSRC 梁和空心 PPSRC 梁受弯承载力计算公式，所得受弯承载力计算结果与试验结果吻合较好。

参 考 文 献

[1] 中华人民共和国国家质量监督检验检疫总局, 中国国家标准化管理委员会. 金属材料 拉伸试验 第1部分:室温试验方法: GB/T 228.1—2010[S]. 北京: 中国标准出版社, 2010.

[2] 过镇海, 时旭东. 钢筋混凝土原理和分析[M]. 北京: 清华大学出版社, 2003.

[3] Park R. State of the art report ductility evaluation from laboratory and analytical testing [C]. Proceedings of Ninth

World Conference on Earthquake Engineering, Tokyo, 1988: 605-616.

[4] 冯鹏, 强翰霖, 叶列平. 材料、构件、结构的"屈服点"定义与讨论[J]. 工程力学, 2017, 34(3): 36-46.

[5] 王玉镯, 傅传国. ABAQUS 结构工程分析及实例详解[M]. 北京: 中国建筑工业出版社, 2010.

[6] 梁兴文, 叶艳霞. 混凝土结构非线性[M]. 北京: 中国建筑工业出版社, 2007.

[7] 过镇海. 钢筋混凝土原理[M]. 北京: 清华大学出版社, 2013.

[8] 中华人民共和国住房和城乡建设部. 组合结构设计规范: JGJ 138—2016[S]. 北京: 中国建筑工业出版社, 2016.

[9] 中华人民共和国发展和改革委员会. 钢骨混凝土结构技术规程: YB 9082—2006[S]. 北京: 冶金工业出版社, 2006.

[10] 赵鸿铁. 钢与混凝土组合结构[M]. 北京: 科学出版社, 2001.

[11] 中华人民共和国住房和城乡建设部, 中华人民共和国国家质量监督检验检疫总局. 混凝土结构设计规范: GB 50010—2010[S]. 北京: 中国建筑工业出版社, 2015.

[12] 王朝霞. 型钢混凝土梁裂缝和变形的研究[D]. 西安: 西安建筑科技大学, 2006.

[13] 邵永健. 型钢轻骨料混凝土梁的力学性能及设计方法的试验研究[D]. 西安: 西安建筑科技大学, 2007.

[14] ACI Committee. Building code requirements for structural concrete: ACI 318M-11[S]. Farmington Hills: American Concrete Institute, 2011.

[15] AISC Committee. Specification for structural steel building: AISC 360-10[S]. Chicago: American Institute of Steel Construction, 2010.

[16] 马宁. 预制装配型钢混凝土 T 型梁抗弯性能研究[D]. 西安: 西安建筑科技大学, 2015.

[17] 赵鸿铁. 钢与混凝土组合结构[M]. 北京: 科学出版社, 2001.

第3章 PPSRC 梁的受剪性能研究

3.1 引　言

　　通过第 2 章对 PPSRC 梁的受弯性能试验研究，发现 PPSRC 梁在受弯作用下与 SRC 梁具有相似受力行为，不同强度的混凝土之间能够保持良好的共同工作性能。为合理准确提出 PPSRC 梁设计方法，还需对其斜截面受剪性能进行深入分析。国内外学者提出了多种抗剪理论分析方法，主要有以下几大类：桁架理论(如古典桁架模型、变角桁架模型、软化桁架模型、桁架-拱模型等)、塑性理论、极限平衡理论、统计分析法及非线性有限元法。桁架理论主要通过建立平衡方程、协调方程及物理方程对抗剪性能进行分析；塑性理论可用来解决复杂受力状态下抗剪强度问题，并获得较精确的解；极限平衡理论通过临界斜裂缝上下两部分弯矩及力的平衡来求解极限受剪承载力；统计分析法是在对大量试验结果进行数理统计分析的基础上，通过研究影响结构或构件抗剪强度的主要因素，建立具有一定可靠度的受剪承载力经验公式；非线性有限元法是随着计算机技术的发展而出现的，对复杂受力结构或构件的分析提供了有效途径。

　　本章将对 29 个 T 形截面 PPSRC 梁及 2 个 SRC 对比梁进行受剪性能试验，通过对现浇混凝土强度、剪跨比、截面形式等的分析，全面考察 PPSRC 梁分别在正、负弯矩作用下的受剪性能。同时采用数值模拟方法，进一步分析翼缘宽度、截面类型等对受剪承载力的影响。结合试验研究和数值计算结果分析 PPSRC 梁的受剪机理，提出 PPSRC 梁的桁架-拱模型，并基于变形协调条件将桁架、拱和型钢三者对受剪承载力的作用结合，建立适用于 PPSRC 梁的受剪承载力计算方法。

3.2 试 验 概 况

3.2.1 试件设计

　　试验共设计了 31 个试件，包括 29 个 PPSRC 梁试件和 2 个整浇 SRC 梁对比试件，试件均为 T 形截面，各类型试件截面示意图以及部分构造示意图如图 3.1 所示。试件参数如表 3.1 所示。此次共采用了三种截面类型，类型 A 试件为常规 T 形截面 PPSRC 梁，类型 B 试件为内部采用蜂窝型钢的 PPSRC 梁，类型 C 试件为预制高强混凝土空心截面 PPSRC 梁，各类型梁的具体参数如下。

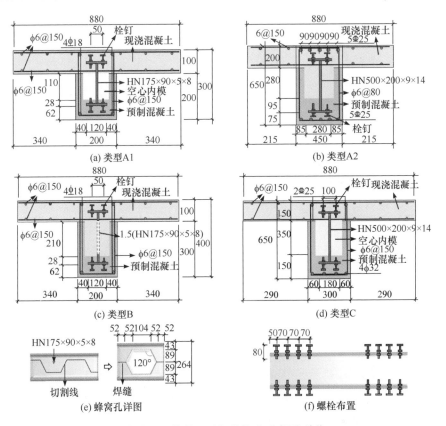

图 3.1　各类型试件截面及部分构造示意图(单位：mm)

表 3.1　PPSRC 梁受剪试件参数汇总表

试件编号	剪跨比	剪跨段长度 a/mm	截面形式	预制混凝土立方体抗压强度 $f_{cu,out}$/MPa	现浇混凝土立方体抗压强度 $f_{cu,in}$/MPa	型钢类型	加载方式	受剪区域
PPSRC-1	1.0	270	类型 A1	54.0	38.1	HN1	两点加载	正弯矩
PPSRC-2	1.5	405	类型 A1	54.0	38.1	HN1	两点加载	正弯矩
PPSRC-3	1.8	486	类型 A1	54.0	38.1	HN1	两点加载	正弯矩
PPSRC-4	1.5	405	类型 A1	54.0	21.7	HN1	两点加载	正弯矩
PPSRC-5	1.5	405	类型 A1	54.0	68.0	HN1	两点加载	正弯矩

试件编号	剪跨比	剪跨段长度 a/mm	截面形式	预制混凝土立方体抗压强度 $f_{cu,out}$/MPa	现浇混凝土立方体抗压强度 $f_{cu,in}$/MPa	型钢类型	加载方式	受剪区域
SRC-1	1.5	405	类型 A1	—	68.0	HN1	两点加载	正弯矩
PPSRC-6	1.0	270	类型 A1	54.0	38.1	HN1	单点加载	负弯矩
PPSRC-7	1.5	405	类型 A1	54.0	38.1	HN1	单点加载	负弯矩
PPSRC-8	1.8	486	类型 A1	54.0	38.1	HN1	两点加载	负弯矩
PPSRC-9	1.5	405	类型 A1	54.0	21.7	HN1	两点加载	负弯矩
PPSRC-10	1.5	405	类型 A1	54.0	68.0	HN1	两点加载	负弯矩
SRC-2	1.5	405	类型 A1	—	68.0	HN1	两点加载	负弯矩
PPSRC-11	0.5	305	类型 A2	45.0	31.8	HN3	两点加载	正弯矩
PPSRC-12	1.0	610	类型 A2	45.0	31.8	HN3	两点加载	正弯矩
PPSRC-13	1.5	915	类型 A2	45.0	31.8	HN3	两点加载	正弯矩
PPSRC-14	0.5	305	类型 A2	45.0	31.8	HN3	两点加载	负弯矩
PPSRC-15	1.0	610	类型 A2	45.0	31.8	HN3	两点加载	负弯矩
PPSRC-16	1.5	915	类型 A2	45.0	31.8	HN3	单点加载	负弯矩
PPSRC-17	1.0	365	类型 B	54.0	38.1	HN2	单点加载	正弯矩
PPSRC-18	1.5	550	类型 B	54.0	38.1	HN2	两点加载	正弯矩
PPSRC-19	2.0	730	类型 B	54.0	38.1	HN2	单点加载	正弯矩
PPSRC-20	1.5	550	类型 B	54.0	21.7	HN2	两点加载	正弯矩
PPSRC-21	1.5	550	类型 B	54.0	68.0	HN2	单点加载	正弯矩
PPSRC-22	2.5	913	类型 B	54.0	38.1	HN2	单点加载	正弯矩
PPSRC-23	1.0	365	类型 B	54.0	21.7	HN2	单点加载	正弯矩
PPSRC-24	0.5	300	类型 C(空心)	88.8	31.8	HN3	两点加载	正弯矩
PPSRC-25	1.0	600	类型 C(空心)	88.8	31.8	HN3	两点加载	正弯矩
PPSRC-26	1.5	900	类型 C(空心)	88.8	31.8	HN3	两点加载	正弯矩
PPSRC-27	1.8	1080	类型 C(空心)	88.8	31.8	HN3	两点加载	正弯矩
PPSRC-28	1.0	600	类型 C(实心)	88.8	31.8	HN3	两点加载	正弯矩
PPSRC-29	1.0	600	类型 C(空心)	88.8	31.8	HN3	单点加载	负弯矩

(1) 类型 A 试件采用两种截面形式，分别为 A1 和 A2，如图 3.1(a)和(b)所示。A1 截面梁腹部尺寸为 200mm×300mm，预制梁高 200mm，混凝土翼缘板宽度为 880mm，厚度为 100mm。试件型钢均采用 Q235 热轧 H 型钢，型钢采用 HN175×90×5×8(HN1)。A2 截面梁腹部尺寸为 450mm×650mm，预制梁高 450mm，混凝土翼缘板宽度为 880mm，厚度为 200mm，上下各配置 5 根直径 25mm 的钢筋，箍筋采用 HPB235 级钢筋，直径为 6mm，间距为 80mm。型钢采用 HN500×200×9×14(HN3)。

(2) 图 3.1(c)为类型 B 试件，试件腹部截面尺寸为 200mm×400mm，预制梁高 300mm，内置蜂窝钢采用 HN175×90×5×8 的型钢按扩张比为 1.5 切割焊接而成[HN2，蜂窝孔详图见图 3.1(e)]。纵筋均采用 HRB335 级钢筋，直径为 18mm，箍筋采用 HPB235 级钢筋，直径为 6mm，间距为 150mm。

(3) 图 3.1(d)为类型 C 试件，类型 C 试件主要由 5 个空心截面试件和 1 个实心截面对比试件组成，试件腹部截面尺寸为 300mm×650mm，预制梁高 500mm，现浇层厚度为 150mm。型钢采用 HN500×200×9×14(HN3)，下部纵筋均采用 PBS1080 级钢筋，直径为 32mm，箍筋采用 HPB235 级钢筋，直径为 6mm，间距为 150mm。

为加强预制外壳与后浇筑混凝土之间的共同工作性能，防止受力过程中两种混凝土出现纵向滑移，在预制混凝土 U 形槽内部沿纵向设置三个厚 150mm 的混凝土横向肋板，分别布置于梁端部和跨中。现浇混凝土浇筑于 U 形槽内部，加之内部型钢的嵌固，保证了梁的整体性。

为确保型钢与混凝土之间不产生相对滑移，发生纵向剪切黏结破坏，在型钢上下翼缘端部布置抗剪螺栓。类型 A 试件上、下翼缘端部设有 M12 抗剪螺栓，每侧每端 8 个，螺栓布置图如图 3.1(f)所示，类型 B 和类型 C 试件设有 M16 抗剪螺栓，每侧每端 12 个。

3.2.2　试件制作

PPSRC 梁试件加工图如图 3.2 所示。图 3.2(a)为钢筋骨架和内模，先将布置好抗剪螺栓的型钢放进由纵向受力钢筋和箍筋绑扎制成的钢筋骨架，再将内模放置于梁腹板空心部位并进行固定。内模长为 500mm，间距为 150mm，浇筑成型后去掉内模形成带横向肋板 U 形预制混凝土截面。两个空心内模之间形成 150mm 厚的预制混凝土肋板，待现浇混凝土浇筑至预制混凝土的 U 形槽中，预留的横向肋板加强了预制混凝土与后浇筑混凝土之间纵向共同工作性能。图 3.2(b)为蜂窝钢焊接。蜂窝钢的扩张比定义为焊接后截面高度 H 与原实腹型钢截面高度 h 的比值，用字母 k 表示，即 $k=H/h$。图 3.2(c)为预制混凝土浇筑成型，待预制混凝土初凝后，可将内模取出，形成 U 形预制截面。对于整浇试件，一次将腹板和翼缘板混凝土浇筑完。对于类型 C 空心梁试件的制作，在一次浇筑成型后对内模不进行处理。所有试件一次浇筑结束后，绑扎翼缘板的面筋和底筋钢筋网，并将其与型钢绑扎在一起进行二次混凝土浇筑，现浇混凝土浇筑成型如图 3.2(d)所示。

(a) 钢筋骨架和内模　　　　　　　　　　　　　　(b) 蜂窝钢焊接

(c) 预制混凝土浇筑成型　　　　　　　　　　　　(d) 现浇混凝土浇筑成型

图 3.2　PPSRC 梁试件加工图

3.2.3　量测方案

预制混凝土浇筑前，钢材的应变测点预先布置在纵向受力钢筋、型钢上下翼缘及腹板上，从而掌握钢筋和型钢在加载过程中各受力阶段的应力与变形情况。待二次混凝土浇筑结束后，试件加载前在梁的剪跨段沿主裂缝开展方向布置混凝土附着式应变仪，以了解在试件加载过程中，沿试件截面高度及沿斜裂缝截面处混凝土的应变值。试验时由于加载装置的作用，梁的两端支座常常伴有不均匀沉陷，可能使梁产生刚性位移，会影响试验结果的准确性。为了保证测量结果的可靠性，求得较准确的试件变形，试验考虑了支座沉陷的影响，利用试件支座处沉降位移平均值与跨中挠度测量值得到试件的跨中位移实际值。试件的应变测点和位移计布置情况以类型 A1 试件为例，应变片布置示意图如图 3.3 所示，位移计布置及加载示意图如图 3.4 所示。

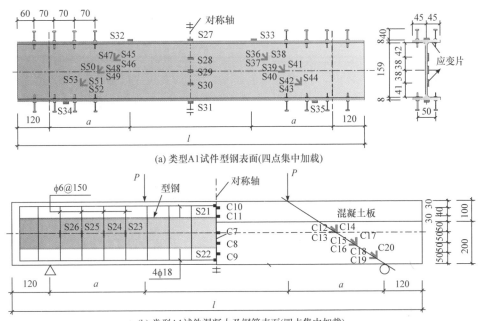

(a) 类型A1试件型钢表面(四点集中加载)

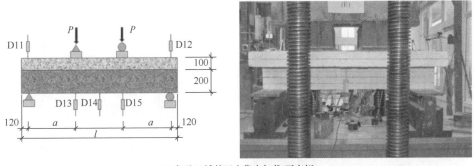

(b) 类型A1试件混凝土及钢筋表面(四点集中加载)

图 3.3　应变片布置示意图(单位: mm)

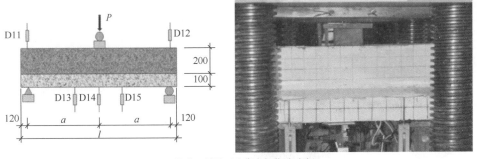

(a) 类型A1试件四点集中加载(正弯矩)

(b) 类型A1试件三点集中加载(负弯矩)

图 3.4　位移计布置及加载示意图(单位: mm)

3.3　试　验　结　果

3.3.1　试验现象

1. 类型 A 试件受剪性能试验现象

类型 A1 试件 PPSRC-1～PPSRC-5 和整浇对比试件 SRC-1 均为正弯矩区受剪试件，试件破坏形态(正弯矩)如图 3.5 所示。加载初期[(10%～15%)P_u]，首先在梁跨中出现一系列细微的竖向裂缝，斜裂缝在垂直裂缝之后加载至(15%～25%)P_u 时相继出现。以试件 PPSRC-4 的受力过程为例，加载至 80kN(9%P_u)时，梁跨中出现第一条垂直裂缝，长度约为 200mm。加载至 160kN(18%P_u)时，试件剪跨段腹板中部出现第一条斜裂缝，长度约为 150mm。继续加载至 240kN(27%P_u)斜裂缝沿加载点到支座处贯通腹板，随后剪跨段主斜裂缝周围出现多条细微的斜裂缝，当加载至 603kN(68%P_u)时，新的裂缝基本停止出现，主斜裂缝继续扩张约 1mm 宽。当加载至 789kN(89%P_u)时，支座处沿主斜裂缝混凝土起鼓剥落。当加载至 887kN(100%P_u)试件达到峰值荷载，随着"嘭"的一声荷载开始下降。由于内部型钢的存在，其破坏形态明显不同于钢筋混凝土梁的脆性破坏。尤其是剪跨比在 1.0～2.0 的试件，荷载下降段平缓，表现出较好的延性，具有延性破坏的特点。

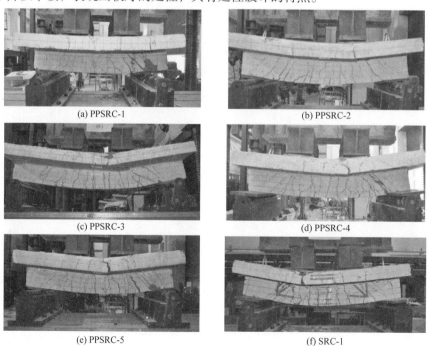

(a) PPSRC-1　　　　　　　　　　　　(b) PPSRC-2

(c) PPSRC-3　　　　　　　　　　　　(d) PPSRC-4

(e) PPSRC-5　　　　　　　　　　　　(f) SRC-1

图 3.5　类型 A1 试件破坏形态(正弯矩)

类型 A1 试件 PPSRC-6~PPSRC-10 和整浇对比试件 SRC-2 均为负弯矩区受剪试件，试件破坏形态(负弯矩)如图 3.6 所示。除剪跨比为 1.0 的试件 PPSRC-6 外，其余试件均在(20%~25%)P_u 时在跨中部位出现第一条垂直裂缝，加载至(25%~35%)P_u，沿加载点到支座的斜裂缝相继出现，其破坏模式与正弯矩区受剪试件相似。以试件 PPSRC-9 的受力过程为例，加载至 133kN(21%P_u)时翼缘板侧面纯弯段出现两条对称的垂直裂缝，两条裂缝向上延伸约 40mm，加载至 152kN(24%P_u)腹板侧面出现第一条斜裂缝，此裂缝在加载点下方约 60mm 处。加载至 461kN(73%P_u)试件腹板处斜裂缝向上发展至型钢上翼缘处，主斜裂缝周边出现较多的细小微裂缝。加载至 581kN(92%P_u)时，试件基本没有新裂缝出现，已有裂缝继续开展，腹板剪跨段混凝土外鼓，受压区混凝土不断压碎，翼缘板底面裂缝开展较为充分，腹板处混凝土起鼓严重。加载至 632kN(100%P_u)时，试件斜裂缝贯通，加载点处混凝土压碎，之后荷载基本不再增加，试件挠度增长较快，剪跨段主斜裂缝最终宽约 3.5mm。

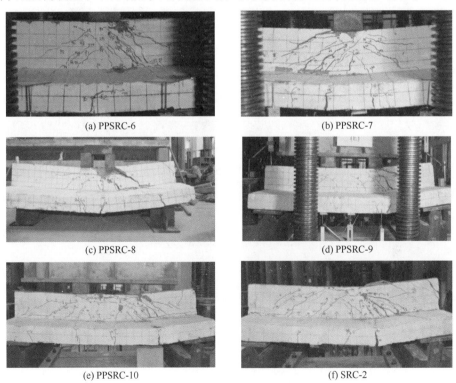

图 3.6　类型 A1 试件破坏形态(负弯矩)

类型 A2 试件破坏形态如图 3.7 所示，试件 PPSRC-11~PPSRC-13 为正弯矩区受剪试件，试件 PPSRC-14~PPSRC-16 为负弯矩区受剪试件。剪跨比分别为 0.5、1.0 和 1.5。可以看出试件均出现了明显的剪切破坏形态。破坏过程以试件

PPSRC-11 为例，加载至 614kN(9%P_u)，梁跨中靠右侧加载点处出现第一条垂直裂缝。加载至 818kN(12%P_u)时，试件左侧剪跨段出现第一条斜裂缝。当加载至 2522kN(37%P_u)时，右剪跨段腹部出现第一条斜裂缝，并由腹部延伸至加载点。继续加载至 4227kN(62%P_u)，斜裂缝贯通腹板，随后剪跨段主斜裂缝周围出现多条细微的斜裂缝。随着荷载增加，左右两侧剪跨段斜裂缝持续出现，当加载至 6476kN(95%P_u)时接近峰值荷载，左右两侧加载点混凝土开始压溃脱落。试件发生典型的斜压破坏，加载过程中新旧混凝土未发现明显的界面剪切滑移。

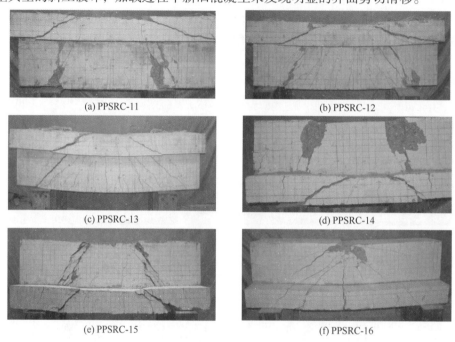

(a) PPSRC-11　　　　　　　　　　　(b) PPSRC-12

(c) PPSRC-13　　　　　　　　　　　(d) PPSRC-14

(e) PPSRC-15　　　　　　　　　　　(f) PPSRC-16

图 3.7　类型 A2 试件破坏形态

2. 类型 B 试件受剪性能试验现象

类型 B 典型试件破坏形态如图 3.8 所示，试件 PPSRC-17～PPSRC-23 为内置蜂窝型钢 T 形截面梁受剪试件。破坏过程以试件 PPSRC-23 为例，其裂缝开展形式如下：加载至 234kN(20%P_u)，在加载点下方受拉区混凝土位置出现第一条竖向裂缝，长度约 20mm。加载至 398kN(34%P_u)时，梁翼缘板侧面加载点正下方位置出现竖直裂缝，长度约为 70mm。加载至 456kN(39%P_u)时，腹板中部弯剪段出现多条细微裂缝，并向加载点方向发展。梁腹板中部剪跨段位置沿支座与加载点连线方向出现斜向裂缝，长度约为 150mm。继续加载到 597kN(51%P_u)，梁另一侧腹板处支座位置处出现斜向裂缝，并迅速向上延伸至叠合面位置处。加载至 1170kN(P_u)时，翼缘板混凝土被压碎，剪跨段腹板表面混凝土大片剥落，荷载开始下降。

剪跨比为 2.0 和 2.5 的试件 PPSRC-19 和 PPSRC-22 的破坏形态类似弯曲破坏，其余试件的破坏形态为与试件 PPSRC-23 类似的剪切破坏。试验加载结束后，将梁剪跨段腹部一侧混凝土剖开，内部破坏形态见图 3.8(h)，可以看出剪跨段蜂窝钢与混凝土之间以及预制混凝土和现浇混凝土之间没有任何黏结滑移。同时蜂窝钢没有发生局部屈曲，靠近支座一侧的蜂窝腹板孔脚发生断裂破坏。

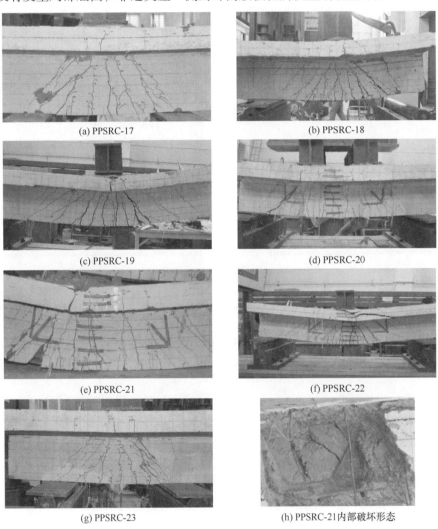

(a) PPSRC-17

(b) PPSRC-18

(c) PPSRC-19

(d) PPSRC-20

(e) PPSRC-21

(f) PPSRC-22

(g) PPSRC-23

(h) PPSRC-21 内部破坏形态

图 3.8　类型 B 典型试件破坏形态

3. 类型 C 试件受剪性能试验现象

类型 C 试件破坏形态如图 3.9 所示，PPSRC-24～PPSRC-29 为预制梁采用超高性能混凝土 T 形截面梁受剪试件，裂缝开展形态以试件 PPSRC-25 为例，加载至 940kN(22% P_u)，西侧剪跨段腹板高度 1/2 处出现第一条腹剪斜裂缝，沿支座与加载点连线方向发展，向上延伸至腹板翼缘交界处，该初始斜裂缝倾角约为 66°。加载至 1667kN(39%P_u)时，跨中纯弯段出现第一条弯曲裂缝，长度约为 180mm。加载至 3505kN(82%P_u)时，临界斜裂缝继续延伸发展，宽度约为 1mm。并且在临界斜裂缝周围有数条新裂缝产生。加载至 4190kN(98%P_u)时，混凝土开始剥落，斜裂缝进一步加宽，荷载增长缓慢，挠度增长速率明显增大。加载至 4275kN(100%P_u)，试件达到极限荷载后开始进入下降段。

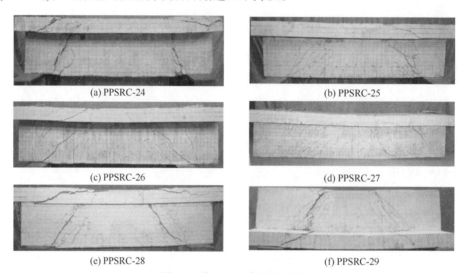

(a) PPSRC-24　　　　　　　　　　　　　(b) PPSRC-25

(c) PPSRC-26　　　　　　　　　　　　　(d) PPSRC-27

(e) PPSRC-28　　　　　　　　　　　　　(f) PPSRC-29

图 3.9　类型 C 试件破坏形态

3.3.2　荷载-挠度曲线

　　试件受力特征曲线如图 3.10 所示，试件特征荷载见表 3.2。图 3.10 中试件的转角定义为加载点的位移与剪跨段的长度之比。从受剪承载力-转角曲线可以看出，类型 A1 正弯矩区受剪试件均有较好的延性，同时在刚度上没有明显的差异。类型 A1 负弯矩区受剪试件的抗剪性能低于其正弯矩区的抗剪性能，且其延性较差，在峰值荷载后失效快。试件 PPSRC-6 和 PPSRC-7 为单点加载，虽然峰值荷载出现不久有一个缓慢下降段，但仍能维持 85%峰值荷载工作，这也表现出良好的延性。类型 B 试件采用的是蜂窝型钢，其延性低于类型 A1 试件，尤其是剪跨比为 1.0 的试件 PPSRC-17 其延性低于同条件下采用实腹 H 型钢的试件 PPSRC-1，但其受剪承载力仍能达到理想水平。采用足尺预制装配型钢混凝土梁的类型 A2 试件受力性能与上述试件相似，剪跨比为 1.0 的试件在峰值荷载过后有明显的下降段，剪跨比为 1.5 的试件下降段较平缓。

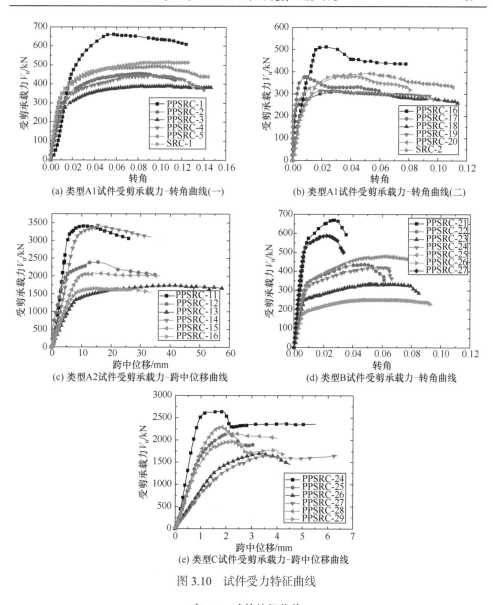

(a) 类型A1试件受剪承载力-转角曲线(一)

(b) 类型A1试件受剪承载力-转角曲线(二)

(c) 类型A2试件受剪承载力-跨中位移曲线

(d) 类型B试件受剪承载力-转角曲线

(e) 类型C试件受剪承载力-跨中位移曲线

图 3.10　试件受力特征曲线

表 3.2　试件特征荷载

试件编号	截面有效高度 h_0/mm	剪跨段长度 a/mm	垂直裂缝开裂荷载 $P_{f,cr}$/kN	斜裂缝开裂荷载 $P_{s,cr}$/kN	极限荷载 P_u/kN	受剪承载力 V_u/kN	破坏形态
PPSRC-1	270	270	180	320	1324	662	剪切斜压
PPSRC-2	270	405	100	220	919	460	剪压破坏
PPSRC-3	270	486	94	120	784	392	剪压破坏

试件编号	截面有效高度 h_0/mm	剪跨段长度 a/mm	垂直裂缝开裂荷载 $P_{f,cr}$/kN	斜裂缝开裂荷载 $P_{s,cr}$/kN	极限荷载 P_u/kN	受剪承载力 V_u/kN	破坏形态
PPSRC-4	270	405	94	160	887	444	剪压破坏
PPSRC-5	270	405	120	330	988	494	剪压破坏
SRC-1	270	405	180	260	1030	515	剪压破坏
PPSRC-6	270	270	307	205	1024	512	剪切斜压
PPSRC-7	270	405	172	195	750	375	剪压破坏
PPSRC-8	270	486	136	236	620	310	剪压破坏
PPSRC-9	270	405	127	151	632	316	剪压破坏
PPSRC-10	270	405	189	291	786	393	剪压破坏
SRC-2	270	405	176	267	764	382	剪压破坏
PPSRC-11	610	305	600	820	6817	3409	剪切斜压
PPSRC-12	610	610	680	640	4780	2390	剪压破坏
PPSRC-13	610	915	500	630	3470	1735	剪压破坏
PPSRC-14	610	305	2150	1000	6721	3361	剪切斜压
PPSRC-15	610	610	450	700	4164	2082	剪压破坏
PPSRC-16	610	915	500	1000	3306	1653	剪压破坏
PPSRC-17	365	365	270	270	1340	670	剪压破坏
PPSRC-18	365	550	160	180	870	435	剪压破坏
PPSRC-19	365	730	96	140	664	332	剪压破坏
PPSRC-20	365	365	150	130	840	420	剪压破坏
PPSRC-21	365	550	190	285	960	480	剪压破坏
PPSRC-22	365	913	50	128	500	250	剪压破坏
PPSRC-23	365	365	230	330	1170	585	剪压破坏
PPSRC-24	601	301	3950	1600	5274	2637	剪切斜压
PPSRC-25	601	601	1650	950	4275	2138	剪切斜压
PPSRC-26	601	902	830	870	3397	1699	剪压破坏
PPSRC-27	601	1082	850	570	3396	1698	剪压破坏
PPSRC-28	601	601	400	550	4575	2288	剪切斜压
PPSRC-29	601	601	320	600	3933	1967	剪切斜压

注：试验试件主要分为剪切斜压破坏和剪压破坏两类。当试件剪跨比 $\lambda \leqslant 1$ 时，发生剪切斜压破坏；当剪跨比 $1 < \lambda \leqslant 2$ 时，发生剪压破坏。

3.3.3　应变分布

部分试件截面应变分布如图 3.11 所示。图中给出了部分试件混凝土和型钢上沿截面高度电阻应变片随荷载的应变变化曲线。根据型钢材性试验的结果，可以计算出型钢腹板的屈服应变为 1549με。由图可以看出，型钢部分屈服。

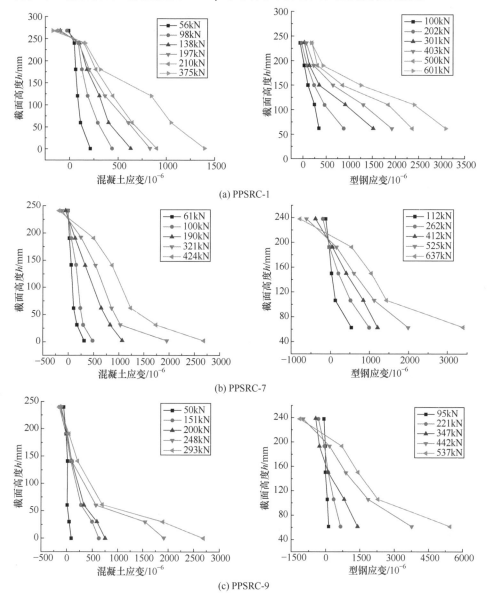

图 3.11　部分试件截面应变分布

3.4　有限元分析

本节采用 ABAQUS 有限元计算软件对 PPSRC 梁的预制部分和整体的受剪性能进行分析研究，更加深入地了解 PPSRC 梁的受剪机理。通过对试件 PPSRC-4、PPSRC-21 的试验模型进行有限元分析，确定有限元分析中采用的材料本构关系和单元类型选取的合理性。在此基础上深入分析 PPSRC 梁中混凝土翼缘板对受剪承载力贡献的变化规律。

3.4.1　荷载-挠度曲线

荷载-跨中挠度对比曲线如图 3.12 所示。试件 PPSRC-4 和试件 PPSRC-21 初始阶段数值模拟刚度略大于试验结果，屈服阶段模拟结果趋近于试验结果。总体来说，模拟曲线与试验曲线吻合度较好，选取的计算模型能较为准确地反映PPSRC 梁的整个受力过程。

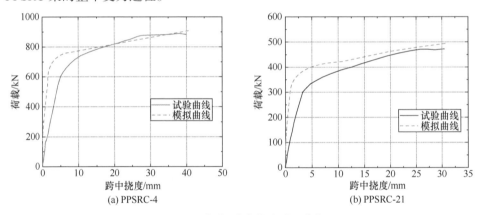

图 3.12　荷载-跨中挠度对比曲线

3.4.2　应力分布

试件 PPSRC-4 的应力云图如图 3.13 所示。从图中可以看出，型钢跨中下翼缘和型钢剪跨段腹板位置处的应力较大，跨中位置型钢腹板的应力沿其高度方向逐渐减小，中和轴位置接近型钢上翼缘。加载至峰值荷载时，剪跨段腹板处混凝土屈服，受压区翼缘混凝土压溃，型钢和混凝土两种材料的性能优势得到充分发挥。

由图 3.14 给出了试件 PPSRC-17 的应力云图，可以看出混凝土剪跨段应力较大，应力沿加载点至支座位置分布。通过对比内部蜂窝型钢孔洞位置处应力不难发现，剪跨段混凝土两条明显的应力迹线均穿过内部蜂窝孔洞处，两条主应力迹

线中间部分为相邻蜂窝孔洞间的实腹腹板位置。此类应力分布现象并未出现在采
用实腹型钢的试件 PPSRC-4，故可认为型钢腹板开孔处削弱了其受剪承载力，而
此削弱处则由混凝土承担了较高的抗剪作用。蜂窝型钢孔角位置较早的达到了屈
服状态，蜂窝钢应力分布如图 3.14(b)所示，通过对比试验试件可以发现，其屈服
点与试件孔角破坏点位置吻合，这也间接说明了本节建立的 ABAQUS 有限元模
型的合理性。

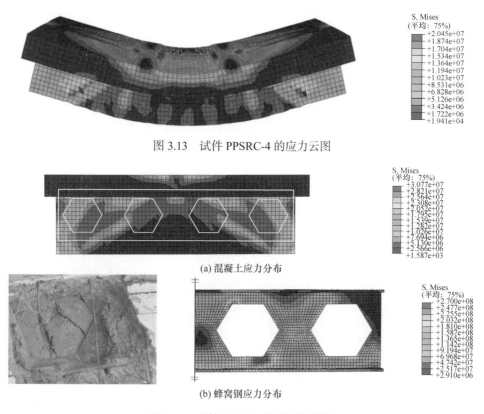

图 3.13　试件 PPSRC-4 的应力云图

(a) 混凝土应力分布

(b) 蜂窝钢应力分布

图 3.14　试件 PPSRC-17 的应力云图

3.4.3　翼缘宽度分析

　　通过对比 T 形截面梁正弯矩和负弯矩作用的受剪承载力，表明了翼缘的存在
改变了 PPSRC 梁弯剪段的应力分布状态，从而影响构件的极限受剪承载力。为
进一步说明翼缘对 PPSRC 试件受剪承载力的影响，采用数值模拟方法，以类型 A
试件为原型，选取翼缘宽度 b_f 和腹板厚度 b 之比为考察参数，共三组(剪跨比分别
为 1.0、1.5、1.8)21 个试件，对不同翼缘宽度的 PPSRC 梁受剪承载力进行分析，
梁宽 b 为 200mm。不同翼缘宽度试件受力特征曲线如图 3.15 所示，可以看出，

试件受剪承载力随翼缘宽度的增加而增加，随剪跨比的提高而降低。翼缘宽度为
1400mm 的试件初始刚度最大。三组试件在峰值荷载出现不久均有一个平缓下降
段，表现出良好的延性。

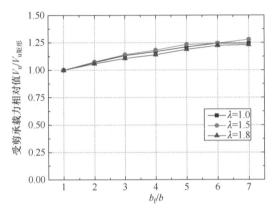

图 3.15　不同翼缘宽度试件受力特征曲线

通过数值模拟方法考察翼缘宽度的影响。以矩形截面梁抗剪极限承载力 V_u 为
参照，各 T 形截面试件相对矩形截面试件的受剪承载力相对值如图 3.15 所示。其
中翼缘宽度比 $b_f/b < 6$ 的试件，受剪承载力随翼缘宽度的增长呈线性变化。
$b_f/b \geqslant 6$ 的试件，承载力几乎不再增加，最终受剪承载力约为矩形截面试件的 1.25
倍；三组剪跨比不同的试件承载力随翼缘宽度的变化规律基本相同。

3.5　参　数　分　析

3.5.1　剪跨比

试件受剪承载力与剪跨比关系曲线如图 3.16 所示，可以看出，梁的受剪承载

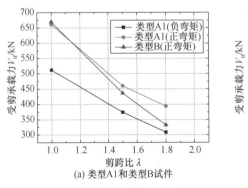

(a) 类型A1和类型B试件

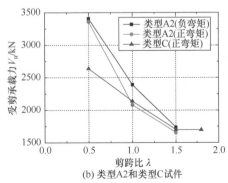

(b) 类型A2和类型C试件

图 3.16　受剪承载力与剪跨比关系曲线

力随剪跨比的增加而降低。剪跨比在 1.0～2.0 的三类试件(类型 A、B、C)具有相似的趋势。但应注意到类型 C 试件在剪跨比超过 1.5 后受剪承载力下降明显放缓，试件 PPSRC-26 和试件 PPSRC-27 的受剪承载力几乎相同。

3.5.2　现浇混凝土强度

混凝土强度对钢筋混凝土梁和型钢混凝土梁的受剪承载力均起重要作用。本次试验中，类型 A1 试件预制外部混凝土强度均相同，内部现浇混凝土分别采用三个不同的强度等级。试件 PPSRC-4、PPSRC-2 和 PPSRC-5 剪跨比相同，内部现浇混凝土实测强度分别为 21.7MPa、38.1MPa 和 68.0MPa，对应的受剪承载力分别为 444kN、460kN 和 494kN。可以看出，现浇混凝土强度的变化直接影响 PPSRC 梁的受剪性能，其受剪承载力随现浇混凝土强度的增加而增加，在类型 B 试件也发现了相同规律。受剪承载力与混凝土强度关系曲线如图 3.17 所示。

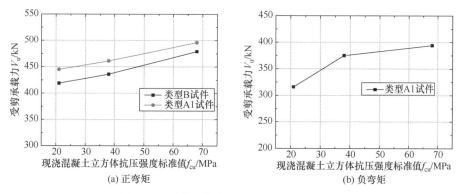

图 3.17　受剪承载力与混凝土强度关系曲线

3.5.3　翼缘宽度

对类型 A 和 C 试件分别进行正、负弯矩作用下受剪性能试验研究。翼缘板抗剪作用如图 3.18 所示，图 3.18(a)给出了类型 A1 试件承载力对比结果。对于正弯矩作用下的剪切作用，T 形梁翼缘处于受压区，在压应力的作用下翼缘顶面产生明显的纵向裂缝，最终混凝土压碎破坏。这意味着翼缘改变了剪压区的应力状态，对梁的受剪承载力产生了影响。对于负弯矩作用下的剪切作用，T 形梁翼缘处于受拉区，在试验开始阶段翼缘顶面出现了明显的横向裂缝，随着继续加载，翼缘板顶面相继出现多条横向裂缝并开裂严重，较早的受拉破坏使 T 形梁翼缘不能作为抗剪作用的主要因素考虑。

从各试件承载力试验结果可以看出，虽然截面尺寸和材料参数均相同，但正弯矩作用下的受剪承载力明显高于负弯矩作用下的受剪承载力。如图 3.18(a)所示，其受剪承载力提高了 20%～40%。类型 A2 试件选用的是足尺 T 形截面，承载力提高了 8% 和 10%，如图 3.18(b)所示。类型 C 试件也遵循上述规律，如图 3.18(c)所示，PPSRC-25(正弯矩作用)比 PPSRC-29(负弯矩作用)承载力提高了 9%。此处应注意到，不同类型的试件翼缘板占矩形梁比例不同，故对承载力的影响也不同。类型 A1、A2 和类型 C 试件的翼缘板占矩形梁面积分别为 113%、45% 和 29%。虽然类型 C 和类型 A2 试件较类型 A1 试件承载力提高幅度较小，但翼缘板对各试件的承载力提高较为明显，故在 PPSRC 梁的受剪承载力计算中，梁翼缘的影响应予以考虑。

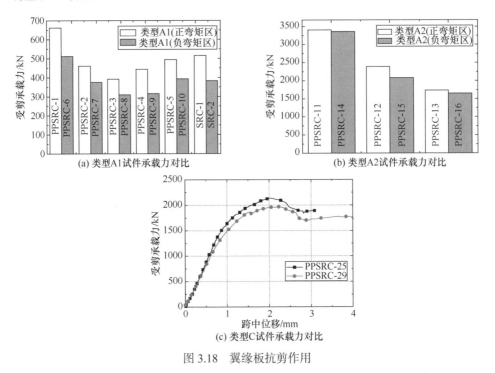

图 3.18　翼缘板抗剪作用

3.5.4　型钢类型

型钢腹板对型钢混凝土梁受剪承载力有重要影响，对于腹板开洞型钢混凝土梁，其受剪承载力随着型钢腹板面积的减少会大幅下降。保持原用钢量不变采用蜂窝钢使截面高度增加 16%，同时，其高度的增加使计算抗弯刚度及受剪承载力大幅提升。类型 A1 与类型 B 试件受剪承载力对比如图 3.19 所示，两种类型试件受剪承载力差值在 1.2%～15.3%，均值为 6%。但应该注意到试件 PPSRC-3 和

PPSRC-19 的剪跨比分别为 1.8 和 2.0，如不考虑剪跨比差异的影响，二者斜截面承载力差异将会明显减小。

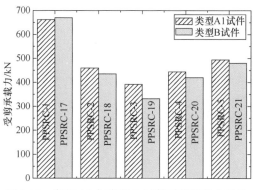

图 3.19　类型 A1 与类型 B 试件受剪承载力对比

3.5.5　制作工艺

　　PPSRC 梁与整浇 SRC 梁承载力对比如图 3.20 所示，试件 PPSRC-5 和 SRC-1 的受剪承载力分别为 988kN 和 1030kN，当截面尺寸和剪跨比均相同时试件 PPSRC-5 比整浇试件 SRC-1 承载力降低 4%。由表 3.1 可以看出，PPSRC-5 的外部和内部混凝土强度分别为 54.0MPa 和 68.0MPa，而整浇梁 SRC-1 的混凝土强度均为 68.0MPa。如果把混凝土强度差别考虑进去，那承载力差异将会更小。但负弯矩作用下的试件 PPSRC-10 相比 SRC-2 承载力提高了 2%。从对比中可以发现，PPSRC 梁和 SRC 梁的受承载力基本相同，表明预制工艺对承载力影响较小。

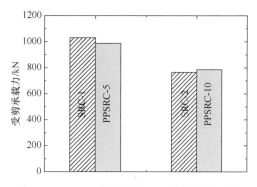

图 3.20　PPSRC 梁与整浇 SRC 梁承载力对比

3.5.6　截面形式

　　考虑到 PPSRC 梁空心试件和实心试件的受弯性能基本相同，且空心试件自重较轻，对施工阶段应力和挠度控制较为有利，此处对 T 形截面空心和实心试件的受剪承载力试验结果进行对比分析。空心和实心试件受剪承载力对比如图 3.21 所示。空心试件 PPSRC-25 和实心试件 PPSRC-28 的受剪承载力分别为 2138kN 和 2288kN，空心试件比实心试件受剪承载力仅降低 7%，两者受力行为基本相同。

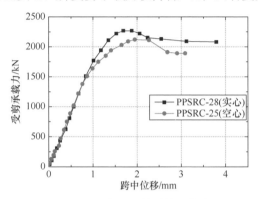

图 3.21　空心和实心试件受剪承载力对比

3.6　PPSRC 梁斜截面受剪承载力计算

通过试验研究可以看出，在剪力作用下 PPSRC 梁具有与 SRC 梁相似的破坏形态和受力行为，试件均未出现明显的纵向滑移。基于此，本节先用现有标准对 PPSRC 梁受剪承载力进行计算分析，进而采用桁架–拱模型分析 PPSRC 梁受剪机理，并基于变形协调条件将桁架作用、拱作用和型钢作用相统一，推导 PPSRC 梁受剪承载力计算公式，为 PPSRC 梁在工程上的应用提供理论参考。

3.6.1　我国现行相关标准计算方法

当前国内外有关装配式型钢混凝土梁受剪性能研究的文献较为缺乏，但与之相近的 SRC 有大量试验研究和理论分析成果值得借鉴。因此 PPSRC 梁的受剪计算方法参照相关文献中 SRC 梁的计算方法，并参考《装配式混凝土结构技术规程》(JGJ 1—2014)的规定对计算方法进行分析。

1. 配实腹钢的型钢混凝土梁计算方法

国内有关型钢混凝土梁斜截面受剪承载力计算的标准有《组合结构设计规范》《钢骨混凝土结构技术规程》。两部标准型钢混凝土梁斜截面承载力计算公式如下。

1)《组合结构设计规范》计算方法

集中荷载作用：

$$V_b \leqslant \frac{1.75}{\lambda+1} f_t b h_0 + f_{yv} \frac{A_{sv}}{s} h_0 + \frac{0.58 h_w t_w f_a}{\lambda} \tag{3.1}$$

式中，h_0——型钢受拉翼缘与纵向受拉钢筋合力点至混凝土截面受压边缘的距离；

λ——计算截面剪跨比，可取 $\lambda=a/h_0$ 为计算截面至支座截面节点边缘的距离，计算截面取集中荷载作用点处的截面，$\lambda<1.4$ 时，取 $\lambda=1.4$ ，$\lambda>3$ 时，取 $\lambda=3$ 。

2)《钢骨混凝土结构技术规程》计算方法

钢骨混凝土梁的斜截面受剪承载力应满足：

$$V_b \leqslant V_{bu}^{rc} + V_{by}^{ss} \tag{3.2}$$

集中荷载作用下：

$$V_b \leqslant \frac{1.75}{\lambda+1} f_t b h_{b0} + f_{yv} \frac{A_{sv}}{s} h_{b0} + h_w t_w f_{ssv} \tag{3.3}$$

式中，V_{by}^{ss}——梁中钢骨部分的受剪承载力；

V_{bu}^{rc}——梁中钢筋混凝土部分受剪承载力；

f_{ssv}——钢骨腹板的抗剪强度设计值；

h_{b0}——钢筋混凝土部分截面有效高度，即受拉钢筋合力点至截面受压边缘的距离；

可以看出，以上两种计算方法均采用叠加的方法来建立型钢混凝土梁受剪承载力公式，其斜截面受剪承载力主要由混凝土受剪承载力 V_c、箍筋受剪承载力 V_{sv}、型钢受剪承载力 V_a 三部分组成，即

$$V_b = V_c + V_{sv} + V_a \tag{3.4}$$

在两点集中荷载作用下，选取以剪跨比为主要变量的 3 根 PPSRC 梁，比较两部标准受剪承载力计算公式的差别。两部标准受剪承载力计算结果对比如表 3.3 所示，表中给出了 3 根 PPSRC 梁中混凝土、箍筋、型钢分别对受剪承载力的贡献。

表 3.3　两部标准受剪承载力计算结果对比

试件编号	剪跨段长度 a/mm	有效截面高度/mm		混凝土受剪承载力/kN		箍筋受剪承载力/kN		型钢受剪承载力/kN	
		$h_{0.JGJ}$	$h_{0.YB}$	$V_{c.JGJ}$	$V_{c.YB}$	$V_{sv.JGJ}$	$V_{sv.YB}$	$V_{a.JGJ}$	$V_{a.YB}$
PPSRC-1	270			114	139	40	43	117	124
PPSRC-2	405	253	270	95	111	40	43	78	124
PPSRC-3	486			86	99	40	43	65	124

从表 3.3 中可以看出，两部标准对于型钢混凝土梁受剪承载力计算的区别主要有以下两方面：

(1) 截面有效高度。《组合结构设计规范》给出的 h_0 是指型钢受拉翼缘与纵向受拉钢筋合力点至混凝土截面受压边缘的距离，而《钢骨混凝土结构技术规程》

中 h_{b0} 是指受拉钢筋合力点至截面受压边缘的距离。这导致多数情况下《钢骨混凝土结构技术规程》计算的截面有效高度高于《组合结构设计规范》，从而使《钢骨混凝土结构技术规程》计算的剪跨比小于《组合结构设计规范》。由表 3.3 可以看出，《钢骨混凝土结构技术规程》计算的截面有效高度较大，使得梁中箍筋受剪承载力比《组合结构设计规范》计算的箍筋受剪承载力高 7.5%。《钢骨混凝土结构技术规程》计算的混凝土受剪承载力比《组合结构设计规范》计算的受剪承载力高 15%～20%。

(2) 型钢的抗剪作用。对于型钢受剪承载力，相比于《钢骨混凝土结构技术规程》，《组合结构设计规范》考虑了剪跨比的影响。由表 3.3 可以看出，随着剪跨比的增加，型钢部分承担的受剪承载力下降，而《钢骨混凝土结构技术规程》中的型钢受剪承载力是定值，不随剪跨比的变化而变化。剪跨比为 1.8 时，两部标准对于型钢受剪承载力的计算结果相差达 50%。

采用两部标准分别对不同截面形式和不同受力形式的实腹 PPSRC 梁受剪试件进行计算，计算结果如表 3.4 所示。

表 3.4　两部标准计算结果

试件编号	V_u/kN	《组合结构设计规范》		《钢骨混凝土结构设计规程》	
		V_{JGJ}/kN	V_{JGJ}/V_u	V_{YB}/kN	V_{YB}/V_u
PPSRC-1	662	298	0.45	384	0.58
PPSRC-2	460	230	0.50	359	0.78
PPSRC-3	392	204	0.52	345	0.88
PPSRC-4	444	195	0.44	324	0.73
PPSRC-5	494	262	0.53	390	0.79
SRC-1	515	283	0.55	412	0.80
PPSRC-6	512	297	0.58	389	0.76
PPSRC-7	375	233	0.62	360	0.96
PPSRC-8	310	205	0.66	347	1.12
PPSRC-9	316	196	0.62	325	1.03
PPSRC-10	393	259	0.66	389	0.99
SRC-2	382	283	0.74	413	1.08
PPSRC-11	3409	2557	0.75	2352	0.69
PPSRC-12	2390	1577	0.66	2127	0.89
PPSRC-13	1735	1180	0.68	2013	1.16
PPSRC-14	3361	2554	0.76	2353	0.70
PPSRC-15	2082	1582	0.76	2144	1.03
PPSRC-16	1653	1190	0.72	2017	1.22
PPSRC-24	2637	2004	0.76	1793	0.68

试件编号	V_u/kN	《组合结构设计规范》		《钢骨混凝土结构设计规程》	
		V_{JGJ}/kN	V_{JGJ}/V_u	V_{YB}/kN	V_{YB}/V_u
PPSRC-25	2138	1133	0.53	1710	0.80
PPSRC-26	1699	816	0.48	1648	0.97
PPSRC-27	1650	710	0.43	1617	0.98
PPSRC-28	2288	1281	0.56	1853	0.81
PPSRC-29	1967	1141	0.58	1692	0.86
平均值			0.61		0.89
变异系数			0.11		0.17

从表中可以看出，两部标准的计算结果整体偏于保守，具体分析如下：

(1) 对比 T 形截面梁正弯矩区计算结果，《组合结构设计规范》计算结果与试验结果相差 50%左右，《钢骨混凝土结构设计规程》虽较《组合结构设计规范》更趋近试验结果，但其计算结果与试验结果仍然相差较大。

(2) 对比 T 形截面梁负弯矩区计算结果，两部标准的计算结果与试验结果的偏差均小于正弯矩区受剪试验梁的计算结果。但按标准计算的试件承载力在不同受力区段是一样的，均是参照建议的按矩形截面梁和梁内较低混凝土强度计算。这使得正负弯矩下受剪承载力的主要区别在于翼缘板的位置对受剪承载力的贡献。

2. 配空腹钢的型钢混凝土梁计算方法

目前，国内外关于蜂窝型钢 PPSRC 梁受剪性能的研究较少，尚未给出明确的计算方法。《钢骨混凝土结构设计规程》和《组合结构设计规范》给出了型钢混凝土开洞梁洞口截面处的受剪承载力计算方法，《钢与混凝土组合结构》则给出了配角钢骨架型钢混凝土梁的受剪承载力计算方法。相关受剪承载力公式如下。

1) 《组合结构设计规范》

$$V \leqslant 0.08 f_c b h_0 \left(1 - 1.6 \frac{D_h}{h}\right) + 0.58 f_a t_w (h_w - D_h)\gamma + \sum f_{yv} A_{sv} \tag{3.5}$$

式中，D_h——圆孔洞直径；

　　　f_a——型钢抗拉强度设计值；

　　　h_w——型钢腹板高度；

　　　t_w——型钢腹板厚度；

　　　γ——孔边条件系数，孔边设置钢套管时取1.0，孔边不设钢套管时取0.85；

$\sum f_{yv}A_{sv}$ ——加强箍筋的受剪承载力。

2)《钢骨混凝土结构设计规程》

$$V \leqslant 0.7 f_t b_b h_{b0} \left(1 - 1.6 \frac{D_h}{h_b} \right) + \gamma_h f_{ssv} t_w (h_w - D_h) + 0.5 \sum f_{yv} A_{svi} \qquad (3.6)$$

3)《钢与混凝土组合结构》

$$V \leqslant \frac{1.75}{\lambda + 1.0} f_t b h_0 + f_{yw} \frac{A_{wv}}{s} h_0 + 0.8 f_a t_{wv} h_{wl} \sin_{aw} \qquad (3.7)$$

《组合结构设计规范》和《钢骨混凝土设计规程》的型钢混凝土梁受剪承载力计算均以孔洞位置作为控制截面，但本次试验的 PPSRC 试件仅在型钢腹板处开洞，混凝土腹板并未开洞，与开洞梁受剪性能有所差异。故将混凝土抗剪项中的孔洞处混凝土腹板折减，进一步修正后，式(3.5)和式(3.6)分别为

$$V \leqslant 0.08 f_c b h_0 + 0.58 f_a t_w (h_w - D_h) \gamma + \sum f_{yv} A_{sv} \qquad (3.8)$$

$$V \leqslant 0.7 f_t b_b h_{b0} + \gamma_h f_{ssv} t_w (h_w - D_h) + 0.5 \sum f_{yv} A_{svi} \qquad (3.9)$$

采用式(3.8)和式(3.9)对蜂窝型钢混凝土梁试件的受剪承载力进行试算，不考虑混凝土翼缘板贡献，计算结果与试验结果列于表 3.5 中。

表 3.5　《组合结构设计规范》和《钢骨混凝土设计规程》计算结果与试验结果

试件编号	V_u/kN	《组合结构设计规范》		《钢骨混凝土结构设计规程》	
		V_{JGJ}/kN	V_{JGJ}/V_u	V_{YB}/kN	V_{YB}/V_u
PPSRC-17	670	240	0.36	275	0.41
PPSRC-18	435	240	0.55	275	0.63
PPSRC-19	332	240	0.72	275	0.83
PPSRC-20	420	184	0.44	228	0.54
PPSRC-21	480	342	0.71	345	0.72
PPSRC-22	250	240	0.96	275	1.1
PPSRC-23	585	177	0.30	220	0.38
平均值			0.58		0.65
变异系数			0.36		0.35

本次试验研究的均为简支梁在集中荷载下的受力性能，梁截面各处剪力相同。通过计算结果与试验结果对比发现，计算结果偏保守，离散性较大，分析原因主要有以下两方面。

(1)《组合结构设计规范》和《钢骨混凝土结构设计规程》均将型钢混凝土开洞梁的孔洞截面处作为梁的受剪控制截面，忽略了集中荷载作用下对剪跨比的考

虑。从试验中可以看到,剪跨比对蜂窝型钢 PPSRC 梁的影响趋势与实腹钢 PPSRC 梁类似,故在蜂窝型钢 PPSRC 梁的计算中应重视剪跨比的作用。

(2)《混凝土结构设计规范》中规定,对于叠合构件的受剪承载力计算,混凝土强度应取预制梁与叠合层中强度较低者。这对于 PPSRC 梁中预制混凝土采用高强混凝土和高强钢纤维混凝土来说计算过于保守,尤其是高强钢纤维混凝土,其特殊的材料性能对受剪承载力贡献极高。采用的预制带横向肋板的 U 型截面,配合蜂窝型钢翼缘以及箍筋的共同作用,对后浇混凝土起到了很好的约束作用,形成核心区混凝土。加载过程中很好的约束了内部混凝土裂缝的发展,提高了核心区混凝土材料性能,对 PPSRC 梁整体抗剪性能的提高起到了重要作用,故应合理考虑混凝土强度差别的影响。

《钢与混凝土组合结构》中受剪承载力计算公式是将角钢骨架中的斜腹杆和竖腹杆分别等效成钢筋混凝土梁中的弯起钢筋和箍筋进行计算。对于蜂窝钢 PPSRC 梁,公式考虑了混凝土项在集中荷载作用下受剪跨比的影响,但箍筋和型钢腹板的协同抗剪作用并未考虑。

综上所述,《组合结构设计规范》和《钢骨混凝土结构设计规程》中关于型钢混凝土开洞梁的受剪承载力计算方法已不适用 PPSRC 梁,无法满足实际工程需要。

3.6.2　PPSRC 梁斜截面受剪承载力计算方法一

如 3.6.1 小节所述,采用国内已有的两部标准对 PPSRC 梁受剪承载力计算所得的结果与试验结果误差较大。PPSRC 梁与传统整浇梁主要存在以下几点不同。

1) PPSRC 梁同一截面中采用不同强度等级的混凝土

PPSRC 梁预制部分均采用高强混凝土或超高性能混凝土,现浇部分多为普通混凝土。标准中按矩形截面梁计算的预制混凝土占矩形梁的 38%～45%,预制混凝土占梁计算截面的比例较多。同时预制混凝土强度等级远高于现浇混凝土。由此可见,标准中要求按偏小的混凝土强度等级计算过于保守,应充分考虑预制混凝土的抗剪作用。

2) T 形截面 PPSRC 梁混凝土翼缘板抗剪作用

从试验结果可以看出,剪跨比和混凝土强度等级均相同的试件,正弯矩区作用的受剪承载力明显高于负弯矩区,两者相差达 20%～30%。对于正弯矩区受剪试件,混凝土翼缘处于剪压双向受力状态,在压应力的作用下翼缘顶面产生明显的纵向裂缝,最终混凝土压碎破坏,表明翼缘对梁受剪承载力有贡献。对于负弯矩区受剪试件,其承受负弯矩区剪切作用,翼缘处于截面受拉区,在试验开始阶段,翼缘处就有明显的竖向裂缝,伴随荷载的增加裂缝相继出现并发展,翼缘受拉破坏严重,较早退出工作。通过对比试验现象发现,处于受压区的混凝土翼缘对斜截面抗剪承载能力有明显贡献，在 PPSRC 梁的受剪承载力计算中需要考虑混凝土翼缘板的贡献。

3) 蜂窝钢梁的抗剪作用

区别于配实腹钢的 PPSRC 梁，采用蜂窝型钢的 PPSRC 梁需要考虑型钢腹板的孔洞对梁受剪承载力的削弱作用。通过《钢骨混凝土结构计算规程》和《组合结构设计规范》的计算结果可以看出，不同剪跨比下计算的受剪承载力与试验值离散性较大，修正的公式不适用于蜂窝型钢 PPSRC 梁的受剪计算。但两部标准和《钢与混凝土组合结构》的计算思路仍采用的是叠加法，故对于蜂窝型钢 PPSRC 梁，建议计算方法在叠加法的基础上进行修正。

本次试验的 PPSRC 梁试件考虑了不同的截面形式及型钢和混凝土类型，故应对不同类型的 PPSRC 梁的受剪性能分别进行讨论，给出对应的计算方法。

1. 配实腹钢的 T 形截面 PPSRC 梁受剪承载力计算公式

由表 3.5 可以看出《钢骨混凝土结构设计规程》计算结果较《组合结构设计规范》与试验结果吻合较好，在正弯矩区和负弯矩区的剪力作用下，对 PPSRC 梁计算参数做如下修正。采用混凝土等效轴心抗拉强度 $f_{t,com}$ 来综合考虑预制和现浇两部分不同混凝土强度的贡献，计算公式见式(3.10)。式中，A_{c1}、A_{c2} 分别为现浇和预制部分截面面积；f_{t1}、f_{t2} 分别为现浇和预制混凝土轴心抗拉强度，当 $f_{cu} \leqslant 50MPa$ 时，采用式(3.11a)计算，当 $f_{cu} > 50MPa$ 时，采用式(3.11b)计算。

$$f_{t,com} = \frac{A_{c1}}{A_{c1} + A_{c2}} f_{t1} + \frac{A_{c2}}{A_{c1} + A_{c2}} f_{t2} \tag{3.10}$$

$$f_t = 0.26 f_{cu}^{2/3} \tag{3.11a}$$

$$f_t = 0.21 f_{cu}^{2/3} \tag{3.11b}$$

对于负弯矩区受剪作用的 T 形截面 PPSRC 梁，混凝土翼缘在负弯矩区的剪拉作用下开裂严重，较早的退出工作，仅靠裂缝间的骨料咬合力，对受剪承载力影响较小。故不考虑翼缘贡献，受剪承载力按式(3.12)计算。

$$V = \frac{1.75}{\lambda + 1.0} f_{t,com} bh_0 + \frac{f_a h_w t_w}{\sqrt{3}} + \frac{f_{yv} A_{sv}}{s} h_0 \tag{3.12}$$

处于正弯矩区受剪作用的 T 形截面 PPSRC 梁，其混凝土翼缘对受剪承载力的贡献较大。对混凝土部分的受剪承载力项考虑翼缘的贡献，给出翼缘放大系数 γ_f'，见式(3.13)。式中，b_f' 为 T 形截面梁翼缘宽度；h_f' 为 T 形截面梁翼缘高度。型钢和钢筋的抗剪贡献均按《组合结构设计规范》计算，因此，PPSRC 梁的受剪承载力按式(3.14)计算。图 3.22 为类型 A、C 试件计算参数示意图。

$$\gamma_f' = \frac{(b_f' - b)h_f' f_{t1}}{A_{c1}f_{t1} + A_{c2}f_{t2}} \tag{3.13}$$

$$V = \frac{1.75(\gamma_f' + 1.0)}{\lambda + 1.0} f_{t,com} b h_0 + \frac{f_a h_w t_w}{\sqrt{3}} + \frac{f_{yv} A_{sv}}{s} h_0 \tag{3.14}$$

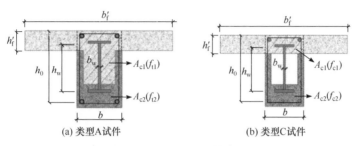

图 3.22   类型 A、C 试件计算参数示意图

　　类型 A、C 试件计算结果与试验结果列于表 3.6 中。可以看出，采用建议的计算方法一得出的受剪承载力与试验结果接近。对于剪跨比为 1 的试件，计算结果均小于试验结果。因此，对于剪跨比≥1.5 的试件，可采用建议公式(3.14)计算受剪承载力。但对于剪跨比<1.5，尤其是剪跨比<1 的试件，计算结果稍微保守，但是考虑到剪跨比较小试件主要发生脆性较大的斜压破坏，需要较大的可靠系数。因此，可以采用建议公式计算斜截面受剪承载力。式(3.12)的计算值更接近于试验值，并且正弯矩区受剪的部分试件计算值大于试验值，意味着建议公式(3.14)可能过高估计了高强混凝土翼缘的影响。因此，对于翼缘板采用高强混凝土的 PPSRC梁，应进一步研究高强混凝土的影响。

表 3.6   类型 A、C 试件计算结果与试验结果

试件编号	A_{c1}/mm²	f_{t1}/MPa	A_{c2}/mm²	f_{t2}/MPa	V_u/kN	V_c/kN	V_c/V_u
PPSRC-1	33200	2.94	26800	3.71	662	480	0.73
PPSRC-2	33200	2.94	26800	3.71	460	417	0.91
PPSRC-3	33200	2.94	26800	3.71	392	390	1.00
PPSRC-4	33200	2.02	26800	3.71	444	360	0.81
PPSRC-5	33200	4.30	26800	3.71	494	503	1.01
SRC-1	60000	4.30	0	—	515	513	1.00
PPSRC-6	33200	2.94	26800	3.71	512	322	0.63
PPSRC-7	33200	2.94	26800	3.71	375	290	0.77
PPSRC-8	33200	2.94	26800	3.71	310	278	0.90
PPSRC-9	33200	2.02	26800	3.71	316	272	0.86
PPSRC-10	33200	4.30	26800	3.71	393	320	0.81

续表

试件编号	A_{c1}/mm²	f_{t1}/MPa	A_{c2}/mm²	f_{t2}/MPa	V_u/kN	V_c/kN	V_c/V_u
SRC-2	60000	4.30	0	—	382	330	0.86
PPSRC-11	168400	2.61	124100	3.31	3409	2148	0.63
PPSRC-12	168400	2.61	124100	3.31	2390	1826	0.76
PPSRC-13	168400	2.61	124100	3.31	1735	1650	0.95
PPSRC-14	168400	2.61	124100	3.31	3361	1882	0.56
PPSRC-15	168400	2.61	124100	3.31	2082	1645	0.79
PPSRC-16	168400	2.61	124100	3.31	1653	1504	0.91
PPSRC-24	45000	2.61	87000	5.17	2637	2385	0.90
PPSRC-25	45000	2.61	87000	5.17	2138	2059	0.96
PPSRC-26	45000	2.61	87000	5.17	1699	1863	1.10
PPSRC-27	45000	2.61	87000	5.17	1650	1779	1.08
PPSRC-28	108000	2.61	87000	5.17	2288	1880	0.82
PPSRC-29	45000	2.61	87000	5.17	1967	1779	0.91
平均值							0.86
变异系数							0.16

2. 配蜂窝型钢的 PPSRC 梁受剪承载力计算公式

为了便于工程应用，配蜂窝型钢的 PPSRC 梁依然采用叠加法进行计算，即将钢筋混凝土梁受剪承载力 V_b 和蜂窝钢受剪承载力 V_s 叠加。将《钢与混凝土组合结构》中给出的混凝土项的受剪承载力计算方法和《钢结构设计标准》(GB 50017—2017)中给出的型钢受剪承载力计算方法结合，给出建议计算方法。

$$V = V_b + V_s \tag{3.15}$$

《钢与混凝土组合结构》中考虑了集中荷载作用下剪跨比的影响，对于配置蜂窝型钢的 PPSRC 梁，其混凝土和箍筋部分的受剪承载力按式(3.14)计算，蜂窝型钢对受剪承载力的贡献另行考虑。蜂窝孔洞位置如图 3.23 所示。

型钢的抗剪作用根据第四强度理论，可用型钢单轴拉伸时的许用拉应力来推算纯剪应力状态下的许用剪应力，型钢腹板屈服破坏应满足式(3.16)：

$$\sqrt{\frac{1}{2}\left[(\sigma_1 - \sigma_2)^2 + (\sigma_2 - \sigma_3)^2 + (\sigma_3 - \sigma_1)^2\right]} \geqslant f_a \tag{3.16}$$

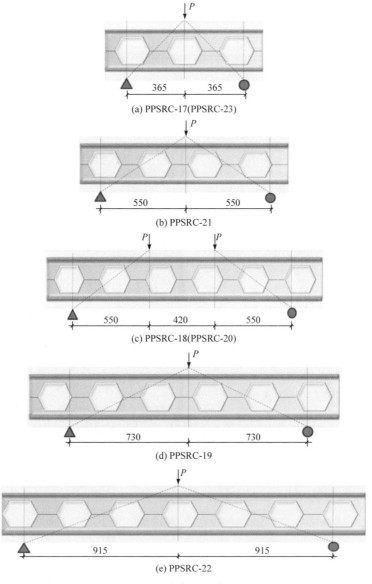

(a) PPSRC-17(PPSRC-23)

(b) PPSRC-21

(c) PPSRC-18(PPSRC-20)

(d) PPSRC-19

(e) PPSRC-22

图 3.23　蜂窝孔洞位置图

$$\sigma_{1,2} = \frac{\sigma_x + \sigma_y}{2} \pm \sqrt{\left(\frac{\sigma_x - \sigma_y}{2}\right)^2 + \tau_x^2} \tag{3.17}$$

由于型钢腹板处于平面受力状态，$\sigma_3 = 0$，集中荷载作用的简支梁在纯剪切应力状态下 $\sigma_x = \sigma_y = 0$，由主应力计算公式(3.17)得 $\sigma_1 = \tau$，$\sigma_2 = -\tau$。将三个主应力代入式(3.16)即可得出纯剪切应力状态下剪应力与型钢屈服强度关系：

$$\sqrt{3\tau_x^2} \leqslant f_a \tag{3.18}$$

《钢结构设计标准》规定,工字形截面钢梁仅考虑腹板抗剪作用,故其受剪承载力可按式(3.19)计算:

$$V_s = \tau A_w = (1-\phi)t_w h_w f_a / \sqrt{3} \tag{3.19}$$

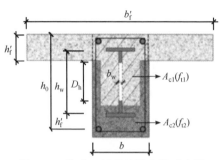

式中,ϕ——蜂窝型钢开孔率,即孔洞高度与蜂窝型钢总高度的比值。

正弯矩区剪力作用下,内置蜂窝型钢 PPSRC 梁受剪承载力按式(3.20)计算。图3.24 为类型 B 试件计算参数示意图,计算结果与试验结果列于表 3.7。通过比较表 3.7 中计算结果可知,采用建议公式(3.20)所得计算结果与试验结果较为接近,可以用于采用蜂窝型钢的 PPSRC 梁斜截面受剪承载

图 3.24　类型 B 试件计算参数示意图

能力计算。

$$V = \frac{1.75(\gamma_f' + 1.0)}{\lambda + 1.0} f_{t,\,com} b h_0 + \frac{f_a(h_w - D_h)t_w}{\sqrt{3}} + \frac{f_{yv} A_{sv}}{s} h_0 \tag{3.20}$$

式中,D_h——蜂窝孔洞高度;

h_w——蜂窝型钢腹板高度。

表 3.7　类型 B 试件计算结果与试验结果

试件编号	A_{c1}/mm²	f_{t1}/MPa	A_{c2}/mm²	f_{t2}/MPa	V_u/kN	V_c/kN	V_c/V_u
PPSRC-17	45200	2.94	34800	3.71	670	486	0.73
PPSRC-18	45200	2.94	34800	3.71	435	412	0.95
PPSRC-19	45200	2.94	34800	3.71	332	362	1.09
PPSRC-20	45200	2.02	34800	3.71	420	344	0.82
PPSRC-21	45200	4.30	34800	3.71	480	505	1.05
PPSRC-22	45200	2.94	34800	3.71	250	326	1.30
PPSRC-23	45200	2.02	34800	3.71	585	401	0.69
平均值							0.95
变异系数							0.22

3.6.3　PPSRC 梁斜截面受剪承载力计算方法二

1. RC 梁经典桁架-拱模型

自 20 世纪初桁架模型被提出后,通过不断发展和完善,形成众多分析模型,

这些成为分析混凝土梁、柱构件内部复杂应力的有力工具。

1899 年，Ritter[1]提出了斜拉的概念和桁架模型，使用 45°桁架模型对 RC 梁开裂后的性能进行分析，在该模型中，RC 梁、柱构件在斜拉应力作用下开裂后，可以理想化为具有 45°斜压杆和平行弦杆的桁架模型，其中上部受压区混凝土为受压上弦杆，下部纵筋为受拉下弦杆，箍筋看作桁架受拉腹杆，斜裂缝之间的受压混凝土作为桁架受压腹杆，该腹杆与梁纵轴呈 45°夹角。在 20 世纪初，Morsch[2]对桁架模型在钢筋混凝土梁抗剪的应用做了进一步的探究，与 Ritter 的做法一样，Morsch 同样采用忽略了混凝土斜裂缝拉应力的桁架模型。45°桁架模型的出现对于 RC 结构抗剪问题的研究有着重要的价值，但其也有一定的缺陷，如未考虑混凝土对抗剪的作用。

混凝土对受剪承载力的贡献不能忽略，桁架作用和拱作用同时存在于 RC 构件中，将两部分的作用进行叠加，就是桁架-拱模型。在该模型中，假定的破坏形式是桁架中斜压腹杆或平行弦杆失效而破坏，即混凝土压溃或箍筋屈服。该模型被日本《钢筋混凝土建筑保证延性抗震设计指南》采用，能够适用于工程实践中梁、柱、剪力墙等的抗剪设计[3]，其计算方法如下所述。

1) RC 部分桁架模型简化

有腹筋梁的剪力在混凝土未开裂前主要通过混凝土传递，箍筋的贡献很小；当混凝土开裂后，随着裂缝的开展和延伸，混凝土被斜裂缝分割成多个斜向块状体，此时箍筋开始发挥作用，钢筋骨架和混凝土共同将剪力传递到支座处，整个传力过程可以理想化地视为桁架模型。其中，受压区混凝土和纵筋作为受压上弦杆，受拉纵筋作为受拉下弦杆，受拉箍筋作为竖向腹杆，斜向混凝土作为受压腹杆。试验结果表明，斜裂缝不是平行发展，而是呈扇形朝加载点方向发展，如图 3.25(a)所示。但为计算方便，在试件受剪分析过程中，假设混凝土斜压腹杆与水平轴线夹角 θ 相等，即简化的桁架模型，如图 3.25(b)所示。

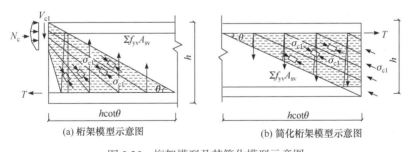

(a) 桁架模型示意图　　　　　　　(b) 简化桁架模型示意图

图 3.25　桁架模型及其简化模型示意图

2) RC 桁架对受剪承载力的贡献

由图 3.26 所示应力平衡可得

$$V_{c1} = \sum f_{sv}A_{sv} = \sigma_{c1}bh\cos\theta\sin\theta \tag{3.21}$$

$$f_{sv}A_{sv} = \sigma_{c1}bs\sin^2\theta \tag{3.22}$$

式中，V_{c1}——桁架模型对受剪承载力的贡献；

$\qquad\theta$——桁架模型中斜压带混凝土与轴向的夹角；

$\qquad\sigma_{c1}$——桁架模型中斜压带混凝土的压应力；

$\qquad s$——箍筋间距。

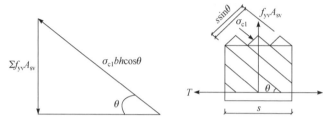

图 3.26 桁架模型平衡条件

由式(3.22)得

$$\sigma_{c1} = \rho_{sv}f_{yv}(1 + \cot^2\theta) \tag{3.23}$$

则箍筋屈服时，桁架模型承受的剪力 V_{c1} 为

$$V_{c1} = \sum A_{sv}f_{yv} = \rho_{sv}f_{yv}bh\cot\theta \tag{3.24}$$

其中，ρ_{sv} 为试件配箍率。

3) RC 拱模型

在上述桁架模型分析中，设计时最理想的状态是混凝土斜压杆和箍筋受拉腹杆强度同时达到最大。但在实际情况中，往往箍筋先屈服，随后混凝土才达到抗压强度，由此可知，假设斜压带混凝土的压应力是桁架斜压杆混凝土的压应力和拱中斜压带混凝土的压应力之和是合理的。为了准确地分析梁试件受剪承载力，假设拱模型中斜压带强度为 σ_{c2}，易知 $\sigma_{c2} = \gamma(f_{ck} - \sigma_{c1})$，$\gamma$ 为软化系数。其中 RC 部分拱模型抗剪机理如图 3.27(a)所示。

4) RC 拱受剪分析

当箍筋配置适中时，在集中或均布荷载作用下，箍筋一般先屈服，此时荷载还未达到最大值，箍筋不再承受增加的荷载，这部分荷载将由拱模型中的混凝土承受，当斜压带混凝土强度由 σ 增长至 f_c 时，构件达到极限状态，试件发生剪切破坏。

由图 3.27(b)所示受力平衡可得拱模型中混凝土的抗剪贡献：

$$V_{c2} = \sigma_{c2}bh_c\tan\alpha \tag{3.25}$$

式中，σ_{c2}——拱模型中混凝土的压应力；

h_c——拱体截面高度，为方便计算取 $h_c=h/2$；

α——拱体模型中混凝土与轴向的夹角，其中 $\tan\alpha=\dfrac{h/2}{l+(h/2)\tan\alpha}$，为方

便计算取 $\tan\alpha=h/(2l)$。

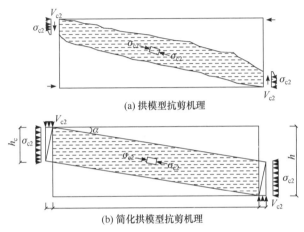

(a) 拱模型抗剪机理

(b) 简化拱模型抗剪机理

图 3.27　拱模型及其简化模型的抗剪机理

综上所述，RC 梁的受剪承载力计算公式如下：

$$V_c = V_{c1} + V_{c2} \tag{3.26}$$

但该模型中，最终试件的受剪承载力为桁架部分与拱部分承载力的简单叠加，难以保证变形协调，即其计算结果为真实受剪承载力的下限解，同时桁架作用与拱作用各自对抗剪的贡献难以分配。简化时，拱体宽度取试件计算截面高度的一半，缺乏理论依据。

2. 考虑变形协调的 RC 梁桁架-拱模型

基于经典 RC 梁桁架-拱模型未考虑桁架体与拱体变形协调及内力分配的缺陷，故提出了基于变形协调的 RC 梁桁架-拱模型。模型计算简图如图 3.28 所示。

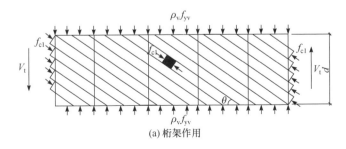

(a) 桁架作用

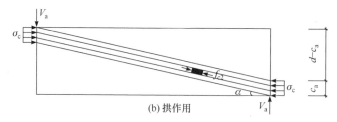

(b) 拱作用

图 3.28　模型计算简图

1) RC 梁桁架受剪承载力

桁架部分承载力采用修正压力场理论(modified compression field theory, MCFT)计算，为考虑混凝土拉应力的影响，提高压力场理论计算结果的准确性，Vecchio 和 Collins[4]于 1986 年提出了修正压力场理论。修正压力场理论采用的公式与压力场理论基本相同，可以模拟构件的全部荷载-变形特性。构件中的钢筋轴向受拉，混凝土双向受拉或受压。混凝土的主应力和主应变按同向考虑。根据平衡方程、变形协调关系、钢筋应力-应变关系和受压、受拉开裂混凝土的应力-应变关系，可确定平均应力、平均应变和任意荷载下直至破坏时的夹角。检验裂缝处局部应力是修正压力场理论的一项重要内容，即将由裂缝处钢筋的应力和裂缝表面抗剪能力确定的平均主拉应力限制到允许的范围内。修正压力场理论主要公式[5]如图 3.29 所示。

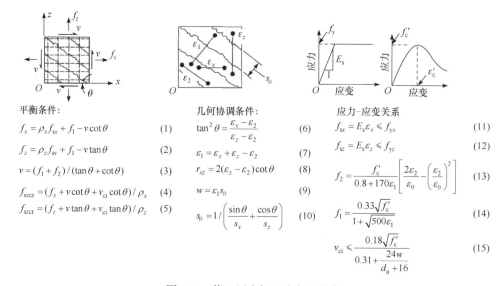

平衡条件：

$$f_x = \rho_x f_{sx} + f_1 - v\cot\theta \tag{1}$$

$$f_z = \rho_z f_{sv} + f_1 - v\tan\theta \tag{2}$$

$$v = (f_1 + f_2)/(\tan\theta + \cot\theta) \tag{3}$$

$$f_{sxcr} = (f_x + v\cot\theta + v_{ci}\cot\theta)/\rho_x \tag{4}$$

$$f_{szcr} = (f_z + v\tan\theta + v_{ci}\tan\theta)/\rho_z \tag{5}$$

几何协调条件：

$$\tan^2\theta = \frac{\varepsilon_x - \varepsilon_2}{\varepsilon_z - \varepsilon_2} \tag{6}$$

$$\varepsilon_1 = \varepsilon_x + \varepsilon_z - \varepsilon_2 \tag{7}$$

$$r_{xz} = 2(\varepsilon_z - \varepsilon_2)\cot\theta \tag{8}$$

$$w = \varepsilon_1 s_\theta \tag{9}$$

$$s_\theta = 1/\left(\frac{\sin\theta}{s_x} + \frac{\cos\theta}{s_z}\right) \tag{10}$$

应力-应变关系

$$f_{sx} = E_s\varepsilon_x \leqslant f_{yx} \tag{11}$$

$$f_{sz} = E_s\varepsilon_z \leqslant f_{yz} \tag{12}$$

$$f_2 = \frac{f_c'}{0.8 + 170\varepsilon_1}\left[\frac{2\varepsilon_2}{\varepsilon_0} - \left(\frac{\varepsilon_2}{\varepsilon_0}\right)^2\right] \tag{13}$$

$$f_1 = \frac{0.33\sqrt{f_c'}}{1 + \sqrt{500\varepsilon_1}} \tag{14}$$

$$v_{ci} \leqslant \frac{0.18\sqrt{f_c'}}{0.31 + \dfrac{24w}{d_a + 16}} \tag{15}$$

图 3.29　修正压力场理论主要公式

d_a 为骨料最大粒径；f_1 为垂直于裂缝方向的平均应力；f_2 为平行于裂缝方向的平均应力；f_c 为混凝土圆柱体抗压强度；f_{sx} 为纵筋应力；f_{se} 为箍筋应力；f_{sxcr} 为纵向裂缝处的应力；f_{szcr} 为横向裂缝处的应力；s_x 为垂直于 x 方向裂缝的间距；s_z 为垂直于 z 方向裂缝的间距；s_θ 为平均裂缝间距；ε_1 为垂直于裂缝面的平均主拉应变；ε_2 为沿裂缝方向的主压应变；ε_x 为平均纵向应变；ρ_x 为纵筋配筋率；ρ_z 为箍筋配筋率；θ 为裂缝倾角；v 为受剪强度；γ_{xz} 为剪应变；v_{ci} 为沿裂缝面传递的剪应力；ω 为平均裂缝宽度

完全的修正压力场理论须联立求解上述 15 个方程，因方程间未知数相互偶联，需使用迭代算法，较为复杂。为了简化计算，使用 Bentz[6]于 2006 年提出的一种简化的修正压力场理论来计算桁架部分承载力，具体计算方法如下。

图 3.30 描绘了应力跨越裂缝传递示意图，图 3.29 中式(5)为图 3.30 所示单元体 z 方向的平衡方程。因在 RC 梁受力过程中，通常可认为梁中单元垂直于梁轴线的方向应力为零，且在 RC 梁剪切破坏时，通常可认为箍筋应力达到屈服应力。故当 $f_z = 0$ 且 $f_{szcr} = f_{yv}$ 时(f_{yv} 为箍筋的屈服强度)，图 3.29 中式(5)可化简为

$$v = v_{ci} + \rho_z f_{yv} \cot\theta \tag{3.27}$$

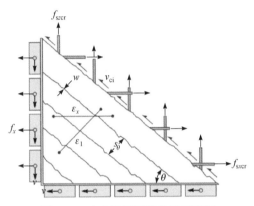

图 3.30　应力跨越裂缝传递示意图

同理，图 3.29 中式(2)可简化为

$$v = f_1 \cot\theta + \rho_z f_{yv} \cot\theta \tag{3.28}$$

由式(3.27)和式(3.28)可得

$$v = v_c + v_s = \beta\sqrt{f_c} + \rho_z f_{yv} \cot\theta \tag{3.29}$$

式中，β——系数，$\beta = \dfrac{0.33\cot\theta}{1+\sqrt{500\varepsilon_1}}$，$\varepsilon_1$ 为垂直于裂缝方向的应变。

由式(3.29)可得桁架部分受剪承载力

$$V_t = V_c + V_s = \beta\sqrt{f_c}bd + \rho_z f_{yv} \cot\theta = \beta\sqrt{f_c}bd + \frac{A_{sv}f_{yv}d\cot\theta}{s} \tag{3.30}$$

式中，V_c——桁架部分混凝土的受剪承载力；

　　　V_s——桁架部分钢筋的受剪承载力；

(1) 系数 β 的简化。

式(3.30)中，由于确定系数 ε_1 与 θ 的过程仍需迭代求解，应进行进一步简化。

Bentz[6]提出了系数 β 和 θ 的简化取值公式，无需迭代求解，如式(3.31)和式(3.32)所示：

$$\beta = \frac{0.4}{1+1500\varepsilon_x} \times \frac{1300}{1000+s_{xe}} \tag{3.31}$$

$$\theta = (29° + 7000\varepsilon_x)\left(0.88 + \frac{s_{xe}}{2500}\right) \leqslant 75° \tag{3.32}$$

式中，s_{xe}——等效裂缝间距，取 $s_{xe}=300$ ；

　　　ε_x——截面中心沿 x 向的应变。

式(3.32)中，系数 ε_x 的确定简图如图 3.31 所示。

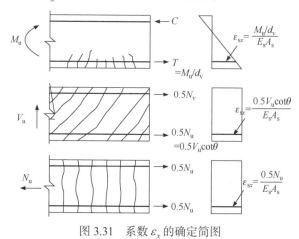

图 3.31　系数 ε_x 的确定简图

简化地认为 $\varepsilon_x = \varepsilon_{sx}/2$ ，可得

$$\varepsilon_x = \frac{\varepsilon_{sx}}{2} = \frac{\dfrac{M_u}{d} + 0.5N_u + 0.5V_u\cot\theta}{2E_sA_s} \tag{3.33}$$

式中，ε_{sx}——纵筋处沿 x 向的应变。

(2) 系数 θ 的确定。

对于桁架部分斜压杆倾角 θ 的确定，Bentz 基于统计回归得出了式(3.32)，但缺乏一定的理论依据。Kim[7]基于最小能量原理确定了混凝土构件的变角桁架模型的斜压杆角度，这里通过两点高斯积分变角桁架模型在单位剪力作用下所做的剪切功与弯曲功最小，从而确定斜压杆倾角 θ 。变角桁架模型计算简图如图 3.32 所示。

首先进行剪切角 γ 的计算，变角桁架模型简化单元体微分模型如图 3.32(c)所

示，将图中混凝土斜压杆简化为一个锥柱体，其宽度取锥柱体的平均宽度，则 1 号
锥柱体的竖向变形为

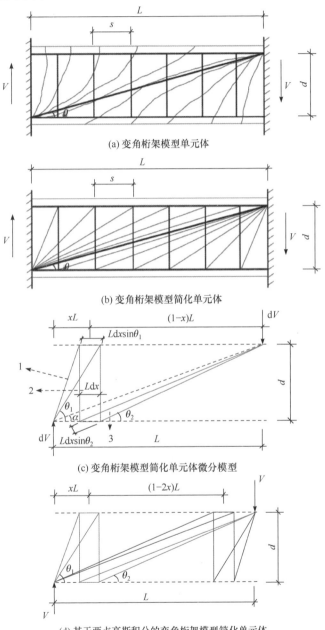

(a) 变角桁架模型单元体

(b) 变角桁架模型简化单元体

(c) 变角桁架模型简化单元体微分模型

(d) 基于两点高斯积分的变角桁架模型简化单元体

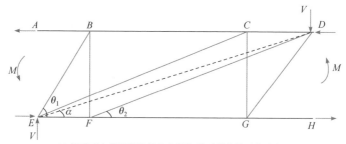

(e) 基于两点高斯积分的变角桁架模型简化单元体受力图

图 3.32　变角桁架模型计算简图

$$\delta_1 = \frac{\mathrm{d}V}{0.5E_c b \cot\alpha \sin^4\theta_1 \mathrm{d}x} \tag{3.34}$$

箍筋(2 号拉杆)的竖向变形为

$$\delta_2 = \frac{\mathrm{d}V}{E_s \rho_v b \cot\alpha \mathrm{d}x} \tag{3.35}$$

3 号锥柱体的竖向变形为

$$\delta_3 = \frac{\mathrm{d}V}{0.5E_c b \cot\alpha \sin^4\theta_2 \mathrm{d}x} \tag{3.36}$$

则总体的剪切变形为

$$\delta_v = \delta_1 + \delta_2 + \delta_3 \tag{3.37}$$

式中，ρ_v——箍筋配箍率；

n——钢材弹性模量与混凝土弹性模量的比值。

单位剪力作用下腹杆变形引起的总剪切角为

$$\mathrm{d}\gamma = \frac{\delta_v}{L \cdot \mathrm{d}V} = \frac{\delta_v}{d \cot\alpha \cdot \mathrm{d}V} = \frac{2\rho_v n\{(1+x^2\cot^2\alpha)^2 + [1+(1-x)^2\cot^2\alpha]^2\} + 1}{n\rho_v E_c A_v \cot^2\alpha \mathrm{d}x} \tag{3.38}$$

对式(3.38)中 x 进行积分，其中 $0 \leqslant x \leqslant 1$，得

$$\gamma = \int_0^1 \frac{2\rho_v n\{(1+x^2\cot^2\alpha)^2 + [1+(1-x)^2\cot^2\alpha]^2\} + 1}{n\rho_v E_c A_v \cot^2\alpha \mathrm{d}x} \tag{3.39}$$

使用高斯积分简化，式(3.39)简化为

$$\gamma = \sum_1^m \frac{2\rho_v n\{(1+x^2\cot^2\alpha)^2 + [1+(1-x)^2\cot^2\alpha]^2\} + 1}{n\rho_v E_c A_v \cot^2\alpha} \tag{3.40}$$

使用两点高斯积分，查表得 $m=2$，$x_1=0.21$，$k_1=0.5$，$x_2=0.21$，$k_2=0.5$，则总剪切角为

$$\gamma = \frac{2\rho_v n\{(1+0.21^2\cot^2\alpha)^2 + [1+(1-0.21)^2\cot^2\alpha]^2\}+1}{n\rho_v E_c A_v \cot^2\alpha} \tag{3.41}$$

进一步简化得

$$\gamma = \frac{4\rho_v n(1+0.39\cot^2\alpha)^2 + 1}{n\rho_v E_c A_v \cot^2\alpha} \tag{3.42}$$

对弯曲角 θ_f 进行计算，基于两点高斯积分的变角桁架模型简化单元体受力图，如图 3.32(e)所示，其弯曲角 θ_f 主要由上下弦杆的轴向变形引起，由于该单元体为静定结构，可通过结构力学计算得出各个杆件内力。在该单元体中，假设上下弦杆均由纵筋组成，变角桁架模型中腹杆引起的变形见表 3.8。

表 3.8　变角桁架模型中腹杆引起的变形

杆件	受力 F	单位力 f	长度 l	刚度 EA	变形 $Ffl/(EA)$
零杆 EF、CD	0	0	$0.21L$	$\dfrac{E_s A_s}{2}$	0
拉杆 AB、GH	$\dfrac{V}{2\tan\alpha}$	$\dfrac{1}{2\tan\alpha}$	$0.21L$	$\dfrac{E_s A_s}{2}$	$\dfrac{0.21VL\cot^2\alpha}{2E_s A_s}$
拉杆 BC、FG	$\dfrac{0.21V}{2\tan\alpha}$	$\dfrac{0.21}{2\tan\alpha}$	$0.58L$	$\dfrac{E_s A_s}{2}$	$\dfrac{0.36VL\cot^2\alpha}{2E_s A_s}$

将表 3.8 最后一列相加，可得弦杆弯曲变形引起的竖向变形

$$\delta_f = \frac{0.57Vd\cot^3\alpha}{E_s A_s} \tag{3.43}$$

则单位剪力作用下弦杆变形引起的总剪切角为

$$\theta_f = \frac{\delta_f}{L} = \frac{0.57\cot^2\alpha}{E_s A_s} \tag{3.44}$$

如前所说，桁架部分混凝土斜压杆倾角 θ 可通过单位剪力作用下所做的弯曲功和剪切功最小来确定，则在图 3.32(d)所示单位剪力作用下，产生的总转角为(令 $\alpha=\theta$)

$$\text{EWD} = \theta_f + \gamma = \frac{0.57\cot^2\theta}{E_s A_s} + \frac{4\rho_v n(1+0.39\cot^2\theta)^2 + 1}{n\rho_v E_c A_v \cot^2\theta} \tag{3.45}$$

使其做功最小，即

$$\frac{d(EWD)}{d\theta} = 0 \tag{3.46}$$

得

$$\theta = \arctan \left(\frac{0.6\rho_v n + 0.57 \dfrac{\rho_v A_v}{A_s}}{1 + 4n\rho_v} \right)^{0.25} \tag{3.47}$$

综上所述，通过式(3.30)、式(3.31)及式(3.47)即可确定桁架部分受剪承载力。

2) RC 梁拱受剪承载力

拱部分受剪承载力可通过变形协调关系得出。潘钻峰[8]提出，在 RC 梁受剪过程中，桁架部分竖向变形应与拱部分竖向变形相等，以达到协调变形的效果，故

$$\gamma = \frac{V_t}{K_t} = \frac{V_a}{K_a} \tag{3.48}$$

式中，V_t——桁架部分受剪承载力；

　　　V_a——拱部分受剪承载力；

　　　K_t——桁架部分抗剪刚度；

　　　K_a——拱部分抗剪刚度。

若已知桁架部分受剪承载力 V_t，则可由式(3.48)得出拱部分受剪承载力 V_a：

$$V_a = \frac{K_a}{K_t} V_t \tag{3.49}$$

(1) 桁架部分抗剪刚度。

桁架部分在剪力作用下的竖向变形可分为混凝土斜压杆的竖向变形与箍筋的竖向变形两部分，如图 3.33 所示。

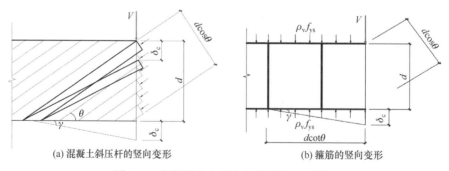

(a) 混凝土斜压杆的竖向变形　　　　　　(b) 箍筋的竖向变形

图 3.33　桁架部分在剪力作用下竖向变形图

由图 3.33 可知，桁架部分在剪力作用下产生的竖向变形主要由混凝土斜压杆

的压缩及箍筋的伸长引起。

由图 3.33(a)可得，混凝土斜压杆在剪力作用下的轴向压缩应变

$$\varepsilon_c = \frac{V}{E_c bd \sin\theta\cos\theta} \tag{3.50}$$

则混凝土斜压杆在剪力作用下的轴向压缩量为

$$\Delta_c = \varepsilon_c \frac{d}{\sin\theta} = \frac{V}{E_c b \sin^2\theta\cos\theta} \tag{3.51}$$

混凝土斜压杆在剪力作用下的竖向变形为

$$\delta_c = \frac{\Delta_c}{\sin\theta} = \frac{V}{E_c b \sin^3\theta\cos\theta} \tag{3.52}$$

由图 3.33(b)可得，箍筋在剪力作用下的竖向变形

$$\delta_s = \frac{f_{vs}}{E_s} d = \frac{Vd}{E_s \rho_v b \cot\theta} \tag{3.53}$$

由式(3.51)及式(3.52)可得桁架部分在剪力作用下的竖向变形

$$\delta = \delta_s + \delta_c = \frac{V}{E_c b \sin^3\theta\cos\theta} + \frac{Vd}{E_s \rho_v b \cot\theta} \tag{3.54}$$

桁架部分在剪力作用下的抗剪刚度为

$$K_t = \frac{V}{\dfrac{\delta_s + \delta_c}{d\cot\theta}} = \frac{V}{\dfrac{V}{E_c bd \sin^2\theta\cos^2\theta} + \dfrac{V}{E_s \rho_v b \cot^2\theta}} = \frac{n\rho_v E_c bd \cot^2\theta}{1 + n\rho_v \csc^4\theta} \tag{3.55}$$

(2) 拱部分抗剪刚度。

拱部分在剪力作用下的竖向变形(图 3.34)即混凝土拱体压缩产生的竖向变形。

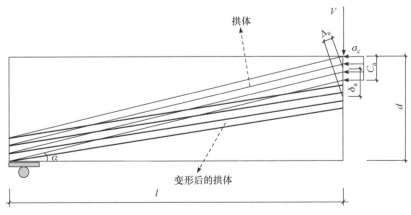

图 3.34　拱部分在剪力作用下的竖向变形图

由图 3.34 可得，混凝土拱体在剪力作用下的轴向压缩应变

$$\varepsilon_a = \frac{V}{E_c b c_a \cos\alpha \sin\alpha} \tag{3.56}$$

式中，c_a——峰值受剪承载力时 RC 梁混凝土受压区高度。

混凝土拱体在剪力作用下的轴向压缩量为

$$\Delta_a = \varepsilon_a \frac{l}{\cos\alpha} = \frac{Vl}{E_c b c_a \cos^2\alpha \sin\alpha} \tag{3.57}$$

故混凝土拱体在剪力作用下的竖向变形为

$$\delta_a = \frac{\Delta_a}{\sin\alpha} = \frac{Vl}{E_c b c_a \cos^2\alpha \sin^2\alpha} \tag{3.58}$$

拱部分在剪力作用下的抗剪刚度为

$$K_a = \frac{V}{\gamma_a} = \frac{V}{\dfrac{\delta_a}{l}} = E_c b c_a \cos^2\alpha \sin^2\alpha \tag{3.59}$$

峰值受剪承载力时 RC 梁混凝土受压区高度示意图如图 3.35 所示，混凝土受压区高度 c_a 可通过截面分析获得。

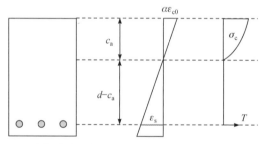

图 3.35　峰值受剪承载力时 RC 梁混凝土受压区高度示意图

由平截面假定可以得出

$$\varepsilon_s = \frac{\alpha\varepsilon_{c0}(d - c_a)}{c_a} \tag{3.60}$$

式中，ε_s——峰值受剪承载力时纵筋应变；

$\alpha\varepsilon_{c0}$——峰值受剪承载力时加载点上边缘混凝土压应变；

ε_{c0}——混凝土峰值压应变，取 $\varepsilon_{c0} = 0.002$。

由截面受力平衡方程可得

$$\frac{\rho_s b d \alpha \varepsilon_{c0}(d - c_a)}{c E_s} = b \int_0^{c_a} \sigma_c(z) \mathrm{d}z \tag{3.61}$$

解得

$$c_a = \frac{d\sqrt{(E_s\varepsilon_{c0}\rho_s\alpha)^2 + 4E_s\varepsilon_{c0}\rho_s\left(\alpha^2 - \frac{\alpha^3}{3}\right)f_c} - dE_s\varepsilon_{c0}\rho_s\alpha}{2\left(\alpha - \frac{\alpha^2}{3}\right)f_c} \tag{3.62}$$

由于 $\alpha\varepsilon_{c0}$ 未知，仅凭借式(3.62)无法求得 c_a。Choi[9]基于回归分析提出了峰值受剪承载力时中和轴与主斜裂缝交点上部混凝土压应变 $\alpha_1\varepsilon_{c0}$ 的简化计算方法，并通过几何推导得出了 c_a 的取值。c_a 示意图见图 3.36，$\alpha_1\varepsilon_{c0}$ 计算公式如式(3.63)所示。

$$\alpha_1\varepsilon_{c0} = (1.0 - 0.44\lambda)\varepsilon_{c0} \geqslant 0.2\varepsilon_{c0} \tag{3.63}$$

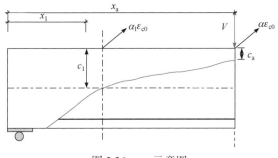

图 3.36　c_a 示意图

将式(3.62) c_a 替换为 c_1，$\alpha\varepsilon_{c0}$ 替换为 $\alpha_1\varepsilon_{c0}$，结合式(3.63)即可得出图 3.36 中 x_1 处的混凝土受压区高度 c_1。通过式(3.64)，即可得出峰值受剪承载力时加载点处混凝土受压区高度 c_a。

$$c_a = (1 - 0.43\lambda)c_1 \tag{3.64}$$

由式(3.49)、式(3.55)及式(3.64)可得拱部分受剪承载力。

综上所述，基于变形协调桁架拱模型的 RC 梁受剪承载力为

$$V = V_t + V_a = V_t\left(1 + \frac{K_a}{K_t}\right) \tag{3.65}$$

3. 考虑变形协调的 SRC 梁桁架-拱模型

基于 RC 梁考虑变形协调的桁架-拱模型，提出 SRC 梁考虑变形协调的桁架-拱模型。型钢部分受剪承载力可通过变形协调关系得出。在 SRC 梁受剪过程中，桁架部分竖向变形、拱部分竖向变形、型钢部分竖向变形相等，已达到协调变形的效果，故

$$\gamma = \frac{V_t}{K_t} = \frac{V_a}{K_a} = \frac{V_{ss}}{K_{ss}} \tag{3.66}$$

式中，V_{ss}——型钢部分受剪承载力；

　　　K_{ss}——型钢部分抗剪刚度。

其中，桁架部分与拱部分的受剪承载力及抗剪刚度计算方法同 3.6.3 小节，在此确定型钢部分的受剪承载力及抗剪刚度。型钢在剪力作用下的竖向变形如图 3.37 所示。

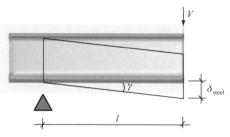

图 3.37　型钢在剪力作用下的竖向变形

型钢部分的受剪承载力 V_s 可由式(3.66)确定：

$$V_s = V_t \frac{K_{ss}}{K_t} \tag{3.67}$$

型钢在剪力作用下的竖向变形可用结构力学方法得出，在此以试验常采用的三点和四点对称加载为例，计算简图如图 3.38 所示。

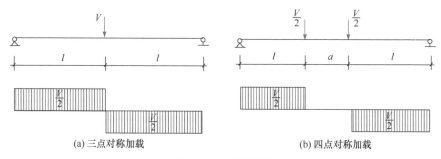

(a) 三点对称加载　　　　　　　　　　(b) 四点对称加载

图 3.38　计算简图

使用剪力图乘法可得

$$\delta_{steel} = \sum \frac{\overline{Q}_k Q_P}{GA} = \frac{Vl}{GA} \tag{3.68}$$

则型钢部分在剪力作用下的抗剪刚度为

$$K_{ss} = \frac{V}{\gamma} = \frac{V}{\dfrac{\delta_{steel}}{l}} = GA \tag{3.69}$$

综上，SRC 梁基于变形协调桁架拱模型的受剪承载力为

$$V = V_t + V_a + V_{ss} = V_t \left(1 + \frac{K_a}{K_t} + \frac{K_{ss}}{K_t} \right) \tag{3.70}$$

4. 模型的验证

上述基于变形协调的桁架-拱模型计算方法适用于矩形截面型钢混凝土梁受剪承载力的计算，选取相关文献的 11 个矩形截面试件进行试算，矩形梁受剪承载力计算值 V_c 与试验值 V_u 的对比如表 3.9 所示。

表 3.9　矩形梁受剪承载力计算值与试验值的对比

来源	试件编号	剪跨比	h/mm	b/mm	V_c/kN	V_u/kN	V_c/V_u
文献[10]	SRC-18	1.1	280	160	355	475	0.75
	SRC-19	1.7	280	160	292	310	0.94
文献[11]	SRRC-1	1.2	240	180	337	318	1.06
	SRRC-2	1.6	240	180	274	239	1.15
	SRRC-4	1.2	240	180	337	343	0.98
	SRRC-5	1.6	240	180	274	245	1.12
	SRRC-7	1.2	240	180	337	324	1.04
	SRRC-8	1.6	240	180	274	245	1.12
	SRRC-10	1.2	240	180	343	368	0.93
	SRRC-11	1.2	240	180	344	368	0.93
	SRRC-12	1.2	240	180	336	343	0.98
平均值							1.00
变异系数							0.11

由表 3.9 可以看出，选用试件剪跨比均小于 2.0，基于变形协调的桁架-拱模型计算方法得出的计算值与试验值比值的平均值为 1.0，说明计算结果与试验结果吻合较好，建议计算方法适用于型钢混凝土梁的受剪承载力计算。

本次试验采用的 PPSRC 梁多为 T 形截面梁，且两种强度混凝土同时存在，计算时混凝土强度应按式(3.10)取值，通过对文献中矩形截面试件计算，发现计算结果与试验结果吻合度较好。通过试验结果对比可以发现，混凝土翼缘对受剪承载力贡献在 10%～30%。文献[12]中建议翼缘宽度 $b_f = 2b$ 的试件承载力提高约 20%，翼缘更宽的试件，受剪承载力几乎保持矩形梁的 1.25 倍不再增加。通过数值计算得出翼缘宽度对 PPSRC 梁的影响规律，试件翼缘宽度与腹板宽度比大于 6.0 时，T 形梁的受剪承载力约为矩形梁的 1.25 倍，试件翼缘宽度是腹板宽度的 1～5 倍时，受剪承载力的增长基本呈线性变化。故可通过线性插入法，采用放大系数 φ 来考虑翼缘对承载力的影响，计算公式见式(3.71)。

$$V = \varphi(V_t + V_a + V_s) = \varphi V_t \left(1 + \frac{K_a}{K_t} + \frac{K_s}{K_t}\right) \tag{3.71}$$

翼缘宽度放大系数 φ 的取值如表 3.10 所示。

表 3.10　翼缘宽度放大系数 φ 的取值

剪跨比	φ						
	$b_f/b=1$	$b_f/b=2$	$b_f/b=3$	$b_f/b=4$	$b_f/b=5$	$b_f/b=6$	$b_f/b=7$
1.0	1	1.07	1.13	1.17	1.21	1.24	1.24
1.5	1	1.07	1.14	1.18	1.23	1.24	1.28
1.8	1	1.06	1.11	1.14	1.19	1.22	1.23

表 3.11 给出了 T 形梁受剪承载力计算值与试验值对比,负弯矩区受力试件的混凝土翼缘处于受拉状态,加载初期均出现多条裂缝,较早退出工作,对受剪承载力贡献较小,因此可按矩形梁计算。从表中可以看出,计算值与试验值比值的平均值为 0.92,变异系数为 0.08,计算结果离散度较小,采用建议计算公式(3.20)得出的计算结果与试验结果吻合度较高。

表 3.11　T 形梁受剪承载力计算值与试验值对比

试件编号	剪跨比	V_c/kN	V_u/kN	V_c/V_u	φ	$\varphi \cdot (V_c/V_u)$
PPSRC-1	1.0	466	662	0.70	1.19	0.83
PPSRC-2	1.5	353	460	0.77	1.20	0.92
PPSRC-3	1.8	306	392	0.78	1.16	0.90
PPSRC-4	1.5	344	444	0.77	1.20	0.92
PPSRC-5	1.5	364	494	0.74	1.20	0.89
SRC-1	1.5	368	515	0.71	1.20	0.85
PPSRC-6	1.0	466	512	0.91	—	0.91
PPSRC-7	1.5	353	375	0.94	—	0.94
PPSRC-8	1.8	306	310	0.99	—	0.99
PPSRC-9	1.5	344	316	1.09	—	1.09
PPSRC-10	1.5	364	393	0.93	—	0.93
SRC-2	1.5	368	382	0.96	—	0.96
PPSRC-11	0.5	2761	3409	0.81	1.07	0.87
PPSRC-12	1.0	2271	2390	0.95	1.07	1.02
PPSRC-13	1.5	1700	1735	0.98	1.07	1.05
PPSRC-14	0.5	2353	3361	0.70	1.07	0.74

续表

试件编号	剪跨比	V_c/kN	V_u/kN	V_c/V_u	φ	$\varphi\cdot(V_c/V_u)$
PPSRC-15	1.0	1895	2082	0.91	1.07	0.97
PPSRC-16	1.5	1422	1653	0.86	1.07	0.92
PPSRC-17	1.0	467	670	0.70	1.19	0.83
PPSRC-18	1.5	332	435	0.76	1.20	0.91
PPSRC-19	2.0	248	332	0.75	1.16	0.87
PPSRC-20	1.5	366	420	0.87	1.20	1.04
PPSRC-21	1.5	341	480	0.71	1.20	0.85
PPSRC-22	2.5	228	250	0.91	1.16	1.06
PPSRC-23	1.0	452	585	0.77	1.16	0.89
PPSRC-24	0.5	1996	2637	0.76	1.17	0.89
PPSRC-25	1.0	1724	2138	0.81	1.17	0.95
PPSRC-26	1.5	1400	1700	0.82	1.18	0.97
PPSRC-27	1.8	1263	1700	0.74	1.14	0.84
PPSRC-28	1.0	1840	2288	0.80	1.17	0.94
PPSRC-29	1.0	1723	1967	0.88	—	0.88
平均值				0.83		0.92
变异系数				0.10		0.08

3.6.4 不同方法计算结果与试验结果比较

采用 4 种不同计算方法(两种标准计算方法和两种建议计算公式)对 29 个 PPSRC 梁和 2 个 SRC 梁的受剪承载力进行计算。计算结果与试验结果之比(V_c/V_u)随剪跨比(λ)的变化如图 3.39 所示。

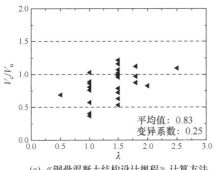

(a)《钢骨混凝土结构设计规程》计算方法

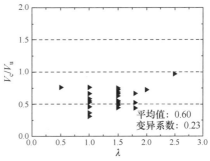

(b)《组合结构设计规范》计算方法

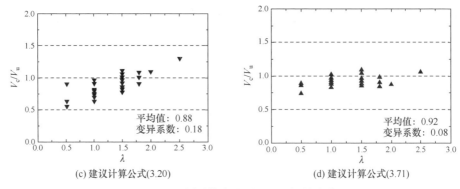

图 3.39　不同计算方法下 V_c/V_u 随 λ 的变化

由图 3.39 可以看出,《钢骨混凝土结构设计规程》和《组合结构设计规范》的计算结果整体偏于保守,剪跨比为 1.0 的试件尤为明显,31 个试件的计算结果与试验结果之比分别为 0.83 和 0.60,变异系数分别为 0.25 和 0.23,偏差较大。采用建议计算公式(3.20)和建议计算公式(3.71)的计算结果与试验结果之比分别为 0.88 和 0.92,变异系数分别为 0.18 和 0.08。说明两种建议公式均是合理的。基于桁架-拱模型的计算结果与试验结果吻合度最好。

3.7　本 章 小 结

对 29 个 PPSRC 梁和 2 个现浇 SRC 梁的受剪性能进行了试验研究,并采用数值计算方法分析了矩形截面试件受剪承载力变化规律,以及 T 形截面试件翼缘对受剪承载力的影响,给出了 PPSRC 梁的斜截面受剪承载力计算公式,相关结论如下:

(1) PPSRC 梁的预制部分与现浇部分在剪力作用下能够保持良好的共同工作性能,所采用的预制梁截面构造形式和连接方式可行。

(2) PPSRC 梁的受剪破坏形态和现浇 SRC 梁相近,预制和现浇两种制作方式对试件受剪性能无明显影响。PPSRC 梁的受剪承载力随现浇混凝土强度的提高而提高,剪跨比在 1.0~2.0 时,斜截面受剪承载力随剪跨比的增加而减小。

(3) 蜂窝型钢 PPSRC 梁的斜截面承载力与实腹式 PPSRC 梁相比有所降低,但差异较小。考虑到型钢截面高度增加后受弯承载力会有所提高,蜂窝型钢 PPSRC 梁是一种有效可行的新型装配式组合梁。

(4) 空心 PPSRC 梁与实心 PPSRC 梁受剪性能接近,两者具有相同破坏形态和相近的承载能力。

(5) 采用类型 A1 试件的 PPSRC 梁通过有限元分析得出混凝土翼缘对受剪承

载力贡献随翼缘宽度的增加而增加，翼缘宽度大于 5 倍梁腹板宽度的试件受剪承载力几乎不再增加，最终承载力约为矩形截面试件的 1.25 倍。

（6）采用有限元分析得出的矩形截面试件受剪承载力变化规律与试验中 T 形截面试件相似，受剪承载力随剪跨比的增大而降低，随现浇混凝土强度的提高而提高。

（7）介绍了国内有关 SRC 梁受剪承载力计算的两部行业标准《组合结构设计规范》和《钢骨混凝土结构设计规程》，并采用其计算方法对 31 个 PPSRC 梁进行计算，得出的计算结果整体偏于保守，离散性较大。

（8）鉴于《钢骨混凝土结构设计规程》计算结果较《组合结构设计规范》更偏向于试验值，为与现行标准的表达方式相一致，在《钢骨混凝土结构设计规程》的计算方法上进行修正并给出了建议计算公式(3.20)，31 个受剪试验梁采用建议计算公式(3.20)的计算结果与试验结果较为接近，变异系数较小，说明建议计算公式(3.20)可用于 PPSRC 梁受剪承载力的计算。

（9）通过对混凝土梁桁架-拱模型的介绍，提出适用于 SRC 梁的修正桁架-拱模型，并给出建议计算公式(3.71)，基于变形协调条件将桁架作用、拱作用、型钢作用三者结合。计算结果与试验结果的对比表明，建议计算公式(3.71)的计算精度最高，所提出的斜截面受剪承载力计算公式较为合理。

参 考 文 献

[1] Ritter W. Die bauweise hennebique[J]. Schweizerische BAuzeitung, 1899: 33(7): 59-61.

[2] Morsch E. Concrete-steel construction[M]. New York: McGraw-Hill, 1909.

[3] 日本土木工程学会. 混凝土结构设计规范及解说[M]. 刘全德, 译. 成都: 西南交通大学出版社, 1991.

[4] Vecchio F J, Collins M P. The modified compression field theory for reinforced concrete elements subjected to shear[J]. ACI Structural Journal, 1986, 83(2): 219-231.

[5] 魏巍巍. 基于修正压力场理论的钢筋混凝土结构受剪承载力及变形研究[D]. 大连: 大连理工大学, 2011.

[6] Bentz E C, Vecchio F J, Collins M P. Simplified modified compression field theory for calculating shear strength of reinforced concrete elements[J]. ACI Structural Journal, 2006, 103(4): 614-624.

[7] Kim J H, Mander J B. Influence of transverse reinforcement on elastic shear stiffness of cracked concrete elements[J]. Engineering Structures, 2007, 29(8): 1798-1807.

[8] Pan Z F, Li B. Truss-Arch model for shear strength of shear-critical reinforced concrete columns[J]. Journal of Structural Engineering, 2013, 139(4): 548-560.

[9] Choi K K, Hong G P. Unified shear strength model for reinforced concrete beams-Part Ⅱ: verification and simplified method[J]. ACI Structural Journal, 2007, 104(2): 153-161.

[10] 车顺利. 型钢高强高性能混凝土梁的基本性能及设计计算理论研究[D]. 西安: 西安建筑科技大学, 2008.

[11] 王秀振. 型钢再生混凝土梁受剪性能试验研究[D]. 西安: 西安建筑科技大学, 2011.

[12] 过镇海. 钢筋混凝土原理[M]. 北京: 清华大学出版社, 2013.

第4章　PPSRC柱的轴压性能研究

4.1　引　言

掌握PPSRC轴心受压柱的力学性能是研究PPSRC柱在压、弯、剪、扭等复杂受力状态下力学性能的重要基础。国内外学者已进行了大量SRC柱在轴心荷载下受力性能的研究，但是关于PPSRC柱轴压性能的研究尚未见到报道。本章对PPSRC柱的轴压性能进行试验研究、理论推导和有限元分析。主要完成三组截面共18个PPSRC柱试件的试验研究，重点研究内部混凝土强度、配箍率、抗剪栓钉的设置以及截面形式(实心和空心)对PPSRC短柱轴压性能的影响，并进行相关的有限元分析。进一步结合不同约束区域混凝土轴心抗压强度计算方法的研究，提出型钢约束混凝土轴心抗压强度的计算方法。最后利用强度叠加原理建立PPSRC柱的轴压承载力计算公式。

4.2　试　验　概　况

4.2.1　试件设计

本试验共设计了18个PPSRC柱试件，包括A、B、C三种截面尺寸，每种截面下均有实心和空心两种截面形式。其中A类截面(300mm×300mm)试件共4个，柱高均为900mm，依次编号1-PPSRC1～1-PPSRC4；B类截面(350mm×350mm)试件共10个，柱高均为1050mm，试件依次编号2-SRC1、2-PPSRC1～2-PPSRC9，其中现浇试件2-SRC1作为对比试件；C类截面(400mm×400mm)试件共4个，柱高均为1200mm，依次编号3-PPSRC1～3-PPSRC4。所有试件纵筋采用4根直径20mm的HRB400钢筋对称配筋，箍筋采用直径为8mm的HPB300级矩形连续螺旋箍筋。A类、B类和C类试件内十字型钢分别由2根Q235等级的轧制H型钢HN175×90×5×8、HN200×100×5.5×8、HN250×125×6×9焊接而成，配钢率分别为4.9%、4.5%和4.7%。所有试件在型钢翼缘的边缘处分别点焊4块3mm厚的花纹钢板，使核心区形成一个封闭的八边形，以实现内外混凝土的分隔，同时充当浇筑模板。另外，在部分试件的型钢翼缘两端内外焊接两列抗剪栓钉，两列栓钉交叉布置，同一列栓钉的间距为100mm，每列栓钉与型钢翼缘边缘的距离为30mm。

A、B、C 类轴压试件截面示意图如图 4.1～图 4.3 所示，抗剪栓钉的布置方式如图 4.4 所示。试验中选取的主要参数有内部混凝土强度、截面形式(实心和空心)、箍筋间距和抗剪栓钉的设置，具体参数设置如表 4.1 所示。

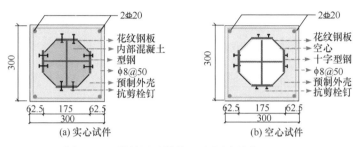

图 4.1 A 类轴压试件截面示意图(单位：mm)

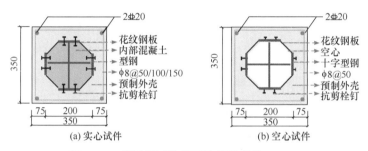

图 4.2 B 类轴压试件截面示意图(单位：mm)

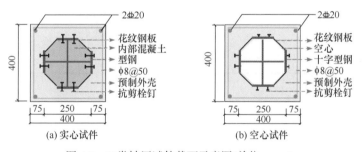

图 4.3 C 类轴压试件截面示意图(单位：mm)

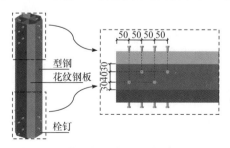

图 4.4 抗剪栓钉的布置方式(单位：mm)

表 4.1　PPSRC 柱轴压试件参数汇总表

分类	试件编号	截面尺寸/mm	内部混凝土强度等级	外部混凝土强度等级	型钢截面类型	配钢率	箍筋布置	栓钉
A	1-PPSRC1	300×300	—	C60	2(HN175×90×5×8)	4.9%	φ8@50	有
	1-PPSRC2	300×300	C30	C60	2(HN175×90×5×8)	4.9%	φ8@50	有
	1-PPSRC3	300×300	C45	C60	2(HN175×90×5×8)	4.9%	φ8@50	有
	1-PPSRC4	300×300	C60	C60	2(HN175×90×5×8)	4.9%	φ8@50	有
B	2-SRC1	350×350	C60	C60	2(HN200×100×5.5×8)	4.5%	φ8@50	有
	2-PPSRC1	350×350	—	C60	2(HN200×100×5.5×8)	4.5%	φ8@50	有
	2-PPSRC2	350×350	C30	C60	2(HN200×100×5.5×8)	4.5%	φ8@50	有
	2-PPSRC3	350×350	C60	C60	2(HN200×100×5.5×8)	4.5%	φ8@50	有
	2-PPSRC4	350×350	C30	C60	2(HN200×100×5.5×8)	4.5%	φ8@100	有
	2-PPSRC5	350×350	C30	C60	2(HN200×100×5.5×8)	4.5%	φ8@150	有
	2-PPSRC6	350×350	—	C60	2(HN200×100×5.5×8)	4.5%	φ8@50	无
	2-PPSRC7	350×350	C30	C60	2(HN200×100×5.5×8)	4.5%	φ8@50	无
	2-PPSRC8	350×350	C45	C60	2(HN200×100×5.5×8)	4.5%	φ8@50	无
	2-PPSRC9	350×350	C60	C60	2(HN200×100×5.5×8)	4.5%	φ8@50	无
C	3-PPSRC1	400×400	—	C60	2(HN250×125×6×9)	4.7%	φ8@50	有
	3-PPSRC2	400×400	C30	C60	2(HN250×125×6×9)	4.7%	φ8@50	有
	3-PPSRC3	400×400	C45	C60	2(HN250×125×6×9)	4.7%	φ8@50	有
	3-PPSRC4	400×400	C60	C60	2(HN250×125×6×9)	4.7%	φ8@50	有

4.2.2　试件制作

PPSRC 柱的制作思路是"工厂预制高强混凝土外壳，运输至施工现场再浇筑内部混凝土"，为了与实际工程中柱的施工工序一致，试验中试件的详细制作步骤如下：

(1) 用切割机将一根 H 型钢在腹板中间高度处沿纵向切割成 2 个 T 型钢，另一根型钢保持原样；在型钢翼缘内外焊接抗剪栓钉；将 2 个 T 型钢焊接在另一根完整的 H 型钢腹板形成十字型钢，见图 4.5(a)。

(2) 绑扎钢筋骨架，将预先制作好的十字型钢嵌入钢筋骨架内，然后将钢筋骨架和型钢定位并焊接在底部钢板上。随后在型钢翼缘焊接 3mm 厚花纹钢板充当外部混凝土浇筑内模，同时制作外部混凝土浇筑模板，见图 4.5(b)、(c)。

(3) 浇筑外部预制部分混凝土，自然养护。

(a) 型钢制作　　　　　　　　　　　(b) 型钢、钢筋骨架

(c) 支模　　　　　　　　　　　　(d) 浇筑成型

图 4.5　PPSRC 柱试件加工制作过程

(4) 待外部混凝土初凝后，进行内部混凝土浇筑，养护后即为成型的 PPSRC 柱，见图 4.5(d)。

4.2.3　材性试验

本次试验混凝土分两次浇筑，第一次浇筑外部混凝土，第二次浇筑内部混凝土。外部混凝土强度等级均为 C60，内部混凝土强度等级分别为 C30、C45 和 C60。在混凝土浇筑时，每种等级混凝土均预留 6 个 150mm×150mm×150mm 立方体试块，所有试块与柱试件同条件自然养护 28 天。混凝土立方体试块抗压强度根据《混凝土结构试验方法标准》(GB/T 50152—2012)确定，实测的混凝土材料性能如表 4.2 所示。

所有试件型钢选用 Q235 钢材，纵筋选用直径为 20mm 的 HRB400 级钢筋，箍筋选用直径为 8mm 的 HPB300 级钢筋。钢材的力学指标根据《金属材料 拉伸试验 第 1 部分：室温试验方法》(GB/T 228.1—2010)确定。实测的钢材材料性能如表 4.3 所示。

表 4.2　PPSRC 柱混凝土材料性能

混凝土强度等级	立方体抗压强度平均值 $f_{cu,m}$/MPa	轴心抗压强度平均值 $f_{c,m}$/MPa	轴心抗拉强度平均值 $f_{t,m}$/MPa	弹性模量 E_c/MPa
C30	24.71	18.77	2.32	$2.65×10^4$
C45	37.76	27.53	2.88	$3.08×10^4$
C60	62.77	45.78	3.82	$3.54×10^4$

注：$f_{c,m}=\alpha_{c1}\alpha_{c2}f_{cu,m}$，$f_{t,m}=0.395f_{cu,m}^{0.55}$。规定 C50 及以下取 $\alpha_{c1}=0.76$，C80 取 $\alpha_{c1}=0.82$，中间按线性规律变化取值；C40 及以下取 $\alpha_{c2}=1.00$，C80 取 $\alpha_{c2}=0.87$，中间按线性规律变化取值。弹性模量根据 $E_c=10^5/(2.2+34.7/f_{cu})$ 计算[1]。

表 4.3　PPSRC 柱钢材材料性能

钢材	直径(厚度)/mm	强度等级	屈服强度 f_y/MPa	抗拉强度 f_u/MPa	弹性模量 E_s/MPa
纵筋	20	HRB400	410	568	$2.07×10^5$
箍筋	8	HPB300	380	547	$2.06×10^5$
型钢	5	Q235	307	444	$2.05×10^5$
	5.5		297	403	$2.04×10^5$
	6		356	475	$2.01×10^5$
	8		284	407	$2.02×10^5$
	9		310	414	$2.02×10^5$

4.2.4　加载方案

本次试验在西安建筑科技大学结构工程与抗震教育部重点实验室 20000kN 电液伺服压剪试验机上进行，PPSRC 柱轴压试验加载装置如图 4.6 所示。

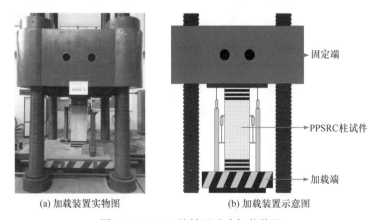

(a) 加载装置实物图　　　　　(b) 加载装置示意图

图 4.6　PPSRC 柱轴压试验加载装置

试验中加载制度选用位移控制，正式加载前，先对试件进行预加载(至 200kN)，以消除试件与加载装置之间的接触空隙，同时检测仪器读取数据的有效性，以保证试验顺利进行。确认试件对中之后卸载，仪表清零之后正式加载。正式加载时按 0.3mm/min 的级差进行加载，当荷载下降至峰值荷载的 75%时，停止加载。

4.2.5　量测方案

本次试验的量测内容包括：轴向荷载和轴向变形、型钢翼缘和腹板的纵向应变、型钢翼缘的横向应变、纵筋的纵向应变、矩形螺旋箍筋的横向应变以及试件中部混凝土的轴向应变和纵横向应变。

试验过程中，试件的轴向荷载由 20000kN 电液伺服压剪试验机提供。将量程为 100mm 的位移计 1 和位移计 2 用磁力表座固定在钢柱上，位移计指针顶在试验机顶板上来测量试件的总轴向变形。为消除端部虚位移的影响，在试件 1/3 高度处对称布置量程为 50mm 的位移计 3 和位移计 4 来测量试件中部的变形，如图 4.7 所示。

试件中部混凝土的纵横向应变发展趋势可由布置在试件中部表面的纸基应变片 C1 和 C2 测得；纵筋的纵向应变可由布置在试件 1/2 高度处纵筋的打磨表面上的电阻应变片 Z1 和 Z2 测得；箍筋应变可由布置在柱中部箍筋的电阻应变片 G1、G2、G3、G4、G5、G6 测得；型钢应变片同样布置在柱中部，在腹板上沿纵向布置电阻应变片 W1 和 W2 以测量腹板纵向应变，在翼缘上沿纵向布置电阻应变片 Y1 和 Y2 以测量翼缘的纵向应变。

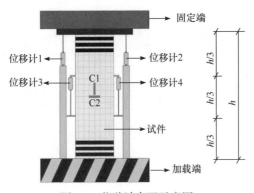

图 4.7　位移计布置示意图

4.3　试　验　结　果

4.3.1　试验现象

试验中所有试件均发生强度破坏，PPSRC 轴压柱破坏形态如图 4.8 所示。

PPSRC 试件和现浇 2-SRC1 试件破坏形态基本一致。破坏形态以试件 2-PPSRC2 为例详细说明，试验加载初期，位移随荷载呈线性增长，试件外观无明显变化。当荷载达到 4670kN(68%P_u)时，柱中部偏上部分出现第一条细小纵向裂缝。随着荷载的增加，竖向裂缝不断出现并向柱中部竖向延伸发展，同时出现多条横向裂缝。荷载达到 5562kN (81%P_u)时，柱西侧出现第一条竖向裂缝，试件刚度开始下降，此时纵筋压应变为 0.0018，纵筋屈服。随着试验的进一步进行，竖向裂缝不断加宽加深，出现多条主竖向裂缝，柱西侧上部不断有小体积混凝土剥落。荷载达到 6867kN(100%P_u)，试件发出巨大的响声，随后柱上部混凝土保护层大面积成块剥落，箍筋显露，试件破坏严重，柱承载力突然降低。此时箍筋拉应变达到 0.0015，型钢翼缘压应变为 0.002，型钢腹板压应变为 0.0016，型钢屈服，但箍筋未达到屈服强度。在峰值之后，由于内部型钢和箍筋对混凝土有很好的约束作用，柱试件在加载后期具有一定的残余强度和延性。

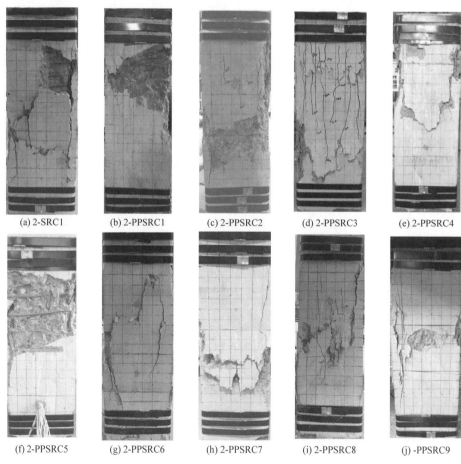

(a) 2-SRC1　　　(b) 2-PPSRC1　　　(c) 2-PPSRC2　　　(d) 2-PPSRC3　　　(e) 2-PPSRC4

(f) 2-PPSRC5　　　(g) 2-PPSRC6　　　(h) 2-PPSRC7　　　(i) 2-PPSRC8　　　(j) -PPSRC9

图 4.8　PPSRC 轴压柱破坏形态

试验结束后，凿开试件 2-PPSRC2 与 2-PPSRC9 的外部混凝土，在接近钢筋和型钢表面 1cm 时换用小工具凿除剩余混凝土。处理完之后的试件内部破坏情况见图 4.9，观察可知，内部型钢和纵筋未出现明显的局部屈曲现象。

(a) 2-PPSRC2　　　　　　　　　(b) 2-PPSRC9

图 4.9　PPSRC 轴压柱内部破坏图

4.3.2　荷载-挠度曲线

图 4.10 为 PPSRC 轴压柱的荷载-轴向位移曲线。由图 4.10 可见，试件的极限承载力和剩余承载力均随内部混凝土强度的提高而提高，实心截面柱刚度高于空心截面柱刚度。所有试件在承载力下降之后有较长一段持荷曲线，表明 PPSRC 柱具有良好的变形能力，这与现浇试件 2-SRC1 的受力性能是一致的。对比不同

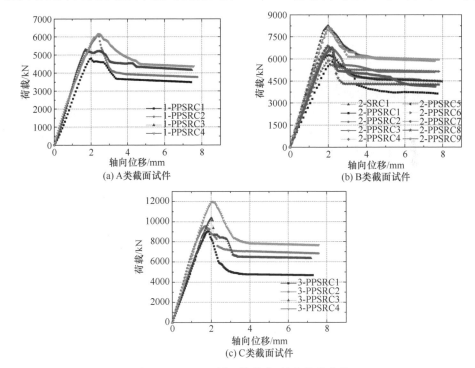

(a) A 类截面试件　　　　　　　(b) B 类截面试件

(c) C 类截面试件

图 4.10　PPSRC 轴压柱荷载-轴向位移曲线

箍筋间距的三个试件可以发现，随着配箍率的增加，试件的峰值荷载和剩余承载力均有所提高，表明在混凝土保护层大面积剥落之后，箍筋仍对混凝土提供一定的横向约束，且随箍筋间距的减小而提高，但箍筋间距对试件刚度没有明显的改善作用。此外，对比翼缘焊接栓钉和未焊接栓钉的试件可见，抗剪栓钉对试件极限承载力影响较小，但焊接栓钉试件在加载后期的承载力比未焊栓钉试件的承载力约高 2%。

通过观察得到典型的轴力-位移曲线如图 4.11 所示，具体特征如下。

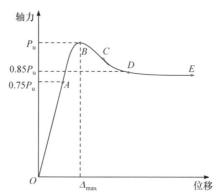

图 4.11　PPSRC 轴压柱典型的轴力-位移曲线

(1) OA 段：加载初期，试件处于弹性阶段，轴向变形较小，位移随荷载增长基本呈线性变化，试件表面基本无明显变化，没有裂缝出现。

(2) AB 段：当荷载达到 75%峰值荷载时，试件中部的角部开始出现竖向裂缝，试件刚度开始降低，曲线表现出明显的非线性。

(3) BC 段：当荷载达到峰值荷载时，纵筋和型钢应力均已达到屈服强度，但所有试件箍筋尚未屈服。B 点之后，外部混凝土保护层在试件角部开始剥落，裂缝逐渐向试件中部延伸和发展，柱表面出现明显的压坏迹象。此后，由于混凝土保护层的大面积脱落，试件承载力突然开始降低，曲线开始出现下降段。

(4) CD 段：当荷载下降到 C 点时，箍筋屈服，箍筋对混凝土的约束作用降低，曲线下降速率减缓。

(5) DE 段：由于型钢对内部混凝土的约束作用，核心混凝土保留较完整，试件位移不断增加，但荷载逐渐趋于平稳，PPSRC 柱仍具有一定的剩余承载能力。此阶段试件保持稳定的剩余承载力和良好的延性。

4.3.3　应变分布

1. 混凝土应变

在轴向荷载作用下，各试件荷载-混凝土应变曲线如图 4.12 所示。由图 4.12

可知，荷载-混凝土应变曲线大致可以分为两个阶段：上升段和下降段，上升段曲线基本表现为直线关系，即随着荷载的增加应变不断增加，上升段前期满足胡克定律，下降段的应变发展表现出较大的离散性。各试件峰值荷载对应的峰值压应变在 0.002 附近波动，同时，随着内部混凝土强度的提高，预制部分混凝土峰值压应变呈增大趋势。

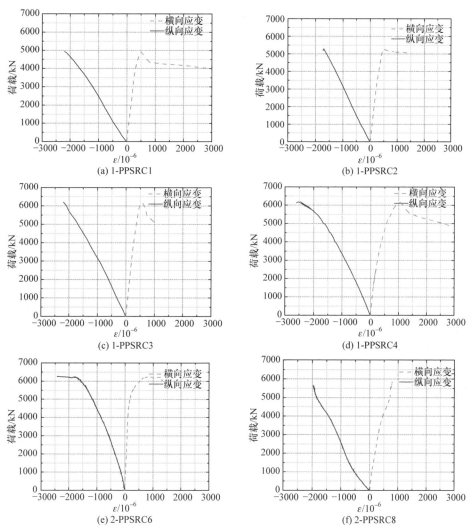

图 4.12　荷载-混凝土应变曲线

2. 纵筋应变和箍筋应变

图 4.13(a)为试件 2-SRC1、2-PPSRC1、2-PPSRC2、2-PPSRC4 的荷载-纵筋应变曲线。四个试件箍筋间距均为 50mm，且翼缘均焊接抗剪栓钉，仅内部混凝土

强度不同。由图 4.13(a)可知，在峰值荷载之前，所有纵筋均已屈服，峰值荷载时，纵筋应变都很大，如试件 2-PPSRC4 纵筋应变已经达到 0.0107。纵筋屈服之前，应变随着荷载的增加呈比例增加，屈服点之后，应变增长速率大幅上升，但仍随着荷载的增加而呈正比例增加，两阶段的曲线均近似呈直线型。因此，荷载-纵筋应变曲线被视为双折线强化型，此结论可为有限元模拟中钢筋本构关系的选取提供依据。

在轴向荷载作用下，试件 2-PPSRC2、2-PPSRC4、2-PPSRC5、2-PPSRC7 的荷载-箍筋应变曲线如图 4.13(b)所示。由图 4.13(b)可知，所有试件在达到峰值荷载时箍筋应变均小于 0.002，箍筋未屈服。峰值荷载之后，混凝土横向膨胀较大，箍筋应变快速增加且很快屈服。

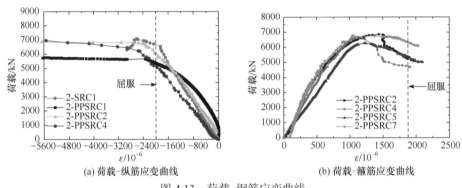

(a) 荷载-纵筋应变曲线　　　　　　　(b) 荷载-箍筋应变曲线

图 4.13　荷载-钢筋应变曲线

3. 型钢应变

型钢翼缘和腹板的应变发展趋势可以反映轴压过程中翼缘和腹板对承载力的贡献，轴向荷载与型钢翼缘的纵向应变、横向应变及腹板的纵向应变的关系曲线可以反映出轴压过程中型钢应变的发展情况。典型试件 2-PPSRC2 和 2-PPSRC9 的荷载-型钢应变曲线分别如图 4.14(a)和(b)所示。

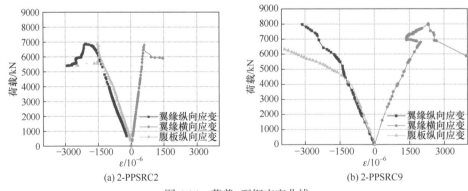

(a) 2-PPSRC2　　　　　　　　　　(b) 2-PPSRC9

图 4.14　荷载-型钢应变曲线

从图 4.14 可以看出，在荷载达到峰值荷载前，翼缘的横向应变基本呈线性增加，说明翼缘对核心混凝土具有很好的约束作用；荷载达峰值荷载后，应变增长急剧加快，说明试件在达到承载力之后，部分混凝土破坏退出工作，型钢承担的轴力急剧增加。

4.4　有限元分析

ABAQUS 作为一款功能强大的大型通用非线性有限元分析软件，能够对结构、热、电磁、声，以及复杂的非线性、物理场耦合等进行分析[2]。就建筑领域而言，ABAQUS 已经广泛应用于房屋建筑、桥梁、岩土等工程中，可以对不同荷载作用下各种结构的受力、变形以及动力反应等做出详细分析。

本节采用有限元软件 ABAQUS 对 PPSRC 柱的轴压性能进行数值模拟，并将模拟结果与试验结果进行对比；分析试件破坏时 PPSRC 柱混凝土的应变分布情况，以及柱截面混凝土、型钢和钢筋骨架的应力分布情况；同时在验证模型有效性的基础上开展其他影响参数的数值模拟拓展分析。

1. 材料本构关系

1) 混凝土

PPSRC 柱的混凝土由于受到箍筋和型钢的横向约束作用，其抗压强度及变形性能得到了提高，不能再简单地采用单轴受压普通混凝土的本构模型，且箍筋和型钢对混凝土的横向约束作用不同，导致不同区域的混凝土本构关系也有所差异。目前国内外已有大量学者提出了约束混凝土的受压机理和受压应力-应变本构关系[3-6]，如 Kent-Park 模型[7]、Sheikh 模型[8]、Mander 模型[9]及在此基础上衍生的各种修正模型。其中 Mander 模型是应用最广泛的模型之一。Mander 通过分析不同类型的箍筋对混凝土的有效侧向压应力与混凝土强度提高系数之间的函数关系，建立了统一的约束混凝土应力-应变模型。箍筋与型钢对混凝土的横向约束作用不同，所得有效侧向压应力也不同，进而导致强度提高系数不同，最终使得混凝土的轴心抗压强度有所差异，因此必须对不同约束区域进行划分并选取适当的混凝土本构模型。

借鉴 Mander 模型的思路，根据钢筋和型钢对混凝土的约束作用的强弱对 PPSRC 柱截面混凝土进行约束区域划分，将混凝土分为三个区域，即无约束混凝土区、部分约束混凝土区和强约束混凝土区，分别对应箍筋外的混凝土、箍筋与型钢之间的混凝土、型钢内的混凝土。PPSRC 柱截面混凝土约束区域划分如图 4.15 所示。

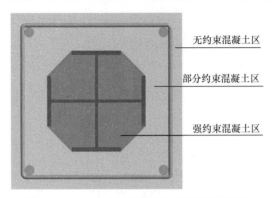

图 4.15　PPSRC 柱截面混凝土约束区域划分

　　三个不同约束区域的混凝土采用不同的受压应力-应变本构关系。箍筋外的无约束混凝土采用《混凝土结构设计规范》(GB 50010—2010)[10]中的混凝土单轴受压应力-应变本构关系，见式(4.1)。

$$\sigma = \begin{cases} \dfrac{nf_c^s}{n-1+x^n} \cdot x, & \varepsilon \leqslant \varepsilon_c \\[3mm] \dfrac{f_c^s}{\alpha_c(x-1)^2+x} \cdot x, & \varepsilon > \varepsilon_c \end{cases}, \quad x = \dfrac{\varepsilon}{\varepsilon_c}, \quad n = \dfrac{E_c \varepsilon_c}{E_c \varepsilon_c - f_c^s} \tag{4.1}$$

式中，f_c^s——混凝土单轴抗压强度；

　　　ε_c——混凝土峰值压应变；

　　　α_c——下降段参数值；

　　　E_c——混凝土弹性模量。

　　箍筋与型钢之间的部分约束区混凝土采用 Mander 模型：

$$f_c = \dfrac{f_{cc}' x r}{r-1+x^r} \tag{4.2}$$

式中，x——$x = \dfrac{\varepsilon_c}{\varepsilon_{cc}}$，$\varepsilon_{cc} = \varepsilon_{c0}\left[1+5(K_p-1)\right]$；

　　　r——$r = \dfrac{E_c}{E_c - E_{sec}}$，$E_{sec} = \dfrac{f_{cc}'}{\varepsilon_{cc}}$，$E_c = 5000\sqrt{f_{c0}'}$，$f_{cc}' = K_p f_{c0}'$；

　　　ε_{c0}——无约束混凝土抗压强度 f_{c0}' 对应的峰值应变，可假定 $\varepsilon_{c0}=0.002$；

　　　ε_{cc}——约束混凝土抗压强度 f_{cc}' 对应的峰值应变；

　　　K_p——箍筋约束混凝土强度提高系数。

　　型钢内的强约束区混凝土采用赵宪忠等[11]提出的基于 Mander 模型的带翼缘十字形钢骨修正约束混凝土本构模型，见式(4.3)。

$$f_c = \dfrac{f_{ch} x r}{r-1+x^r} \tag{4.3}$$

式中，x——$x = \dfrac{\varepsilon}{\varepsilon_{\text{ch}}}$，$\varepsilon_{\text{ch}}$ 为型钢约束混凝土抗压强度 f_{ch} 对应的峰值应变；

r——$r = \dfrac{E_{\text{c}}}{E_{\text{c}} - E_{\text{sec}}}$，$E_{\text{sec}} = \dfrac{f_{\text{ch}}}{\varepsilon_{\text{ch}}}$，$E_{\text{c}} = 5000\sqrt{f'_{\text{c0}}}$；

f_{ch}——型钢约束混凝土强度，$f_{\text{ch}} = k_{\text{h}} f'_{\text{c0}}$，$k_{\text{h}} = 5\dfrac{A_{\text{ss}}}{A_{\text{ch}}}$；

k_{h}——型钢内部混凝土强度提高系数；其他符号含义同前。

混凝土的受拉本构关系采用《混凝土结构设计规范》(GB 50010—2010)中的混凝土单轴受拉应力-应变曲线，公式见式(4.4)。

$$\sigma = \begin{cases} \left[1.2\varepsilon/\varepsilon_{\text{t}} - 0.2(\varepsilon/\varepsilon_{\text{t}})^6\right] f_{\text{t}}^{\text{s}}, & \varepsilon \leqslant \varepsilon_{\text{t}} \\[3mm] \dfrac{\varepsilon/\varepsilon_{\text{t}}}{\alpha_{\text{t}}(\varepsilon/\varepsilon_{\text{t}} - 1)^{1.7} + 1} f_{\text{t}}^{\text{s}}, & \varepsilon > \varepsilon_{\text{t}} \end{cases} \tag{4.4}$$

式中，α_{t}——混凝土单轴受拉应力-应变曲线下降段参数值；

f_{t}^{s}——混凝土单轴抗拉强度；

ε_{t}——混凝土峰值拉应变。

混凝土的本构模型确定之后，模拟时选用软件自带的塑性损伤模型(CDP 模型)，混凝土的密度取为 2400kg/m³，泊松比取为 0.2，其余损伤模型参数取值见表 4.4。

表 4.4　混凝土损伤模型参数

膨胀角	偏离值	σ_{b0}/σ_{c0}	K_{c}	黏性系数
30°	0.1	1.16	0.6667	0.005

2) 钢材

由 4.3.3 小节可知，纵筋的荷载-应变曲线接近双折线型，这里假定纵筋、箍筋、型钢和栓钉的本构模型都采用双折线强化模型，强化段弹性模量为 $0.01E_{\text{s}}$，则钢材的应力-应变曲线如图 4.16 所示。

2. 单元类型

由于不同区域混凝土受到的约束作用有差异，三部分混凝土采用不同的本构模型且单独建模。在建立三维有限元模型时，混凝土均选用八节点减缩积分三维实体单元 C3D8R；型钢选用四节点减缩

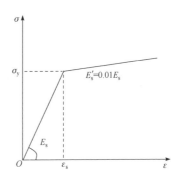

图 4.16　钢材应力-应变曲线

积分壳单元 S4R；栓钉选用二次四面体单元 C3D10；矩形螺旋箍筋及纵筋选用两节点线性三维桁架单元 T3D2。试验时对试件两端用预应力钢带加固以防止试验过程中柱头和柱底的局部破坏，为准确描述真实试验试件，对预应力钢带进行建模，钢带宽度为 32mm，三层厚度为 3mm，采用四节点缩减积分壳单元 S4R。

3. 模型装配与约束定义

由于试验中未发现型钢、钢筋和混凝土之间有滑移现象，为简化模型，假定混凝土与型钢和钢筋之间完全黏结而没有相对滑移。采用面面接触(surface to surface)定义型钢与内外混凝土、内外混凝土之间的库仑摩擦模型，其中法向属性中选用硬接触(hard contact)，切向属性中选用罚函数来定义罚函数摩擦公式，其中摩擦系数(friction coefficient)为 0.4，剪切极限应力(shear stress limit)设置为 0.15MPa。将型钢、纵筋和箍筋装配后嵌入到整个模型中使钢筋骨架和型钢与混凝土结合成整体；预应力钢带采用 Tie 约束与混凝土外表面进行绑定。

4. 荷载与边界条件

根据试验中试件的实际受力情况，边界条件将柱底设置为固定端。首先在柱底中心布置参考点 RP1 并将其耦合到柱底面，然后对 RP1 采用固定约束 Encased (U1=U2=U3=UR1=UR2=UR3)完成对柱底的固定约束设置。对柱顶进行轴向位移加载控制，首先在柱顶中心布置参考点 RP2 并将其耦合到整个柱顶面，然后对 RP2 进行位移加载，施加的总位移为 8mm，按 100 个加载步进行施加。

5. 施加预应力

为了准确模拟实际情况，本书将预应力钢带的作用也考虑进去。已有文献[12]依据"降温法"对预应力钢带加固框架节点的抗震性能进行有限元数值模拟，结果表明模拟值与试验值较符合。本试验所用的预应力钢带与其一致，因此也采用相同的方法即"降温法"对钢带施加预应力，模拟时需在加载分析步之前增加一个分析步。钢带的温度膨胀系数 $\alpha=1.2\times10^{-5}/^{\circ}C$，弹性模量 $E=1.84\times10^{5}MPa$，预应力 $T_0=80MPa$，截面面积 $A=28.8mm^2$。由式(4.5)可得施加温度 Δt 约为 $-40^{\circ}C$。

$$\Delta t = -\frac{\varepsilon}{\alpha} = -\frac{T_0}{EA\alpha} \tag{4.5}$$

6. 网格划分

对单元进行网格划分时采用结构化网格，内部混凝土、外部混凝土、型钢、栓钉和预应力钢带的网格种子密度近似全局尺寸取 30mm，纵筋和箍筋的网格种子密度近似全局尺寸取 50mm，各部件的网格划分如图 4.17 所示。

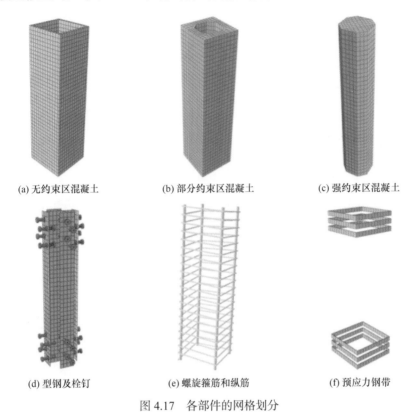

(a) 无约束区混凝土　　　　(b) 部分约束区混凝土　　　　(c) 强约束区混凝土

(d) 型钢及栓钉　　　　(e) 螺旋箍筋和纵筋　　　　(f) 预应力钢带

图 4.17　各部件的网格划分

4.5　有限元分析结果与试验结果对比

1. 荷载−位移曲线对比

图 4.18 给出了试件 2-SRC1、2-PPSRC4、2-PPSRC5 和 2-PPSRC7 的荷载−轴向位移曲线试验结果和计算结果对比图。由图可以看出，有限元计算曲线与试验曲线虽然略有差异，但总体发展趋势较为接近，承载力基本一致。各试件有限元模拟的刚度略大于试验刚度，原因可能是：有限元分析模拟中忽略了钢筋、型钢与混凝土之间的黏结滑移，边界条件与实际情况有差异，采用的混凝土本构与试验本构不同，同时单元网格划分的疏密对数据也会产生一定的影响。总体来说，有限元计算的荷载−位移曲线与试验曲线吻合较好，峰值荷载差值控制在 5% 之内，验证了有限元模型的正确性和材料本构关系的合理性，因此该有限元模型可适用于对 PPSRC 轴压柱整个受力过程的模拟。

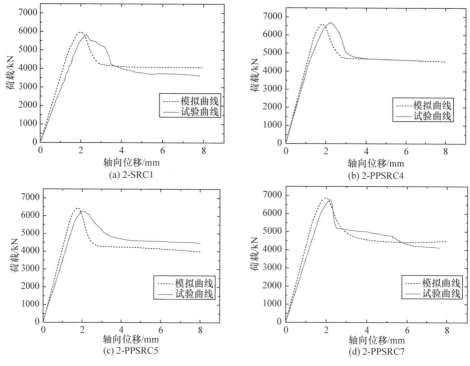

图 4.18　荷载-轴向位移曲线试验结果和计算结果对比图

2. 破坏形态对比

因为混凝土塑性损伤模型在 visualization 模块中无法直接反映混凝土表面的裂缝发展，所以通过最大塑性应变 PE, Max. Principal 来查看裂缝分布情况，它的法向即为混凝土裂缝开展的方向；又因为所采用的位移加载制度属于单调加载，所以任意时刻的塑性应变 PE 可表示试件变形过程中的塑性应变累积量。因此，通过显示混凝土的最大塑性应变来显示试件的裂缝情况。

试件最终破坏时混凝土的塑性应变如图 4.19 所示。从图中可以看出，试件中部的塑性应变值较大，尤其是在试件中间角部，变形和应变值最大，试验中表现为裂缝主要集中在试件中部，且角部的混凝土保护层较早地被压溃破坏；柱头与柱尾的应变值较小，有的甚至为零，说明混凝土尚无塑性变形；试件中部有明显的向外鼓起变形，在试验中表现为保护层不同程度被压溃剥落。通过对应变分析可知，有限元模拟结果与试验结果基本吻合。

3. 应力分布

图 4.20 为试件 2-SRC1、2-PPSRC4、2-PPSRC5 和 2-PPSRC7 沿柱高度中部截面混凝土的应力云图。由图可知，混凝土应力较高的区域集中分布在型钢内部，

应力相对较高的区域分布在箍筋与型钢之间，应力较低的区域分布在箍筋外。同时，在强约束区，混凝土沿型钢翼缘 1/3 宽度内的应力最大，并随着与型钢腹板距离的增大应力逐渐减小，最终在核心八边形区域内四个角呈现出明显的圆弧状。

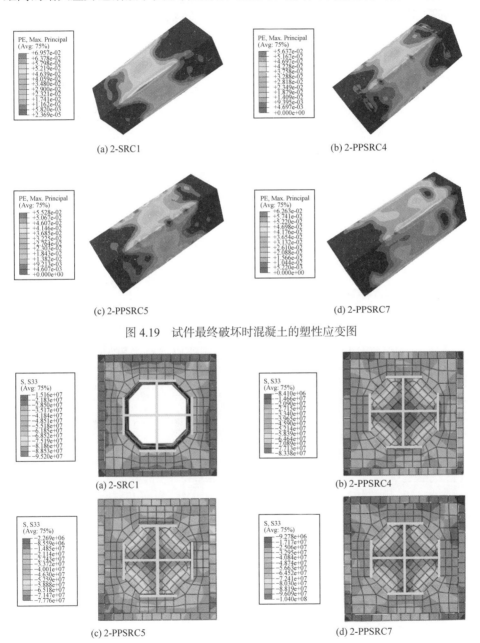

(a) 2-SRC1

(b) 2-PPSRC4

(c) 2-PPSRC5

(d) 2-PPSRC7

图 4.19　试件最终破坏时混凝土的塑性应变图

(a) 2-SRC1

(b) 2-PPSRC4

(c) 2-PPSRC5

(d) 2-PPSRC7

图 4.20　试件沿柱高度中部截面混凝土的应力云图

图 4.21 为试件 2-PPSRC1、2-PPSRC4、2-PPSRC5 和 2-PPSRC7 在峰值荷载时型钢的米泽斯(Mises)应力云图。由图可知，型钢应力分布均匀，表现出明显的轴压特征；达到峰值荷载时，型钢中部应力明显高于两端应力，此刻最大压应力达到 330MPa，型钢达到屈服，之后型钢一直保持较高应力，但由于内外混凝土的约束作用，型钢没有发生屈曲现象。

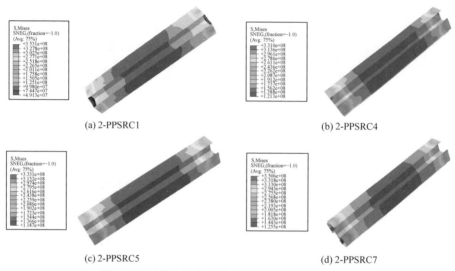

图 4.21　试件在峰值荷载时型钢的米泽斯应力云图

图 4.22 为试件 2-PPSRC1、2-PPSRC4、2-PPSRC5 和 2-PPSRC7 在峰值荷载

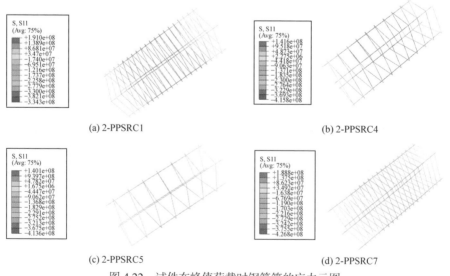

图 4.22　试件在峰值荷载时钢筋笼的应力云图

时钢筋笼的应力云图。从图中可以看出，纵筋和箍筋中部应力值明显高于两端应力，当荷载达到峰值荷载时，纵筋屈服，且箍筋间距越小，箍筋应力越大，但所有箍筋均未达到屈服强度，表明在峰值荷载之前，箍筋对混凝土的约束作用较小。因此，理论分析时有必要对箍筋应力进行准确计算。

4.6 参 数 分 析

影响 PPSRC 柱轴压承载力的因素有很多，包括混凝土强度等级、截面配钢率、型钢强度、型钢类型、截面配箍率、箍筋强度、箍筋类型、纵筋强度和长细比等。本节主要选取截面配钢率、配箍率、内部混凝土强度以及有无抗剪栓钉 4 项参数对 PPSRC 柱进行变参扩展模拟分析。

4.5 节计算结果与试验结果的对比分析已经验证了有限元模型的合理性，为真实反映实际工程型钢混凝土柱的轴压性能，本节依据《组合结构设计规范》(JGJ 138—2016)型钢混凝土柱中的构造要求及《钢结构设计标准》(GB 50017—2017)[13] 对型钢翼缘宽厚比和腹板高厚比的限值要求建立有限元模型。建立的原模型具体如下：试件正截面尺寸 1200mm×1200mm，柱高 3600mm，柱中十字型钢由 2 根 800×450×20×30 的 H 型钢焊接而成，型钢采用 Q235 钢，配钢率为 5.8%。纵筋采用 20Φ28 的 HRB400 级钢筋，配筋率为 0.88%，沿柱截面周边均匀布置；箍筋采用 Φ12@50 的矩形螺旋箍筋。柱中受力钢筋混凝土保护层厚度均为 30mm，十字型钢的混凝土保护层厚度为 200mm，预制率为 73%。预制外壳混凝土强度等级为 C60，内部混凝土强度等级为 C30，扩大截面 PPSRC 轴压柱截面示意图如图 4.23 所示。

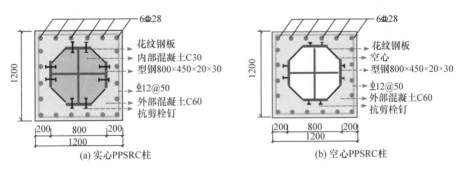

图 4.23 扩大截面 PPSRC 轴压柱截面示意图(单位：mm)

4.6.1 截面配钢率

由 4.5 节可知，型钢对内部混凝土具有很好的约束作用，因此选取截面配钢率 ρ_s 作为分析参数，进一步研究其对 PPSRC 柱轴压承载力的影响。以上述模型为原型，通过改变型钢翼缘和腹板厚度来分析截面配钢率(ρ_s=5.8%，7.0%，8.5%)

对实心柱和空心柱的轴压承载力的影响规律。图 4.24 为有限元模拟得到的不同截面配钢率下荷载-轴向位移关系曲线。

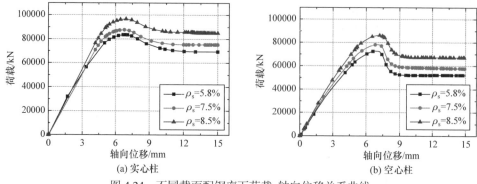

图 4.24　不同截面配钢率下荷载-轴向位移关系曲线

由图 4.24 可以看出，所有柱的轴压承载力、刚度及剩余承载力均随截面配钢率的增加而提高，且都表现出良好的延性。实心柱的刚度和承载力明显高于空心柱，与空心柱相比，实心柱在峰值荷载之后下降较为缓慢，其剩余承载力也高于空心柱，说明内部混凝土对提高剩余承载力和延性都有一定的贡献。

4.6.2　配箍率

相关试验研究和理论分析表明，箍筋的有效侧向约束是改善混凝土受压性能的主要因素[14]。图 4.25 为有限元模拟得到的实心柱和空心柱不同配箍率下荷载-轴向位移关系曲线，配箍率(ρ_{sv})通过改变箍筋间距来实现。由图可以看出，实心柱和空心柱的承载力均随着体积配箍率的增加而提高，实心柱承载力明显高于空心柱。每组柱的曲线上升段基本重合，表明配箍率对柱的刚度没有提高作用。此外，峰值荷载对应的位移随着箍筋间距的缩小而增大，表明配箍率越大，箍筋对混凝土的约束作用越强，混凝土的抗压强度和变形能力也随之提高。

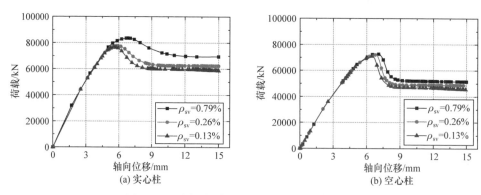

图 4.25　不同配箍率下荷载-轴向位移关系曲线

4.6.3　内部混凝土强度

PPSRC 柱外部混凝土采用 C60 高强混凝土,而内部混凝土强度可以根据需要灵活选择。图 4.26 为有限元模拟得到的实心和空心截面柱不同内部混凝土强度下荷载-轴向位移关系曲线。对比发现,增加内部混凝土强度对 PPSRC 柱的承载力和刚度均有提高作用,实心柱的剩余承载力也远高于空心柱。当内部混凝土强度从 0(空心)逐渐增加到 30MPa、45MPa、60MPa 时,PPSRC 柱承载力分别增长了15%、10.89%、6.8%。PPSRC 柱的承载力随着混凝土强度的提高而提高,承载力增幅与混凝土强度关系近似呈线性关系。

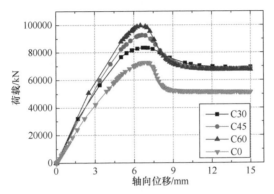

图 4.26　不同内部混凝土强度下荷载-轴向位移关系曲线

4.6.4　抗剪栓钉

栓钉是目前应用最为广泛的抗剪连接件,已有研究表明,抗剪栓钉对组合梁极限受弯承载力影响不大,但滑移效应使组合梁在使用阶段的刚度有所降低[15],另外,栓钉对 PPSRC 柱的刚度和承载力的影响尚未研究。本节选取的栓钉直径为 22mm,沿型钢翼缘通长布置,间距 100mm。图 4.27 为有限元计算得到的有无

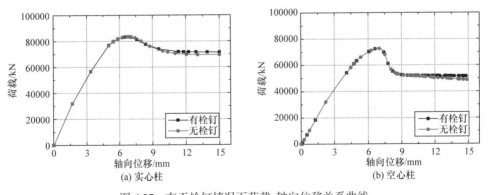

图 4.27　有无栓钉情况下荷载-轴向位移关系曲线

栓钉情况下实心和空心柱荷载-轴向位移关系曲线。由图可见,两条曲线基本重合,说明抗剪栓钉对轴压柱的承载力和刚度没有明显提高作用,加载后期,未焊接栓钉柱的剩余承载力与焊接栓钉柱的剩余承载力也仅相差 1.5%,说明抗剪栓钉对 PPSRC 柱的轴压受力性能没有明显改善作用。

4.7　PPSRC 柱轴压承载力计算

以往研究表明,型钢混凝土构件的承载力高于型钢和钢筋混凝土两种材料的简单叠加,在进行承载力的计算时,计算结果较为保守,其主要原因是忽略了型钢对混凝土的约束作用[11,16]。因此,本节分析矩形螺旋箍筋和十字型钢对不同约束区域混凝土的横向约束作用,探究不同约束区域混凝土轴心抗压强度的计算方法,并在已有理论的基础上提出强约束区混凝土轴心抗压强度的计算方法;利用强度叠加原理建立 PPSRC 柱轴压承载力计算公式。

4.7.1　现有计算方法

关于型钢混凝土柱的正截面承载力计算,国际上主要有三种方法。第一种采用的是 1983 年苏联关于型钢混凝土结构的计算理论,认为型钢与混凝土之间是完全黏结的,能够一致变形,然后将型钢等价为离散的钢筋,几乎完全按照钢筋混凝土结构进行计算。

第二种采用的是欧美国家钢结构的计算方法,考虑外包混凝土对钢柱强度和刚度的提高,引入折算系数,或将混凝土转换为等效的钢结构后,按钢结构设计方法进行承载力计算,如美国 AISC-LRFD (1999)[17]采用这种方法,建议公式为

$$P = A_s (0.658^{\lambda_c^2})[F_y + 0.7F_{yr}(A_r / A_s) + 0.6f_c'(A_c / A_s)], \quad \lambda_c \leqslant 1.5 \tag{4.6}$$

$$P = A_s \left(\frac{0.877}{\lambda_c^2} \right)[F_y + 0.7F_{yr}(A_r / A_s) + 0.6f_c'(A_c / A_s)], \quad \lambda_c > 1.5 \tag{4.7}$$

式中,λ_c——长细比参数, $\lambda_c = \dfrac{Kl}{r\pi} \sqrt{\dfrac{F_y}{E_m}}$;

K——有效长度系数;

r——对屈曲截面的回转半径;

l——型钢混凝土柱的自由长度;

E_m——型钢混凝土柱的折算弹性模量, $E_m = E + 0.2E_c(A_c / A_s)$;

E——型钢弹性模量;

E_c——混凝土弹性模量;

A_s——型钢截面面积；

A_r——纵筋截面面积；

A_c——混凝土截面面积；

F_y——型钢屈服强度；

F_{yr}——纵筋屈服强度；

f'_c——混凝土抗压强度。

第三种方法认为型钢和混凝土变形基本保持一致，承载力由型钢和钢筋混凝土两部分共同承担。我国《钢骨混凝土结构技术规程》(YB 9082—2006)和《组合结构设计规范》(JGJ 138—2016)在对型钢混凝土柱的轴压承载力进行计算时均采用这种方法。其中《组合结构设计规范》中建议公式为

$$N = 0.9\phi(f'_a A'_a + f_c A_c + f'_y A'_s) \tag{4.8}$$

式中，ϕ——轴心受压柱稳定系数；

A'_a、A_c、A'_s——型钢、混凝土、纵筋截面面积；

f'_a、f_c、f'_y——型钢、混凝土、纵筋抗压强度。

采用 AISC—LRFD 和《组合结构设计规范》对 PPSRC 轴压柱的正截面受压承载力进行计算，结果分别表示为 $N_u^{c\text{-}A}$ 和 $N_u^{c\text{-}J}$，其与试验结果的比较如表 4.5 所示。

表 4.5　计算结果与试验结果比较

分类	试件编号	截面尺寸/mm	试验值 P_u/kN	$N_u^{c\text{-}A}$/kN	$N_u^{c\text{-}J}$/kN	$N_u^{c\text{-}A}/P_u$	$N_u^{c\text{-}J}/P_u$
A	1-PPSRC1	300×300	4934	3510	3949	0.71	0.80
	1-PPSRC2	300×300	5308	3951	4445	0.74	0.84
	1-PPSRC3	300×300	6178	4171	4693	0.68	0.76
	1-PPSRC4	300×300	6193	4612	5189	0.74	0.84
B	2-SRC1	350×350	8097	5532	6223	0.68	0.77
	2-PPSRC1	350×350	5837	4092	4603	0.70	0.79
	2-PPSRC2	350×350	6867	4668	5251	0.68	0.76
	2-PPSRC3	350×350	8183	5532	6223	0.68	0.76
	2-PPSRC4	350×350	6681	4668	5251	0.70	0.79
	2-PPSRC5	350×350	6268	4668	5251	0.74	0.84
	2-PPSRC6	350×350	5917	4092	4603	0.69	0.78
	2-PPSRC7	350×350	6783	4668	5251	0.69	0.77
	2-PPSRC8	350×350	6910	4956	5575	0.72	0.81
	2-PPSRC9	350×350	8012	5532	6223	0.69	0.78

续表

分类	试件编号	截面尺寸/mm	试验值 P_u/kN	$N_u^{\text{c-A}}$/kN	$N_u^{\text{c-J}}$/kN	$N_u^{\text{c-A}}$/P_u	$N_u^{\text{c-J}}$/P_u
C	3-PPSRC1	400×400	9045	5217	5870	0.58	0.65
	3-PPSRC2	400×400	9573	5793	6518	0.61	0.68
	3-PPSRC3	400×400	10360	6081	6842	0.59	0.66
	3-PPSRC4	400×400	12002	6657	7490	0.55	0.62
	平均值					0.68	0.76
	变异系数					0.09	0.08

由表 4.5 可以看出，两者计算结构都偏保守，AISC-LRFD 是通过截面材料强度和长细比来确定构件的承载力，而《组合结构设计规范》是通过材料强度和整体结构来确定构件承载力，但都未考虑箍筋和型钢对混凝土的横向约束作用，即未考虑不同约束作用对混凝土轴心抗压强度的提高，这是计算结果偏于保守的主要原因。因此，有必要建立适用于 PPSRC 柱轴心受压承载力的准确计算方法。

4.7.2　不同约束区域混凝土强度计算方法

由 4.5 节得到的混凝土应力云图可以看出，矩形螺旋箍筋和十字型钢对混凝土的约束作用，使得混凝土强度有不同程度的提高。因此，如何计算不同约束形式下混凝土的本构关系显得尤为重要。

目前国内外已有大量学者提出了各种形式约束下混凝土的受压机理和应力-应变本构关系，如普通箍筋对混凝土的约束、高强箍筋对混凝土的约束[18]、圆钢管对混凝土的约束[19-20]、方钢管对混凝土的约束[21-22]、H 型钢对混凝土的约束[23]、十字型钢对混凝土的约束等。在探讨普通矩形箍筋和圆形箍筋对混凝土的约束机理和约束混凝土本构关系方面，Mander 模型是最常用的。Mander 认为箍筋对混凝土的横向约束作用体现在有效侧向压应力，且受箍筋形式、配箍率和纵筋布置等因素的影响，使混凝土处于三向受压应力状态，提高了混凝土的轴心抗压强度。

由于矩形螺旋箍筋与十字型钢的形式和布置方式不同，对混凝土的横向约束作用也不同，进而对混凝土轴心抗压强度的提高幅度也不同。因此，根据横向约束作用的强弱，即有效侧向压应力的大小，可将混凝土分为三个不同的约束区域：无约束混凝土区、部分约束混凝土区和强约束混凝土区[24]。由中柱截面混凝土的有限元应力分布情况可知，PPSRC 柱截面的应力分布情况大致相同，且呈现出明显的分布规律，在部分约束区箍筋对混凝土的横向约束作用呈现出明显的抛物线形状；在强约束区型钢的四个缺口处，混凝土也呈现出明显的抛物线形状，模拟结果如图 4.28(a)所示。根据 4.5 节对约束区域的分析和模拟结果，PPSRC 柱混凝土截面的约束区域划分示意图如图 4.28(b)所示。

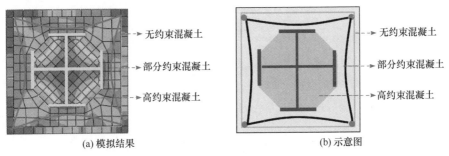

| (a) 模拟结果 | (b) 示意图 |

图 4.28　PPSRC 柱混凝土截面约束区域划分模拟结果和示意图

1. 无约束混凝土强度

混凝土保护层未受到任何的横向约束作用，处于单向受压应力状态，因此无约束区混凝土的轴心抗压强度可直接采用《混凝土结构设计规范》(GB 50010—2010)中的混凝土单轴受压应力-应变本构关系。

2. 部分约束混凝土强度

关于箍筋对混凝土的约束机理，最典型的是 Mander 模型[9]。Mander 模型中不同箍筋约束混凝土的应力-应变曲线，如图 4.29 所示。

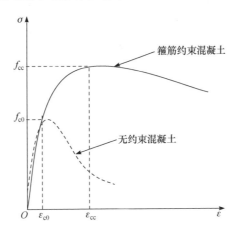

图 4.29　Mander 模型中不同箍筋约束混凝土的应力-应变曲线

Mander 给出的箍筋约束混凝土本构关系的表达式为

$$f_c = \frac{f_{cc}xr}{r-1+x^r} \tag{4.9}$$

其中

$$x = \frac{\varepsilon_c}{\varepsilon_{cc}}, \quad \varepsilon_{cc} = \varepsilon_{c0}\left[1+5\left(\frac{f_{cc}}{f_{c0}}-1\right)\right] \tag{4.10}$$

$$r = \frac{E_c}{E_c - E_{sec}} \tag{4.11}$$

$$E_c = 5000\sqrt{f_{c0}}, \quad E_{sec} = \frac{f_{cc}}{\varepsilon_{cc}} \tag{4.12}$$

式中，f_{cc}——约束混凝土的抗压强度；

　　　ε_{cc}——约束混凝土的峰值应变；

　　　f_{c0}——无约束混凝土的抗压强度；

　　　ε_{c0}——无约束混凝土峰值荷载对应的应变，通常取 $\varepsilon_{c0}=0.002$；

　　　E_c——无约束混凝土的切线模量；

　　　E_{sec}——无约束混凝土的割线模量。

Mander 认为有效约束区和无效约束区的边界曲线可以用二次抛物线表示，且抛物线的初始角度为 45°。图 4.30 为矩形柱箍筋约束区域划分。

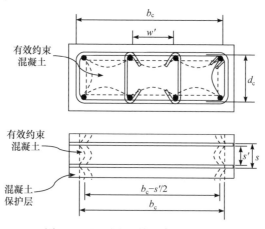

图 4.30　矩形柱箍筋约束区域划分

对比图 4.28 与图 4.30 可知，PPSRC 柱横截面的部分约束区域可按应力的分布情况划定四条抛物线，抛物线介于两根相邻的纵筋之间，其形状、位置与 Mander 模型基本吻合，说明两层箍筋间的约束区域分布可用图 4.31 表示。另外，Mander 认为在混凝土达到峰值应变时箍筋也达到其屈服强度，但本次试验结果表明，峰值荷载时，由于外部混凝土采用高强混凝土，矩形螺旋箍筋并未达到屈服强度。因此，PPSRC 柱部分约束区混凝土的轴心抗压强度可通过修正 Mander 模型计算。

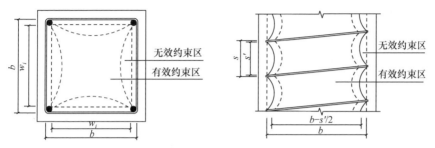

图 4.31　PPSRC 柱两层箍筋间的约束区域划分

箍筋所在平面内混凝土的有效约束面积 A_{e0} 为

$$A_{e0} = b^2 - \sum_{i=1}^{n} \frac{(w_i')^2}{6} \tag{4.13}$$

式中，b——两肢箍筋中心线之间的距离；

$\quad\quad w_i$——相邻纵筋之间的净距离。

两层箍筋之间中点处混凝土的有效约束面积 A_e 为

$$A_e = \left[b^2 - \sum_{i=1}^{n} \frac{(w_i')^2}{6} \right] \left(1 - \frac{s'}{2b} \right)^2 \tag{4.14}$$

式中，s'——两层箍筋之间的净距离；其他符号含义同前文。

箍筋对有效约束区域混凝土的有效约束系数 K_e 为

$$K_e = \frac{A_e}{b^2 (1 - \rho_{cc})} \tag{4.15}$$

式中，ρ_{cc}——箍筋所包围截面的配筋率，$\rho_{cc} = A_s/A_c$；

$\quad\quad A_s$——纵筋面积；

$\quad\quad A_c$——箍筋中心线之间的面积；其他符号含义同前文。

有效约束区混凝土受到两个水平方向的箍筋有效侧向压应力大小相等，用 f_l' 表示：

$$f_l' = K_e \rho f_{rh} \tag{4.16}$$

式中，f_{rh}——箍筋在峰值荷载时的应力；

$\quad\quad \rho$——箍筋配箍率，$\rho = A_{sv}/bs$

$\quad\quad A_{sv}$——箍筋面积；

s——相邻两层箍筋中心线之间的距离；其他符号含义同前文。

为了求得箍筋在峰值荷载时的真实应力 f_{rh}，Cusson 和 Paultre[25]通过迭代法对其进行试算，具体步骤如下：

(1) 假定箍筋屈服，即 $f_{rh}=f_{yh}$，得到箍筋对混凝土的有效约束作用 f_l'；

(2) 计算约束混凝土的峰值强度 f_{cc} 和对应的应变 ε_{cc}；

(3) 通过 $\varepsilon_{rh}=0.5\varepsilon_{cc}\left(1-f_l'/f_{c0}\right)$ 计算混凝土达到峰值应变时箍筋的应变 ε_{rh}，进而求得箍筋的应力 f_{rh}；

(4) 用 f_{rh} 不断试算有效约束力 f_l'；

(5) 重复步骤(2)和(3)直到箍筋的应力 $f_{rh}<f_{yh}$，从而求得箍筋的应力。

可以看出，迭代过程较为烦琐，因此，本书提出一种简化方法来计算峰值荷载时箍筋的应力。该方法引入一个参数[ξ]，即评估箍筋屈服的界限值，这里定义 $\xi=K_e\rho$，则式(4.16)可转换为

$$f_l' = K_e\rho f_{rh} = \xi f_{rh} \tag{4.17}$$

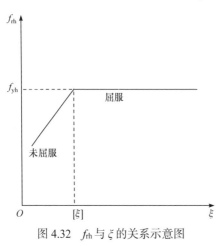

图 4.32　f_{rh} 与 ξ 的关系示意图

通过上述迭代程序得到峰值荷载时箍筋的真实应力 f_{rh} 和 ξ 之间的关系如图4.32所示。由图4.32可以看出，当 $\xi<[\xi]$ 时，箍筋未屈服；当 $\xi>[\xi]$ 时，箍筋屈服。

当 $\xi<[\xi]$ 时，意味着箍筋在峰值荷载时没有达到屈服强度 f_{yh}，文献[14]建议通过式(4.18)计算此时的箍筋应变 ε_{rh}：

$$\varepsilon_{rh} = 0.5\varepsilon_{cc}[1-(f_l'/f_{c0})] \tag{4.18}$$

式中，f_{c0}——无约束混凝土的峰值强度。

考虑到当混凝土强度高于 60MPa，箍筋强度介于 200~600MPa 时，$f_l'/f_{c0}<0.1$，式(4.18)可简化为

$$\varepsilon_{rh} = 0.5\varepsilon_{cc} \tag{4.19}$$

其中

$$\varepsilon_{cc} = 0.5[1+5(n-1)]\varepsilon_{c0} \tag{4.20}$$

$$n = 1+5.6f_l'/f_{c0} \tag{4.21}$$

联立式(4.17)~式(4.21)可得箍筋的真实应变

$$\varepsilon_{rh} = 0.25[1+28\xi f_{rh}/f_{c0}]\varepsilon_{c0} \tag{4.22}$$

从而，箍筋的真实应力可表示为

$$f_{\mathrm{rh}} = \frac{0.25 E_s \varepsilon_{\mathrm{cc}}}{1 - 7\zeta} \qquad (4.23)$$

其中

$$\zeta = \frac{\xi E_s \varepsilon_{\mathrm{c0}}}{f_{\mathrm{c0}}} \qquad (4.24)$$

将式(4.23)和式(4.24)代入式(4.17)，可求得有效侧向压应力 f_1'，将计算得到的 f_1' 代入式(4.25)，即可求得部分约束混凝土的强度提高系数 K_p：

$$K_p = -1.254 + 2.254\sqrt{1 + \frac{7.94 f_1'}{f_{\mathrm{c0}}'}} - 2\frac{f_1'}{f_{\mathrm{c0}}'} \qquad (4.25)$$

因此，最终部分约束区混凝土的轴心抗压强度 $f_{\mathrm{cc,p}}$ 为

$$f_{\mathrm{cc,p}} = K_p f_{\mathrm{c0}} \qquad (4.26)$$

在已知混凝土强度和箍筋强度的前提下，判断箍筋是否屈服，可以通过混凝土强度和箍筋强度确定的界限系数 $[\zeta]$ 来确定。当 $\zeta < [\zeta]$ 时，箍筋未屈服；当 $\zeta > [\zeta]$ 时，箍筋屈服。$[\zeta]$ 通过以下公式确定：

令

$$f_{\mathrm{rh}} = \frac{0.25 E_s \varepsilon_{\mathrm{cc}}}{1 - 7\zeta} = f_{\mathrm{yh}} \qquad (4.27)$$

则

$$[\xi] = \frac{\left(1 - \dfrac{0.25 E_s \varepsilon_{\mathrm{c0}}}{f_{\mathrm{yh}}}\right) f_{\mathrm{c0}}}{7 E_s \varepsilon_{\mathrm{c0}}} \qquad (4.28)$$

3. 强约束区混凝土轴心抗压强度

El-Tawil[23]在研究 H 型钢约束混凝土机理时，认为 H 型钢只有翼缘外伸部分对内部混凝土具有横向约束作用，并将有效侧向压应力进行简化，认为仅在垂直于翼缘的方向上起作用，且为均布应力。El-Tawil 模型 H 型钢的有效约束区域如图 4.33 所示。El-Tawil 对翼缘外伸部分进行独立分析，认为翼缘根部的内力抵抗矩与翼缘悬挑端受到混凝土挤压的侧向外力矩平衡。

赵宪忠等[11]在探究十字型钢对内部混凝土的约束机理时，考虑了型钢翼缘和腹板的影响，借鉴 El-Tawil 的方法，将有效侧向压应力分布形式简化为矩形分布，得

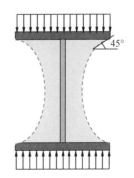

图 4.33 El-Tawil 模型 H 型钢的有效约束区域

到的十字型钢约束区域划分如图 4.34 所示，并根据有效侧向压应力的分布情况将型钢内部的混凝土约束区域进一步划分为钢骨强约束区、钢骨弱约束区和钢骨无约束区。各区域混凝土受到的横向约束作用情况如下：强约束区的混凝土同时受到相邻两侧腹板的约束作用，弱约束区的混凝土仅受到单侧翼缘的约束作用，无约束区的混凝土不受翼缘和腹板的约束作用。根据约束区域划分方式分别计算不同钢骨约束区域的有效约束系数 K_e，然后代入式(4.16)，从而确定出不同约束区域钢骨产生的有效侧向压应力 f_1'。

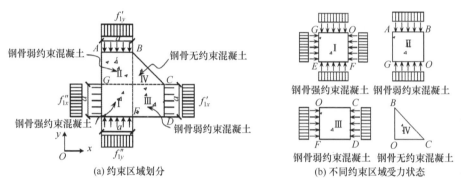

(a) 约束区域划分　　　　　　　　(b) 不同约束区域受力状态

图 4.34　赵宪忠模型十字型钢约束区域划分

为了从内部受力机理进行研究，有必要建立一个更为方便的型钢约束混凝土本构模型。

PPSRC 柱十字型钢将内部混凝土分隔成形状和受力完全相同的四个区域，为了简化模型，取其中一个区域进行分析，得到的型钢 1/4 截面受力简图如图 4.35 所示。

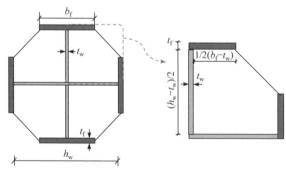

图 4.35　型钢 1/4 截面受力简图

PPSRC 柱高约束混凝土不仅受型钢的约束作用，还受外部箍筋的约束，因此，内部高约束混凝土的有效约束作用可表示为

$$f_{\mathrm{le,h}}' = f_{\mathrm{le,p}}' + f_{\mathrm{le,s}}' \tag{4.29}$$

式中，$f_{\mathrm{le,p}}'$——箍筋对混凝土提供的有效约束应力；

　　　$f_{\mathrm{le,s}}'$——型钢对混凝土提供的有效约束应力。

考虑到型钢和混凝土之间的相互作用，引入考虑约束不均匀分布的有效约束系数 K_{e}。型钢对混凝土提供的有效约束应力 $f_{\mathrm{le,s}}'$ 可表示为

$$f_{\mathrm{le,s}}' = K_{\mathrm{e}} f_{\mathrm{l,s}}' \tag{4.30}$$

在轴力作用下，内部混凝土的膨胀会使型钢翼缘产生一定的弯曲，型钢翼缘可以看作在侧向约束作用下的悬臂梁，如图 4.36 所示，可以得到侧向约束对型钢翼缘根部产生的弯矩 M_{u1}：

$$M_{\mathrm{u1}} = \frac{1}{2} f_{\mathrm{ls}}' \left[\frac{1}{2} (b_{\mathrm{f}} - t_{\mathrm{w}}) \right]^2 \tag{4.31}$$

而型钢翼缘根部可抵抗的极限弯矩 M_{u2} 可表示为

$$M_{\mathrm{u2}} = \frac{f_{\mathrm{yf}} t_{\mathrm{f}}^2}{6} \tag{4.32}$$

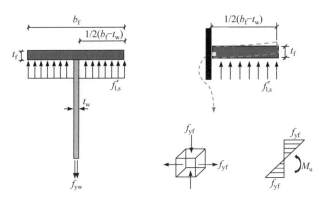

图 4.36　型钢对混凝土的约束示意图

令 $M_{\mathrm{u1}} = M_{\mathrm{u2}}$，可得型钢对混凝土提供的名义约束应力

$$f_{\mathrm{l,s}}' = \frac{4 f_{\mathrm{yf}} t_{\mathrm{f}}^2}{3 (b_{\mathrm{f}} - t_{\mathrm{w}})^2} \tag{4.33}$$

式中，f_{yf}——型钢翼缘屈服强度；

　　　b_{f}、t_{f}——型钢翼缘宽度和厚度；

　　　t_{w}——型钢腹板厚度。

根据 El-Tawil 提出的 H 型钢对混凝土约束模型，可得到十字型钢混凝土的有

效约束面积如图 4.37(a)所示，可以看出，两个方向均对型钢内部混凝土提供一定的约束作用，直接使用 Mander 模型计算混凝土强度提高系数将会比较复杂。因此，为了简化计算过程，选用有限元方法对试件中部截面的应力云图进行分析，进而得到型钢内部混凝土的有效约束面积。

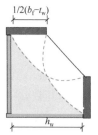

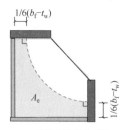

(a) El-Tawil模型中混凝土有效约束面积　　(b) ABAQUS中混凝土有效约束面积　　(c) 简化有效约束面积

图 4.37　混凝土有效约束面积及其简化

ABAQUS 中型钢对混凝土的有效约束面积如图 4.37(b)所示，可以看出，型钢内部混凝土所受到的约束状态是不同的，同时型钢内部混凝土有效面积与无效约束面积的界限为两相邻翼缘 1/3 悬臂长度的拱形，如图 4.37(c)所示，可得到型钢约束混凝土的有效约束系数 K_e：

$$K_e = \frac{A_e}{A_c} = \frac{h_w^2 - \frac{\pi}{4}\left(h_w - \frac{b_f - t_w}{6}\right)^2}{h_w^2 - \frac{1}{2}\left(h_w - \frac{b_f - t_w}{2}\right)^2} \tag{4.34}$$

式中，A_e——型钢内部混凝土有效约束面积；

A_c——型钢内混凝土总面积；

h_w——型钢腹板高度。

因此，将式(4.33)和式(4.34)代入式(4.30)，可得型钢对内部混凝土的侧向约束 $f_{le,s}'$，进而得到高约束区混凝土的强度提高系数 K_h：

$$K_h = -1.254 + 2.254\sqrt{1 + \frac{7.94 f_{le,s}'}{f_{c0}}} - 2\frac{f_{le,s}'}{f_{c0}'} \tag{4.35}$$

最终得到的高约束混凝土轴心抗压强度为

$$f_{cc,h} = K_h f_{c0}' \tag{4.36}$$

4.7.3　PPSRC 柱轴压承载力计算公式

1. 计算值与试验值对比

采用 4.7.2 小节提出的计算方法计算各试件不同约束区域混凝土的强度提高

系数 K_p、K_h 以及部分约束混凝土承载力 $N_{c,p}$、高约束混凝土承载力 $N_{c,h}$、无约束混凝土承载力 $N_{c,u}$、型钢承载力 N_a 和纵筋承载力 N_s，结果见表 4.6。由表 4.6 可知，随着内部混凝土强度的提高，部分约束区混凝土的强度提高幅度相差不大，而高约束区混凝土的强度提高系数降低。例如，试件 1-PPSRC2、1-PPSRC3、1-PPSRC4 的内部混凝土强度等级分别为 C30、C45、C60，这三个试件部分约束区混凝土的强度提高系数 K_p 均为 1.02，而强约束区混凝土的强度提高系数分别为 1.42、1.30、1.19，其他类似试件也表现出同样的规律。最终各试件的轴压承载力计算值与试验值之比的平均值为 0.99，方差为 0.046，误差在可接受范围内且较小，说明计算值与试验值较吻合，可用于计算 PPSRC 柱轴压承载力。

表 4.6　PPSRC 柱轴压承载力计算表

分类	试件编号	K_p	K_h	$N_{c,p}$/kN	$N_{c,h}$/kN	$N_{c,u}$/kN	N_a/kN	N_s/kN	N_u/kN	P_u/kN	N_u/P_u
A	1-PPSRC1	1.02	0	469	0	2876	1127	515	4986	4949	1.01
	1-PPSRC2	1.02	1.42	469	502	2876	1127	515	5488	5533	0.96
	1-PPSRC3	1.02	1.30	469	674	2876	1127	515	5660	5721	1.02
	1-PPSRC4	1.02	1.19	469	1024	2876	1127	515	6011	6022	1.00
B	2-SRC1	1.02	1.19	985	1513	2985	1574	515	7572	7069	1.07
	2-PPSRC1	1.02	0	985	0	2985	1574	515	6059	5837	1.04
	2-PPSRC2	1.02	1.44	985	767	2985	1574	515	6826	6867	0.99
	2-PPSRC3	1.02	1.20	985	1513	2985	1574	515	7572	8183	0.93
	2-PPSRC4	1.01	1.44	820	767	2985	1574	515	6661	6681	1.00
	2-PPSRC5	1.01	1.44	582	767	2985	1574	515	6423	6268	1.02
	2-PPSRC6	1.02	0	985	0	2985	1574	515	6059	5917	1.02
	2-PPSRC7	1.02	1.44	985	767	2985	1574	515	6826	6783	1.01
	2-PPSRC8	1.02	1.31	985	1067	2985	1574	515	7126	6910	1.03
	2-PPSRC9	1.02	1.20	985	1513	2985	1574	515	7572	8012	0.95
C	3-PPSRC1	1.06	0	3110	0	2880	2258	515	8763	9045	0.97
	3-PPSRC2	1.06	1.36	3110	630	2880	2258	515	9393	9573	0.98
	3-PPSRC3	1.06	1.26	3110	1052	2880	2258	515	9815	10360	0.95
	3-PPSRC4	1.06	1.16	3110	1808	2880	2258	515	10571	12002	0.88

2. PPSRC 柱轴压承载力建议计算公式

轴压试验表明，PPSRC 柱达到承载力极限状态时，纵筋、型钢、混凝土均已屈服，但箍筋在峰值荷载之后屈服，本节基于强度叠加原理，提出 PPSRC 柱的轴压承载力计算公式。由 4.3 节可知，设置抗剪栓钉和未设置抗剪栓钉的 PPSRC柱的轴压承载力基本一样，认为设置抗剪栓钉对承载力无影响，因此本节不考抗剪栓钉对 PPSRC 柱轴压承载力的影响。

　　PPSRC 柱达到承载能力极限状态时所受的轴压力由型钢、纵筋、无约束区混凝土、弱约束区混凝土和强约束区混凝土共同承担，计算公式为

$$
\begin{aligned}
N_{u} &= \phi(N_{a} + N_{s} + N_{c,u} + N_{c,p} + N_{c,h}) \\
&= \phi(f_{yf}A_{f} + f_{yw}A_{w} + f_{s}A_{s} + f_{c0}'A_{c,u} + f_{cc,p}'A_{c,p} + f_{cc,h}'A_{c,h})
\end{aligned}
\tag{4.37}
$$

式中，ϕ——轴压长柱稳定系数；

　　N_a、N_s——型钢、纵筋承担的轴力；

　　$N_{c,u}$、$N_{c,p}$、$N_{c,h}$——无约束区、部分约束区、强约束区混凝土承担的轴力；

　　f_{yf}、f_{yw}——型钢翼缘、腹板的屈服强度；

　　f_s、A_s——纵筋的屈服强度和面积；

　　A_f、A_w——型钢翼缘、腹板的面积；

　　f_{c0}'、$f_{cc,p}'$——无约束区、部分约束区混凝土的轴心抗压强度；

　　$A_{c,u}$、$A_{c,p}$——无约束区、部分约束区混凝土的面积；

　　$A_{c,h}$、$f_{cc,h}'$——强约束区混凝土的面积和轴心抗压强度。

　　ϕ 表示轴压柱的稳定系数，可通过长细比 l_0/i（l_0 表示柱的计算长度，i 表示柱的最小回转半径）按《组合结构设计规范》(JGJ 138—2016)表 6.2.1 "型钢混凝土柱轴压稳定系数"进行确定。由于 PPSRC 柱截面包含了外部混凝土、内部混凝土、型钢和纵筋四种具有不同受压性能的材料，可采用材料力学换算截面法将这四种材料组成的实际截面换算成同一种材料组成的均匀截面，计算公式见式(4.38)。

$$
\begin{cases}
i = \sqrt{\dfrac{I_0}{A_0}} \\
I_0 = I_{c,out} + \alpha_{c,in}I_{c,in} + \alpha_s I_s + \alpha_r I_r \\
A_0 = A_{c,out} + \alpha_{c,in}A_{c,in} + \alpha_s A_s + \alpha_r A_r \\
\alpha_{c,in} = \dfrac{E_{c,in}}{E_{c,out}}, \quad \alpha_s = \dfrac{E_s}{E_{c,out}}, \quad \alpha_r = \dfrac{E_r}{E_{c,out}}
\end{cases}
\tag{4.38}
$$

式中，I_0、A_0——PPSRC 柱换算截面的惯性矩和面积；

　　$I_{c,out}$、$I_{c,in}$——外部混凝土、内部混凝土对通过换算截面中心的弱轴的惯性矩；

　　I_s、I_r——型钢、纵筋对通过换算截面中心的弱轴的惯性矩；

　　$A_{c,out}$、$A_{c,in}$——外部混凝土、内部混凝土的净截面面积；

　　$\alpha_{c,in}$、α_s、α_r——内部混凝土、型钢、纵筋的换算系数；

$E_{c,out}$、$E_{c,in}$——外部混凝土、内部混凝土的弹性模量。

3. 强约束区混凝土强度验证

为验证 SRC 柱中十字型钢约束混凝土本构模型的正确性,本书选取已有文献中 20 个十字形截面型钢约束混凝土轴压柱的轴向承载力来进行验证[11]。根据 4.7.2 小节推导的高约束混凝土强度计算公式得到的计算结果与试验结果列于表 4.7。由表 4.7 可以看出,十字型钢约束混凝土柱轴压承载力计算值与试验值比值的平均值为 1.04,变异系数为 0.05。因此,本书提出的高约束混凝土本构模型可以用来计算十字型钢约束混凝土强度。

表 4.7　试验结果和计算结果对比

试件编号	b/mm	h/mm	t_f/mm	t_w/mm	f_{yf}/MPa	f_{yw}/MPa	N_c/kN	N_s/kN	$N_{u,c}$/kN	$N_{u,t}$/kN	$N_{u,c}/N_{u,t}$
SRC-1-2-1	75	150	20	20	280	280	4295	7392	11687	11238	1.04
SRC-1-2-2	75	150	20	20	280	280	3593	7392	10985	10825	1.01
SRC-1-2-3	75	150	20	20	280	280	4441	7392	11833	11954	0.99
SRC-2-2	75	147	25	16	285	300	4195	7707	11902	11443	1.04
SRC-3-2	75	150	16	25	300	285	3227	7991	11219	11616	0.97
SRC-4-2	75	150	30	10	235	300	4564	6372	10936	9994	1.09
SRC-5-2	75	150	10	30	300	235	2649	6813	9462	9942	0.95
SRC-6-2	75	150	20	30	280	235	4433	8685	13118	14104	0.93
SRC-7-2	75	150	20	10	280	300	4489	5444	9933	9143	1.09
SRC-8-2	60	145	25	20	285	280	3831	7462	11293	10590	1.07
SRC-9-2	94	154	16	20	300	280	3327	7667	10994	10080	1.09
SRC-1-3	75	150	20	20	380	380	4174	10032	14206	13159	1.08
SRC-2-3	75	147	25	16	380	395	4944	10226	15171	14000	1.08
SRC-3-3	75	150	16	25	395	380	4174	10599	14773	13610	1.09
SRC-4-3	75	150	30	10	355	450	5355	9606	14961	14035	1.07
SRC-5-3	75	150	10	30	450	355	3761	10269	14030	13572	1.03
SRC-6-3	75	150	20	30	380	355	4881	12501	17382	17225	1.01
SRC-7-3	75	150	20	10	380	450	3938	7654	11592	10658	1.09
SRC-8-3	60	145	25	20	380	380	3831	10032	13863	12955	1.07
SRC-9-3	94	154	16	20	395	380	4383	10244	14627	13533	1.08
平均值											1.04
变异系数											0.05

注:b 为型钢翼缘悬臂长度;h 为翼缘和与之平行腹板之间的净距;t_f 和 t_w 分别为型钢翼缘厚度和腹板厚度;f_{yf} 和 f_{yw} 分别为型钢翼缘和型钢腹板的屈服强度;N_c 和 N_s 分别为混凝土承载力和型钢承载力;$N_{u,t}$ 为实测轴压承载力;$N_{u,c}$ 为计算轴压承载力。

4. 公式计算结果与有限元模拟结果对比

为了进一步验证考虑受箍筋和型钢约束 PPSRC 柱轴压承载力公式的准确性，将数值模拟所得大截面尺寸的 PPSRC 柱承载力与计算值进行对比，表 4.8～表 4.10 为不同参数下的结果对比，表中 ρ_s 为 PPSRC 柱截面配钢率，ρ_{sv} 为体积配箍率，$f_{c,in}$ 为内部现浇混凝土强度，N_u 为根据本书公式计算的承载力，P_u 为有限元得到的承载力。

表 4.8　不同截面配钢率下 PPSRC 柱轴压承载力公式计算结果和有限元模拟结果对比

类别	ρ_s	K_p	K_h	$N_{c,p}$/kN	$N_{c,h}$/kN	$N_{c,u}$/kN	N_a/kN	N_s/kN	N_u/kN	P_u/kN	$|N_u-P_u|/P_u$
实心截面	5.8%	1.04	1.31	11390	13689	25637	26240	5047	82003	83575	0.02
	7.0%	1.04	1.51	11390	15802	25637	31712	5047	89588	87628	0.02
	8.5%	1.04	1.65	11390	17197	25637	39360	5047	98631	96646	0.02
空心截面	5.8%	1.04	0	11390	0	25637	26240	5047	68314	72664	0.06
	7.0%	1.04	0	11390	0	25637	31712	5047	73786	78286	0.06
	8.5%	1.04	0	11390	0	25637	39360	5047	81434	86195	0.06

表 4.9　不同体积配箍率下 PPSRC 柱轴压承载力公式计算结果和有限元模拟结果对比

类别	ρ_{sv}	K_p	K_h	$N_{c,p}$/kN	$N_{c,h}$/kN	$N_{c,u}$/kN	N_a/kN	N_s/kN	N_u/kN	P_u/kN	$|N_u-P_u|/P_u$
实心截面	0.13%	1.01	1.31	11050	13689	25637	26240	5047	81662	76487	0.06
	0.26%	1.02	1.31	11179	13689	25637	26240	5047	81790	77651	0.05
	0.79%	1.04	1.31	11390	13689	25637	26240	5047	82003	83575	0.02
空心截面	0.13%	1.01	0	11050	0	25637	26240	5047	67973	70861	0.04
	0.26%	1.02	0	11179	0	25637	26240	5047	68102	71919	0.06
	0.79%	1.04	0	11390	0	25637	26240	5047	68314	72664	0.06

表 4.10　不同内部混凝土强度下 PPSRC 柱轴压承载力公式计算结果和有限元模拟结果对比

$f_{c,in}$/MPa	K_p	K_h	$N_{c,p}$/kN	$N_{c,h}$/kN	$N_{c,u}$/kN	N_a/kN	N_s/kN	N_u/kN	P_u/kN	$|N_u-P_u|/P_u$
18.77	1.04	1.31	11390	13689	25637	26240	5047	82003	83575	0.02
27.53	1.04	1.22	11390	18674	25637	26240	5047	86988	92674	0.07
45.78	1.04	1.14	11390	28932	25637	26240	5047	97246	99632	0.02

比较根据公式得到的大截面 PPSRC 柱计算结果与有限元结果，发现两者相差在 7%以内，能够在保证结构设计偏安全的同时，避免浪费钢材。由表 4.8～表 4.10 还可以看出，随着截面配钢率的提高，型钢对混凝土的约束作用不断提高；随着内部混凝土强度的提高，型钢的约束作用在逐渐降低，这与试验结果是一致

的。因此，本书提出的考虑箍筋和型钢对混凝土约束作用的 PPSRC 柱承载力是合理的，为 PPSRC 柱的设计提供了一定的理论基础。

4.8　本 章 小 结

本章设计并进行了三组截面共 18 根 PPSRC 轴压柱试验，通过对比有限元分析结果和试验结果，验证了有限元模型的正确性和合理性，并对足尺柱进行相关有限元分析；同时分析了 PPSRC 柱在轴向荷载作用下不同约束区域混凝土的轴心抗压强度计算方法，基于强度叠加法提出了轴压承载力计算公式，并与试验值进行比较，验证了公式的可靠性，主要内容及结论如下：

(1) 轴向荷载下，型钢与内外混凝土之间没有出现明显的黏结滑移裂缝，表明各部件之间能够共同工作，所提出的 PPSRC 柱截面形式可行。

(2) 所有 PPSRC 柱在达到承载力极限状态时均发生强度破坏，峰值荷载时，型钢和纵筋均屈服，但箍筋尚未屈服。

(3) PPSRC 柱与现浇 SRC 柱的破坏形态基本一致，表明 PPSRC 柱的受力性能等同现浇 SRC 柱。实心柱的承载力和刚度均高于空心柱。因此，实心柱 PPSRC 柱可以应用在超高层建筑轴压比较大的底部楼层，而空心 PPSRC 柱可以应用在轴压比较小的上部楼层。

(4) 试验结果和有限元计算结果表明提高内部混凝土强度、截面配钢率和体积配箍率均可提高 PPSRC 柱的承载力，但箍筋间距对试件刚度的影响较小。型钢翼缘抗剪栓钉对 PPSRC 柱的剩余承载力提高幅度仅为 1.5%，对试件破坏形态、承载力和刚度无明显改善作用。

(5) 由有限元模拟得到的柱截面不同约束区域混凝土的应力分布情况可知，型钢内部混凝土在型钢翼缘内侧与型钢腹板周围应力最大，应力分布呈现明显的十字形，应力值随着与型钢距离的增大而逐渐递减，最终在内部八边形区域内的四个角呈现出明显的圆弧状；部分约束区内，纵筋所在位置及周围呈现出较高的应力值。

(6) 根据箍筋和型钢对混凝土横向约束作用的强弱，将 PPSRC 柱截面混凝土分为三个不同的约束区域：强约束区、部分约束区和无约束区；基于 Mander 模型分析了箍筋对部分约束区混凝土的有效侧向压应力，提出了峰值荷载时箍筋真实应力的计算方法。

(7) 通过将型钢翼缘等效为承受混凝土侧向均布压应力的悬臂梁，认为翼缘根部的内力抵抗矩与翼缘悬挑端受到混凝土挤压的侧向外力矩平衡，得到型钢约束混凝土的本构关系，并根据现有十字型钢约束混凝土柱的轴压试验，验证了强约束区混凝土的轴心抗压强度计算方法的准确性。

(8) 采用强度叠加法，提出了 PPSRC 柱的轴压承载力计算公式，并用 18 个试验值和 15 个有限元计算结果进行验证，结果较为接近，说明所提公式可用于 PPSRC 柱的轴压承载力计算。

参 考 文 献

[1] 过镇海. 钢筋混凝土原理[M]. 北京: 清华大学出版社, 2013.

[2] 王玉镯. ABAQUS 结构工程分析及实例详解[M]. 北京: 中国建筑工业出版社, 2010.

[3] 周文峰, 黄宗明, 白绍良. 约束混凝土几种有代表性应力-应变模型及其比较[J]. 重庆建筑大学学报, 2003, 25(4): 121-127.

[4] Popovics S. A numerical approach to the complete stress-strain curve of concrete[J]. Cement and Concrete Research, 1973, 3(5): 583-599.

[5] Cusson D, Paultre P. Stress-strain model for confined high strength concrete[J]. Journal of Structural Engineering, 1995, 121(3): 468-477.

[6] Saatcioglu M, Razvi S R. Strength and ductility of confined concrete[J]. Journal of Structural Engineering, 1992, 118(6): 1590-1607.

[7] Scott B D, Park R, Prisetley M J N. Stress-Strain behavior of concrete confined by overlapping hoops at low and high strain rates[J]. Journal of American Concrete Institute, 1982, 79(1): 13-27.

[8] Sheikh S A, Uzumeri S M. Analytical model for concrete confinement in tied columns[J]. Journal of Structural Division-ASCE, 1982, 108(12): 2703-2722.

[9] Mander J B, Priestley M J N. Theoretical stress-strain model for confined concrete[J]. Journal of Structural Engineering, 1988, 114(8): 1804-1826.

[10] 中华人民共和国住房和城乡建设部, 中华人民共和国国家质量监督检验检疫总局. 混凝土结构设计规范: GB 50010—2010[S]. 北京: 中国建筑工业出版社, 2015.

[11] 赵宪忠, 秦浩, 陈以一. 十字形截面钢骨约束混凝土本构模型试验研究[J]. 建筑结构学报, 2014, 35(4): 268-279.

[12] 陈展. 预应力钢带加固钢筋混凝土框架节点抗震性能试验研究[D]. 西安: 西安建筑科技大学, 2018.

[13] 中华人民共和国住房和城乡建设部, 中华人民共和国国家质量监督检验检疫总局. 钢结构设计标准: GB 50017—2017[S]. 北京: 中国建筑工业出版社, 2017.

[14] 王南, 史庆轩, 张伟, 等. 箍筋约束混凝土轴压本构模型研究[J]. 建筑材料学报, 2019, 22(6): 933-940.

[15] 薛建阳. 组合结构设计原理[M]. 北京: 中国建筑工业出版社, 2010.

[16] 赵宪忠, 温福平. 钢骨约束混凝土的约束机制及其应力-应变模型建立[J]. 工程力学, 2018, 35(5): 36-46.

[17] American Institute of Steel Construction. Load and resistance factor design specification for structural steel buildings: AISC-LRFD[S]. Chicago: American Institute of Steel Construction, 1999.

[18] 史庆轩, 杨坤, 刘维亚, 等. 高强箍筋约束高强混凝土轴心受压力学性能试验研究[J]. 工程力学, 2012, 29(1): 141-149.

[19] 张素梅, 刘界鹏, 马乐, 等. 圆钢管约束高强混凝土轴压短柱的试验研究与承载力分析[J]. 土木工程学报, 2007, 40(3): 24-31, 68.

[20] 滕跃. 圆钢管约束高强混凝土的本构关系研究[D]. 重庆: 重庆大学, 2016.

[21] 蔡健, 孙刚. 方形钢管约束下核心混凝土的本构关系[J]. 华南理工大学学报(自然科学版), 2008, 36(1): 105-109.

[22] 郑亮. 配螺旋箍筋方钢管混凝土柱计算方法及试验研究[D]. 天津: 天津大学, 2013.

[23] El-Tawil S M, Deierlein G G. Fiber element analysis of composite beam-column cross-sections[R]. New York:

Cornell University, 1996.

[24] Liang C Y , Chen C C , Weng C C , et al. Axial compressive behavior of square composite columns confined by multiple spirals[J]. Journal of Constructional Steel Research, 2014, 103: 230-240.

[25] Cusson D, Paultre P. Stress-strain model for confined high-strength concrete[J]. Journal of Structural Engineering, 1995, 121(3): 468-477.

第5章 PPSRC 柱的偏压性能研究

5.1 引　言

由第 4 章的轴压性能试验可以看出,PPSRC 柱具有较高的轴压承载力和刚度,型钢与内外混凝土之间没有出现明显的黏结滑移, 三种材料之间能够共同工作。但 PPSRC 偏压柱承受轴力 N 和弯矩 M 的共同作用,在轴力与弯矩的相互作用下,型钢与混凝土之间的协同工作、各部件之间的工作机理、偏压承载力计算理论以及变形计算等问题还有待研究。因此本章主要对 12 个 PPSRC 柱在偏心荷载下的受力行为展开试验研究, 分析内部混凝土强度、相对偏心距以及截面形式对 PPSRC 柱偏压性能的影响,并进行有限元模拟分析。在验证有限元模型的合理性之后, 建立新的足尺模型来进一步分析相对偏心距、配钢率、预制率、内部混凝土强度对 PPSRC 柱压弯性能及承载力的影响规律。最后, 依据平截面假定和叠加法的解析解法, 分别建立 PPSRC 柱的偏压承载力计算公式和基于叠加法的刚度计算方法。

5.2　试　验　概　况

5.2.1　试件设计

本试验共设计了 12 个柱试件, 包括 2 个 SRC 现浇试件、6 个实心 PPSRC 柱试件和 4 个空心 PPSRC 柱试件,截面尺寸为 350mm×350mm, 柱高均为 1800mm。所有试件纵筋采用 4 根直径 20mm 的 HRB400 钢筋对称配筋,箍筋采用直径 8mm 的 HPB300 级矩形连续螺旋箍筋, 间距 50mm, 并在柱头和柱尾箍筋加密布置。试件内十字型钢由 2 根 Q235 等级的 H 型钢 HN200×100×5.5×8 焊接而成,配钢率为 4.5%。为防止牛腿的局部破坏, 在牛腿两端各 550mm 高度范围内的型钢翼缘上焊接一块 20mm 厚的加劲板。在柱头和柱尾 400mm 范围内每隔 50mm 交叉布置一个抗剪栓钉。偏压试件的截面示意图如图 5.1 所示,栓钉布置示意图如图 5.2 所示,偏压试件主要参数如表 5.1 所示。本章试验的材料性能与第 4 章完全相同,在此不做赘述。

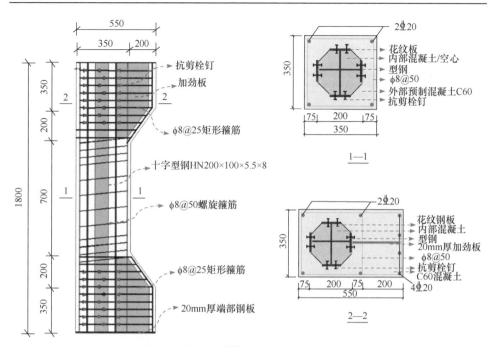

图 5.1　偏压试件截面示意图(单位：mm)

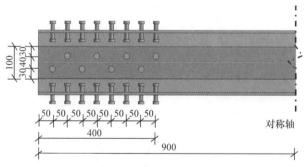

图 5.2　栓钉布置示意图(单位：mm)

表 5.1　PPSRC 柱偏压试件主要参数

试件编号	试件尺寸 /(mm×mm×mm)	内部混凝土强度等级	偏心距 e_0/mm	相对偏心距 e_0/h	截面形式
SRC-1	350×350×1800	C60	70	0.2	现浇
PPSRC-0-0.2	350×350×1800	C0	70	0.2	空心
PPSRC-30-0.2	350×350×1800	C30	70	0.2	实心
PPSRC-60-0.2	350×350×1800	C60	70	0.2	实心
PPSRC-0-0.4	350×350×1800	C0	140	0.4	空心

续表

试件编号	试件尺寸 /(mm×mm×mm)	内部混凝土强度等级	偏心距 e_0/mm	相对偏心距 e_0/h	截面形式
PPSRC-30-0.4	350×350×1800	C30	140	0.4	实心
SRC-2	350×350×1800	C60	210	0.6	现浇
PPSRC-0-0.6	350×350×1800	C0	210	0.6	空心
PPSRC-30-0.6	350×350×1800	C30	210	0.6	实心
PPSRC-60-0.6	350×350×1800	C60	210	0.6	实心
PPSRC-0-0.8	350×350×1800	C0	280	0.8	空心
PPSRC-30-0.8	350×350×1800	C30	280	0.8	实心

5.2.2 试件制作

PPSRC 偏压柱试件的详细制作步骤如下。

(1) 制作十字型钢：首先用切割机将一根 H 型钢在腹板中间高度处沿纵向切割成 2 个 T 型钢，另一根型钢保持原样。为了防止型钢与内外混凝土之间出现滑移，在型钢上下两侧翼缘 400mm 范围内各焊接 8 个抗剪栓钉，最后将 2 个 T 型钢焊接在另一根完整的 H 型钢腹板上形成十字型钢。

(2) 绑扎钢筋骨架：将预先制作好的十字型钢嵌入钢筋骨架内，最终将钢筋骨架和型钢定位并焊接在底部钢板上。随后，在型钢翼缘焊接 3mm 厚花纹钢板，充当外部混凝土浇筑模板。最终成型的钢筋笼如图 5.3(a)所示。

(3) 浇筑外部预制部分混凝土：支好模板后，如图 5.3(b)所示，采用立式浇筑法浇筑外部混凝土，并用振捣棒振捣密实，自然养护。

(a) 成型的钢筋笼	(b) 支模	(c) 浇筑成型

图 5.3 试件加工制作过程

(4) 浇筑内部混凝土：待外部混凝土初凝后，进行内部混凝土浇筑，最终浇筑成型的 PPSRC 柱如图 5.3(c)所示。

5.2.3　加载方案

试验在 20000kN 电液伺服压剪试验机上进行，加载装置如图 5.4 所示，试验过程中偏心荷载通过刀口铰来施加，上端刀口铰通过钢丝绳固定在试验机顶板上。为了防止试验中牛腿的破坏影响整根柱的受力性能，试验前对 PPSRC 柱牛腿处用预应力钢带进行加固，具体加固方法参考文献[1]。为了保证接触面的平整和传力的均匀，在加载端铺设一层细沙进行找平，找平后再套箍一块 30mm 厚的钢板，并在四周焊接角钢防止加载过程中端板的侧滑。加载前，通过激光水平仪对试件进行对中，然后对试件进行预压，确认试件物理对中且各仪器正常工作之后再正式加载。正式加载时按 0.15mm/min 的级差进行加载，且加载时保持偏心距不变，即轴向力和弯矩成固定比例进行施加。当荷载下降至峰值荷载的 75%或因试件变形过大无法继续承载时停止加载。

图 5.4　偏压试验加载装置

5.2.4　量测方案

试验过程中，试件的轴向荷载可由 20000kN 电液伺服压剪试验机读取。为了准确的测量试件在加载过程中的变形情况，在试件高度六等分点均匀布置五个水平位移计 T1～T5 来测量试件的水平侧向挠度，同时在试验机底板上固定两个垂直位移计 T6 和 T7 来测量试件的轴向变形。位移计布置如图 5.5(a)所示。

为了测得试件表面混凝土的应变情况，在试件中部沿截面高度均匀布置 6 个应变片 C1～C6，受拉区和受压区各均匀布置 3 个应变片测量混凝土的纵向应变。纵筋应变通过布置在柱中部 4 根纵筋上的应变片 Z1～Z4 测得。型钢应变通过贴在腹板上的 4 个应变片 W1～W4 与翼缘上的 2 个应变片 Y1 和 Y2 测得。型钢应变片布置如图 5.5(b)所示。

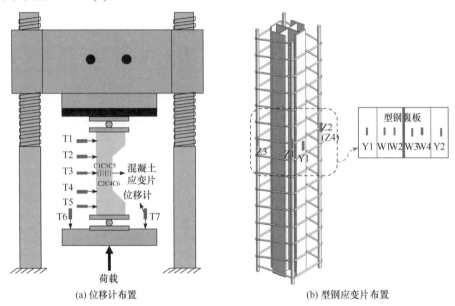

(a) 位移计布置　　　　　　　　　　　　(b) 型钢应变片布置

图 5.5　位移计与应变片的布置示意图

5.3　试　验　结　果

5.3.1　试验现象

通过观察发现，PPSRC 实心柱和 PPSRC 空心柱在偏压荷载作用下均发生了材料强度破坏，没有发生失稳破坏。与普通钢筋混凝土柱类似，PPSRC 柱的偏心距是影响构件破坏的主要因素。根据偏心距的不同，PPSRC 柱主要发生两种破坏形态，即小偏心受压破坏和大偏心受压破坏。

1. 小偏心受压破坏

图 5.6 为小偏压试件的破坏形态，相对偏心距 e_0/h=0.2 的试件 SRC-1、PPSRC-0-0.2、PPSRC-30-0.2、PPSRC-60-0.2 主要发生受压破坏。具体表现为：加载初期，试件处于弹性阶段，试件表面没有明显的裂缝出现。当荷载增加到 60%峰值荷载时，受拉区开始出现第一条横向裂缝，随后有新的横向裂缝出现并沿着

截面宽度方向缓慢延伸。当荷载达到 85% 峰值荷载时，突然传来混凝土撕裂的响声，牛腿根部下方 5～7cm 处，出现较宽的竖向裂缝，混凝土呈现即将脱落的状态。随着荷载的继续增加，受拉区出现数条贯通的水平裂缝，牛腿根部下方混凝土掉落严重。当荷载达到 96% 峰值荷载时，牛腿根部出现的竖向裂缝斜向截面中部发展，且混凝土突然崩裂，发出"嘭"一声响。在达到峰值荷载时，受压区混凝土压溃严重，出现数条宽度约 2mm 的竖向裂缝，混凝土保护层局部脱落严重，钢筋外露，受压区混凝土压溃高度约 30cm，往受拉区延伸近 25cm。

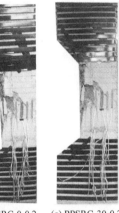

　(a) SRC-1　　　(b) PPSRC-0-0.2　(c) PPSRC-30-0.2　(d) PPSRC-60-0.2　(e) PPSRC-0-0.4　(f) PPSRC-30-0.4

图 5.6　小偏压试件的破坏形态

相对偏心距 e_0/h=0.4 的试件 PPSRC-0-0.4 和 PPSRC-30-0.4，主要发生受压破坏。具体表现为：加载初期，试件处于弹性阶段，试件表面没有明显的裂缝出现。当荷载增加到 30% 峰值荷载时，受拉区开始出现第一条横向裂缝并很快形成水平贯通裂缝，随后有新的横向裂缝出现并沿着截面宽度方向缓慢延伸。当荷载达到 90% 峰值荷载时，受压区出现第一条竖向裂缝，东南角部混凝土崩裂脱落。峰值荷载时，受压区角部混凝土压溃，大块脱落，荷载急剧下降，试件破坏，此时混凝土压溃区域高达 20cm，往受拉区延伸深度约 20cm。

相对偏心距 e_0/h 为 0.2 和 0.4 的试件在峰值荷载时，受压区混凝土极限压应变达 0.0035，此时距离压力较近一侧的型钢翼缘应变达 0.0036，型钢翼缘受压屈服，但距离压力较远一侧的型钢没有屈服。因此，受压破坏的特征是受压区混凝土纤维达到极限压应变时受压区型钢翼缘屈服，远离加载一侧的型钢翼缘受拉或受压但没有屈服。

2. 大偏心受压破坏

图 5.7 为大偏压试件的破坏形态，相对偏心距 e_0/h=0.6 的试件 SRC-2、PPSRC-0-0.6、PPSRC-30-0.6、PPSRC-60-0.6 和相对偏心距 e_0/h=0.8 的试件

PPSRC-0-0.8、PPSRC-30-0.8 主要发生受拉破坏。具体表现为：当荷载为 12%峰值荷载时，试件中部受拉区出现第一条水平裂缝。当荷载为 25%峰值荷载时，试件中部受压区出现长约 30cm 竖向裂缝。随着荷载的不断增长，受拉区水平裂缝不断增加，并沿着试件宽度方向不断延伸，但竖向裂缝没有继续发展。当荷载达到 60%峰值荷载时，受拉区水平裂缝宽度不断增加，最终形成数条水平贯通裂缝。当荷载为 83%峰值荷载时，受压区距牛腿下方约 5cm 处混凝土开始出现起皮脱落现象。92%峰值荷载时，伴随着"嘭"一声响，中部区域混凝土大量脱落，压溃面积进一步扩大。达到峰值荷载时，受压区中部混凝土压碎严重，试件破坏，此时混凝土压溃高度约 30cm，往受拉区延伸深度约 10cm。

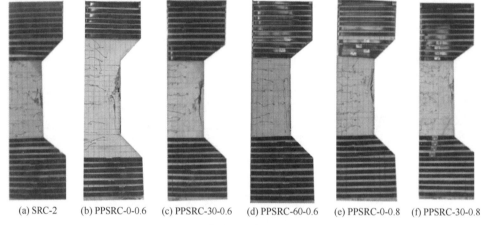

(a) SRC-2   (b) PPSRC-0-0.6   (c) PPSRC-30-0.6   (d) PPSRC-60-0.6   (e) PPSRC-0-0.8   (f) PPSRC-30-0.8

图 5.7　大偏压试件的破坏形态

对于相对偏心距 e_0/h 为 0.6 和 0.8 的试件，当荷载为 80%P_u 时，受压区型钢翼缘应变在 0.0015～0.002，受拉区型钢翼缘应变在 0.0024～0.0035，而此时受压区混凝土并没有达到极限压应变。当荷载达到 100%P_u 时，混凝土应变迅速增长至 0.0036，试件承载力开始下降。这说明在受压区边缘混凝土达到极限压应变之前型钢翼缘已经屈服，而型钢腹板部分屈服部分不屈服。受拉破坏的特征是型钢受拉翼缘和受压翼缘均在混凝土达到极限压应变之前屈服。

因此，相对偏心距是影响 PPSRC 柱破坏形态的主要因素，相对偏心距较小时，一般发生小偏心受压破坏，相对偏心距较大时，一般发生大偏心受压破坏。但无论发生大偏心受压破坏还是小偏心受压破坏，最终受压区混凝土都被压溃，偏心距越大，混凝土压溃面积越小。

5.3.2　轴向荷载-侧向挠度曲线

图 5.8 为试件的轴向荷载-侧向挠度关系曲线，表 5.2 为试验结果统计。

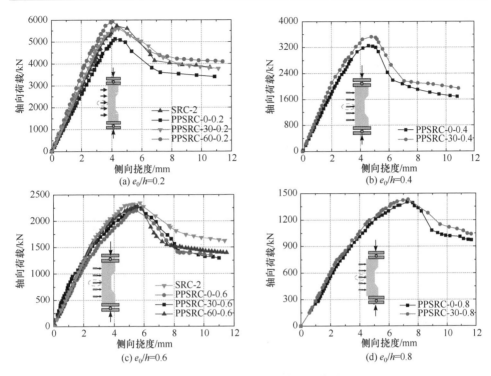

图 5.8　轴向荷载-侧向挠度关系曲线

表 5.2　偏压试验结果

试件编号	受拉侧水平裂缝开裂荷载 $P_{t,cr}$/kN	受压侧竖向裂缝开裂荷载 $P_{c,cr}$/kN	峰值荷载 P_u/kN	破坏形态
SRC-1	2450	5232	5782.6	小偏心受压破坏
PPSRC-0-0.2	1312	4410	5132.3	小偏心受压破坏
PPSRC-30-0.2	2400	4726	5597.3	小偏心受压破坏
PPSRC-60-0.2	2561	5290	5940.7	小偏心受压破坏
PPSRC-0-0.4	432	3112	3264.6	小偏心受压破坏
PPSRC-30-0.4	331	3275	3531.3	小偏心受压破坏
SRC-2	205	2194	2277.0	大偏心受压破坏
PPSRC-0-0.6	212	1782	2216.5	大偏心受压破坏
PPSRC-30-0.6	203	2087	2273.2	大偏心受压破坏
PPSRC-60-0.6	243	2150	2345.9	大偏心受压破坏
PPSRC-0-0.8	132	1375	1407.4	大偏心受压破坏
PPSRC-30-0.8	114	1410	1432.1	大偏心受压破坏

从图 5.8 和表 5.2 可以看出，PPSRC 实心柱和空心柱均表现出良好的变形能力，两者承载力相差较小，但实心截面柱的刚度大于空心截面柱。对比试件 PPSRC-30-0.2、PPSRC-30-0.4、PPSRC-30-0.6 和 PPSRC-30-0.8 的荷载-挠度曲线可以发现，随着相对偏心距的增加，试件的承载力和抗弯刚度逐渐降低，但峰值荷载对应的挠度逐渐增加。当相对偏心距从 0.2 逐渐增加到 0.8，偏压柱的承载力分别降低了 36.9%、35.6% 和 37%。此外，对于空心试件 PPSRC-0-0.2、PPSRC-0-0.4、PPSRC-0-0.6 和 PPSRC-0-0.8，当相对偏心距从 0.2 逐渐增加到 0.8 时，偏压柱的承载力逐渐降低了 36.3%、32.1%、36.5%。因此，荷载的相对偏心距对 PPSRC 柱的承载力影响较大。

对相对偏心距为 0.2 的试件来说，当内部混凝土强度从 0 增加到 18.2MPa，再从 18.2MPa 增加到 45.78MPa，试件的承载力分别增加了 9.1% 和 6.0%。对于其他试件来说，内部混凝土抗压强度的提高对偏压柱的承载力和刚度都有一定的提高作用，但随着偏心距的增大，内部混凝土强度对试件的承载力影响逐渐降低。这是因为随着相对偏心距的增大，中和轴的位置逐渐上移，轴向荷载大多由受压区外部混凝土承担，内部混凝土参与受力较小。

5.3.3　侧向挠度曲线

图 5.9 为试件 PPSRC-30-0.2、PPSRC-60-0.2、PPSRC-0-0.4、PPSRC-30-0.4、PPSRC-0-0.6 和 PPSRC-30-0.8 在不同荷载等级下沿试件高度的侧向挠度分布曲线。由图 5.9 可见：PPSRC 柱的侧向挠度曲线沿柱高中间截面对称分布，柱高中间截面的挠度最大，两端挠度逐渐减小，最终曲线呈正弦半波形状。此外，图 5.9 也反映了 PPSRC 柱在不同荷载偏心距下的变形能力。随着荷载的增加，试件的侧向挠度逐渐增加，尤其当荷载超过 $80\%P_u$ 时，试件变形迅速增大，这是因为受力纵筋和型钢相继达到屈服，且受拉区混凝土裂缝发展迅速，混凝土截面面积不断减小，试件刚度有所降低。同时，空心试件的侧向挠度变形比相同条件下实心试件的挠度大，说明填充内部混凝土对提高试件的刚度是有利的。对于实心试件来说，随着内部混凝土强度的提高，试件的侧向挠度逐渐变小，这说明内部混凝土强度对试件的变形有一定的影响。

5.3.4　应变分布

图 5.10 为不同荷载等级下，部分试件跨中截面混凝土沿截面高度的应变分布

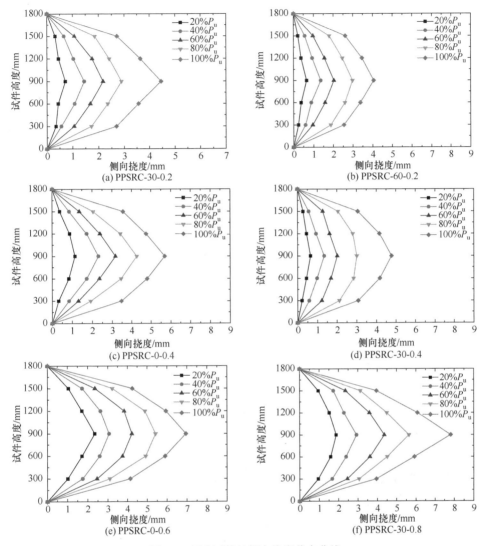

图 5.9　部分试件的侧向挠度分布曲线

曲线，图 5.11 为不同荷载等级下，部分试件跨中截面型钢沿截面高度的应变分布
曲线。由图 5.10 和图 5.11 可知，应变基本符合平截面假定。所有试件受压区混凝
土边缘极限压应变均接近 0.0035，同时随着偏心距的增大，试件跨中截面受压区
高度逐渐减小；对于同一相对偏心距而言，内部混凝土强度等级对受压区高度影
响并不明显。

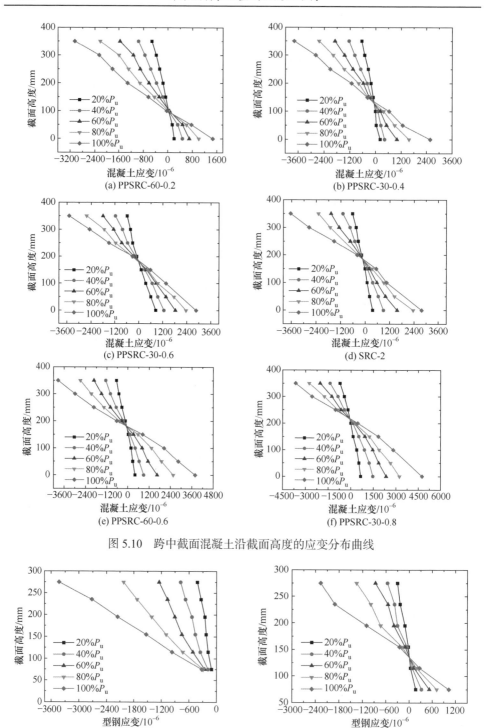

图 5.10　跨中截面混凝土沿截面高度的应变分布曲线

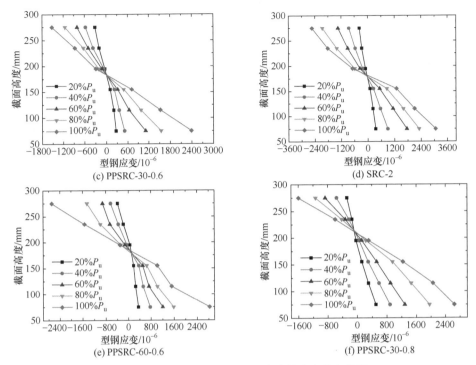

图 5.11　跨中截面型钢沿截面高度的应变分布曲线

5.3.5　位移延性系数

　　一般情况下，对结构构件的延性进行度量时，主要有位移延性系数和转角延性系数两种设计指标，最常用的是位移延性系数。位移延性系数 μ 是材料、构件或者结构的极限位移 Δ_u 与屈服位移 Δ_y 之比。关于屈服位移 Δ_y 和极限位移 Δ_u 的定义目前尚未有统一定论，确定屈服位移常用能量等值法和几何作图法，这里选取几何作图法来确定试件的屈服位移，试件的极限位移选取荷载下降至 85% 时的点。

　　几何作图法如图 5.12 所示。过原点 O 作与曲线初始段相切的直线，与过峰值点 M 的水平线相交于 A 点，由 A 点向曲线作垂线，与之相交于 B 点，连 OB 并延伸与水平线相交于 C 点，作垂线相交于 Y 点，则 Y 点对应的荷载和位移即为试件的屈服荷载和屈服位移；U 点为荷载降到 85% 峰值荷载对应的点，其对应的位移即为极限位移。表 5.3 给出了各试件的特征荷载，其中 P_y 为试件的屈服荷载；P_u 为试件的峰值荷载；Δ_y 为试件的屈服位移；Δ_u 为试件的极限位移；μ 为位移延性系数。

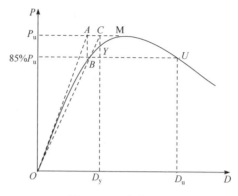

图 5.12 几何作图法

表 5.3 各试件的特征荷载

试件编号	P_y/kN	P_u/kN	Δ_y/kN	Δ_u/kN	μ
SRC-1	4915.2	5782.6	2.83	5.98	2.11
PPSRC-0-0.2	4362.5	5132.3	3.15	4.98	1.58
PPSRC-30-0.2	4757.7	5597.3	2.92	6.32	2.16
PPSRC-60-0.2	5049.6	5940.7	2.53	5.85	2.31
PPSRC-0-0.4	2774.9	3264.6	2.32	5.63	2.43
PPSRC-30-0.4	3001.6	3531.3	2.75	5.89	2.14
SRC-2	1935.5	2277.0	2.35	7.32	3.11
PPSRC-0-0.6	1884.0	2216.5	2.18	6.86	3.15
PPSRC-30-0.6	1932.2	2273.2	2.27	7.23	3.18
PPSRC-60-0.6	1994.0	2345.9	2.36	7.18	3.04
PPSRC-0-0.8	1196.3	1407.4	3.02	9.63	3.18
PPSRC-30-0.8	1217.3	1432.1	3.04	9.52	3.13

5.4 有限元分析结果与试验结果对比

本节利用 ABAQUS 有限元分析软件，通过建立四个试件 PPSRC-30-0.2、PPSRC-30-0.4、PPSRC-30-0.6 和 PPSRC-30-0.8 的有限元模型，将试验结果与数值模拟结果进行对比分析，以验证模型的合理性。

偏压试件建模时，材料本构关系、单元类型选取、相互作用以及网格划分技术与第 4 章轴压有限元分析描述一致，仅边界条件有所改变。由于偏压试验边界条件为两端铰接，为反映实际加载过程中的边界条件，模型边界条件要进行处理。直接在混凝土面施加边界约束条件易使分析不收敛，因此在柱顶和柱底设立一块刚性垫板与混凝土绑定，在刚性垫板偏心位置处用分割命令(partion)将柱顶和柱底垫板面划分一条分割线，在分割线上施加铰接约束。柱顶的具体约束为

U1=U2=UR1=UR2=0，柱底为 U1=U2=U3=UR1=UR2=0，施加位移荷载的方式与轴压有限元分析中一致。为了后续提取试验结果方便，在试件高度中部位置用分割命令划分出一条线，并在此处建立参考点 RP3，同样用耦合约束(coupling)，将参考点 RP3 和分割线耦合起来，后续结果提取 RP3 相应数据即可。

5.4.1　轴向荷载-侧向挠度曲线

图 5.13 为试件 PPSRC-30-0.2、PPSRC-30-0.4、PPSRC-30-0.6 和 PPSRC-30-0.8 的轴向荷载-侧向挠度试验曲线与有限元计算曲线(模拟曲线)对比图。由图 5.13 可知，有限元计算曲线与试验曲线下降段不同，这可能是有限元中混凝土本构关系与实际有所差异，但试件刚度、承载力和承载力对应的挠度比较吻合，整体变化趋势也较为相近。因此，用该模型预测 PPSRC 偏心受压柱的承载力和刚度是比较合理的。

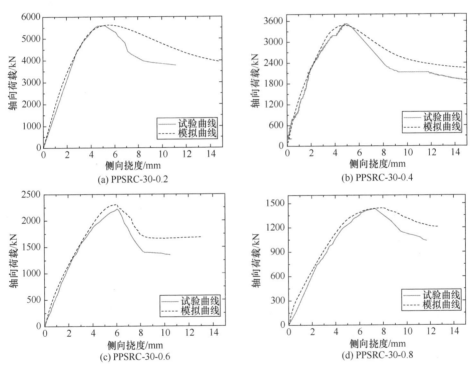

图 5.13　试件轴向荷载-侧向挠度试验曲线与有限元计算曲线对比图

5.4.2　应力分析

1. 小偏心受压试件

图 5.14 给出了试件 PPSRC-30-0.2 在 $80\%P_u$ 和 $100\%P_u$ 时钢筋骨架、十字型钢和混凝土的应力云图。由图 5.14 可知，在 $80\%P_u$ 时，受压侧纵向受力钢筋和

型钢已经达到屈服强度，进入线性强化阶段，且受压侧腹板也随之进入塑性屈服阶段，受压侧部分混凝土达到了轴心抗压强度，此时远离加载点一侧的纵筋和型钢翼缘未达到屈服强度，这与试验结果较为一致。当荷载达到 100%P_u 时，受压侧纵向受力钢筋和型钢翼缘由于处于强化阶段，应力有所增长，大部分腹板区域也达到了屈服强度，受压侧大部分混凝土达到轴心抗压强度，混凝土被压碎，试件破坏，此时，远离加载点一侧的纵向受力钢筋和型钢翼缘始终没有达到屈服强度，呈现出典型的小偏心受压破坏，与试验结果较为相符。

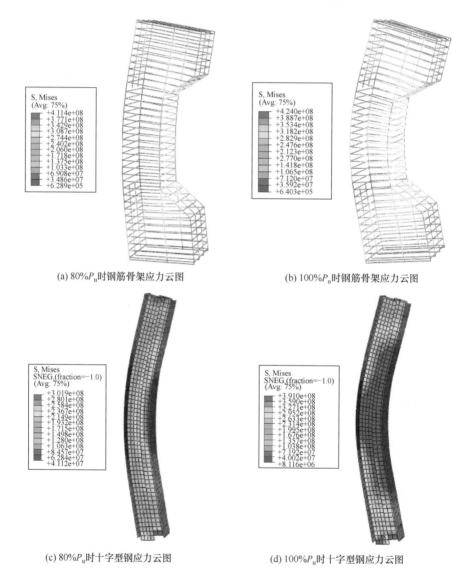

(a) 80%P_u时钢筋骨架应力云图　　　　　　(b) 100%P_u时钢筋骨架应力云图

(c) 80%P_u时十字型钢应力云图　　　　　　(d) 100%P_u时十字型钢应力云图

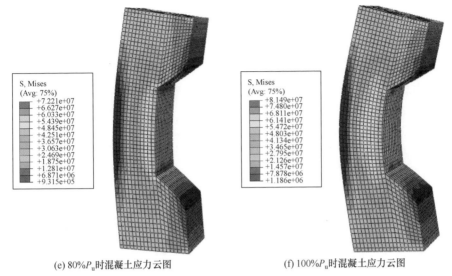

(e) 80%P_u时混凝土应力云图　　　　　　(f) 100%P_u时混凝土应力云图

图 5.14　试件 PPSRC-30-0.2 的应力云图

2. 大偏心受压试件

图 5.15 给出了试件 PPSRC-30-0.8 在 80%P_u 和 100%P_u 时钢筋骨架、十字型钢、混凝土的应力云图。由图 5.15 可知，当荷载达到 80%P_u 时，受拉侧纵向受力钢筋和型钢翼缘刚刚达到屈服强度，型钢腹板和受压侧翼缘尚处于弹性状态，受压侧部分混凝土达到了轴心抗压强度。当荷载达到 100%P_u 时，受拉侧和受压侧的纵向受力钢筋和型钢翼缘均达到屈服强度，型钢腹板部分处于塑性阶段部分处

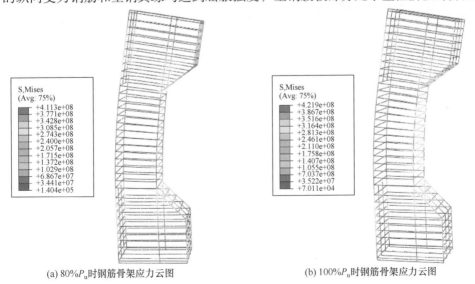

(a) 80%P_u时钢筋骨架应力云图　　　　　　(b) 100%P_u时钢筋骨架应力云图

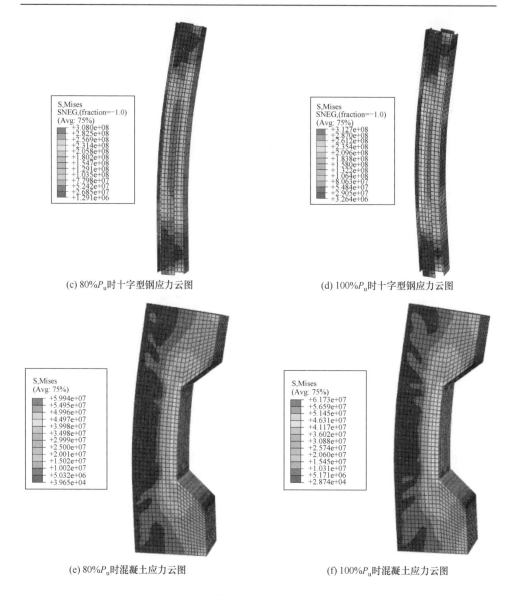

(c) 80%P_u时十字型钢应力云图　　　　　　　　(d) 100%P_u时十字型钢应力云图

(e) 80%P_u时混凝土应力云图　　　　　　　　(f) 100%P_u时混凝土应力云图

图 5.15　试件 PPSRC-30-0.8 的应力云图

于弹性阶段，这时受压侧大部分混凝土达到其轴心抗压强度而被压碎，试件达到承载力。其破坏特征为型钢翼缘首先在受拉区屈服，之后随着荷载的增大，受压侧型钢也逐渐屈服，最终试件破坏是受压侧混凝土达到其抗压强度被压碎造成的，破坏时呈现出典型的大偏心受压破坏，这与试验结果较为相符。

5.5 参 数 分 析

通过对比试验结果和有限元结果，验证了有限元模型的合理性。本节的主要目的是对 PPSRC 偏压柱进行参数分析，选取的影响因素有相对偏心距、内部混凝土强度、截面配钢率和混凝土外壳预制率。由于试验试件的截面尺寸较小，这里选取和轴压有限元中相同的 PPSRC 柱模型来分析其偏压性能。

5.5.1 相对偏心距

图 5.16(a)为试验得到的不同相对偏心距下各试件的轴向荷载-侧向挠度曲线，图 5.16(b)为试验中各试件的轴向荷载-相对偏心距曲线。由图 5.16(b)可以看出，试件的承载力随着相对偏心距的增大逐渐降低，但试件峰值荷载对应的挠度依次增加，表明试件的变形能力随着相对偏心距的增加而提高。相对偏心距为 0.2 时，实心试件的承载力为 5597kN，空心试件的承载力为 5132kN，空心试件轴向承载力比实心试件低 8.3%，当相对偏心距增加到 0.8 时，空心试件轴向承载力仅比实心试件低 1.7%。这表明随着相对偏心距的增大，空心试件和实心试件的承载力差异越来越小。此外，当相对偏心距从 0.2 增加到 0.8 时，实心柱和空心柱承载力分

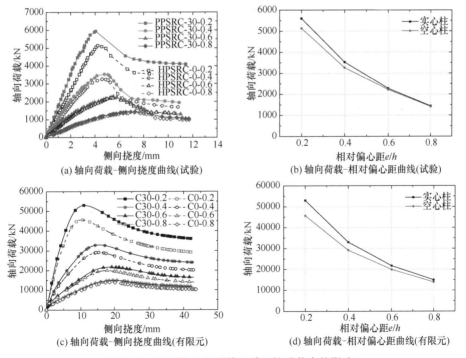

图 5.16　相对偏心距对偏心受压柱承载力的影响

别降低了 74.4%和 72.6%，两者降低幅度基本一致。

图 5.16(c)为有限元模拟得到的不同相对偏心距下各试件的轴向荷载-侧向挠度曲线，图 5.16(d)为轴向荷载-相对偏心距曲线。由图 5.16(c)可看出，随着相对偏心距的增加，实心柱和空心柱的承载力逐渐降低并逐步接近，但峰值荷载对应的挠度却依次增加，这与试验分析得到的结论是相一致的。另外，由图 5.16(d)可以看出，相对偏心距从 0.2 增加到 0.8 时，实心柱承载力从 52972.7kN 降低到 14983.8kN，降低了 71.7%，空心柱承载力从 45608.2kN 降低到 13944.1kN，降低了 69.4%，这与试验结果接近。

5.5.2　内部现浇混凝土强度等级

1. 小偏心受压柱

图 5.17(a)为试验得到的相对偏心距为 0.2，内部现浇混凝土强度等级分别为 C0、C30、C60 时 PPSRC 柱的轴向荷载-侧向挠度关系曲线。图 5.17(b)为试验得到的小偏心 PPSRC 柱轴向荷载-内部混凝土强度关系曲线。由图 5.17(b)可以看出，随着内部混凝土强度等级的增加，试件的承载力也逐渐增加。内部混凝土强度等级从 C0 增加到 C60 时，承载力从 5132kN 增加到 5940kN，增加了 15.8%，增加幅度比较明显。

图 5.17(c)为有限元模拟得到的相对偏心距为 0.2，内部现浇混凝土强度等级分别为 C0、C25、C30、C40、C50、C60 时 PPSRC 柱的轴向荷载-侧向挠度关系曲线。图 5.17(d)为有限元模拟得到的小偏心 PPSRC 柱轴向荷载-内部混凝土强度的关系曲线。由图 5.17(d)可以看出，随着内部混凝土强度等级的增加，试件的承载力也逐渐增加。内部混凝土强度等级从 C0 增加到 C60 时，承载力从 45608kN 增加到 57627kN，增加了 26.3%，增加幅度比较明显。其中，从 0 增加到 C25 时，承载力增加最为明显，增加了 14.0%。当内部混凝土强度等级高于 C30 之后，内部混凝土强度每增加两个等级，承载力平均增加 2.0%左右。

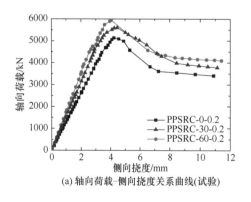

(a) 轴向荷载-侧向挠度关系曲线(试验)

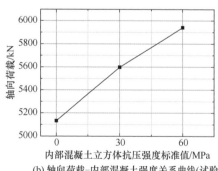

(b) 轴向荷载-内部混凝土强度关系曲线(试验)

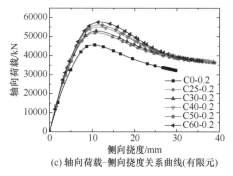

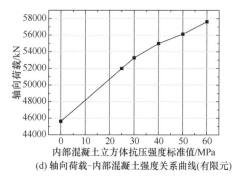

(c) 轴向荷载-侧向挠度关系曲线(有限元)　　　(d) 轴向荷载-内部混凝土强度关系曲线(有限元)

图 5.17　内部混凝土强度等级对小偏心受压柱承载力的影响

2. 大偏心受压柱

图 5.18(a)为有限元模拟得到的相对偏心距为 0.8,内部现浇混凝土强度等级分别为 C0、C25、C30、C40、C50、C60 时 PPSRC 柱的轴向荷载-侧向挠度关系曲线。图 5.18(b)为大偏心 PPSRC 柱轴向荷载-内部混凝土强度关系曲线。由图 5.18(b)可以看出,随着内部混凝土强度等级的增加,试件的承载力也逐渐增加。内部混凝土强度从 C0 增加到 C25 时,承载力从 13944kN 增加到 14983kN,增加了 7.5%。当内部混凝土强度高于 C30 之后,内部混凝土强度每增加两个强度等级,承载力平均增加 1.2%左右,增加幅度较小。

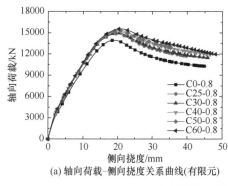

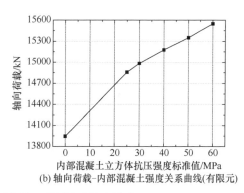

(a) 轴向荷载-侧向挠度关系曲线(有限元)　　　(b) 轴向荷载-内部混凝土强度关系曲线(有限元)

图 5.18　内部混凝土强度对大偏心受压柱承载力影响

综合上述分析,可以得出内部现浇混凝土强度等级对 PPSRC 偏心受压柱承载力的影响规律,即内部现浇混凝土对小偏心受压承载力的提高作用较之对大偏心受压承载力提高作用更加明显,主要原因是中和轴位置不同,内部现浇混凝土参与抵抗外力(轴力和弯矩)的贡献程度不同。

5.5.3　混凝土外壳预制率

PPSRC 柱具有承载力高、刚度大、施工简便等优点,是一种具有良好推广应用前景的新型绿色建筑结构构件[2-7]。由于 PPSRC 柱的高性能外壳在工厂预制，待运输至现场之后再浇筑内部混凝土，但预制外壳厚度如何确定尚未有定论。在此选择混凝土外壳预制率来反映外壳厚度对 PPSRC 柱承载力的影响。其中，外壳预制率是通过预制部分面积与柱截面比值计算得到。因此，本节在数值模拟基础上，主要研究混凝土外壳预制率对 PPSRC 柱偏心受压性能及承载力的影响，并分析其影响规律，提出 PPSRC 柱外壳预制率建议值。

1. 小偏心受压柱

图 5.19(a)为相对偏心距为 0.2 时，PPSRC 柱在不同外壳预制率下的轴向荷载-侧向挠度曲线，其中 PPSRC 柱内部混凝土强度等级为 C30，研究的混凝土外壳预制率分别为 55%、65%、75%、85%、100%，对应的预制外壳厚度分别为 200mm $\left(\frac{1}{6}b\right)$、250mm $\left(\frac{1}{5}b\right)$、300mm $\left(\frac{1}{4}b\right)$、370mm $\left(\frac{1}{3}b\right)$、600mm $\left(\frac{1}{2}b\right)$，这里 b 代表 PPSRC 柱截面高度。图 5.19(b)为 PPSRC 柱轴向荷载-外壳预制率曲线，由图可以看出，随着预制率的增大，PPSRC 柱承载力逐渐提高。混凝土外壳预制率为 55% 和 100%时，承载力分别为 52972kN 和 59015kN，承载力提高了 11.4%，但预制率从 85%增加至 100%时，承载力增长幅度有所减低。

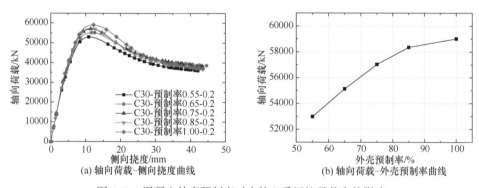

(a) 轴向荷载-侧向挠度曲线   (b) 轴向荷载-外壳预制率曲线

图 5.19　混凝土外壳预制率对小偏心受压柱承载力的影响

2. 大偏心受压柱

图 5.20(a)为相对偏心距为 0.8 时，PPSRC 柱在不同外壳预制率下实心柱的轴向荷载-侧向挠度曲线，其中 PPSRC 柱内部混凝土强度等级为 C30，研究的混凝土外壳预制率分别为 55%、65%、75%、85%、100%。图 5.20(b)为 PPSRC 柱轴向荷载-外壳预制率曲线，由图可以看出，随着外壳预制率的增大，PPSRC 柱承载力逐渐提高，但增加到 75%之后，承载力增加幅度明显降低。即混凝土外壳预制率从 55%增加到 65%时，承载力提高了 8.1%；外壳预制率从 65%增加到 75%

时,承载力提高了 1.6%;外壳预制率从 75%增加到 100%时,承载力仅提高 0.96%,提高幅度较小。

综合上述分析可以发现,对小偏心受压柱而言,随着混凝土外壳预制率的提高,其承载力也逐渐提高,两者之间近似趋于线性关系,但当外壳预制率高于 85%以后,柱轴向承载力增加幅度明显减小。对大偏心受压柱而言,其轴向承载力先有一定提高,当外壳预制率达到 75%后增加幅度很小。因此,以大偏心受压柱承载力为控制条件,给出 PPSRC 柱混凝土外壳预制率建议值为 75%。

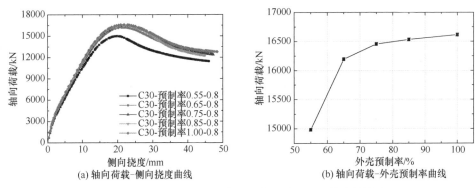

图 5.20　混凝土外壳预制率对大偏心受压柱承载力的影响

5.5.4　截面配钢率

图 5.21(a)和图 5.21(c)分别为不同截面配钢率下实心和空心偏压柱的荷载-侧向挠度关系曲线。由图可以看出,截面配钢率对偏压柱的承载力影响较大,无论是空心构件还是实心构件,截面配钢率越高,试件的承载力也越高。由图 5.21(b)和图 5.21(d)可以看出,随着截面配钢率的增大,PPSRC 实心柱和空心柱承载力基本呈线性增长。因此,提高截面配钢率可以提高 PPSRC 柱的偏压承载力。但为了使型钢和混凝土之间具有良好的黏结性能,截面配钢率必须有一定的上限[8],型钢混凝土柱的截面配钢率宜为 4%~12%,因为配钢率过小,型钢的作用不能充分发挥,过大则会使混凝土面积减少,影响混凝土和型钢的共同作用[9]。

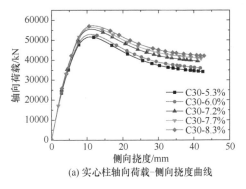

(a) 实心柱轴向荷载-侧向挠度曲线

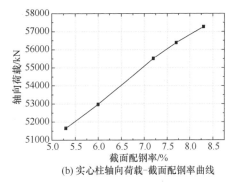

(b) 实心柱轴向荷载-截面配钢率曲线

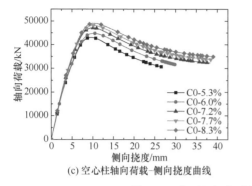
(c) 空心柱轴向荷载-侧向挠度曲线

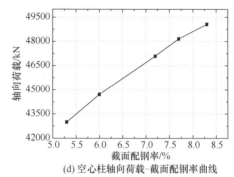
(d) 空心柱轴向荷载-截面配钢率曲线

图 5.21　截面配钢率对偏心受压柱承载力影响

5.6　PPSRC 柱偏压承载力计算

实际工程中，完全轴心受压的柱几乎不存在，往往都处于压弯受力状态，如框架结构中的边柱、角柱、在地震作用下的轴心受压柱以及制作中的误差等引起的很多存在初始偏心的轴压柱等。关于 SRC 柱的正截面偏压承载力计算方法，目前主要有三种：第一种是基于钢结构的设计方法，将构件内钢筋混凝土部分提供的强度和刚度转化为钢骨，按照钢结构稳定理论进行计算，如美国的钢结构设计规范 AISC-LRFD，但这种方法涉及较多参数，主要应用于配钢率较大的构件[10]。第二种是基于钢筋混凝土的设计方法，将 SRC 构件内的型钢考虑成等值钢筋，按照极限状态设计方法来计算，如美国的 ACI 结构混凝土设计规范[11]。第三种是强度叠加法，不考虑型钢和混凝土之间的黏结强度，将钢骨和钢筋混凝土部分的强度分开单独计算，认为型钢混凝土的承载力为型钢和混凝土承载力的叠加，如日本建筑学会 (Architectural Institute of Japan，AIJ)的 SRC 设计规范[12]。采用强度叠加法进行设计时，设计者可以先决定钢骨尺寸，由钢骨承担一部分弯矩，剩余弯矩由钢筋混凝土部分承担；也可以先决定混凝土尺寸与相应的配筋，剩余弯矩再由钢骨承担。但在压弯共同作用下建立的"叠加公式"主要受力特征为：弯矩优先由钢骨承担，压力优先由钢筋混凝土部分承担。目前我国对 SRC 结构的设计有两种方法，分别是基于叠加原理的《钢骨混凝土结构技术规程》(YB 9082—2006)和基于钢筋混凝土结构设计原理，通过平截面假定来进行设计的《组合结构设计规范》(JGJ 138—2016)。

在 PPSRC 压弯构件中，十字型钢位于截面中央，其内部混凝土的受力状态较为复杂。大偏心受压时，型钢内部混凝土处于部分受拉、部分受压的应力状态，使得型钢对内部混凝土的约束作用大大降低；小偏心受压时，PPSRC 柱大部分截面受压，甚至全截面受压，但截面应力不均匀。因此，在计算 PPSRC 柱的正截面受弯承载力时，可忽略型钢对内部混凝土强度的提高作用，简化计算过程。

本章首先基于钢筋混凝土的方法计算 PPSRC 偏心受压柱正截面承载力；然后基于一般叠加法计算原理改进的叠加法的解析解法给出 PPSRC 偏心受压柱正截面承载力公式。此外，根据叠加法提出考虑内外混凝土差异的刚度计算方法，并将计算结果与试验值进行对比。

5.6.1　基于极限状态设计法的计算方法

1. 《组合结构设计规范》

《组合结构设计规范》(JGJ 138—2016)采用基于钢筋混凝土结构的计算方法，根据修正平截面假定，提出了型钢混凝土柱的正截面受压承载力计算公式，计算简图如图 5.22 所示。《组合结构设计规范》的计算方法理论依据可靠，计算结果相对精确，但是计算过程较为复杂。

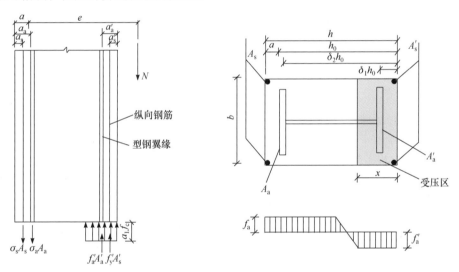

图 5.22　型钢混凝土柱的正截面承载力计算简图

其建议计算公式为

$$N \leqslant \alpha_1 f_c bx + f_y' A_s' + f_a' A_{af}' - \sigma_s A_s - \sigma_a A_{af} + N_{aw} \tag{5.1}$$

$$Ne \leqslant \alpha_1 f_c bx \left(h_0 - \frac{x}{2} \right) + f_y' A_s' (h_0 - a_s') + f_a' A_{af}' (h_0 - a_a') + M_{aw} \tag{5.2}$$

$$e = \eta e_i + \frac{h}{2} - a \tag{5.3}$$

$$e_i = e_0 + e_a \tag{5.4}$$

当 $\delta_1 h_0 < 1.25x$，$\delta_2 h_0 > 1.25x$ 时

$$N_{aw} = \left[2.5\xi - \left(\delta_1 + \delta_2 \right) \right] t_w h_0 f_a \tag{5.5}$$

$$M_{aw} = \left[\frac{1}{2}\left(\delta_1^2 + \delta_2^2\right) - \left(\delta_1 + \delta_2\right) + 2.5\xi - \left(1.25\xi\right)^2 \right] t_w h_0^2 f_a \tag{5.6}$$

当 $\delta_1 h_0 < 1.25x$, $\delta_2 h_0 < 1.25x$ 时

$$N_{aw} = (\delta_2 - \delta_1) t_w h_0 f_a \tag{5.7}$$

$$M_{aw} = \left[\frac{1}{2}\left(\delta_1^2 - \delta_2^2\right) - \left(\delta_2 - \delta_1\right) \right] t_w h_0^2 f_a \tag{5.8}$$

当 $x \leqslant \xi_b h_0$ 时，为大偏心受压构件，取 $\sigma_s = f_y$，$\sigma_a = f_a$。

当 $x > \xi_b h_0$ 时，为小偏心受压构件：

$$\sigma_s = \frac{f_y}{\xi_b - 0.8}\left(\frac{x}{h_0} - 0.8 \right) \tag{5.9}$$

$$\sigma_a = \frac{f_a}{\xi_b - 0.8}\left(\frac{x}{h_0} - 0.8 \right) \tag{5.10}$$

式中，ξ_b 为界限相对受压区高度：

$$\xi_b = \frac{0.8}{1 + \dfrac{f_y + f_a}{2 \times 0.003 E_s}} \tag{5.11}$$

《组合结构设计规范》适用于型钢和钢筋为对称配置的矩形截面型钢混凝土偏压柱正截面受压承载力计算，且只考虑了截面内仅一种混凝土强度对承载力的贡献，由于本书提出的部分预制装配型钢混凝土柱截面内包含两种混凝土强度，故需对《组合结构设计规范》的建议公式重新推导来计算 PPSRC 柱偏心受压承载力。

《组合结构设计规范》认为在加载后期，正截面修正应变仍符合平截面假定，受压区应力图形可等效简化为矩形应力图，受压区边缘的混凝土的极限压应变 ε_{cu}= 0.003，同时建议对于配置十字型钢的偏心受压柱等效腹板厚度可根据式(5.12)计算：

$$t_w' = t_w + \frac{0.5\sum A_{af}}{h_w} \tag{5.12}$$

根据面积及惯性矩等效原则将八边形核心等效为矩形核心，最终的截面等效示意图如图 5.23 所示。

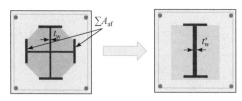

图 5.23　截面等效示意图

随着偏心距的变化，中和轴的位置也不断改变，试件的破坏形态有所区别，即大偏心受压破坏和小偏心受压破坏。由于内外混凝土强度的不同，不能直接套

用《组合结构设计规范》，现分别就其正截面承载力计算公式进行推导。

2. PPSRC 柱大偏心受压柱承载力计算

偏心距较大的 PPSRC 柱发生受拉破坏时，在受压区混凝土边缘达到极限压应变之前，受拉区型钢翼缘已经屈服，但由于中和轴位置的不确定，受压区型钢翼缘或屈服或不屈服。因此，在进行 PPSRC 柱大偏心受压计算公式推导时，分两种情况分别进行推导，即型钢受压翼缘屈服和未屈服。

情况 1：如图 5.24(a)所示，当 $1.2a_a' \leqslant x \leqslant x_b$ 时，型钢受拉翼缘和受压翼缘均达到屈服强度，因为截面对称配筋，所以 $f_y = f_y'$，$A_s = A_s'$，$f_{yf} = f_{yf}'$，$A_{af} = A_{af}'$，$f_{yw} = f_{yw}'$，$a_a = a_a'$，$a_s = a_s'$。根据力的平衡条件可得

$$N_{cu} = f_{c,out}bh_2 + 2f_{c,out}b_2(x - h_2) + f_{c,in}b_1(x - h_2) + (2x - h)t_w'f_{yw} \tag{5.13}$$

$$x = \frac{N_{cu} - f_{c,out}bh_2 + 2f_{c,out}b_2h_2 + f_{c,in}b_1h_2 + ht_w'f_{yw}}{2f_{c,out}b_2 + f_{c,in}b_1 + 2t_w'f_{yw}} \tag{5.14}$$

$$
\begin{aligned}
N_{cu}\left(e_0 - \frac{h}{2} + x\right) &= f_{c,out}bh_2\left(x - \frac{h_2}{2}\right) + f_{c,out}b_2(x - h_2)^2 \\
&+ \frac{1}{2}f_{c,in}b_1(x - h_2)^2 + f_yA_s(h - 2a_s') \\
&+ A_{af}'f_{yf}'(h - 2a_a') \\
&+ \frac{t_w'f_{yw}'}{2}\left[(x - a_a' - t_f)^2 + (h_1 - x - a_a' - t_f)^2 - \frac{2d^2}{3}\right]
\end{aligned}
\tag{5.15}
$$

$$x_b = \frac{0.8}{1 + \dfrac{f_y + f_a}{2E_s\varepsilon_{cu}}}(h - a_s) \tag{5.16}$$

情况 2：如图 5.24(b)所示，当 $a_a' \leqslant x < 1.2a_a'$ 时，型钢受拉翼缘屈服，受压翼缘未屈服。此时，忽略受压型钢翼缘的作用，并认为型钢腹板全截面受拉屈服，则

$$N_{cu} = f_{c,out}bh_2 + 2f_{c,out}b_2(x - h_2) + f_{c,in}b_1(x - h_2) - (h_1 - 2t_f)t_w'f_{yw} - A_{af}f_{yf} \tag{5.17}$$

$$x = \frac{N_{cu} - f_{c,out}bh_2 + 2f_{c,out}b_2h_2 + f_{c,in}b_1h_2 + (h_1 - 2t_f)t_w'f_{yw} + A_{af}f_{yf}}{2f_{c,out}b_2 + f_{c,in}b_1} \tag{5.18}$$

$$
\begin{aligned}
N_{cu}\left(e_0 - \frac{h}{2} + x\right) &= f_{c,out}bh_2\left(x - \frac{h_2}{2}\right) + 2f_{c,out}h_2(x - h_2)^2 + \frac{1}{2}f_{c,in}b_1(x - h_2)^2 \\
&+ f_yA_s(h - 2a_s) + A_{af}f_{yf}(h - a_a - x) \\
&+ (h_1 - 2t_f)t_w'f_{yw}\left(\frac{h}{2} - x\right)
\end{aligned}
\tag{5.19}
$$

式中，x——混凝土受压区高度；

　　$f_{c,in}$、$f_{c,out}$——内部混凝土和外部混凝土的轴心抗压强度；

　　b、h——试件截面的宽和高；

　　h_1、b_1——等效矩形核心的高和宽；

　　h_2、b_2——预制外壳的高和宽；

　　f_y、A_s——受拉纵筋的屈服强度和面积；

　　f'_y、A'_s——受压纵筋的屈服强度和面积；

　　f_{yf}、A_{af}——受拉区型钢翼缘的屈服强度和面积；

　　f'_{yf}、A'_{af}——受压区型钢翼缘的屈服强度和面积；

　　t_f、t'_w——型钢翼缘厚度和腹板厚度；

　　f_{yw}——型钢腹板的屈服强度；

　　a'_a、a_a——型钢受压翼缘和受拉翼缘中心至截面边缘的距离；

　　a'_s、a_s——受压纵筋和受拉纵筋中心至截面边缘的距离；

　　d——未屈服型钢高度。

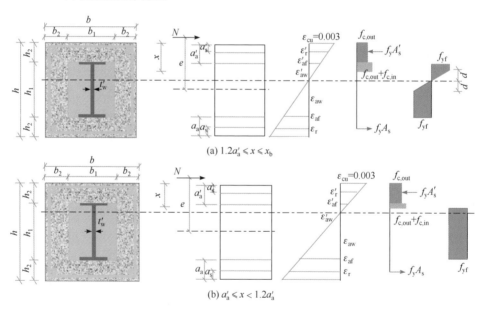

图 5.24　大偏心受压试件应力-应变关系示意图

3. PPSRC 柱小偏心受压柱的正截面承载力

偏心距较小的 PPSRC 柱发生小偏心受压破坏时，距离轴压力较近的一侧纵向钢筋和型钢翼缘都能达到屈服，而距离轴压力较远的一侧的纵向受力钢筋、型钢可能受压也可能受拉，但均达不到屈服。因此，在进行小偏压受压柱承载力计算时，也分两种情况分别推导，即型钢部分受压、部分受拉与型钢全截面受压。

情况 1：如图 5.25(a)所示，当 $x_b \leqslant x \leqslant 0.8(h-a_s)$ 时，中和轴以上型钢受压屈服，中和轴以下受拉没有屈服。根据图 5.25(a)所示的应力-应变分布，可得未屈服型钢的高度：

$$\frac{\varepsilon'_{\mathrm{af}}}{0.003} = \frac{d}{x/0.8} \Rightarrow d = \frac{0.8\varepsilon'_{\mathrm{af}}x}{0.003} \tag{5.20}$$

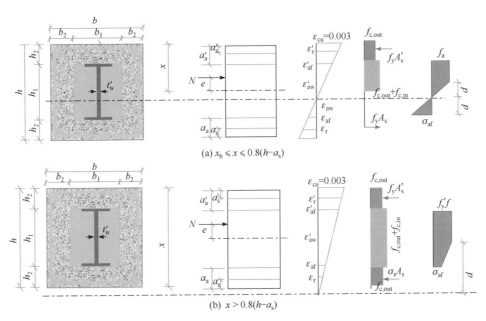

(a) $x_b \leqslant x \leqslant 0.8(h-a_s)$

(b) $x > 0.8(h-a_s)$

图 5.25　小偏心受压试件截面应力-应变关系示意图

远离加载点一侧的型钢翼缘应力和纵筋应力可分别按照式(5.21)和式(5.22)计算：

$$\sigma_{\mathrm{af}} = 0.003E_{\mathrm{af}}\left[\frac{(h-a_{\mathrm{a}})0.8}{x}-1\right] \tag{5.21}$$

$$\sigma_{\mathrm{s}} = 0.003E_{\mathrm{s}}\left[\frac{(h-a_{\mathrm{s}})0.8}{x}-1\right] \tag{5.22}$$

根据力的平衡可得

$$\begin{aligned}
N_{\mathrm{cu}} = {} & f_{\mathrm{c,out}}bh_2 + 2f_{\mathrm{c,out}}b_2(x-h_2) + f_{\mathrm{c,in}}b_1(x-h_2) + f'_{\mathrm{y}}A'_{\mathrm{s}} + A'_{\mathrm{af}}f'_{\mathrm{yf}} \\
& + (x-a'_{\mathrm{a}}-t_{\mathrm{f}}-d)t'_{\mathrm{w}}f_{\mathrm{yw}} - \sigma_{\mathrm{s}}A_{\mathrm{s}} - A_{\mathrm{af}}\sigma_{\mathrm{af}} - \frac{1}{2}(h-x-a_{\mathrm{a}}-t_{\mathrm{f}})t'_{\mathrm{w}}\sigma_{\mathrm{af}}
\end{aligned} \tag{5.23}$$

$$N_{cu} - f_{c,out}bh_2 + 2f_{c,out}b_2h_2 + f_{c,in}b_1h_2 - A_s'(f_y' - \sigma_s) - A_{af}(f_{yf} - \sigma_{af})$$

$$x = \dfrac{+t_w'f_{yw}(a_a' + t_f + d) + \dfrac{1}{2}\sigma_{af}t_w'(h - a_a - t_f)}{2f_{c,out}bh_2 + f_{c,in}b_1 + (\sigma_{af}/2 + f_{yw})t_w'} \tag{5.24}$$

$$N_{cu}\left(e_0 - \frac{h}{2} + x\right) = f_{c,out}bh_2\left(x - \frac{h_2}{2}\right) + f_{c,out}h_2(x - h_2)^2 + \frac{1}{2}f_{c,in}b_1(x - h_2)^2$$

$$+ A_s'\left[f_y'(x - a_s') + \sigma_s(h - x - a_s)\right] + A_{af}'\left[f_{yf}'(x - a_a') + \sigma_{af}(h - x - a_a)\right]$$

$$+ t_w'f_{yw}\left[\frac{1}{2}(x - a_a' - t_f')^2 - \frac{d^2}{6}\right] + \frac{1}{3}t_w'f_{yw}(h_1 - x - a_a' - t_f)^2 \tag{5.25}$$

情况 2：如图 5.25(b)所示，当 $x > 0.8(h - a_s)$ 时，试件全截面受压，远离加载点一侧的型钢没有屈服，此时型钢未屈服高度、远离加载点的型钢翼缘和纵筋承载力仍可根据式(5.21)和式(5.22)计算。根据图 5.25(b)所示力的平衡可得

$$N_{cu} = f_{c,out}(2h_2b + 2h_1b_2) + f_{c,in}b_1h_1 + f_y'A_s' + A_{af}'f_{af}' + (x - a_a - t_f - d)t_w'f_{yw}$$

$$+ \sigma_s'A_s + A_{af}\sigma_{af}' + \frac{1}{2}t_w'(\sigma_{af}' + f_{yw})(d + h - x - a_a - t_f) \tag{5.26}$$

$$N_{cu} - f_{c,out}(2h_2b + 2h_1b_2) - f_{c,in}b_1h_1 + f_{c,out}b(h_1 + h_2) - A_s'(f_y' + \sigma_s')$$

$$x = \dfrac{-A_{af}'(f_a' + \sigma_{sf}') + t_w'f_{yw}(a_a + t_f + d) + \dfrac{1}{2}(f_{af}' + \sigma_{af}')(a_a + t_f - d - h)t_w'}{b + \left[f_{yw} - \dfrac{1}{2}(f_{yw}' + \sigma_{af}')\right]t_w'} \tag{5.27}$$

$$N_{cu}\left(e_0 + \frac{h}{2} - a_a\right) = f_{c,out}\left[bh_2\left(h_1 + \frac{h_2}{2}\right) + h_1^2b_2 - \frac{1}{2}b(x - h_1 - h_2)\right]$$

$$+ f_{c,in}b_1\frac{h_1^2}{2} + f_y'A_s'(h_1 + x + a_a' - a_s')$$

$$+ A_{af}'f_{af}'h_1 - \frac{1}{6}t_w'(f_{yw} - \sigma_{af}')(d + h - x - a_a - t_f)^2 \tag{5.28}$$

$$+ \frac{1}{2}t_w'f_{yw}h_1^2 - \sigma_s'A_s'(a_a - a_s)^2$$

根据上述计算方法,得到 10 个 PPSRC 柱和 2 个 SRC 柱的正截面偏压承载力,计算结果和试验结果的比较如表 5.4 所示,计算结果与试验结果比值的平均值为 0.93,变异系数 0.03。通过上述推导过程可以发现,《组合结构设计规范》计算过程较为烦琐,不利于 PPSRC 柱正截面偏压承载力的计算。因此,下面将主要根据叠加法的解析解法建立适用于 PPSRC 柱在压弯作用下的正截面承载力计算方法,为 PPSRC 柱的设计提供理论依据。

表 5.4　偏压承载力计算值与试验值的比较

试件编号	截面形式	P_u/kN	$N^{\text{c-JGJ}}$/kN	$N^{\text{c-JGJ}}/P_u$
SRC-1	实心	5782.6	5703.1	0.99
PPSRC-0-0.2	空心	5132.3	4773.0	0.93
PPSRC-30-0.2	实心	5597.3	5149.5	0.92
PPSRC-60-0.2	实心	5940.7	5703.1	0.96
PPSRC-0-0.4	空心	3264.6	3068.7	0.94
PPSRC-30-0.4	实心	3531.3	3248.8	0.92
SRC-2	实心	2277	2111.3	0.93
PPSRC-0-0.6	空心	2216.5	1972.7	0.89
PPSRC-30-0.6	实心	2273.2	2045.9	0.90
PPSRC-60-0.6	实心	2345.9	2111.3	0.90
PPSRC-0-0.8	空心	1407.4	1365.2	0.97
PPSRC-30-0.8	实心	1432.1	1374.8	0.96
平均值				0.93
变异系数				0.03

注：P_u 为试验值，$N^{\text{c-JGJ}}$ 为根据 JGJ 138—2016 计算值。

5.6.2　基于叠加法的 PPSRC 柱正截面承载力计算方法

在轴力和弯矩的共同作用下，SRC 柱的正截面承载力可根据一般叠加法进行计算，计算公式为

$$N \leqslant N_{\text{cy}}^{\text{ss}} + N_{\text{cu}}^{\text{rc}} \tag{5.29}$$

$$M \leqslant M_{\text{cy}}^{\text{ss}} + M_{\text{cu}}^{\text{rc}} \tag{5.30}$$

式中，N、M——型钢混凝土柱的轴力和弯矩设计值；

$N_{\text{cy}}^{\text{ss}}$、$M_{\text{cy}}^{\text{ss}}$——型钢部分承担的轴力和相应的受弯承载力；

$N_{\text{cu}}^{\text{rc}}$、$M_{\text{cu}}^{\text{rc}}$——钢筋混凝土部分承担的轴力和相应的受弯承载力。

在设计过程中，型钢部分和钢筋混凝土部分承担的轴力是不确定的。一般叠加法的计算步骤为：

(1) 对于给定的设计值，由轴力平衡方程即式(5.29)任意分配型钢和混凝土部分的轴力，即可得 $N_{\text{cy}}^{\text{ss}}$ 和 $N_{\text{cu}}^{\text{rc}}$；

(2) 由任意分配的型钢和钢筋混凝土的轴力 $N_{\text{cy}}^{\text{ss}}$ 和 $N_{\text{cu}}^{\text{rc}}$，分别求出相应部分的

受弯承载力 $M_{\mathrm{cy}}^{\mathrm{ss}}$ 和 $M_{\mathrm{cu}}^{\mathrm{rc}}$;

(3) 重复上述步骤,根据多次试算结果求出两部分受弯承载力之和的最大值,即为该型钢混凝土柱的受弯承载力。

一般叠加法难以确定型钢和混凝土的轴力分配,需要多次试算,计算过程较为复杂[13]。这里可以将 PPSRC 实心柱看作内外两种混凝土和型钢的叠加,而 PPSRC 空心柱可看作外部高强混凝土和型钢的叠加,其正截面承载力计算公式为

$$N = N^{\mathrm{ss}} + N^{\mathrm{rc}} \tag{5.31}$$

$$M = M^{\mathrm{ss}} + M^{\mathrm{rc}} \tag{5.32}$$

1. 型钢部分 N 与 M 的相关关系

根据《钢结构设计标准》(GB 50017—2017),型钢在达到承载能力极限状态时的 N^{ss}-M^{ss} 相关关系可表示为

$$\frac{\left|N^{\mathrm{ss}}\right|}{A_{\mathrm{ss}}} + \frac{\left|M^{\mathrm{ss}}\right|}{\gamma W_{\mathrm{ss}}} = f_{\mathrm{ssy}} \tag{5.33}$$

即

$$\frac{\left|N^{\mathrm{ss}}\right|}{N_{\mathrm{y0}}^{\mathrm{ss}}} + \frac{M^{\mathrm{ss}}}{M_{\mathrm{y0}}^{\mathrm{ss}}} = 1 \tag{5.34}$$

$$N_{\mathrm{y0}}^{\mathrm{ss}} = f_{\mathrm{ssy}} A_{\mathrm{ss}} \tag{5.35}$$

$$M_{\mathrm{y0}}^{\mathrm{ss}} = \gamma_{\mathrm{s}} W_{\mathrm{ss}} f_{\mathrm{ssy}} \tag{5.36}$$

式中, $N_{\mathrm{y0}}^{\mathrm{ss}}$ ——型钢截面轴压承载力;

$M_{\mathrm{y0}}^{\mathrm{ss}}$ ——型钢截面纯弯承载力;

A_{ss} ——型钢截面面积;

f_{ssy} ——型钢屈服强度设计值;

W_{ss} ——型钢截面抗弯模量;

γ_{s} ——钢骨截面塑性发展系数。

由式(5.33)可得

$$M^{\mathrm{ss}} = M_{\mathrm{y0}}^{\mathrm{ss}} - \frac{\left|N^{\mathrm{ss}}\right|}{N_{\mathrm{y0}}^{\mathrm{ss}}} M_{\mathrm{y0}}^{\mathrm{ss}} = \gamma_{\mathrm{s}} W_{\mathrm{ss}} f_{\mathrm{ssy}} - \left|N^{\mathrm{ss}}\right| \frac{\gamma_{\mathrm{s}} W_{\mathrm{ss}}}{A_{\mathrm{ss}}} \tag{5.37}$$

当 $N^{\mathrm{ss}} \geqslant 0$ 时,即型钢受压,式(5.37)可改写为

$$M^{ss} = \gamma_s W_{ss} f_{ssy} - N \frac{\gamma_s W_{ss}}{A_{ss}} + N^{rc} \frac{\gamma_s W_{ss}}{A_{ss}} \tag{5.38}$$

当 $N^{ss} < 0$ 时，即型钢受拉，式(5.37)可改写为

$$M^{ss} = \gamma_s W_{ss} f_{ssy} + N \frac{\gamma_s W_{ss}}{A_{ss}} - N^{rc} \frac{\gamma_s W_{ss}}{A_{ss}} \tag{5.39}$$

式中，N^{rc}——钢筋混凝土部分承担的轴力。

2. 空心 PPSRC 柱钢筋混凝土部分 N 与 M 的相关关系

预制部分钢筋混凝土截面可简化为图 5.26(a)所示的工字形截面，由于偏心距的不同，中和轴位置不断变化，因此计算 PPSRC 柱预制部分混凝土偏心受压承载力时，分以下两种情况分别计算。

1) 大偏心受压

钢筋混凝土部分大偏心受压破坏特征是：受拉区受力纵筋首先屈服，然后受压区受力纵筋屈服，最后受压区混凝土被压碎而宣告破坏。由试验可以看出，大偏压时中和轴位置位于型钢腹板偏上部位，因此对于对称配筋的 PPSRC 柱，预制部分发生大偏压破坏时，其应力、应变分布可按图 5.26(b)和(c)表示。

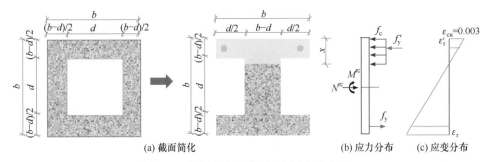

图 5.26　预制部分大偏压受压破坏分析图

由图 5.26 所示平衡条件可得

$$N^{rc} = f_c \frac{b(b-d)}{2} + f_c(b-d)\left(x - \frac{b-d}{2}\right) \tag{5.40}$$

$$
\begin{aligned}
M^{rc} = {} & f_c \frac{b(b-d)}{2}\left(h_0 - \frac{b-d}{4}\right) + f_c(b-d)\left(x - \frac{b-d}{2}\right)\left(h_0 - x - \frac{b-d}{4}\right) \\
& + f_y' A_s'(h_0 - a_s') - N^{rc}\left(\frac{b}{2} - a_s\right)
\end{aligned} \tag{5.41}
$$

令$(b-d)/2=t$，则式(5.40)和式(5.41)可分别转换为

$$N^{\text{rc}} = f_{\text{c}}bt + f_{\text{c}}2t(x-t) \tag{5.42}$$

$$M^{\text{rc}} = f_{\text{c}}bt\left(h_0 - \frac{t}{2}\right) + f_{\text{c}}2t(x-t)\left(h_0 - x - \frac{t}{2}\right) + f_{\text{y}}'A_{\text{s}}'(h_0 - a_{\text{s}}') - N^{\text{rc}}\left(\frac{b}{2} - a_{\text{s}}\right) \tag{5.43}$$

联立式(5.42)和式(5.43)，可得

$$M^{\text{rc}} = f_{\text{c}}bt\left(h_0 - \frac{t}{2}\right) + f_{\text{c}}2t\left[\frac{N^{\text{rc}} - 2t^2 f_{\text{c}} - f_{\text{c}}bt}{2tf_{\text{c}}}\left(h_0 - \frac{N^{\text{rc}} - 2t^2 f_{\text{c}} - f_{\text{c}}bt}{2tf_{\text{c}}} - \frac{t}{2}\right)\right]$$
$$+ f_{\text{y}}'A_{\text{s}}'(h_0 - a_{\text{s}}') - N^{\text{rc}}\left(\frac{b}{2} - a_{\text{s}}\right) \tag{5.44}$$

式中，b——试件截面宽度；

$\quad\ d$——试件现浇混凝土截面宽度；

$\quad\ h_0$——受拉区受力纵筋合力点到受压区混凝土边缘的距离；

$\quad\ f_{\text{c}}$——预制外壳混凝土轴心抗压强度；

$\quad\ A_{\text{s}}'$——受压区纵向受力钢筋截面积；

$\quad\ f_{\text{y}}'$——受压区纵向受力钢筋屈服强度；

$\quad\ a_{\text{s}}'$——受拉区或受力较小侧纵向受力钢筋截面受力中心到近侧混凝土边缘的距离。

2) 小偏心受压

钢筋混凝土小偏心受压(部分受压)破坏特点是：当受压区混凝土被压碎时，受拉区的受力纵筋无论是处于受拉还是受压状态都未屈服。对于对称配筋的 PPSRC 柱，钢筋混凝土部分发生小偏心受压破坏时部分受压，破坏分析图如图 5.27 所示。

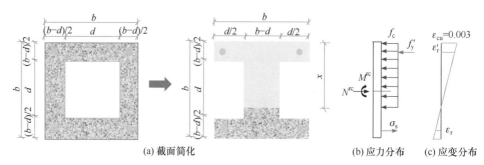

(a) 截面简化　　　　　　　　　　　(b) 应力分布　　(c) 应变分布

图 5.27　预制部分小偏心受压破坏(部分受压)分析图

根据图 5.27 所示受力平衡得

$$N^{\text{rc}} = f_{\text{c}}bt + f_{\text{c}}2t(x-t) + f_{\text{y}}'A_{\text{s}}' - \sigma_{\text{s}}A_{\text{s}} \tag{5.45}$$

$$M^{\mathrm{rc}} = f_{\mathrm{c}}bt\left(h_0 - \frac{t}{2}\right) + f_{\mathrm{c}}2t(x-t)\left(h_0 - x - \frac{t}{2}\right) + f_{\mathrm{y}}'A_{\mathrm{s}}'(h_0 - a_{\mathrm{s}}') - N^{\mathrm{rc}}\left(\frac{b}{2} - a_{\mathrm{s}}\right) \quad (5.46)$$

根据 GB 50010—2010，σ_{s} 按式(5.47)进行计算。当 σ_{s} 为正号时，表示 A_{s} 受拉；σ_{s} 为负号时，表示 A_{s} 受压。按式(5.47)计算的 σ_{s} 还应满足 $f_{\mathrm{y}}' \leqslant \sigma_{\mathrm{s}} \leqslant f_{\mathrm{y}}$。

$$\sigma_{\mathrm{s}} = \frac{\xi - \beta_1}{\xi_{\mathrm{b}} - \beta_1} f_{\mathrm{y}} \quad (5.47)$$

式中，ξ——相对受压区高度，$\xi = x/h_0$；

　　　ξ_{b}——相对界限受压区高度，$\xi_{\mathrm{b}} = \beta_1/(1 + \varepsilon_{\mathrm{y}}/\varepsilon_{\mathrm{cu}})$；

　　　β_1——等效矩形应力图的图形系数，C60 混凝土取 0.78。

联立式(5.45)~式(5.47)可得

$$\begin{aligned}
M^{\mathrm{rc}} = {} & f_{\mathrm{c}}bt\left(h_0 - \frac{t}{2}\right) + f_{\mathrm{y}}'A_{\mathrm{s}}'(h_0 - a_{\mathrm{s}}') - N^{\mathrm{rc}}\left(\frac{h}{2} - a_{\mathrm{s}}\right) \\
& + f_{\mathrm{c}}2t\left[\frac{N^{\mathrm{rc}} - 2t^2 f_{\mathrm{c}} - f_{\mathrm{c}}bt + \sigma_{\mathrm{s}}A_{\mathrm{s}} - f_{\mathrm{y}}'A_{\mathrm{s}}'}{2tf_{\mathrm{c}}}\left(h_0\right.\right. \\
& \left.\left. - \frac{N^{\mathrm{rc}} - 2t^2 f_{\mathrm{c}} - f_{\mathrm{c}}bt + \sigma_{\mathrm{s}}A_{\mathrm{s}} - f_{\mathrm{y}}'A_{\mathrm{s}}'}{2tf_{\mathrm{c}}} - \frac{t}{2}\right)\right]
\end{aligned} \quad (5.48)$$

3. 空心 PPSRC 柱叠加原理的解析解

1) 假设预制部分混凝土为大偏压破坏

对于给定的轴力 N 和 PPSRC 柱的截面参数，PPSRC 柱的弯矩随承担的轴力不同而改变，为了使弯矩 M 最大，对 N^{rc} 求导，即令 $\dfrac{\mathrm{d}M}{\mathrm{d}N^{\mathrm{rc}}} = 0$，求得的 N^{rc} 是预制部分混凝土承担最大弯矩对应的轴力[14-17]。

(1) 当型钢受压时，将式(5.38)、式(5.44)代入式(5.32)，令 $\dfrac{\mathrm{d}M}{\mathrm{d}N^{\mathrm{rc}}} = 0$，可得

$$N^{\mathrm{rc}} = h_0 t f_{\mathrm{c}}\left(1 + \frac{\gamma_{\mathrm{s}}W_{\mathrm{ss}}}{A_{\mathrm{ss}}h_0} + \frac{3t+b}{2h_0}\right) \quad (5.49)$$

(2) 当型钢受拉时，将式(5.39)、式(5.44)代入式(5.32)，令 $\dfrac{\mathrm{d}M}{\mathrm{d}N^{\mathrm{rc}}} = 0$，可得

$$N^{\mathrm{rc}} = h_0 t f_{\mathrm{c}}\left(1 - \frac{\gamma_{\mathrm{s}}W_{\mathrm{ss}}}{A_{\mathrm{ss}}h_0} + \frac{3t+b}{2h_0}\right) \quad (5.50)$$

对于实际工程中的 PPSRC 柱，$\dfrac{\gamma_{\mathrm{s}}W_{\mathrm{ss}}}{A_{\mathrm{ss}}h_0}$ 的最小值为 0.1，$\dfrac{h_0}{b} = 0.9$，根据 5.5.3 小

节得出的结论，建议预制外壳厚度与截面宽度比值$\dfrac{b}{t}=4$，代入式(5.49)，即型钢受压时，得$N^{rc} \geqslant 0.45 f_c b h_0$，很显然，当轴力不断增大时，预制部分受力向小偏压过渡，与假设中的大偏压矛盾，说明在此情况下，弯矩M没有极大值；将上述数值代入式(5.50)，即型钢受拉时，得$N^{rc} \leqslant 0.42 f_c b h_0$，说明预制部分混凝土为大偏压受力状态。在型钢受拉时，PPSRC柱的弯矩有极大值。同时，在讨论小偏心受压时，可以只考虑型钢受压的情况。

2) 假设预制部分混凝土为小偏压破坏

在小偏压时，只考虑型钢受压一种情况。当型钢受压时，将式(5.38)、式(5.48)代入式(5.32)，令$\dfrac{\mathrm{d}M}{\mathrm{d}N^{rc}}=0$，可得

$$N^{rc} = f_c t h_0 \left\{ 1 + \frac{f_y A_s (1-\xi_b)}{f_c t h_0 (\beta_1 - \xi_b)} - \frac{4t+3b}{2h_0} - \left(\frac{b-2a_s}{2h_0} - \frac{\gamma_s W_{ss}}{A_{ss} h_0} \right) \left[1 + \frac{f_y A_s}{f_c t h_0 (\beta_1 - \xi_b)} \right]^2 \right\}$$

(5.51)

同样根据上述t、b和h的关系，式(5.51)可以转换为

$$N^{rc} = f_c b h_0 \left[1 + \frac{2 f_y A_s}{f_c b h_0} - \frac{4t+2b}{2h_0} - \left(0.45 - \frac{\gamma_s W_{ss}}{A_{ss} h_0} \right) \left(1 + \frac{16.6 f_y A_s}{f_c b h_0} \right)^2 \right]$$

(5.52)

由式(5.52)可以看出，配筋指数$\dfrac{f_y A_s}{f_c b h_0}$和型钢参数$\dfrac{\gamma_s W_{ss}}{A_{ss} h_0}$是影响预制部分小偏压轴向承载力的主要因素，令$\dfrac{f_y A_s}{f_c b h_0}=m$，$\dfrac{\gamma_s W_{ss}}{A_{ss} h_0}=n$，对于常用的HRB400级钢筋，$\xi_b = 0.499$，对于C60混凝土，$\beta_1 = 0.78$，代入式(5.52)可得

$$N^{rc} = f_c b h_0 [0.94 + 2m - (0.45-n)(1+16.6m)^2]$$

(5.53)

式(5.53)中，当$n \in (0.1, 0.2)$时，N^{rc}随m的增加逐渐减小，当$m=0$时，N^{rc}最大，即$N^{rc} \leqslant f_c b h_0 (0.49+n)$。此外，已有文献表明，在型钢混凝土偏压柱中，截面配筋虽然对钢筋混凝土部分的轴向承载力影响较大，但对型钢混凝土柱的截面弯矩影响较小，所以在小偏压PPSRC柱中，忽略纵筋对柱截面弯矩的贡献后预制部分承担的轴力可以用式(5.54)计算。

$$N^{rc} = (0.49+n) f_c b h_0$$

(5.54)

应该注意的是：由于以上公式是在小偏心受压破坏模式下建立的，在应用式(5.54)时还应满足$N^{rc} \geqslant \xi_b f_c b h_0$。

3) 求解空心 PPSRC 柱的正截面压弯承载力

式(5.50)和式(5.54)分别为大偏压和小偏压荷载作用下,空心 PPSRC 柱预制外壳部分的轴向承载力 N^{rc},当混凝土承担的轴力 N^{rc} 确定后,可得 M^{rc},进而求得截面总弯矩 M,最后根据 $M=Ne$,即可得出 N 值。

4. 实心 PPSRC 柱钢筋混凝土部分 N 与 M 的相关关系

预制外壳的承载力即空心 PPSRC 柱的正截面压弯承载力在前文已经得到,为了得到实心 PPSRC 柱的正截面压弯承载力,钢筋混凝土部分的轴力与弯矩关系需重新计算。在 PPSRC 压弯构件中,十字型钢位于截面中央,其内部混凝土的受力状态较为复杂。大偏心受压时,型钢内部混凝土处于部分受拉、部分受压的应力状态,使得型钢对内部混凝土的约束作用大大降低;小偏心受压时,PPSRC柱大部分截面受压,甚至全截面受压,但截面应力相当不均匀。因此,在计算 PPSRC 柱的正截面受弯承载力时,可忽略型钢对内部混凝土强度的提高作用。与 5.4.2 小节相同,根据中和轴位置的不同,钢筋混凝土部分的偏压承载力的计算仍分以下两种情况。考虑到内外混凝土强度的差异,以下将混凝土强度按面积进行加权平均,即

$$f_{\text{c}} = \frac{f_{\text{c,out}} A_{\text{out}} + f_{\text{c,in}} A_{\text{in}}}{A_{\text{out}} + A_{\text{in}}} \tag{5.55}$$

1) 大偏心受压

钢筋混凝土大偏心受压的破坏特征是:受拉区受力纵筋首先屈服,然后受压区受力纵筋屈服,最后受压区混凝土被压碎而宣告破坏。根据试验可以看出,大偏压时中和轴位置位于型钢腹板偏上部位,因此对于对称配置配筋的实心 PPSRC 柱,钢筋混凝土部分发生大偏压破坏时可得

$$N^{\text{rc}} = f_{\text{c}} bx \tag{5.56}$$

$$M^{\text{rc}} = f_{\text{c}} bx \left(h_0 - \frac{x}{2} \right) + f_y' A_s' (h_0 - a_s) - N^{\text{rc}} \left(\frac{h}{2} - a_s \right) \tag{5.57}$$

联立式(5.56)和式(5.57),可以得出

$$M^{\text{rc}} = \frac{h}{2} N^{\text{rc}} + f_y' A_s' (h_0 - a_s) - \frac{(N^{\text{rc}})^2}{2 f_{\text{c}} b} \tag{5.58}$$

2) 小偏心受压

钢筋混凝土小偏心受压(部分受压)的破坏特点是:当受压区混凝土被压碎时,远离加载点一侧的受力纵筋无论是处于受拉还是受压状态都未屈服。对于对称配筋的 PPSRC 柱,钢筋混凝土部分发生小偏心受压破坏时根据力的平衡条件可得

$$N^{\mathrm{rc}} = f_{\mathrm{c}} b x + f_{\mathrm{y}}' A_{\mathrm{s}}' - A_{\mathrm{s}} \sigma_{\mathrm{s}} \tag{5.59}$$

$$M^{\mathrm{rc}} = f_{\mathrm{c}} b x \left(h_0 - \frac{x}{2} \right) + f_{\mathrm{y}}' A_{\mathrm{s}}' (h_0 - a_{\mathrm{s}}) - N^{\mathrm{rc}} \left(\frac{h}{2} - a_{\mathrm{s}} \right) \tag{5.60}$$

(1) 全截面受压时，可得

$$M^{\mathrm{rc}} = f_{\mathrm{c}} b h \left(\frac{h}{2} - a_{\mathrm{s}} \right) + f_{\mathrm{y}}' A_{\mathrm{s}}' (h_0 - a_{\mathrm{s}}) - N^{\mathrm{rc}} \left(\frac{h}{2} - a_{\mathrm{s}} \right) \tag{5.61}$$

(2) 部分截面受压时，远离加载点一侧的纵筋应力 σ_{s} 可通过式(5.47)计算，将 σ_{s} 代入式(5.59)，可得

$$\xi = \frac{N^{\mathrm{rc}} + \dfrac{f_{\mathrm{y}} A_{\mathrm{s}}}{\beta - \xi_{\mathrm{b}}} \xi_{\mathrm{b}}}{\alpha f_{\mathrm{c}} b h_0 + \dfrac{f_{\mathrm{y}} A_{\mathrm{s}}}{\beta - \xi_{\mathrm{b}}}} \tag{5.62}$$

将式(5.62)代入式(5.60)可得

$$M^{\mathrm{rc}} = \frac{h_0 \left(N^{\mathrm{cr}} + \dfrac{f_{\mathrm{y}} A_{\mathrm{s}} \xi_{\mathrm{b}}}{\beta_1 - \xi_{\mathrm{b}}} \right)}{1 + \dfrac{f_{\mathrm{y}} A_{\mathrm{s}}}{f_{\mathrm{c}} b (\beta_1 - \xi_{\mathrm{b}}) h_0}} - \frac{f_{\mathrm{c}} b \left(N^{\mathrm{cr}} + \dfrac{f_{\mathrm{y}} A_{\mathrm{s}} \xi_{\mathrm{b}}}{\beta_1 - \xi_{\mathrm{b}}} \right)^2}{2 \left[f_{\mathrm{c}} b + \dfrac{f_{\mathrm{y}} A_{\mathrm{s}}}{(\beta_1 - \xi_{\mathrm{b}}) h_0} \right]^2} + f_{\mathrm{y}} A_{\mathrm{s}} (h_0 - a_{\mathrm{s}}) - N^{\mathrm{cr}} \left(\frac{h}{2} - a_{\mathrm{s}} \right) \tag{5.63}$$

5. 实心 PPSRC 柱叠加原理的解析解

1) 假设预制部分混凝土为大偏压破坏

对于给定的轴力 N 和 PPSRC 柱的截面参数，PPSRC 柱的弯矩随承担的轴力不同而改变，为了使弯矩 M 最大，对 N^{rc} 求导，即令 $\dfrac{\mathrm{d} M}{\mathrm{d} N^{\mathrm{rc}}} = 0$，求得的 N^{rc} 是预制部分混凝土承担最大弯矩对应的轴力。

(1) 当型钢受压时，将式(5.38)、式(5.58)代入式(5.32)，令 $\dfrac{\mathrm{d} M}{\mathrm{d} N^{\mathrm{rc}}} = 0$，可得

$$N^{\mathrm{rc}} = f_{\mathrm{c}} b h_0 \left(\frac{\gamma_{\mathrm{s}} W_{\mathrm{ss}}}{A_{\mathrm{ss}} h_0} + \frac{h}{2 h_0} \right) \tag{5.64}$$

(2) 当型钢受拉时，将式(5.39)、式(5.58)代入式(5.32)，令 $\dfrac{\mathrm{d} M}{\mathrm{d} N^{\mathrm{rc}}} = 0$，可得

$$N^{\mathrm{rc}} = f_{\mathrm{c}} b h_0 \left(\frac{h}{2 h_0} - \frac{\gamma_{\mathrm{s}} W_{\mathrm{ss}}}{A_{\mathrm{ss}} h_0} \right) \tag{5.65}$$

对于实际工程中的 PPSRC 柱，$\dfrac{\gamma_s W_{ss}}{A_{ss} h_0}$ 的最小值为 0.1，$\dfrac{h_0}{h}=0.9$，代入式(5.64)，即型钢受压时，得 $N^{rc} \geqslant 0.65 f_c b h_0$，很显然，当轴力不断增大时，钢筋混凝土部分受力向小偏压过渡，与假设中的大偏压矛盾，说明在此情况下，弯矩 M 没有极大值；将上述数值代入式(5.65)，即型钢受拉时，得 $N^{rc} \leqslant 0.45 f_c b h_0$，说明钢筋混凝土为大偏压受力状态。在型钢受拉时，PPSRC 柱的弯矩有极大值。在讨论小偏心受压时，可以只考虑型钢受压的情况。

2) 假设预制部分混凝土为小偏压破坏

在小偏压时，只考虑型钢受压一种情况，当 PPSRC 柱全截面受压时，截面 M 没有极大值。

当截面部分受压时，将式(5.38)、式(5.63)代入式(5.32)，令 $\dfrac{\mathrm{d}M}{\mathrm{d}N^{rc}}=0$，可得

$$N^{rc} = f_c b h_0 \left\{ 1 + \frac{f_y A_s (1-\xi_b)}{f_c b h_0 (\beta_1 - \xi_b)} - \left(\frac{h}{2h_0} - \frac{a_s}{h_0} - \frac{\gamma_s W_{ss}}{A_{ss} h_0} \right) \left[1 + \frac{f_y A_s}{f_c b h_0 (\beta_1 - \xi_b)} \right]^2 \right\} \quad (5.66)$$

由式(5.66)可以看出，配筋指数 $\dfrac{f_y A_s}{f_c b h_0}$ 和型钢参数 $\dfrac{\gamma_s W_{ss}}{A_{ss} h_0}$ 是影响预制部分小偏压轴向承载力的主要因素，令 $\dfrac{f_y A_s}{f_c b h_0}=m$，$\dfrac{\gamma_s W_{ss}}{A_{ss} h_0}=n$，对于常用的 HRB400 级钢筋，$\xi_b = 0.499$，对于 C30~C60 混凝土，$\beta_1$ 取平均值 0.79，代入式(5.66)可得

$$N^{rc} = f_c b h_0 [1 + 1.72m - (0.44 - n)(1 + 3.44m)^2] \quad (5.67)$$

式(5.67)中，当 $n \in (0.1, 0.2)$ 时，N^{rc} 随 m 的增加而逐渐减小，当 $m=0$ 时，N^{rc} 最大，即 $N^{rc} \leqslant f_c b h_0 (0.56 + n)$。此外，已有文献表明，在型钢混凝土偏压柱中，截面配筋虽然对钢筋混凝土部分的轴向承载力影响较大，但对型钢混凝土柱的截面弯矩影响较小，因此在小偏压 PPSRC 柱中，钢筋混凝土部分承担的轴力可以用式(5.68)计算。

$$N^{rc} = (0.56 + n) f_c b h_0 \quad (5.68)$$

应注意的是：由于以上公式是在小偏心受压破坏模式下建立的，在应用式(5.68)时还应满足 $N^{rc} \geqslant \xi_b f_c b h_0$。

3) 求解实心 PPSRC 柱的正截面压弯承载力

式(5.65)和式(5.68)分别为大偏压和小偏压下，实心 PPSRC 柱钢筋混凝土部分的轴向承载力 N^{rc}，待 N^{rc} 确定后，即可求得截面总弯矩 M，最后根据 $M=Ne$，得出 N 值。

6. 叠加法的计算步骤

根据以上的理论推导，可将 PPSRC 偏压柱的计算方法做如下汇总。

令 PPSRC 实心柱大偏心受压下钢筋混凝土部分承担轴力 N^{rc} 的解析式 $f_c b h_0 (0.55 - n) = N_1$（空心柱：$f_c b h_0 (0.42 - n) = N_1$），小偏心受压下钢筋混凝土部分承担轴力 N^{rc} 的解析式 $f_c b h_0 (0.56 + n) = N_2$（空心柱：$f_c b h_0 (0.49 + n) = N_2$）。

(1) 当 $N < N_1$，型钢部分受拉（$N^{ss}<0$），此时 $N^{rc}=N_1$，$N^{ss}=N-N_1$。如果计算的 $\left| N^{ss} \right| > N_{t0}^{ss}$，说明型钢承担的拉力已经高于其轴心抗拉承载力 N_{t0}^{ss}，则应取 $N^{ss} = -N_{t0}^{ss}$，$N^{rc}=N+N_{t0}^{ss}$。

(2) 当 $N_1 \leqslant N \leqslant N_2$，如果取 $N^{rc}=N_1$，则型钢部分受压（$N^{ss}>0$），这与大偏心受压时极值存在条件矛盾；如果取 $N^{rc}=N_2$，则型钢部分受拉（$N^{ss}<0$），这又与小偏心受压时极值存在条件矛盾。因此 N^{ss} 只能等于 0，即 $N^{ss}=0$，$N^{rc}=N$。

(3) 当 $N>N_2$，则型钢部分受压（$N^{ss}>0$），那么 $N^{rc}=N_2$，$N^{ss}=N-N_2$。如果计算的 $\left| N^{ss} \right| > N_{t0}^{ss}$，说明型钢承担的拉力已经高于其轴心抗拉承载力 N_{t0}^{ss}，则应取 $N^{ss} = N_{t0}^{ss}$，$N^{rc}=N-N_{t0}^{ss}$。

7. 公式验证

根据上述计算过程，求得试验所用 4 个空心截面和 6 个实心截面 PPSRC 柱正截面受弯承载力，计算值（N_{cu}）和试验值（P_u）的对比如表 5.5 所示。可以看出，N_{cu} 与 P_u 比值的平均值为 0.94，变异系数为 0.09，吻合较好，误差较小，但整体上计算值较试验值偏小，主要原因是计算中没有考虑箍筋和型钢对混凝土的约束作用。

表 5.5　PPSRC 柱正截面受弯承载力计算值和试验值的对比

试件编号	截面形式	P_u/kN	N_{cu}/kN	N_{cu}/P_u
PPSRC-0-0.2	空心	5132.3	4992.9	0.97
PPSRC-30-0.2	实心	5597.3	5367.1	0.96
PPSRC-60-0.2	实心	5940.7	5781.4	0.97
PPSRC-0-0.4	空心	3264.6	3002.1	0.92
PPSRC-30-0.4	实心	3531.3	3587.1	1.02
PPSRC-0-0.6	空心	2216.5	2192.9	0.99
PPSRC-30-0.6	实心	2273.2	2073.3	0.91
PPSRC-60-0.6	实心	2345.9	1729.6	0.74
PPSRC-0-0.8	空心	1407.4	1458.6	1.04
PPSRC-30-0.8	实心	1432.1	1244.3	0.87
平均值				0.94
变异系数				0.09

5.6.3　计算结果对比

5.6.1 小节和 5.6.2 小节分别基于极限状态设计法和叠加法的解析解法给出了 PPSRC 柱在偏心受压作用下的正截面承载力计算方法，现将试验中的所有参数代入 5.6.1 小节和 5.6.2 小节相关公式，得到两种计算方法下的 N-M 相关曲线，其和试验实测值的对比如图 5.28 所示。

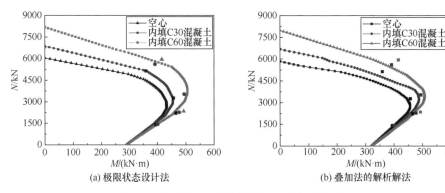

图 5.28　计算 N-M 相关曲线与试验实测值对比

从图 5.28 中可以得出以下结论：

(1) 基于极限状态设计法和叠加法的解析解法得到的 N-M 相关曲线，与试验值都较为接近，均可用来计算 PPSRC 柱偏心受压承载力，但极限状态法计算复杂，而叠加法的解析解法相对简单，便于手算，因此建议采用叠加法来进行计算。

(2) 内部现浇不同等级的混凝土对 PPSRC 柱大偏心受压承载力影响较小，计算曲线在大偏心受压范围内基本重合。内部核心现浇不同等级的混凝土对 PPSRC 柱小偏心受压承载力的提高作用较为明显。

5.7　PPSRC 柱变形分析

为了保证结构或构件的安全性，需对结构或构件的承载能力进行验算，5.6 节对 PPSRC 柱偏压承载力的计算就属于承载力验算的范畴。为了保证多、高层建筑中承重构件在风荷载或多遇地震作用下处于弹性受力状态，应通过刚度分析来对变形进行严格控制。

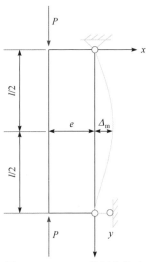

图 5.29　PPSRC 柱侧向挠度
计算简图

5.7.1　侧向挠度分析

由试件在不同荷载等级下沿试件高度的侧向挠度计算简图(图 5.29)可见：PPSRC 柱的侧向挠度曲线沿跨中截面对称分布，柱高度方向中点处挠度最大，两端挠度最小。同时，PPSRC 柱的最大挠度随偏心距的增大逐渐增大，随内部混凝土强度的提高呈减小趋势，这说明 PPSRC 柱的侧向挠度受偏心距和混凝土强度的影响。根据 PPSRC 柱的试验边界条件，偏压柱两端边界条件可视为铰接。

由图 5.29 可知，试件在跨中截面的曲率为

$$\frac{M}{EI} = \frac{1}{\rho} = -\frac{\mathrm{d}x}{\mathrm{d}y} \tag{5.69}$$

式中，M——跨中截面的弯矩；

EI——偏压柱截面抗弯刚度；

ρ——截面曲率。另有

$$M = P(e_0 + \Delta_\mathrm{m}) \tag{5.70}$$

式中，P——轴向荷载；

e_0——初始偏心距；

Δ_m——柱产生的侧向挠度值。

联立式(5.69)和式(5.70)，可得

$$\Delta_\mathrm{m} = e_0\left[\tan\left(\frac{l}{2}\sqrt{\frac{P}{EI}}\right)\sin\left(\sqrt{\frac{P}{EI}}y\right) + \cos\left(\sqrt{\frac{P}{EI}}y\right) - 1\right] \tag{5.71}$$

最大侧向挠度在 PPSRC 柱跨中截面处，因此取 $y=l/2$，可得最大侧向挠度为

$$\Delta_\mathrm{max} = e_0\left[\cos^{-1}\left(\frac{l}{2}\sqrt{\frac{P}{EI}}\right) - 1\right] \tag{5.72}$$

从式(5.72)可以发现，PPSRC 柱的最大侧向挠度与荷载偏心距 e_0、柱高 l、截面刚度 EI 以及轴向荷载 P 有关。

5.7.2　截面刚度分析

由式(5.72)可以看出，PPSRC 压弯柱侧向挠度曲线的计算与柱的刚度取值直接相关。影响柱截面刚度的因素较多，如柱截面尺寸、混凝土和钢材强度等级、相对偏心距、长细比、配钢率、配筋率、型钢保护层厚度等[18-19]。已有研究表明，

偏心受压构件在试验加载的不同阶段，构件的开裂以及混凝土、型钢等的非弹性性能随截面应力大小而异，也就是说，对于某一特定截面的压弯构件，其在加载过程中截面刚度是不断变化的，而且在接近峰值荷载时，试件的刚度下降较为明显，主要原因是在峰值荷载时，受拉区混凝土开裂后退出工作[20-21]。

已有试验研究表明，PPSRC 柱中型钢对混凝土的约束作用对柱刚度有一定的提高作用，且这部分作用对刚度的提高是不可忽略的。此外，由偏压试验的荷载-侧向挠度曲线可以看出，曲线大致分为三段。第一段是弹性阶段，该阶段曲线呈明显的线性，型钢、混凝土及纵筋均处于弹性阶段，试件未出现明显的裂缝；第二段是正常使用阶段，该阶段外围混凝土开始出现裂缝，曲线出现轻微的转折，直到型钢和钢筋开始屈服，曲线开始出现较大的转折；第三段是极限破坏阶段，荷载-挠度曲线开始下降，受压区混凝土被压碎，试件宣告破坏。由此可以看出，不同阶段偏压柱的有效刚度也不同。在正常使用阶段，压弯构件的受力状态一般处于第二阶段，这里主要对 PPSRC 柱在正常使用阶段的有效截面刚度进行分析，并给出相应的计算方法。

关于截面刚度各国标准给出了不同的计算公式。美国 AISC 360—2010 给出的型钢混凝土柱有效抗弯刚度计算公式为

$$EI_{\mathrm{eff}} = E_s I_s + E_s I_{\mathrm{sr}} + C_1 E_c I_c \tag{5.73a}$$

$$C_1 = 0.1 + 2\left(\frac{A_s}{A_g + A_c}\right) \leqslant 0.3 \tag{5.73b}$$

式中，E_s——钢材弹性模量；

　　　I_s——型钢惯性矩；

　　　I_{sr}——纵筋惯性矩；

　　　E_c——混凝土弹性模量；

　　　I_c——混凝土惯性矩；

　　　A_s——型钢截面面积；

　　　A_g——纵筋截面面积。

欧洲 EC4[22]给出的 SRC 柱使用阶段抗弯刚度如下所示：

$$EI_{\mathrm{eff}} = E_s I_s + E_{\mathrm{sb}} I_{\mathrm{sb}} + 0.6 E_c I_c \tag{5.74}$$

Denavit 等[23]也通过将型钢、混凝土以及纵筋的刚度叠加得到 SRC 柱使用阶段的抗弯刚度，但混凝土部分的刚度进行了一定的折减，认为折减的程度取决于构件的类型和轴压力。对于轴压比较小的柱，混凝土部分的折减系数为 $0.4C_1$；对于轴压比较大的柱，混凝土部分的折减系数保持恒定，即为 0.4，具体计算公式如下：

$$EI_{\text{eff}} = E_s I_s + E_s I_{sr} + 0.4C_1 E_c I_c \tag{5.75a}$$

$$EI_{\text{eff}} = E_s I_s + E_s I_{sr} + 0.4E_c I_c \tag{5.75b}$$

$$C_1 = 0.25 + 3\left(\frac{A_s + A_{sr}}{A_g}\right) \leqslant 0.7 \tag{5.75c}$$

分别利用式(5.73)～式(5.75)对 PPSRC 柱的抗弯刚度进行计算，并将计算结果代入式(5.72)得到 PPSRC 柱跨中截面的侧向最大挠度，如表 5.6 所示。同时，表 5.6 给出了侧向最大挠度值和实测值的对比结果。从表 5.6 可以看出，根据 AISC 360—2010、EC4 和 Denavit 等建议的抗弯刚度计算方法得到的 PPSRC 柱跨中截面最大侧向挠度与试验中实测挠度的比值平均值分别为 1.45、1.24 和 1.40，可以看出，已有的柱抗弯刚度计算方法较为保守，导致计算的挠度值偏大。

表 5.6　不同方法计算的侧向最大挠度值与实测值对比

试件编号	P/kN	l/mm	e_0/mm	Δ_{AISC}/mm	Δ_{EC4}/mm	Δ_{Denavit}/mm	Δ_t/mm	$\Delta_{\text{AISC}}/\Delta_t$	$\Delta_{\text{EC4}}/\Delta_t$	$\Delta_{\text{Denavit}}/\Delta_t$
PPSRC-0-0.2	5132.3	1800	70	3.69	3.18	3.41	3.23	1.14	0.98	1.06
PPSRC-30-0.2	5597.3	1800	70	3.47	3.00	3.21	2.15	1.61	1.40	1.49
PPSRC-60-0.2	5940.7	1800	70	3.18	2.75	2.94	2.10	1.51	1.31	1.40
PPSRC-0-0.4	3264.6	1800	140	5.04	4.41	4.70	3.43	1.47	1.29	1.37
PPSRC-30-0.4	3531.3	1800	140	4.66	4.08	4.34	2.83	1.65	1.44	1.53
PPSRC-0-0.6	2216.5	1800	210	6.26	5.62	6.32	5.08	1.23	1.11	1.24
PPSRC-30-0.6	2273.2	1800	210	6.06	5.44	6.12	4.39	1.38	1.24	1.39
PPSRC-60-0.6	2345.9	1800	210	5.91	5.31	5.97	3.97	1.49	1.34	1.50
PPSRC-0-0.8	1407.4	1800	280	6.78	5.14	6.82	5.13	1.32	1.00	1.33
PPSRC-30-0.8	1432.1	1800	280	6.67	5.06	6.71	3.97	1.73	1.27	1.69
平均值								1.45	1.24	1.40
变异系数								0.13	0.13	0.12

注：Δ_{AISC} 为通过 AISC360—2010 计算得到的柱侧向最大挠度；Δ_{EC4} 为通过 EC4 计算得到的柱侧向最大挠度；Δ_{Denavit} 为通过 Denavit 建议的计算方法得到的柱侧向最大挠度。

PPSRC 柱截面有预制部分高强混凝土和现浇部分普通混凝土两种混凝土强度等级，为了与已有行业标准的刚度计算方法一致，且结合空心柱的性能，采用叠加原理对 PPSRC 柱的刚度进行计算。为简化计算，同样将预制部分混凝土等效为工字形截面，内部十字型钢等效为 H 型钢，图 5.30 为 PPSRC 柱的分项刚度计算简图，包含预制钢筋混凝土部分、内部"刚心区"部分以及型钢部分。

1) 预制钢筋混凝土部分刚度 B_{rc}

预制混凝土部分的刚度可通过在荷载准永久组合作用下的截面弯曲刚度即短

期刚度[23]表示:

$$B_{rc} = \cfrac{1}{\cfrac{\psi}{\eta} \cfrac{1}{E_s A_s h_0^2} + \cfrac{1}{\zeta b h_0^3 E_c}} = \cfrac{E_s A_s h_0^2}{\cfrac{\psi}{\eta} + \cfrac{\alpha_E \rho}{\zeta}} \tag{5.76}$$

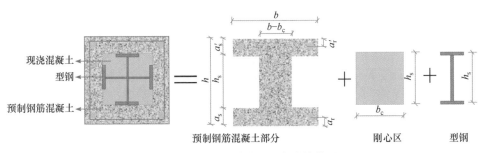

图 5.30　PPSRC 柱分项刚度计算简图

式中, 第一个等式分母的第一项反映的是纵向受拉钢筋应变不均匀程度(或受拉区混凝土参与受力的程度)对刚度的影响; 第一个等式分母第二项反映的是受压区混凝土变形对刚度的影响; ψ 为纵向受拉钢筋的应变不均匀系数, 根据式(5.77)计算; η 为开裂截面的内力臂系数, 取值 0.87; ζ 为受压区边缘混凝土平均应变综合系数, 根据式(5.78)计算; ρ 为纵向受拉钢筋的配筋率; α_E 为钢筋与混凝土的弹性模量之比, $\alpha_E = E_s/E_c$。

$$\psi = 1.1 - 0.65 \frac{f_{tk}}{\rho_{te} \sigma_s} \tag{5.77}$$

式中, f_{tk}——预制部分混凝土的抗拉强度标准值;

σ_s——裂缝截面处的钢筋应力;

ρ_{te}——以有效受拉混凝土截面面积计算的纵向受拉钢筋配筋率, $\rho_{te} = A_s/A_{te}$。

$$\zeta = \frac{\omega(\gamma_f' + \xi)\eta\lambda}{\psi} \tag{5.78}$$

式中, ω——压应力图形丰满程度系数, 通过查表获得;

ξ——相对受压区高度。

PPSRC 柱在使用阶段纵筋尚未屈服, 但混凝土已进入弹塑性阶段, 此时应考虑混凝土应力-应变关系的弹塑性, 即引入混凝土弹性模量折减系数 λ, 参考文献[24]取 $\lambda = 0.7$; γ_f' 为预制部分受压翼缘截面面积与腹板有效截面面积的比值, 对于工字形截面, 计算公式为

$$\gamma_f' = \frac{(b - b_c)a_s}{b_c h_0} \tag{5.79}$$

已有研究表明，ζ 随荷载的增大而逐渐降低，并且在裂缝出现以后，降低速率加快并在使用荷载阶段很快趋于稳定，经过大量试验的回归分析，认为 ζ 的取值不受荷载的影响，并得到如下关系式：

$$\frac{\alpha_E\rho}{\zeta}=0.2+\frac{6\alpha_E\rho}{1+3.5\gamma_f'} \tag{5.80}$$

值得注意的是，计算配筋率 ρ_{te} 时，A_{te} 为有效受拉混凝土截面面积，对于钢筋混凝土矩形截面，近似假定中和轴在 1/2 截面高度处，则 $A_{te}=0.5bh$。但是在PPSRC 柱中，由于内部有一个被型钢包围的"刚心区"，在计算 A_{te} 时，应去除在一定高度内型钢约束混凝土的面积。参考 CEP-FIP，有效受拉混凝土截面高度取 7.5 倍的钢筋直径，对于常见的单排钢筋截面，A_{te} 的计算公式为

$$A_{te}=b(a_r+7.5d_r)-b_c(a_r+7.5d_r-a_s) \tag{5.81}$$

式中，a_r——纵筋截面中心至截面受拉区边缘的距离；

d_r——纵筋直径；

a_s——型钢翼缘外边缘至柱截面受拉区边缘的距离，如图 5.30 所示。

2) 内部"刚心区"混凝土部分刚度 B_c

在使用阶段，现浇"刚心区"混凝土基本没有裂缝出现，因此，假定其在该阶段处于弹性阶段，按照弹性刚度进行计算：

$$B_c=E_{c,in}\left[\frac{1}{12}b_ch_s^3+b_ch_s\left(\frac{h_s}{2}+a_s'-\bar{x}\right)^2\right] \tag{5.82}$$

式中，$E_{c,in}$——内部现浇混凝土的弹性模量；

b_c——"刚心区"的等效截面宽度；

h_s——"刚心区"的等效截面高度；

a_s'——型钢翼缘至受压区边缘的距离；

$\bar{x}$——裂缝截面处平均中和轴高度。

3) 型钢部分刚度 B_s

在使用阶段，型钢翼缘和腹板均未屈服，因此，型钢刚度也根据弹性刚度计算：

$$B_s=E_s\left[I_{s0}+A_a\left(\frac{h_s}{2}+a_s'-\bar{x}\right)^2\right] \tag{5.83}$$

式中，E_s——型钢的弹性模量；

I_{s0}——型钢自身对中性轴的惯性矩；其他参数同上。

从式(5.77)、式(5.82)和式(5.83)中可以看出，要想得到 PPSRC 柱的刚度，关

键是解出裂缝截面处的钢筋应力 σ_s 和平均中和轴受压高度 $\bar{x}$。为求出这两个参数的表达式，在此做如下假设：①假定混凝土、钢筋以及型钢均产生弹性变形；②不考虑混凝土的抗拉强度，拉力由钢筋和型钢承担。

(1) 平均中和轴高度 $\bar{x}$。

偏心受压构件在使用荷载阶段，各截面的弯矩各不相同，即使在某一区段内弯矩相同，裂缝的分布也会导致各个截面的中和轴高度有差异。由已有文献可知，裂缝处于开展阶段时，截面的中和轴高度沿试件轴向呈波浪线分布，且裂缝间距趋于等间距分布，如图 5.31 所示。

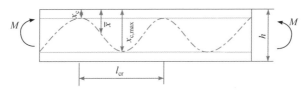

图 5.31　截面中和轴高度沿柱高的变化

由图 5.31 可以看出，平均中和轴高度 $\bar{x}$ 可表示为

$$\bar{x} = 0.5(x_c + x_{c,max})\tag{5.84}$$

式中，x_c——裂缝截面处的受压区高度；

$x_{c,max}$——相邻两个裂缝区段中央混凝土受压区高度，在 $l_{cr}/2$ 处，近似取 $x_{c,max} = 0.5h$。

在使用阶段，混凝土出现裂缝以后，中和轴位置应分布在型钢腹板高度之内，则根据拉、压区对中和轴面积矩相等的条件，参考文献[25]可得到裂缝截面处的受压区高度 x_c。

$$\frac{1}{2}bx_c^2 = \alpha_E(A_s + A_s' + A_a)(d - x_c) - N\tag{5.85}$$

式中，A_a——型钢截面面积；

α_E——钢材与混凝土的弹性模量比值；

d——型钢与钢筋重心至受压混凝土边缘的距离，根据式(5.86)计算：

$$d = \frac{a_r'A_s' + \left(h - a_s - \dfrac{h_s}{2}\right)A_a + (h - a_r)A_s}{A_s + A_s' + A_a}\tag{5.86}$$

(2) 裂缝截面处的钢筋应力 σ_{sq}。

假定裂缝处钢筋应变满足平截面假定，则在使用阶段钢筋应力 σ_s 可通过图 5.32 所示简图计算。

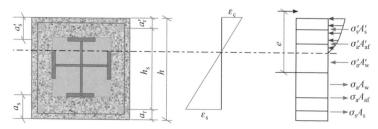

图 5.32　开裂截面应力-应变分布示意图

根据图 5.32 所示的力矩平衡可得

$$
\begin{aligned}
M = {} & \sigma_s A_s\left(h - a_r - \frac{x_c}{3}\right) + \sigma_a A_{af}\left(h - a_s - \frac{x_c}{3} - \frac{t_f}{2}\right) \\
& + \frac{1}{3}\sigma_a t_w (h - a_s - x_c - t_f)(h - a_s - t_f) - \sigma_s' A_s'\left(a_r' - \frac{x_c}{3}\right) \\
& - \frac{1}{3}\sigma_a' t_w (x_c - a_s' - -t_f)(a_s' + t_f) - \sigma_a' A_{af}'\left(a_s' - \frac{x_c}{3} + \frac{t_f}{2}\right)
\end{aligned}
\tag{5.87}
$$

其中

$$
\sigma_a = E_s \frac{h - a_s - x_c - \dfrac{t_f}{2}}{h - a_r - x_c}\varepsilon_s
\tag{5.88a}
$$

$$
\sigma_a' = E_s \frac{x_c - a_s' - \dfrac{t_f}{2}}{h - a_r - x_c}\varepsilon_s
\tag{5.88b}
$$

$$
\sigma_s' = E_s \frac{x_c - a_r'}{h - a_r - x_c}\varepsilon_s
\tag{5.88c}
$$

将式(5.88)代入式(5.87)，即可得开裂截面纵筋的应力 σ_s。但 σ_s 的最终表达式较为烦琐，不便于计算。因此，本书参考文献[25]中关于开裂截面纵筋应力的计算方法，给出如下表达式：

$$
\sigma_s = \frac{M}{0.77(A_s h_{s0} + A_{af} h_{f0} + k A_w h_{w0})}
\tag{5.89}
$$

式中，A_s、A_{af}、A_w——受拉纵筋、型钢受拉翼缘和型钢腹板的面积；

　　　　h_{s0}、h_{f0}、h_{w0}——受拉纵筋、型钢受拉翼缘和型钢腹板截面中心至受压混凝土边缘的距离；

　　k——考虑型钢腹板部分屈服的影响系数，取柱截面受拉侧腹板 1/4 截面高与整个腹板高度的比值，对于试验中的 PPSRC 柱截面，k=0.07。

由式(5.89)可以看出，在计算受拉纵筋应力的同时，考虑了受拉型钢翼缘以及部分腹板的影响，使开裂截面受拉纵筋的应力降低，从而提高了柱的刚度。

本次试验中包含 PPSRC 实心柱和空心柱，在计算空心柱的刚度时，不考虑内部"刚心区"对构件刚度的贡献，因此，PPSRC 柱在使用阶段的抗弯刚度可表示为如下形式。

实心 PPSRC 柱：

$$B = B_{rc} + B_c + B_s \tag{5.90a}$$

$$B_{rc} = \frac{E_s A_s h_0^2}{\dfrac{\psi}{0.87} + 0.2 + \dfrac{6\alpha_E \rho}{1 + 3.5\gamma_f'}} + E_{c,in}\left[\frac{1}{12}b_c h_s^3 + b_c h_s\left(\frac{h_s}{2} + a_s' - \overline{x}\right)^2\right] \tag{5.90b}$$

$$+ E_s\left[I_{s0} + A_s\left(\frac{h_s}{2} + a_s' - \overline{x}\right)^2\right]$$

空心 PPSRC 柱：

$$B = B_{rc} + B_s \tag{5.91a}$$

$$B_{rc} = \frac{E_s A_s h_0^2}{\dfrac{\psi}{0.87} + 0.2 + \dfrac{6\alpha_E \rho}{1 + 3.5\gamma_f'}} + E_s\left[I_{s0} + A_s\left(\frac{h_s}{2} + a_s' - \overline{x}\right)^2\right] \tag{5.91b}$$

分别利用式(5.90)和式(5.91)对 PPSRC 实心柱和空心柱在使用阶段的截面抗弯刚度进行计算，计算结果见表 5.7。

表 5.7　PPSRC 柱抗弯刚度及跨中侧向挠度计算结果对比

试件编号	预制部分刚度/(N·mm²)	内部"刚心区"刚度/(N·mm²)	型钢刚度/(N·mm²)	计算抗弯刚度/(N·mm²)	Δ_c/mm	Δ_t/mm	Δ_c/Δ_t
PPSRC-0-0.2	1.59×10^{13}	0	1.22×10^{13}	2.81×10^{13}	3.25	3.23	1.01
PPSRC-30-0.2	1.68×10^{13}	1.57×10^{13}	1.29×10^{13}	4.54×10^{13}	2.03	2.15	0.94
PPSRC-60-0.2	1.73×10^{13}	1.83×10^{13}	1.37×10^{13}	4.93×10^{13}	2.17	2.10	1.03
PPSRC-0-0.4	1.46×10^{13}	0	2.83×10^{12}	1.75×10^{13}	3.17	3.43	0.92
PPSRC-30-0.4	1.54×10^{13}	6.74×10^{12}	3.42×10^{12}	2.56×10^{13}	2.76	2.83	0.98
PPSRC-0-0.6	1.35×10^{13}	0	2.39×10^{12}	1.59×10^{13}	4.83	5.08	0.95
PPSRC-30-0.6	1.37×10^{13}	6.51×10^{12}	3.18×10^{12}	2.34×10^{13}	4.23	4.39	0.96
PPSRC-60-0.6	1.40×10^{13}	9.48×10^{12}	3.80×10^{12}	2.73×10^{13}	4.02	3.97	1.01
PPSRC-0-0.8	1.29×10^{13}	0	4.53×10^{11}	1.33×10^{13}	5.85	5.13	1.14
PPSRC-30-0.8	1.33×10^{13}	4.20×10^{12}	7.07×10^{11}	1.82×10^{13}	4.86	3.97	1.22
平均值							1.02
变异系数							0.09

注：Δ_c 为计算挠度；Δ_t 为试验挠度。

参考韩林海等[20]对型钢混凝土抗弯刚度的计算方法，选取 0.6 倍的极限受弯承载力对应的割线刚度作为 PPSRC 柱在使用阶段的抗弯刚度。在此选取荷载为60%P_u来计算柱高度中心截面的侧向挠度，根据挠度计算公式(5.72)所得结果见表 5.7。

由表 5.7 可以看出，当荷载在 60%P_u 时，柱高度中心截面的挠度与实测挠度吻合较好，计算值与试验值的比值为 1.02，说明建议的计算方法可以用来计算 PPSRC 柱的侧向挠度。

5.8　本 章 小 结

本章开展了 2 根现浇柱、6 根实心截面 PPSRC 柱和 4 根空心截面 PPSRC 柱的偏压性能试验研究，通过验证有限元模型的合理性后对足尺 PPSRC 柱进行了参数扩展分析，并对其偏压承载力和变形进行了理论推导，得到以下主要结论：

(1) 偏心受压荷载下，PPSRC 柱预制部分与现浇部分共同作用良好，型钢与外部混凝土之间没有明显的黏结滑移裂缝，表明本书提出的 PPSRC 柱截面形式和构造措施是可行的。

(2) PPSRC 柱与现浇柱破坏形态类似，偏心距较小时，发生小偏心受压破坏，偏心距较大时，发生大偏心受压破坏，两种破坏形态的主要区别是混凝土压碎之前，受拉区型钢翼缘是否屈服。

(3) 偏心距和内部混凝土强度是影响 PPSRC 柱偏压性能的主要因素，PPSRC 柱偏心受压承载力随偏心距的增大而逐渐降低，随内部混凝土强度的提高而提高，但随着偏心距的增大，内部混凝土强度对 PPSRC 柱承载力的影响逐渐降低。

(4) 试件中部混凝土和型钢截面应变基本符合平截面假定。试件在各级荷载下的侧向挠度分布曲线基本上沿柱身中部截面呈轴对称分布，且大致呈正弦半波曲线。

(5) 通过对比有限元模拟结果与试验结果证明了 PPSRC 偏压柱的建模方法是合理可靠的，在此基础上，对足尺试件进行变参分析，结果表明 PPSRC 柱承载力随着相对偏心距的增加而降低，随着内部混凝土强度的提高而提高，但内部现浇混凝土对小偏心受压柱承载力的提高作用比较明显，对大偏心受压柱承载力提高作用有限，这点和试验得到的结论是相一致的。

(6) 对混凝土外壳预制率进行参数模拟分析，结果表明：当预制率达到 75%以上时对大偏心受压承载力提高幅度很小。因此，以大偏心受压承载力为控制条件，提出 PPSRC 柱混凝土外壳预制率建议值为 75%，对应的预制外壳厚度为 0.25倍的截面宽度。

(7) 对配钢率进行参数模拟分析，结果表明：随配钢率的增加，PPSRC 偏心受压柱的承载力也逐渐增加，承载力和截面配钢率基本保持线性关系。

(8) 基于极限状态设计法对 PPSRC 柱的承载力进行计算, 计算结果与试验结果较为接近, 可用于 PPSRC 柱的偏压承载力计算。

(9) 基于叠加法的解析解法给出了适用于空心 PPSRC 柱和实心 PPSRC 柱的压弯承载力计算公式, 与试验值相差较小, 计算过程较极限状态设计法简单, 建议用该方法计算 PPSRC 柱的偏压承载力。

(10) 对现有型钢混凝土柱的抗弯刚度进行分析, 结果表明现有标准及建议公式对本书所提的 PPSRC 柱侧向挠度的计算结果偏大, 通过将预制部分钢筋混凝土、内部"刚心区"混凝土和型钢三部分刚度叠加得到的侧向挠度与实测挠度吻合较好。

参 考 文 献

[1] Yang Y, Chen Y, Chen Z, et al. Experimental study on seismic behavior of RC beam-column joints retrofitted using prestressed steel strips[J]. Earthquake and Structures, 2018, 15(5): 499-511.

[2] 杨勇, 于云龙, 杨洋, 等. 部分预制装配型钢混凝土梁受剪性能试验研究[J]. 建筑结构学报, 2017, 38(6): 53-60.

[3] 杨勇, 薛亦聪, 于云龙, 等. 部分预制装配型钢混凝土梁受弯性能试验研究[J]. 建筑结构学报, 2017, 38(9): 46-53.

[4] 杨勇, 陈阳, 张锦涛, 等. 部分预制装配型钢混凝土构件斜截面抗剪承载能力试验研究[J]. 工程力学, 2019, 36(4): 109-116.

[5] Yang Y, Chen Y, Zhang J T, et al. Experimental investigation on shear capacity of partially prefabricated steel reinforced concrete columns[J]. Steel and Composite Structures, 2018, 28(1):73-82.

[6] Yang Y, Chen Y, Zhang W S, et al. Behavior of partially precast steel reinforced concrete columns under eccentric loading[J]. Engineering Structures, 2019, 197: 109429.

[7] Yang Y, Chen Y, Feng S Q. Study on behavior of PPSRC stub columns under axial compression[J]. Engineering Structures, 2019, 199: 109630.

[8] 许治斌. 双偏压下型钢混凝土异形柱正截面承载力试验研究与理论分析[D]. 西安: 西安建筑科技大学, 2010.

[9] 陈宗平. 型钢混凝土异形柱的基本力学行为及抗震性能研究[D]. 西安: 西安建筑科技大学, 2007.

[10] American Institute of Steel Construction. Specification for structural steel buildings: AISC 360-16[S]. Chicago: American Institute of Steel Construction, 2016.

[11] ACI Committee. Building code requirements for structural concreteand commentary: ACI 318M-05[S]. Farmington Hills: American Concrete Insitute, 2005.

[12] Architectural Institute of Japan. Standards for structural calculation of steel reinforced concrete structures: AIJ-SRC[S]. Tokyo: Architectural Institute of Japan, 2001.

[13] 薛建阳. 组合结构设计原理[M]. 北京: 中国建筑工业出版社, 2010.

[14] 李少泉, 沙镇平. 钢骨混凝土柱正截面承载力计算的叠加方法[J]. 建筑结构学报, 2002(3): 27-31.

[15] 栗莎. 新型型钢混凝土柱抗震性能及正截面受压承载力研究[D]. 西安: 西安建筑科技大学, 2013.

[16] 刘洁. 钢管高强混凝土核心柱正截面承载力计算方法研究[D]. 西安: 西北农林科技大学, 2006.

[17] 赵程程, 王彦斌, 余辉, 等. 中、美型钢混凝土柱承载力计算理论比较[J]. 长江大学学报(自然科学版), 2011, 8(11): 104-106, 113.

[18] 曹秀丽. 型钢混凝土受弯构件变形和裂缝的研究[D]. 西安: 西安建筑科技大学, 2003.

[19] 施建平, 赵世春. 钢骨混凝土受弯构件刚度和裂缝宽度的研究[J]. 工业建筑, 1997(4): 35-37.

[20] 王连广, 李立新, 梁玉君, 等. 钢骨混凝土受弯构件非线性全过程分析[J]. 沈阳建筑工程学院学报, 2001(2): 91-93.

[21] 谭清华, 周侃, 韩林海. 火灾后型钢混凝土构件抗弯和轴压刚度计算方法[J]. 清华大学学报(自然科学版), 2015, 55(6): 597-603.

[22] Comité Européen de Normalisation. Eurocode 4: Design of composite steel and concrete structures-part I-1: General rules and rules for buildings: EN 1994-1-1: 2004E[S]. Brussels: European Committee for Standardization, 2004.

[23] Denavit M D, Hajjar J F, Perea T, et al. Elastic flexural rigidity of steel-concrete composite columns[J]. Engineering Structures, 2018, 160: 293-303.

[24] 刘凡, 朱聘儒. 钢骨混凝土梁抗弯刚度的计算方法研究[J]. 工业建筑, 2001, 31(12):37-39.

[25] 王彦宏. 型钢混凝土偏压柱黏结滑移性能及应用研究[D]. 西安: 西安建筑科技大学, 2004.

第 6 章　PPSRC 柱的压剪性能研究

6.1　引　　言

SRC 结构由于内部配置了型钢，结构的承载力和抗震性能得到大幅提高，在高层和高烈度地震设防区得到广泛应用。斜截面受剪是型钢混凝土构件的一种重要受力情况，特殊的截面形式和材料性能的差异，导致其受剪机理较为复杂。PPSRC 柱作为一种部分预制、部分装配的 SRC 柱，其主要特点是差异化使用材料，即预制混凝土强度和现浇混凝土强度存在一定的差异，如何在斜截面受剪承载能力计算方面考虑这些差异是一个关键科学问题。同时，内、外混凝土和型钢三种材料之间存在两个接触面，它们之间在压力和剪力共同作用下是否会出现黏结破坏，也是非常关键的科学问题。因此，本章主要对 PPSRC 柱在压力和剪力作用下的力学性能展开研究。

本章共设计制作 18 个 PPSRC 柱试件，包括实心柱和空心柱两种截面形式。结合 18 个试件的受剪性能试验研究，分析 PPSRC 柱在轴力和剪力共同作用下的破坏机制以及变形性能，并通过有限元软件重点讨论轴压比、剪跨比和内部现浇混凝土强度对 PPSRC 柱受剪性能的影响规律，以期为 PPSRC 柱的工程应用和科学研究等提供试验基础和理论参考依据。

6.2　试　验　概　况

6.2.1　试件设计

本试验共设计了 18 个 PPSRC 柱压剪试件，包括 A、B 两种截面尺寸，每种截面分实心和空心两种截面形式，试件的长度均为 2000mm。其中 A 类试件共 12 个，依次编号 PPSRC-Z-1～PPSRC-Z-12，B 类试件共 6 个，依次编号 PPSRC-Z-13～PPSRC-Z-18。试验中选取的主要参数为轴压比、剪跨比以及内部现浇混凝土强度，试件的主要参数如表 6.1 所示。

表 6.1　PPSRC 柱压剪试件参数汇总表

分类	试件编号	截面尺寸	箍筋布置	配钢率 ρ_{ss}	剪跨比 λ	轴压比 n^t	现浇混凝土强度等级
A	PPSRC-Z-1	350×350	φ6.5@100	4.5%	1.0	0.1	C0
	PPSRC-Z-2	350×350	φ6.5@100	4.5%	1.0	0.2	C0
	PPSRC-Z-3	350×350	φ6.5@100	4.5%	1.0	0.3	C0
	PPSRC-Z-4	350×350	φ6.5@100	4.5%	1.0	0	C45
	PPSRC-Z-5	350×350	φ6.5@100	4.5%	1.0	0.1	C45
	PPSRC-Z-6	350×350	φ6.5@100	4.5%	1.0	0.2	C45
	PPSRC-Z-7	350×350	φ6.5@100	4.5%	1.5	0.2	C0
	PPSRC-Z-8	350×350	φ6.5@100	4.5%	1.5	0.2	C30
	PPSRC-Z-9	350×350	φ6.5@100	4.5%	1.5	0.2	C45
	PPSRC-Z-10	350×350	φ6.5@100	4.5%	1.5	0.2	C60
	PPSRC-Z-11	350×350	φ6.5@100	4.5%	2.0	0.2	C0
	PPSRC-Z-12	350×350	φ6.5@100	4.5%	2.0	0.2	C45
B	PPSRC-Z-13	300×300	φ8@65	4.9%	1.0	0.2	C45
	PPSRC-Z-14	300×300	φ8@65	4.9%	1.5	0.3	C0
	PPSRC-Z-15	300×300	φ8@65	4.9%	1.5	0.3	C45
	PPSRC-Z-16	300×300	φ8@65	4.9%	1.5	0.3	C60
	PPSRC-Z-17	300×300	φ8@65	4.9%	1.5	0	C45
	PPSRC-Z-18	300×300	φ8@65	4.9%	1.5	0.2	C45

　　A 类试件截面尺寸均为 350mm×350mm，纵筋采用 8 根直径为 32mm 的 HRB400 钢筋对称配筋，箍筋采用直径为 6.5mm 的 HPB300 级矩形螺旋箍筋。纵筋的屈服强度为 444.7MPa，箍筋的屈服强度为 376.3MPa。试件内十字型钢由 2 根 Q235 窄翼缘 H 型钢 HN200×100×5.5×8 焊接而成，配钢率为 4.5%。A 类压剪试件的截面示意图如图 6.1 所示。

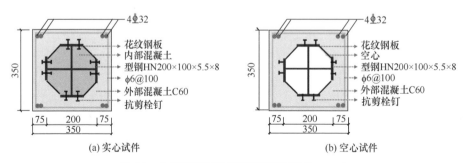

图 6.1　A 类压剪试件截面示意图(单位：mm)

　　B 类试件截面尺寸均为 300mm×300mm，纵筋采用 8 根直径为 32mm 的

HRB400 钢筋对称配筋，箍筋采用直径为 8mm 的 HPB300 级矩形连续螺旋箍筋。该类试件核心布置的十字型钢是由 2 根 Q235 的窄翼缘 H 型钢 HN175×90×5×8 焊接而成，配钢率为 4.9%。B 类压剪试件的截面示意图如图 6.2 所示。

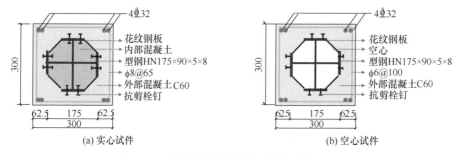

图 6.2　B 类压剪试件截面示意图(单位：mm)

为方便所有试件的二次浇注，在十字型钢翼缘焊接 3mm 厚的花纹钢板来充当内模，同时可加强内、外混凝土界面的共同作用。为保证 PPSRC 柱在压剪复合受力作用下型钢与混凝土的黏结性能，在柱头与柱底型钢翼缘的内外侧各呈梅花形布置 4 排直径为 14mm、长度为 30mm 的栓钉，间距为 50mm，栓钉布置如图 6.3 所示。

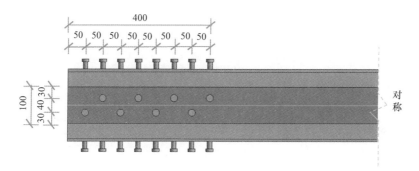

图 6.3　栓钉布置示意图(单位：mm)

6.2.2　加载方案

本次试验在 20000kN 电液伺服压剪试验机上进行，采用单调静力加载方式。试验中将试件水平放置，通过自平衡框架一端的千斤顶来施加轴力，通过压力机来施加剪力，实现 PPSRC 柱在压剪复合作用下的受力状态，自平衡装置如图 6.4(a) 所示。试件安装完毕之后，先用油压千斤顶对试件施加 100kN 的轴向荷载，确保试件表面与千斤顶密切贴合，并在此荷载下进行物理对中，待对中完成后卸去水平荷载，再施加 100kN 竖向荷载，将试件压实，此时检查全部试验装置的可靠性以及确保全部测量装置都已进入正常工作状态，之后按照轴压比要求荷载将水平力分级加载至预定值，然后保持该轴力值不变开始竖向加载。

所有试件均采用两点加载的方式进行加载，全程采用位移控制，加载速率为0.2mm/min。为确保柱受力均匀，试验中在试件加载点处铺一层细沙，细沙上放置 20mm 厚钢板，然后再放置钢垫梁及分配梁。另外，在支座处放置宽 200mm、厚 30mm 的钢板来防止试件发生局压破坏，受剪试验加载装置如图 6.4(b)所示。

(a) 自平衡装置　　　　　(b) 受剪试验加载装置

图 6.4　试验加载装置

6.2.3　量测方案

本试验共使用 7 个位移计来测量试件上各关键点位置的位移，其中包括试件跨中底部、加载点、柱端头以及支座处，位移计和应变片的布置示意图如图 6.5 所示。

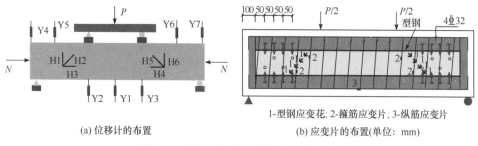

1-型钢应变花; 2-箍筋应变片; 3-纵筋应变片

(a) 位移计的布置　　　　　(b) 应变片的布置(单位: mm)

图 6.5　位移计和应变片的布置示意图

6.3　试　验　结　果

6.3.1　试验现象

试验中所有试件均发生剪切破坏，新旧混凝土之间未出现黏结滑移、界面撕裂等破坏，表明预制外壳混凝土与核心混凝土的协同工作性能良好。其中，剪跨比为 1.0 的试件发生斜压破坏，其他试件均发生剪压破坏。

1. A 类剪跨比为 1.0 试件压剪性能试验现象

A 类剪跨比(λ)为 1.0 试件 PPSRC-Z-1～PPSRC-Z-6 的破坏形态如图 6.6 所示。其主要破坏形态表现为斜裂缝首先出现在试件的腹部，纯弯段竖向裂缝在斜裂缝之后相继出现。随着荷载的增加，剪跨段有新的平行斜裂缝产生，斜裂缝间混凝土形成斜向小柱体。达到峰值荷载时，混凝土小柱体被压碎，但峰值荷载后承载力没有突然下降，仍可以继续持荷相当长一段时间，表明型钢在混凝土被压溃之后仍继续承担荷载，试件表现出明显的延性破坏特征。以试件 PPSRC-Z-5 受剪破坏为例进行详细说明：当荷载为 873kN($26\%P_u$)时，首先在东侧剪跨段柱腹部出现一条细小的斜裂缝，长度约为 5cm；1007kN($30\%P_u$)时，纯弯段开始出现一系列细微的垂直裂缝。随着荷载的增加，剪跨段不断有新的斜向裂缝出现，并逐渐向加载点和支座处延伸；到达 2182kN($65\%P_u$)时，剪跨段斜裂缝延伸贯通成为临界斜裂缝，且若干与主裂缝近似平行的新的斜向裂缝继续出现；2719kN($81\%P_u$)时，斜裂缝贯通，宽度约 2mm，随着荷载的增加，临界斜裂缝继续扩张、变宽，不再出现新的裂缝；当接近峰值荷载时，剪跨段混凝土开始有明显的起皮现象；峰值荷载 3357kN($100\%P_u$)时，剪跨段混凝土开始压溃掉落；峰值荷载之后，PPSRC 柱承载力没有明显的突降，说明由于内部型钢的作用，试件具有明显的延性破坏特征。

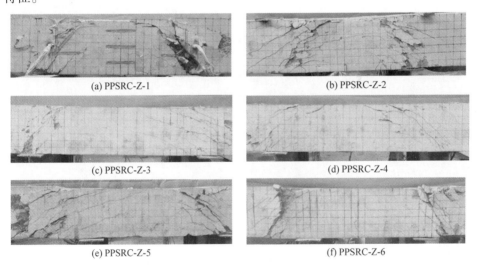

(a) PPSRC-Z-1　　　　　　　　　　(b) PPSRC-Z-2

(c) PPSRC-Z-3　　　　　　　　　　(d) PPSRC-Z-4

(e) PPSRC-Z-5　　　　　　　　　　(f) PPSRC-Z-6

图 6.6　A 类试件的破坏形态(λ=1.0)

2. A 类剪跨比为 1.5 和 2.0 试件压剪性能试验现象

试件 PPSRC-Z-7～PPSRC-Z-10 是剪跨比为 1.5 的试件，PPSRC-Z-11～

PPSRC-Z-12 是剪跨比为 2.0 的压剪试件，这两种剪跨比下试件的破坏形态基本相似，剪跨比λ>1.0 试件的破坏形态如图 6.7 所示。试件在加载初期，首先在纯弯段出现竖向裂缝，随后在剪跨段出现腹剪斜裂缝。当荷载达到(70%～85%)P_u 时，剪跨段临界斜裂缝形成，并逐渐向加载点延伸，剪压区高度不断减小，剪压区混凝土在复合受力状态下发生破坏。达到峰值荷载后，所有试件的剪力-位移曲线下降段较为平缓，承载力缓慢下降，表明试件具有良好的变形能力，最终由于斜裂缝达到一定宽度而不能继续承担荷载，试验结束。以试件 PPSRC-Z-7 受剪破坏为例进行详细说明：当荷载为 488kN(28%P_u)时，纯弯段跨中下部出现一条竖向裂缝，长度 5cm；荷载为 558kN(32%P_u)时，剪跨段下部出现一条竖向裂缝，长度约 5cm；当荷载为 662kN(38%P_u)时，剪跨段下部出现第一条斜向裂缝，长度约 20cm；当荷载为 854kN(49%P_u)时，纯弯段裂缝向上延伸约 7cm，同时出现多条新的、细小的竖向裂缝；当荷载达到 959kN(55%P_u)时，剪跨段斜裂缝贯通成为临界裂缝，并且出现条新的斜向裂缝，长度约 15cm；当荷载为 1238kN(71%P_u)时，临界斜裂缝宽度约 2mm，成为破坏裂缝，没有新的裂缝产生，但原有裂缝持续发展；当荷载为 1708kN(98%P_u)时，试件发出"噼啪"的声音，东侧剪跨段破坏裂缝宽度约 2mm，伴有混凝土碎块掉落。达到峰值荷载 1743kN(100%P_u)之后，承载力下降，变形继续增大，承载力降低到 85%P_u 以下，随即停止加载，试验结束。

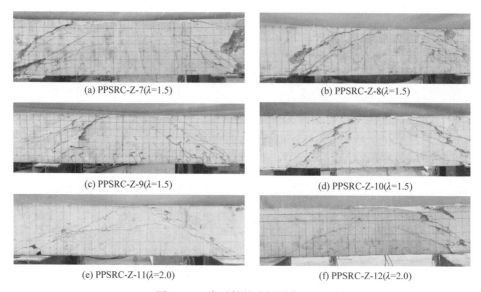

(a) PPSRC-Z-7(λ=1.5)　　　　　　　　　　(b) PPSRC-Z-8(λ=1.5)

(c) PPSRC-Z-9(λ=1.5)　　　　　　　　　　(d) PPSRC-Z-10(λ=1.5)

(e) PPSRC-Z-11(λ=2.0)　　　　　　　　　　(f) PPSRC-Z-12(λ=2.0)

图 6.7　A 类试件的破坏形态(λ>1)

3. B 类试件压剪性能试验现象

B 类试件破坏形态与 A 类试件基本相似，当剪跨比等于 1.0 时，试件

PPSRC-Z-13 发生斜压破坏；当剪跨比等于 1.5 时，试件 PPSRC-Z-14～PPSRC-Z-18
发生剪压破坏。B 类试件的破坏形态如图 6.8 所示。

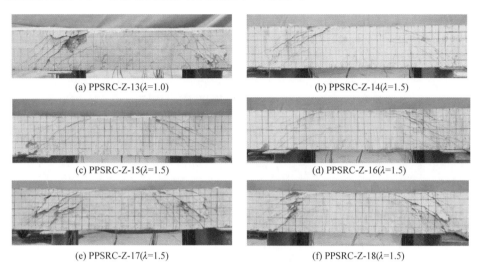

(a) PPSRC-Z-13(λ=1.0)　　　　　　　(b) PPSRC-Z-14(λ=1.5)

(c) PPSRC-Z-15(λ=1.5)　　　　　　　(d) PPSRC-Z-16(λ=1.5)

(e) PPSRC-Z-17(λ=1.5)　　　　　　　(f) PPSRC-Z-18(λ=1.5)

图 6.8　B 类试件的破坏形态

剪跨比为 1.0 的试件 PPSRC-Z-13 的具体试验现象为：当荷载加载至 860kN
(26%P_u) 时，剪跨段腹部出现斜向裂缝，长度约 3cm；当荷载为 1289kN(39%P_u)
时，纯弯段和加载点处对应试件下部出现竖向裂缝，长度约 5cm，纯弯段下部相
继出现多条竖向裂缝；加载至 1389kN(42%P_u)时，剪跨段中部出现第一条斜向裂
缝，长度约 10cm，跨中竖向裂缝进一步发展，最长约 15cm；继续加载至
1818kN(55%P_u)时，剪跨段的主斜裂缝发展贯通成临界斜裂缝，同时剪跨段出现
新的斜裂缝；加载至 2975kN(90%P_u)时，剪跨段内斜裂缝发展贯通，宽度达 2mm
成为破坏裂缝，斜裂缝周围的混凝土开始起皮；加载至 3108kN(100%P_u)时，两侧
剪跨段内混凝土被压溃，有混凝土小薄片掉落，已出现的斜裂缝近似平行，试件
再无新的裂缝产生；继续加载，试件发出响亮的一声，加载点处的混凝土彻底压
溃，试验结束。

以剪跨比为 1.5 的 B 类试件 PPSRC-Z-17 为例进行详细说明：当加载至
355kN(17%P_u)时，纯弯段跨中下部出现第一条竖向裂缝，长度约 3cm；加载至
709kN(34%P_u)时，剪跨段中部出现第一条斜裂缝，长度约 20cm，同时在剪跨段内
下部出现一条竖向裂缝，长度 3cm；加载至 814kN(39%P_u)时，剪跨段中部出现新
的斜向裂缝，长约 20cm,试件跨中竖向裂缝缓慢发展；继续加载至 1460kN(70%P_u)时，
之前已有裂缝逐渐发展延伸，主斜裂缝也已发展贯通成临界斜裂缝，宽度达 1mm；
继续加载，临界斜裂缝逐渐变宽，若干短小斜裂缝逐渐汇合；加载至 1606kN
(77%P_u)时，斜裂缝周围的混凝土开始有起皮现象；加载至 1794kN(86%P_u)时，有混凝土小薄片开始掉落；之后荷载的上升速度变慢，试件变形加快，裂缝也越来越宽，两侧加载点处的混凝土被压碎，破坏裂缝宽度很快增长到 5mm 随即停止加载，试验结束。

6.3.2 荷载-挠度曲线

1. 试件特征荷载

图 6.9 为试验测得的 PPSRC 柱试件的荷载-跨中挠度曲线，表 6.2 为各试件的特征荷载。

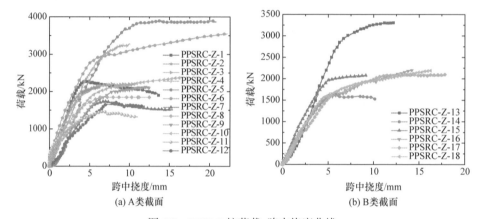

(a) A类截面　　　　　　(b) B类截面

图 6.9　PPSRC 柱荷载-跨中挠度曲线

表 6.2　各试件特征荷载

分类	编号	剪跨比 λ	截面有效高度 h_0/mm	剪跨段长度 a/mm	垂直裂缝开裂荷载 $P_{f,cr}$/kN	斜裂缝开裂荷载 $P_{s,cr}$/kN	峰值荷载 P_u/kN	受剪承载力 V_u/kN	破坏形态
A	PPSRC-Z-1	1.0	320	320	509	509	2285	1142	斜压破坏
	PPSRC-Z-2	1.0	320	320	721	458	2531	1266	斜压破坏
	PPSRC-Z-3	1.0	320	320	909	518	2212	1106	斜压破坏
	PPSRC-Z-4	1.0	320	320	1015	739	3318	1659	斜压破坏
	PPSRC-Z-5	1.0	320	320	1000	880	3357	1739	斜压破坏
	PPSRC-Z-6	1.0	320	320	1179	443	3903	1951	斜压破坏
	PPSRC-Z-7	1.5	320	480	490	660	1743	872	剪压破坏
	PPSRC-Z-8	1.5	320	480	396	520	1864	932	剪压破坏
	PPSRC-Z-9	1.5	320	480	488	618	2131	1066	剪压破坏
	PPSRC-Z-10	1.5	320	480	592	719	2381	1191	剪压破坏
	PPSRC-Z-11	2.0	320	640	332	409	1465	732	剪压破坏
	PPSRC-Z-12	2.0	320	640	441	550	1718	859	剪压破坏

分类	编号	剪跨比 λ	截面有效高度 h_0/mm	剪跨段长度 a/mm	垂直裂缝开裂荷载 $P_{f,cr}$/kN	斜裂缝开裂荷载 $P_{s,cr}$/kN	峰值荷载 P_u/kN	受剪承载力 V_u/kN	破坏形态
B	PPSRC-Z-13	1.0	270	270	671	260	3306	1653	斜压破坏
	PPSRC-Z-14	1.5	270	405	119	300	1638	819	剪压破坏
	PPSRC-Z-15	1.5	270	405	164	401	2079	1039	剪压破坏
	PPSRC-Z-16	1.5	270	405	196	471	2211	1105	剪压破坏
	PPSRC-Z-17	1.5	270	405	118	350	2086	1043	剪压破坏
	PPSRC-Z-18	1.5	270	405	183	420	2197	1099	剪压破坏

由图 6.9 可以看出，所有试件均有较好的变形能力，同时，试件的受剪承载力和初始刚度随剪跨比的增加而降低。在峰值荷载的 80%以前，所有试件的位移和荷载基本呈线性关系；随着荷载的增加，型钢和箍筋开始屈服，试件位移增长加快，曲线表现出明显的非线性。峰值荷载之后，所有试件的荷载-跨中挠度曲线均有一较长的水平段。相比钢筋混凝土柱，型钢混凝土柱具有较好的后期变形能力，表明型钢的存在对混凝土裂缝的发展有一定的抑制作用，使得 PPSRC 柱的变形能力显著提高。

2. 内部现浇混凝土强度的影响

图 6.10(a)为 A 类试件 PPSRC-Z-7、PPSRC-Z-8、PPSRC-Z-9 和 PPSRC-Z-10 的荷载-跨中挠度曲线，其核心现浇混凝土强度等级分别为C0、C30、C45、C60，图 6.10(b)为 B 类试件 PPSRC-Z-14、PPSRC-Z-15、PPSRC-Z-16 的荷载-跨中挠度曲线，其核心现浇混凝土强度等级分别为C0、C45、C60，两组试件各组的剪跨

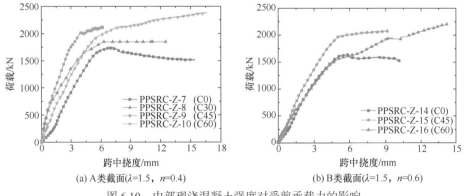

(a) A类截面(λ=1.5，n=0.4)　　　　　　　(b) B类截面(λ=1.5，n=0.6)

图 6.10　内部现浇混凝土强度对受剪承载力的影响

比、轴压比、截面尺寸、配筋、配钢率、加载方式等均相同，仅内部现浇混凝土强度等级有差异。从图 6.10 中可知：①在加载初期，各试件处于弹性阶段，各组试件的曲线斜率基本相同；②随着内部现浇混凝土强度等级的提高，试件的极限承载力变大；③所有的实心试件无明显的下降段，荷载保持不变，有的甚至继续增长，表现出较好的变形能力；④空心试件 PPSRC-Z-7 和 PPSRC-Z-14 在达到峰值荷载之后，承载力的下降速度减缓，说明空心截面试件也具有良好的变形能力。

3. 剪跨比的影响

图 6.11(a)和图 6.11(b)分别为 A 类实心试件 PPSRC-Z-6、PPSRC-Z-9、PPSRC-Z-12 和空心试件 PPSRC-Z-2、PPSRC-Z-7、PPSRC-Z-11 在压剪作用下的荷载–跨中挠度曲线，其剪跨比分别为 1.0、1.5、2.0，图 6.11(c)为 B 类实心试件 PPSRC-Z-13 和 PPSRC-Z-18 的荷载–跨中挠度曲线，其剪跨比分别为 1.0 和 1.5。三组试件各组的轴压比、内部现浇混凝土强度等级、截面尺寸、配筋、配钢、加载方式等均相同，仅剪跨比不同。从图 6.11 中可知：剪跨比对柱的受剪承载力影响显著，受剪承载力随剪跨比的增加而降低。

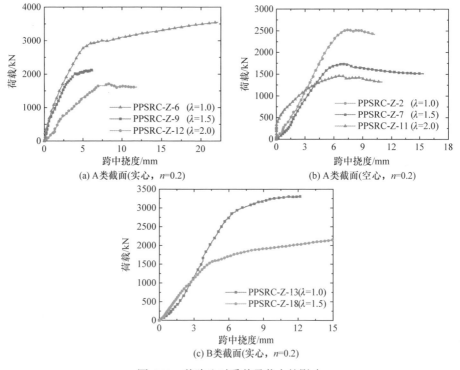

图 6.11 剪跨比对受剪承载力的影响

4. 轴压比的影响

图 6.12(a)为 A 类实心试件 PPSRC-Z-4、PPSRC-Z-5 和 PPSRC-Z-6 的荷载-跨中挠度曲线，其试验轴压比分别为 0、0.1 和 0.2，图 6.12(b)为 A 类空心试件 PPSRC-Z-1、PPSRC-Z-2 和 PPSRC-Z-3 的荷载-跨中挠度曲线，其试验轴压比分别为 0.1、0.2 和 0.3，图 6.12(c)为 B 类实心试件 PPSRC-Z-17、PPSRC-Z-18 和 PPSRC-Z-15 的荷载-跨中挠度曲线，其试验轴压比分别为 0、0.2 和 0.3，三组试件中各组的剪跨比、现浇混凝土强度等级、截面尺寸、配筋、配钢率、加载方式等均相同，仅轴压比不同。由图 6.12 可知：①轴力对 PPSRC 柱的受剪承载力有一定的提高作用，但提高幅度较为有限；②对于剪跨比较小(λ=1.0)的试件来说，轴力对试件的受剪承载力提高作用更加的明显，而对于剪跨比 λ=1.5 的试件来说，轴力对承载力的影响不大。

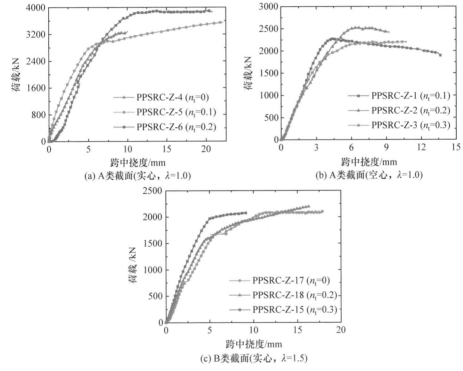

图 6.12　轴压比对受剪承载力的影响

6.3.3　应变分析

1. 箍筋应变

在试件剪跨段的箍筋上沿支座至加载点的方向布置应变片。由钢筋的材性试验结果可知，直径为 8mm 箍筋的屈服应变为 0.001847，直径为 6.5mm 箍筋的屈服应变为 0.001836。图 6.13 为本次试验的荷载-箍筋应变曲线，从图中可知，所有试件剪跨段箍筋在试验结束时均基本屈服。

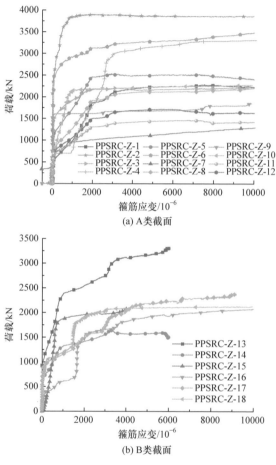

(a) A 类截面

(b) B 类截面

图 6.13　荷载-箍筋应变曲线

2. 型钢腹板应变

试验前在剪跨段对应的十字型钢的腹板上，沿支座至加载点的方向，均匀布置了应变花。由型钢的材性试验结果可知，5.5mm 厚腹板的屈服应变为 0.001449，5mm 厚腹板的屈服应变为 0.001498。图 6.14 为本次试验的荷载-型钢腹板应变曲线，从图中可知，试验结束时所有试件的型钢腹板均已屈服。

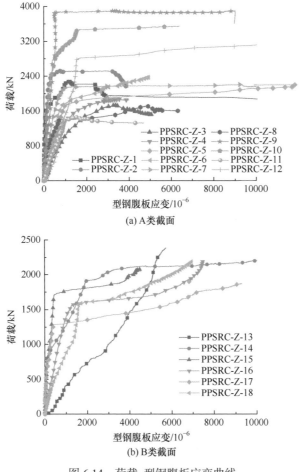

图 6.14　荷载-型钢腹板应变曲线

6.4　有限元分析结果与试验结果对比

本节利用 ABAQUS 有限元分析软件对试件 PPSRC-Z-8 和试件 PPSRC-Z-18 进行分析，并对比试验结果与数值模拟结果，以此验证模型的合理性。

压剪试件在建模过程中，材料本构、材料单元类型选取、相互作用以及网格划分技术均与轴压(第 4 章)和偏压(第 5 章)有限元分析描述一致，仅边界条件有所改变。根据试验中 PPSRC 柱试件的边界条件，建模时分别在试件与支座和加载点位置设置了刚性垫块，并在垫块下方分别施加位移约束，一端约束为 U1=U2=U3=0，另一端约束为 U1=U2=UR3=0。建模时设置两个分析步，第一步是在参考点 RP-1 与 RP-2 施加水平轴向荷载 N，第二步是在参考点 RP-4 与 RP-5

上分别施加向下的位移，即通过位移控制施加竖向剪力。装配件的边界条件及网格划分如图 6.15 所示。

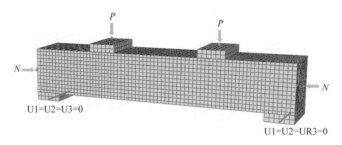

图 6.15　装配件的边界条件和网格划分

6.4.1　荷载-挠度曲线

图 6.16 为试件 PPSRC-Z-8 和 PPSRC-Z-18 的试验曲线与模拟曲线对比图。由图 6.16 可以看出：有限元计算曲线和试验曲线整体变化趋势比较接近，试件刚度和承载力吻合较好，表明该模型能较为准确地模拟 PPSRC 柱在压剪作用下的受力情况。

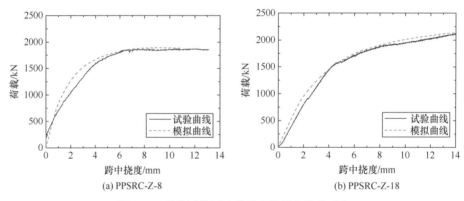

(a) PPSRC-Z-8　　　　　　　　　　(b) PPSRC-Z-18

图 6.16　受剪试件试验曲线和模拟曲线的对比

6.4.2　应力分布

图 6.17 为试件 PPCRS-Z-8 在轴力和剪力共同作用下进入屈服阶段后的应力云图。由图可以看出，剪跨段主要受力方向型钢腹板位置处的应力较大，另一方向型钢翼缘应力比腹板应力大，说明计算内置十字型钢对 PPSRC 柱受剪承载力时，应将另一型钢翼缘的贡献考虑在内。在达到峰值荷载时，剪跨段预制混凝土和现浇混凝土应力较大，加载点处混凝土压溃，与试验现象较为相符，进一步验证了用该模型来模拟 PPSRC 柱受剪性能的合理性。

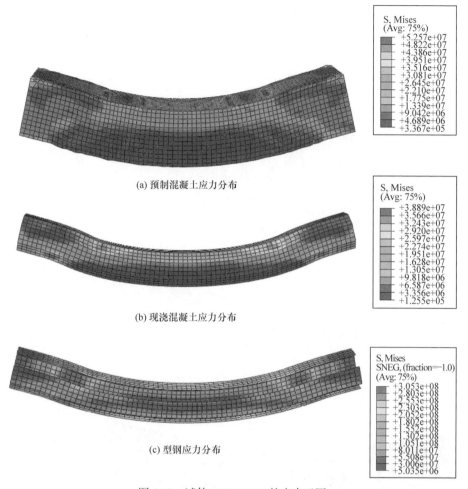

(a) 预制混凝土应力分布

(b) 现浇混凝土应力分布

(c) 型钢应力分布

图 6.17　试件 PPSRC-Z-8 的应力云图

6.5　PPSRC 柱压剪性能有限元分析

为了更加准确地研究 PPSRC 柱在压剪作用下的受力性能，选择截面为 1200mm×1200mm、柱高为 6m 的 PPSRC 柱进行有限元分析，型钢尺寸为 800mm×450mm×20mm×30mm，纵筋为 30 根直径为 32mm 的 HRB400 级钢筋，配筋率为 1.67%，箍筋选用直径为 12mm 的 HRB335 级钢筋，箍筋间距 200mm，预制混凝土强度等级为 C60，内部混凝土强度等级为 C30，其中外壳厚度为 230mm，预制率为 75%，剪跨比为 1.5。图 6.18 为扩大截面 PPSRC 柱在剪跨比为 1.5 时的应力云图，由图可以看出，PPSRC 柱发生了剪压破坏，与试验柱的破坏形态相近,证明该模型可以用来预测 PPSRC 柱的受剪全过程及不同参数对其受力性能的影响规律。实心 PPSRC 柱选取的主要参数是:内部混凝土强度等级、剪跨比和轴压比,空心柱的研究参数是剪跨比和轴压比。

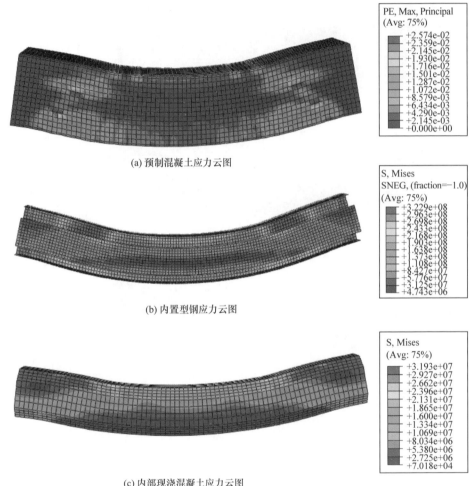

(a) 预制混凝土应力云图

(b) 内置型钢应力云图

(c) 内部现浇混凝土应力云图

图 6.18　扩大截面 PPSRC 柱的应力云图

6.5.1　实心 PPSRC 柱参数分析

1. 内部混凝土强度

试验结果表明,实心 PPSRC 柱受剪承载力随内部混凝土强度的提高而逐渐增大,为研究混凝土强度等级对受剪承载力的提高程度,以上述扩大截面试件为原型,选取内部现浇混凝土强度等级为变化参数(C30、C40、C50、C60),三组共 12 个试件,图 6.19 是剪跨比为 1.0、1.5 和 2.0,轴压比为 0.36 时不同混凝土强度下

PPSRC 柱的受剪承载力-跨中挠度曲线。由图可以发现，随着内部现浇混凝土强度的提高，PPSRC 柱受剪承载力呈上升趋势，但增加幅度很小。所有试件在达到承载力之后曲线有一段持平，表现出良好的变形性能。

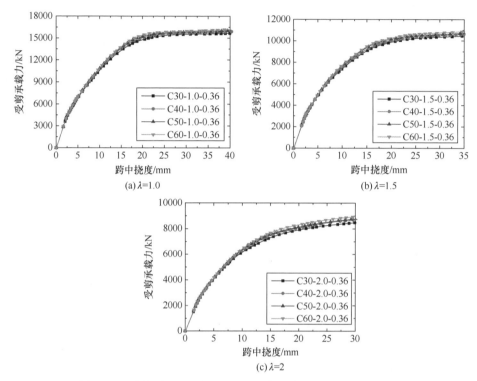

图 6.19　不同混凝土强度下 PPSRC 柱受剪承载力-跨中挠度曲线

2. 剪跨比

剪跨比是影响 PPSRC 柱受剪承载力的主要因素，图 6.20 为在不同内部混凝土强度等级(C30、C40 和 C50)及不同剪跨比下 PPSRC 柱受剪承载力-跨中挠度曲

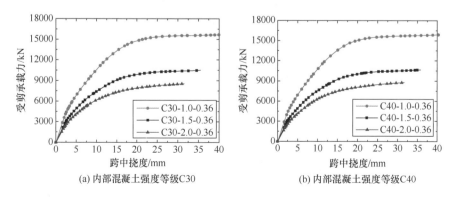

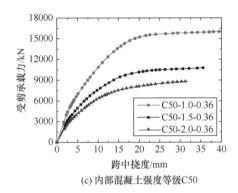

(c) 内部混凝土强度等级C50

图 6.20　不同剪跨比下 PPSRC 柱受剪承载力-跨中挠度曲线

线，每组试件剪跨比分别为 1.0、1.5 和 2.0。由图 6.20 可以看出，随着剪跨比的增加，PPSRC 柱的受剪承载力逐渐降低，三组试件的受剪承载力-跨中挠度曲线均没有出现下降段，延性较好。

3. 轴压比

图 6.21 为在不同剪跨比(1.0、1.5 和 2.0)和不同轴压比(0、0.36、0.54、0.72 和 0.9)

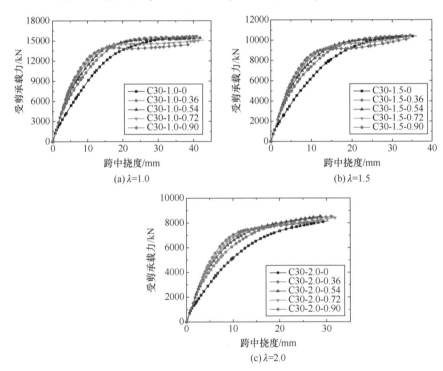

图 6.21　不同轴压比下 PPSRC 柱受剪承载力-跨中挠度曲线

下 PPSRC 柱受剪承载力-跨中挠度曲线。由图可以看出，随着轴压比的增加，PPSRC 柱的受剪承载力先开始呈现增长趋势，这是因为轴力抵消了部分横向荷载产生的主拉应力，从而限制和缓和了斜裂缝的出现和发展，提高了骨料之间的咬合力和纵筋的销栓力；同时，轴力的存在使得混凝土剪压区高度增加，从而使混凝土对受剪承载力的贡献提高。但当轴压力超过某一限值后试件受剪承载力又有所降低，这是因为此时轴压力起主导作用，试件由之前的剪切破坏转换为由正截面强度控制的小偏压破坏。

6.5.2　空心 PPSRC 柱参数分析

试验结果表明，虽然空心柱承载力比实心柱承载力稍小，但空心 PPSRC 柱表现出和实心 PPSRC 柱接近的受力性能，认为空心 PPSRC 柱具有一定的研究意义和实用价值。由于试验中轴压比参数变化较小，可能得不到较为可靠的结论，在此选取与 6.5.1 小节相同截面的空心 PPSRC 柱进行有限元模拟，同样选取剪跨比和轴压比两个参数对空心 PPSRC 柱进行有限元分析。

1. 剪跨比

图 6.22 为三组共 9 个空心 PPSRC 柱在不同剪跨比(1.0、1.5、1.2)下的受剪承

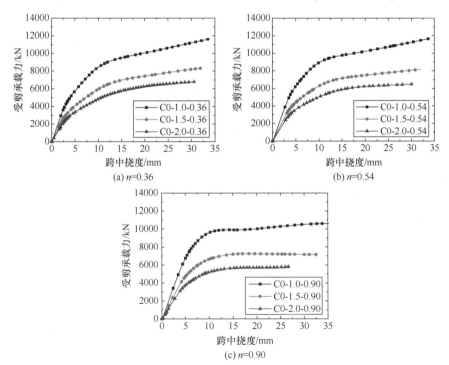

图 6.22　不同剪跨比下空心 PPSRC 柱受剪承载力-跨中挠度影响曲线

载力-跨中挠度曲线，由图可以看出，随着剪跨比的增加，空心 PPSRC 柱的受剪承载力逐渐降低，且当轴压比为 0.90 时，剪跨比为 1.0 的柱曲线出现下降段，而剪跨比为 1.5 和 2.0 的柱曲线保持持平，变形性能良好。

2. 轴压比

同实心 PPSRC 柱一样，轴压比对空心 PPSRC 柱受剪承载力的影响也较大。图 6.23 为不同轴压比(0、0.36、0.54、0.90)下空心 PPSRC 柱受剪承载力-跨中挠度曲线。从图 6.23 可以看出，当轴压比从 0 增加到 0.36 时，受剪承载力增长幅度较高，当轴压比从 0.36 增加到 0.54 时，受剪承载力基本没有变化，当轴压比再继续增长至 0.90 时，受剪承载力反而有所降低，与实心 PPSRC 柱表现出相同的规律，这是因为随着轴压比的不断增加，PPSRC 柱的破坏形态由剪压破坏逐渐转换为小偏压破坏。

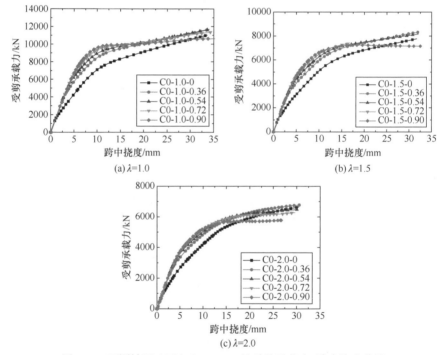

图 6.23　不同轴压比下空心 PPSRC 柱受剪承载力-跨中挠度曲线

6.6　参　数　分　析

6.6.1　剪跨比

图 6.24(a)为试验所得试件受剪承载力和剪跨比的关系曲线。实心截面试件

PPSRC-Z-6、PPSRC-Z-9 及 PPSRC-Z-12 和空心截面试件 PPSRC-Z-2、PPSRC-Z-7
及 PPSRC-Z-11 的剪跨比分别为 1.0、1.5 及 2.0，其他参数均相同。试验结果表明，
随着剪跨比的增加，试件受剪承载力逐渐降低。当剪跨比从 1.0 增加到 1.5 时，实
心截面试件受剪承载力下降 45%，空心截面试件受剪承载力下降 31%，当剪跨比
从 1.5 增加到 2.0 时，受剪承载力下降速度明显减缓，实心截面和空心截面的受剪
承载力分别下降了 19% 和 6%。图 6.24(b) 为有限元模拟得到的实心和空心试件受
剪承载力随剪跨比的变化曲线，可以看出其受剪承载力随剪跨比变化趋势与试验
曲线基本一致，受剪承载力随剪跨比的增加而降低。

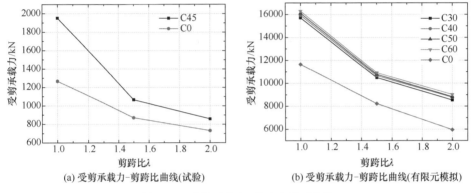

(a) 受剪承载力-剪跨比曲线(试验)　　　　　(b) 受剪承载力-剪跨比曲线(有限元模拟)

图 6.24　受剪承载力-剪跨比关系曲线

6.6.2　轴压比

　　试验中得到的实心截面试件受剪承载力-轴压比的关系曲线如图 6.25(a) 所示。
实心截面试件 PPSRC-Z-4、PPSRC-Z-5 及 PPSRC-Z-6 的剪跨比和内部混凝土强度
均相同，其中 PPSRC-Z-4 为未施加轴力试件，PPSRC-Z-5 和 PPSRC-Z-6 的轴压
比分别为 0.36 和 0.54。由 6.25(a) 可以看出，A 类截面试件当轴压比从 0 增加到
0.36 时，试件受剪承载力由 1659kN 增加至 1741kN；B 类截面试件当轴压比从 0
增加到 0.36 时，试件承载力由 1043kN 增加至 1099kN；当轴压比超过 0.36 时，
受剪承载力呈下降趋势，说明在一定范围内，试件的受剪承载力随轴压比的提高
而增加，但轴压比超过某一限值时，受剪承载力开始下降。由图 6.25(c) 可以看出，
空心截面试件表现出和实心截面试件近似相同的规律。图 6.25(b) 和 6.25(d) 分别为
有限元模拟得到的实心和空心扩大截面 PPSRC 柱受剪承载力与轴压比的关系曲
线。由图可知，当轴压比超过 0.36 时，试件受剪承载力开始出现下降趋势，但空
心截面柱的受剪承载力随轴压比的增大而下降的幅度高于实心截面柱，这与试验
结果是一致的。

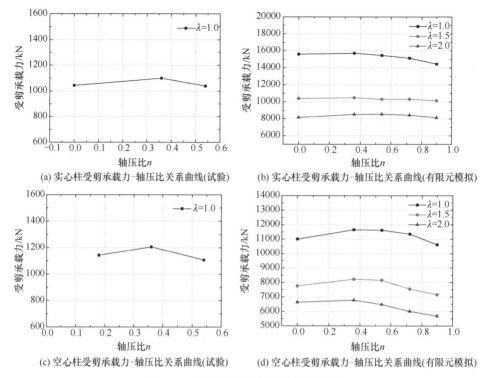

图 6.25   受剪承载力-轴压比关系曲线

轴压力对受剪承载力起有利作用的原因在于，压应力延缓和限制了斜裂缝及垂直裂缝的产生与发展，同时使斜裂缝末端的混凝土受压区高度增加，导致混凝土承担的荷载增加。但当轴压比超过 0.36 时，轴压比的增大对试件受剪承载力提高作用逐渐减缓，这是因为当轴压力过大时，轴向压力逐渐起主导作用，试件的破坏形态由之前斜截面强度控制的剪切破坏转换为由正截面强度控制的小偏心受压破坏。《组合结构设计规范》规定，当轴压力设计值大于 $0.3f_cA_c$ 时，取 $N=0.3f_cA_c$，而本书得出的结论是当轴压比大于 0.36 时，轴压力的增加对 PPSRC 柱受剪承载力的提高作用较小。综合考虑，建议当轴压比大于 0.3 时，不再考虑轴压力对受剪承载力的提高作用，且偏于安全。因此，在后面计算分析柱的受剪承载力时，若 $N>0.3(f_{c1}A_{c1}+f_{c2}A_{c2}+f_aA_a)$，取 $N=0.3(f_{c1}A_{c1}+f_{c2}A_{c2}+f_aA_a)$，其中 f_{c1} 表示预制部分混凝土轴心抗压强度，f_{c2} 表示考虑型钢约束作用的内部现浇混凝土轴心抗压强度，A_{c1} 表示预制部分混凝土截面面积，A_{c2} 表示内部现浇混凝土截面面积，f_a 表示型钢屈服强度，A_a 表示型钢截面面积。

6.6.3　内部混凝土强度

试验中所有 PPSRC 柱预制外壳采用相同等级的混凝土，而内部混凝土强度却有差异。试件 PPSRC-Z-8、PPSRC-Z-9、PPSRC-Z-10 的剪跨比均为 1.5,内部现浇混凝土抗压强度等级分别为 C30、C45、C60,与其对应的受剪承载力分别为 932kN、1066kN 和 1191kN,说明内部现浇混凝土强度直接影响试件的斜截面受剪承载力,随着混凝土强度的提高,柱受剪承载力基本呈线性增长,如图 6.26(a) 所示。图 6.26(b)为有限元模拟的扩大截面柱受剪承载力与内部现浇混凝土强度的关系曲线,由图可见,随着内部混凝土强度的提高,柱受剪承载力提高程度较为有限,但曲线也基本呈线性增长趋势。

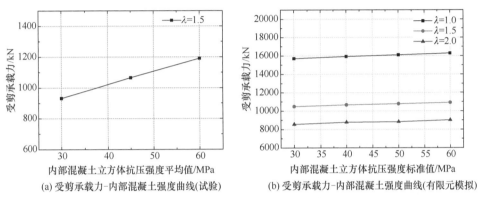

(a) 受剪承载力-内部混凝土强度曲线(试验)　　(b) 受剪承载力-内部混凝土强度曲线(有限元模拟)

图 6.26　受剪承载力-内部混凝土强度关系曲线

6.6.4　截面形式

图 6.27 给出了 PPSRC 实心柱和空心柱在不同剪跨比和不同轴压比下的受剪承载力。

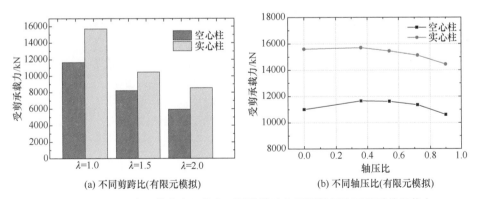

(a) 不同剪跨比(有限元模拟)　　(b) 不同轴压比(有限元模拟)

图 6.27　PPSRC 实心柱和空心柱在不同剪跨比和不同轴压比下的受剪承载力

由图 6.27(a)可以看出,当剪跨比从 1.0 增加到 1.5,再从 1.5 增加到 2.0 时,受剪承载力空心柱比实心柱分别降低 26%、22%和 20%,随着剪跨比的增加,两者之间的差值逐渐减小。由 6.27(b)可见,未施加轴力时,空心柱受剪承载力比实心柱受剪承载力低 29%，当轴压比增加到 0.36 时，空心柱比实心柱受剪承载力低 26%，当轴压比继续增大时，受剪承载力空心柱比实心柱低 25%左右，说明在不同轴压比下空心柱和实心柱之间的受剪承载力增量变化不大，也就是说内部混凝土对剪力的贡献不随轴压比的变化而变化，这可以从图 6.27(b)中两条基本平行的曲线观察得到。

6.7 本 章 小 结

本章详细介绍了 18 个 PPSRC 柱试件在压剪作用下的性能试验研究，通过有限元软件对足尺 PPSRC 柱进行了参数扩展分析，得到以下主要结论：

(1) 在试验加载过程中未出现混凝土与型钢之间的明显滑移现象，证明在试件内置十字型钢的两端内外表面布置的抗剪栓钉可以有效防止混凝土与型钢之间发生滑移，保证了型钢与混凝土的协同作用。

(2) 当剪跨比为 1.0 时，PPSRC 柱发生斜压破坏；当剪跨比为 1.5 和 2.0 时，PPSRC 柱发生剪压破坏，且试件破坏时型钢腹板已经屈服，箍筋基本屈服。

(3) PPSRC 柱受剪承载力随内部现浇混凝土强度的提高而增大，随剪跨比的增大而减小，轴压力对受剪承载力有提高作用，但当轴压比 $n>0.3$ 后，增加轴压比对 PPSRC 柱受剪承载力提高作用不明显。

(4) 验证 PPSRC 压剪柱建模方法合理可靠之后，对足尺 PPSRC 柱进行了变参分析，结果表明 PPSRC 柱斜截面受剪承载力随着剪跨比的增加而降低，随着内部混凝土强度的提高而提高，轴压比在超过 0.3 后，轴力的增大不能有效提高柱的受剪承载力。

第 7 章 PPSRC 长柱的抗震性能研究

7.1 引　言

随着经济和城市进程的发展，高层及超高层建筑在大城市中不断涌现，结构柱承受的轴力也随着建筑高度的增加而提高。为了减小柱构件的截面面积从而扩大建筑的实际使用面积，柱构件中采用的混凝土朝着超高强混凝土与超高性能混凝土(UHPC)发展，但是由于 UHPC 材料制造成本较高，且不掺杂纤维的 UHPC 受压破坏时脆性较大，会减弱柱构件在地震作用下的性能，从而限制了超高强混凝土与 UHPC 在地震区的使用[1]。

本书提出的 PPSRC 柱与 HPSRC 柱可以充分发挥型钢与 UHPC 各自的优势，PPSRC 柱采用 UHPC 浇筑预制外壳，并采用普通混凝土浇筑柱核心区，可有效减少 UHPC 的用量，同时可以利用 UHPC 耐久性能较好的优点提升构件整体的耐久性能。在此基础上，型钢的良好滞回性能可以有效缓解整体构件在地震作用下的强度及刚度退化，同时型钢对核心区混凝土提供的连续约束可有效提高内部现浇混凝土的受力性能，且型钢与内部混凝土形成的芯柱可以在外部混凝土损伤后提供充足的承载力与刚度，以提高结构抵御余震的能力。因此 PPSRC 柱与 HPSRC 柱在地震设防区域的高层及超高层建筑中有着广阔的应用前景。

本章将 PPSRC 柱按剪跨比划分为短柱和长柱，其中定义剪跨比大于 2.0 的柱为长柱，剪跨比小于 2.0 的柱为短柱。首先开展剪跨比大于 2.0 的 PPSRC 长柱与 HPSRC 长柱的抗震性能研究。本章的主要研究目的为：

(1) 通过试验了解 PPSRC 长柱与 HPSRC 长柱在轴力、剪力及弯矩共同作用下的受力过程、破坏形态及灾变机理；

(2) 研究低周往复荷载作用下 PPSRC 长柱与 HPSRC 长柱的荷载-位移滞回曲线特征、承载力变化规律、刚度退化机理、位移延性及耗能能力；

(3) 研究截面形式、轴压力、内部混凝土强度、配箍率及剪跨比对 PPSRC 长柱与 HPSRC 长柱抗震性能的影响；

(4) 建立合理有效的有限元分析模型，对 PPSRC 长柱与 HPSRC 长柱在低周往复荷载作用下的滞回性能进行模拟分析，并进一步进行扩展参数分析。

7.2 试 验 概 况

7.2.1 试件设计

现有研究结果表明,影响传统 SRC 柱抗震性能的因素较多,其中主要包括剪跨比、轴压比、混凝土强度、配箍率、箍筋强度、配筋率、配钢率及钢材强度等。本章试验主要考虑下列设计参数:

(1) 截面形式。本书提出的 PPSRC 柱可分为内部现浇普通混凝土的 PPSRC 柱与内部结构性空心的 HPSRC 柱。PPSRC 柱中内部混凝土与型钢形成的芯柱对 PPSRC 柱抗震性能的提升幅度亟待研究,同时 HPSRC 柱芯结构性空心是否会导致型钢局部屈曲从而削弱整体构件的抗震性能也需试验研究证明。

(2) 轴压力。轴压力是影响柱构件抗震性能的重要因素,其对柱构件变形与耗能性能影响较大,同时轴压力对柱的破坏形态及峰值承载力也有不同程度的影响。为了考察不同轴压力对 PPSRC 柱与 HPSRC 柱抗震性能的影响,进而为确定其轴压比限值提供依据,本章试验中试件的轴压力取 1500kN 与 2000kN 两个等级,对应的试验轴压比约为 0.20 与 0.25[2]。

(3) 内部混凝土强度。PPSRC 柱中型钢内部混凝土强度是影响 PPSRC 柱抗震性能的主要因素。因 PPSRC 柱预制外壳采用 UHPC 浇筑,合理设计内部混凝土的强度等级使其型钢与内部混凝土芯柱能与 UHPC 外壳具有匹配的刚度与承载力十分重要。因此,本章试验中试件内部混凝土强度取 C30、C60 与 C100 三个等级,其中 C100 级混凝土即为预制外壳中的 UHPC。

(4) 配箍率。本书试验中的配箍率为体积配箍率,即单位体积混凝土中箍筋的含量。配箍率是柱构件抗震性能的重要影响因素,提升配箍率可提升箍筋约束混凝土的受力性能,进而改善柱构件在地震作用下的变形与耗能能力。为了考察不同配箍率对 PPSRC 柱与 HPSRC 柱抗震性能的影响,本章试验中试件的配箍率取 0.68%、1.26% 与 2.00% 三个等级。

(5) 剪跨比。剪跨比反映柱截面剪力与弯矩的相对关系,本章定义柱构件的剪跨比为悬臂式加载时剪跨段长度与柱截面高度的比值。剪跨比是影响柱构件破坏形态的重要因素,本章试验中试件的剪跨比取 2.2 与 3.0 两个等级,以探究剪跨比对 PPSRC 柱抗震性能的影响。

试验共设计制作了 7 个 PPSRC 长柱试件与 4 个 HPSRC 长柱试件。试件截面尺寸均为 300mm×300mm;试件地梁尺寸均为 550mm×500mm×1200mm。试件主体高度依据不同剪跨比分为 1050mm 与 800mm 两类,水平荷载施加在距柱顶 150mm 处,因此柱剪跨比为 3.0 与 2.2。若假定柱中反弯点处于柱跨中,则实际框架柱的长细比约为 6.0 与 4.4，因此弯曲与剪切效应对试件的抗震性能均影响较大。

各试件中型钢均为十字型钢，由 2 个 HN175×90×5×8 的 Q235B 级轧制型钢切割并焊接而成，配钢率为 5.0%。为了提升试件预制部分的抗震性能，采用 UHPC 浇筑试件的高性能混凝土外壳。UHPC 因出众的力学性能、耐久性能与耐火性能，在建筑工程中的应用越来越广泛。试件内部现浇混凝土按 C30 级、C60 级混凝土和 UHPC 制备。依据试验参数设计，各试件中配置纵筋 12Φ18，配筋率 ρ_{ls} 为 3.4%；配置矩形螺旋箍筋ϕ8@40、ϕ8@65 或ϕ8@120，体积配箍率 ρ_{ts} 为 2.00%、1.26% 或 0.68%。各长柱试件设计参数见表 7.1，试件设计如图 7.1 所示。

表 7.1　PPSRC 长柱抗剪试件参数汇总表

试件编号	λ	截面形式	N /kN	$f_{cu, out}$ /MPa	$f_{cu, in}$ /MPa	型钢		钢筋	
						型钢型号	ρ_{ss}	ρ_{ls}	ρ_{ts}
HPSRC-1-1	3.0	空心	1500	107.6	—	2(HN175×90×5×8)	5.0%	12Φ18 (3.4%)	ϕ8@65 (1.26%)
HPSRC-1-2	3.0	空心	2000	107.6	—	2(HN175×90×5×8)	5.0%	12Φ18 (3.4%)	ϕ8@65 (1.26%)
HPSRC-1-3	3.0	空心	2000	107.6	—	2(HN175×90×5×8)	5.0%	12Φ18 (3.4%)	ϕ8@120 (0.68%)
HPSRC-1-4	3.0	空心	2000	107.6	—	2(HN175×90×5×8)	5.0%	12Φ18 (3.4%)	ϕ8@40 (2.00%)
PPSRC-1-1	3.0	实心	1500	107.6	31.97	2(HN175×90×5×8)	5.0%	12Φ18 (3.4%)	ϕ8@65 (1.26%)
PPSRC-1-2	3.0	实心	2000	107.6	31.97	2(HN175×90×5×8)	5.0%	12Φ18 (3.4%)	ϕ8@40 (2.00%)
PPSRC-1-3	3.0	实心	2000	107.6	62.63	2(HN175×90×5×8)	5.0%	12Φ18 (3.4%)	ϕ8@65 (1.26%)
PPSRC-1-4	3.0	实心	2000	107.6	31.97	2(HN175×90×5×8)	5.0%	12Φ18 (3.4%)	ϕ8@65 (1.26%)
PPSRC-1-5	3.0	实心	2000	107.6	31.97	2(HN175×90×5×8)	5.0%	12Φ18 (3.4%)	ϕ8@120 (0.68%)
PPSRC-1-6	3.0	实心	2000	107.6	107.6	2(HN175×90×5×8)	5.0%	12Φ18 (3.4%)	ϕ8@65 (1.26%)
PPSRC-1-7	2.2	实心	2000	107.6	31.97	2(HN175×90×5×8)	5.0%	12C18 (3.4%)	ϕ8@65 (1.26%)

注：λ 为剪跨比；N 为轴压力；$f_{cu, out}$ 为预制混凝土立方体抗压强度；$f_{cu, in}$ 为现浇混凝土立方体抗压强度；ρ_{ss} 为型钢配钢率；ρ_{ls} 为纵筋配筋率；ρ_{ts} 为体积配箍率。

7.2.2　材料性能

本试验采用的 C30 与 C60 级混凝土均为商品混凝土，UHPC 按 C100 级配置。UHPC 由水泥、硅灰、粉煤灰、矿粉、石英砂、高性能减水剂及钢纤维拌制而成，其中钢纤维的体积掺量为 2.0%，长柱试验 UHPC 配合比见表 7.2。UHPC 中使用的钢纤维为直径 0.2mm、长度 13.0mm 的镀铜平直纤维，其抗拉强度为 2850.0MPa。所有试件均为同批浇筑，自然养护。UHPC 浇筑时制作两组 100mm×100mm×100mm

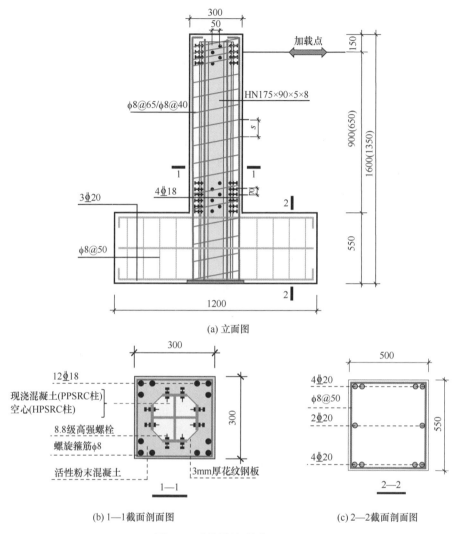

(a) 立面图

(b) 1—1截面剖面图

(c) 2—2截面剖面图

图 7.1 试件设计(单位: mm)

的立方体试块及两组依据《纤维混凝土试验方法标准》(CECS13: 2009)制作的轴心受拉强度测试试件; C30 及 C60 级混凝土浇筑时均制作两组 150mm×150mm×150mm 的立方体试块。混凝土试块与试验试件均进行 28 天同条件养护, 混凝土试块强度试验采用电液式压力试验机进行加载, 长柱试验混凝土力学性能参数如表 7.3 所示[3-4]。依据《金属材料 拉伸试验 第 1 部分: 室温试验方法》(GB/T 228.1—2010)[5], 对试件中使用的钢筋及型钢进行材性试验, 实测结果见表 7.4。

表 7.2　长柱试验 UHPC 配合比

质量比						钢纤维掺量(体积比)	水灰比
52.5 级水泥	粉煤灰	硅灰	矿粉	石英砂	高效减水剂		
1.0	0.2	0.15	0.1	1.3	0.003	0.20	0.22

表 7.3　长柱试验混凝土力学性能参数

混凝土强度等级	立方体抗压强度 f_{cu}/MPa	轴心抗压强度 f_c/MPa	轴心抗拉强度 f_t/MPa	弹性模量 E_c/MPa
C30	31.97	24.30	2.65	$3.04×10^4$
C60	62.23	46.60	3.83	$3.63×10^4$
C100(UHPC)	107.60	96.80	6.83	$3.93×10^4$

注：对于 C30 及 C60 级混凝土，$f_c=\alpha_{c1}\alpha_{c2}f_{cu}$。当 $f_{cu}\leqslant 50$MPa 时，$\alpha_{c1}=0.76$，$\alpha_{c2}=1.0$；当 $f_{cu}=80$MPa 时，$\alpha_{c1}=0.82$，$\alpha_{c2}=0.87$；中间线性插值。$f_t=0.395f_{cu}^{0.55}$[1]。对于 UHPC，$f_c=0.9f_{cu}$[6]。

表 7.4　长柱试验钢材力学性能

钢材	类别	钢材类型	屈服强度 f_y/MPa	极限强度 f_u/MPa	弹性模量 E_s/MPa
型钢	翼缘　HN175×90×5×8	Q235B	311.7	438.3	$2.05×10^5$
	腹板	Q235B	272.5	520.0	$2.05×10^5$
纵筋	Φ18	HRB400	443.5	598.0	$2.07×10^5$
箍筋	ϕ8	HPB300	393.2	562.3	$2.06×10^5$

7.2.3　试件制作

试件制作流程如图 7.2(a)所示，PPSRC 柱的制作分为预制和现浇两个阶段，HPSRC 柱的制作仅有预制阶段。

在 PPSRC 柱与 HPSRC 柱的预制阶段中，首先加工型钢并进行定位。为了保证型钢与混凝土之间的组合作用，制作型钢骨架时分别在柱顶及柱底处型钢翼缘钻孔，并按间距 70mm 梅花状共布置 5 排直径为 10mm 的 8.8 级高强螺栓(柱顶 2 排，柱底 3 排)[7]。试件制作各阶段如图 7.2(b)所示，高强螺栓的螺帽与螺杆头部处于预制混凝土中，而螺杆尾部处于现浇混凝土中，因此相对于传统焊接栓钉，布置于型钢翼缘上的高强螺栓连接件可以同时协调预制与现浇部分混凝土的变形以保证型钢、现浇混凝土及预制混凝土间的组合作用。

为了便于预制混凝土浇筑，将厚 3mm 的扁豆型花纹钢板点焊于相邻型钢翼缘间，在作为内模板的同时可进一步增强预制及现浇混凝土性能。因花纹钢板厚度较小且仅通过点焊与型钢翼缘连接，故可忽略其对各试件承载力及刚度的贡献。在实际工程应用中，也可使用可重复利用的橡胶充气芯模或塑料泡沫芯模以进一步简化施工过程。

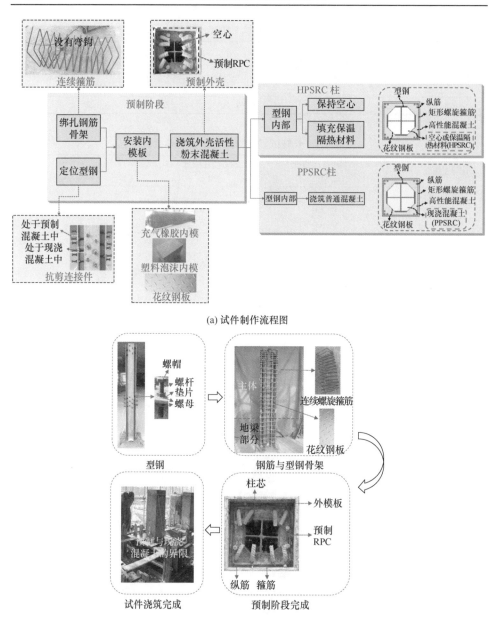

(a) 试件制作流程图

(b) 试件制作各阶段图

图 7.2　试件制作

　　型钢定位完成后即开始钢筋骨架的绑扎,PPSRC 柱与 HPSRC 柱均使用矩形连续箍筋约束预制混凝土。因矩形连续箍筋不存在传统箍筋中的弯钩,因此避免了地震作用下箍筋弯钩失效而导致的纵筋屈曲问题,可以有效地提升构件的变形与耗能能力[8]。

在钢筋骨架绑扎完成后即开始支设外部模板，并进行预制 UHPC 的浇筑。为了进行下一步柱芯的现浇混凝土浇筑，在 PPSRC 柱中，预制 UHPC 的浇筑高度与型钢高度相同；而在 HPSRC 柱中，在预制 UHPC 浇筑前在型钢开口处设置挡板，UHPC 浇筑至外模板顶端，即完成整个 HPSRC 柱的制作。在实际工程中，HPSRC 柱芯可填充保温隔热材料以进一步提升其热工性能。

在预制 UHPC 硬化后，可开始 PPSRC 柱的现浇阶段作业，使用普通混凝土浇筑 PPSRC 柱芯与柱头即完成整个 PPSRC 柱的制作。因 PPSRC 柱主体使用 UHPC 浇筑，但是型钢顶部与外模板顶部间的柱头部分使用普通混凝土浇筑，故柱头区域存在 UHPC 与现浇混凝土的界线。

7.2.4　量测方案

试件的测点布置分为外部测点与内部测点两部分。根据试验研究方案，本章试验外部测点主要监测试件的水平荷载、水平位移及柱底部塑性铰区的变形；内部测点监测型钢、纵筋及箍筋的应变情况。试验中的应变及位移测点布置见图 7.3。

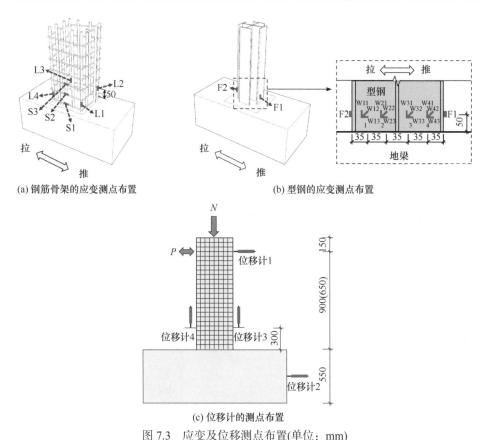

(a) 钢筋骨架的应变测点布置　　　　　　　(b) 型钢的应变测点布置

(c) 位移计的测点布置

图 7.3　应变及位移测点布置(单位：mm)

如图 7.3(a)、(b)所示，试验过程中钢筋骨架和型钢上的应变测点布置如下：测点 S1～S3 为箍筋轴向应变片；测点 L1～L4 为纵筋轴向应变片；测点 W1～W4 为型钢腹板三向应变片；测点 F1 与 F2 为型钢翼缘轴向应变片。

如图 7.3(c)所示，试验过程中位移计的测点布置如下：在柱顶水平加载点处布置电子位移计(位移计 1)测定柱顶水平位移；在地梁中部布置电子位移计(位移计 2)观测地梁滑移；在柱的两侧距柱底 300 mm 范围内各布置 1 个竖向位移计(位移计 3、位移计 4)以监测此处的纵向应变，从而得到柱底部塑性铰区的变形。

除柱顶加载点处布置的电子位移计外，上述所有的位移计与应变片均与 TDS-602 数据采集仪相连，由数据采集仪自动进行数据采集。柱顶加载点处布置的电子位移计与控制水平荷载加载的控制系统相连，用于不同加载步中的水平位移控制。

7.2.5　加载方案

本章试验加载方式为悬臂式，具体加载装置如图 7.4 所示。测试试件可认为

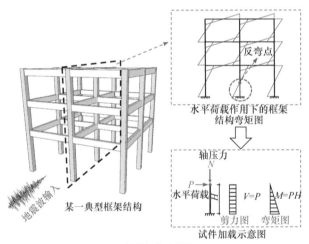

(a) 试件加载示意图

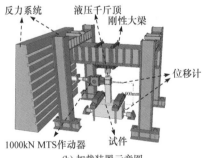

(b) 加载装置示意图

(c) 加载装置实拍

图 7.4　加载装置

是典型框架柱的一半，即试件柱主体高度为柱中反弯点至柱底的距离。试件的地梁通过 2 根钢梁和 4 套大直径螺栓与刚性地面固定；地梁两侧使用千斤顶固定以防止水平位移。水平荷载通过 1000kN 电液伺服作动器施加，轴向荷载通过设置在刚性大梁上可水平滑动的 5000kN 油压千斤顶施加于柱顶。试验中水平荷载通过作动器内置的传感器测量并采集，水平位移通过位移计 1 测量。

试验正式加载前，使用油压千斤顶在柱顶预施加轴向压力 100kN，并观测各测点的测试数据，以判定轴向荷载是否偏心以及各量测仪器是否正常工作，若一切正常则开始正式加载。试验正式加载时，首先由油压千斤顶在柱顶施加目标轴向压力，然后利用电液伺服作动器在柱顶水平加载点施加低周往复荷载。水平低周往复荷载采用位移控制加载，前 5 级荷载的目标位移角分别为 0.2%、0.4%、0.6%、0.8% 与 1.0%，每级循环 1 次；此后每级位移角的增量为 0.5%，每级循环 3 次。当出现下列任何一种情况后即停止加载：当推、拉两侧的水平荷载均下降至其对应的最大荷载的 80% 以下；柱身无法继续承担预定轴向压力。具体加载制度如图 7.5 所示。

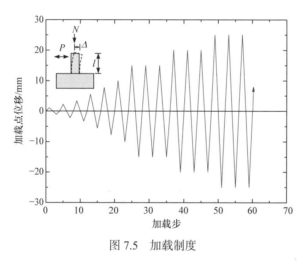

图 7.5　加载制度

7.3　试　验　结　果

7.3.1　试验现象

图 7.6 与图 7.7 分别为试件 PPSRC-1-2 与 PPSRC-1-4 的裂缝发展过程图，图 7.8 为各试件的最终破坏形态。图 7.6～图 7.8 均展示了距柱底约 400mm 距离内平行于加载方向的柱身裂缝发展情况及损伤过程，各试件的主要试验结果如表 7.5 所示。

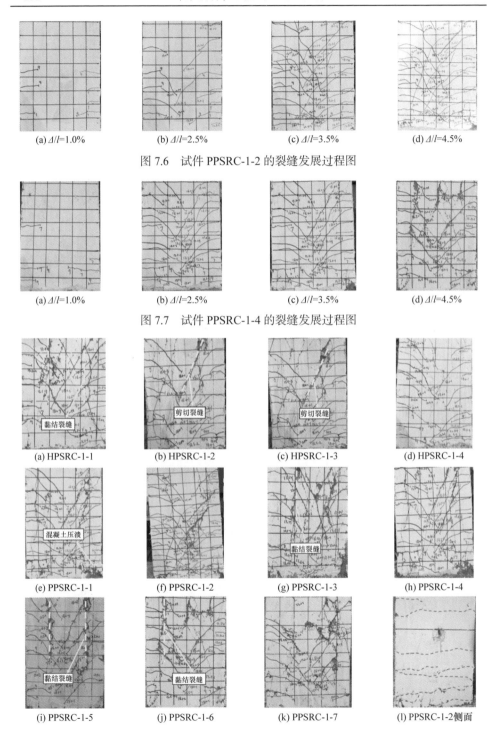

(a) Δ/l=1.0% (b) Δ/l=2.5% (c) Δ/l=3.5% (d) Δ/l=4.5%

图 7.6 试件 PPSRC-1-2 的裂缝发展过程图

(a) Δ/l=1.0% (b) Δ/l=2.5% (c) Δ/l=3.5% (d) Δ/l=4.5%

图 7.7 试件 PPSRC-1-4 的裂缝发展过程图

(a) HPSRC-1-1 (b) HPSRC-1-2 (c) HPSRC-1-3 (d) HPSRC-1-4

(e) PPSRC-1-1 (f) PPSRC-1-2 (g) PPSRC-1-3 (h) PPSRC-1-4

(i) PPSRC-1-5 (j) PPSRC-1-6 (k) PPSRC-1-7 (l) PPSRC-1-2侧面

(m) PPSRC-1-2 侧面

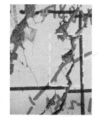

钢纤维

(n) 钢纤维的作用

图 7.8　各试件的最终破坏形态图

表 7.5　长柱试验结果汇总

试件编号	破坏形态	加载方向	Δ_y/mm	P_y/kN	Δ_u/mm	P_m/kN	$\bar{P}_m$/kN	E_{sum}/(kN·m)	μ	$\bar{\mu}$
HPSRC-1-1	弯剪破坏	正向	16.70	376.78	39.44	479.11	451.07	149.13	2.36	2.75
		负向	12.39	290.42	38.98	423.02			3.15	
HPSRC-1-2	弯剪破坏	正向	12.69	385.83	30.98	476.34	459.69	116.66	2.44	2.53
		负向	12.05	330.81	31.67	443.03			2.63	
HPSRC-1-3	弯剪破坏	正向	14.95	369.12	33.11	438.05	422.96	106.16	2.21	2.47
		负向	12.90	323.16	35.07	407.87			2.72	
HPSRC-1-4	弯剪破坏	正向	11.13	416.83	34.14	548.35	501.92	130.03	3.07	2.67
		负向	13.80	363.90	31.36	455.49			2.27	
PPSRC-1-1	弯剪破坏	正向	14.78	367.38	44.25	489.34	465.71	217.51	2.99	2.70
		负向	18.66	382.36	45.00	442.07			2.41	
PPSRC-1-2	弯曲破坏	正向	13.21	331.86	49.50	450.84	474.12	276.57	3.75	3.48
		负向	15.36	361.11	49.50	497.40			3.22	
PPSRC-1-3	弯剪破坏	正向	11.81	324.90	45.00	483.91	463.26	218.01	3.81	3.26
		负向	16.56	372.95	45.00	442.61			2.72	
PPSRC-1-4	弯剪破坏	正向	17.24	374.00	45.00	484.04	465.16	188.94	2.61	2.68
		负向	16.36	316.54	45.00	446.28			2.75	
PPSRC-1-5	弯剪破坏	正向	13.90	369.47	36.00	432.52	463.71	122.68	2.59	2.66
		负向	13.08	446.08	35.59	494.90			2.72	
PPSRC-1-6	弯曲破坏	正向	16.71	374.35	49.50	530.22	523.18	250.85	2.96	3.04
		负向	14.83	370.52	46.11	516.14			3.11	
PPSRC-1-7	弯剪破坏	正向	13.94	455.83	33.00	631.15	594.98	180.68	2.37	2.29
		负向	13.12	506.62	28.97	558.81			2.21	

注：Δ_y 为试件屈服位移；Δ_u 为试件极限位移；P_y 为试件屈服荷载；P_m 为试件峰值荷载；E_{sum} 为试件破坏时的累积耗能；μ 为试件位移延性系数。

　　PPSRC 长柱试件的最终破坏形态分为弯曲破坏与弯剪破坏两种，而 HPSRC 长柱试件均发生弯剪破坏。弯曲破坏发生在配箍率较大(试件 PPSRC-1-2)与内部现浇 UHPC(试件 PPSRC-1-6)的试件中；其余试件在最终破坏时均出现不同程度的剪切破坏特征，即发生弯剪破坏。弯剪破坏定义为在试件加载初始阶段柱身两侧出现水平弯曲裂缝，随着水平荷载的增加，部分弯曲裂缝呈斜向发展，但最终破坏表现为受压区混凝土压溃及受拉区纵筋和型钢翼缘屈服，即试件的最终破坏仍由弯曲破坏形态控制。

　　对于发生弯曲破坏的试件(图 7.6)，当转角 $\Delta/l<0.8\%$ 时，试件未出现混凝土的开裂和剥落；当 $\Delta/l=0.8\%$ 时，柱两侧出现水平弯曲裂缝，并随着加载位移增大而在水平向发展；当 $\Delta/l=1.5\%$ 时，部分水平裂缝开始沿斜向发展，同时柱两侧也不断产生新的水平裂缝；随着水平位移的继续增大，水平弯曲裂缝的发展速度明显快于斜裂缝，当 $\Delta/l=4.5\%$ 时，试件柱脚混凝土出现了明显的劈裂与压溃情况，同时水平裂缝在加载时不断加宽，而斜裂缝几乎不再发展。虽然在最终破坏时，试件柱身同时存在弯曲裂缝与剪切裂缝，但剪切裂缝的宽度较小，且柱身未发现因荷载往复而导致的斜裂缝处的混凝土剥落情况，说明试件最终的破坏形态主要由弯曲破坏控制。

　　对于发生弯剪破坏的试件(图 7.6)，初始加载时的裂缝发展情况与发生弯曲破坏的试件一致。即当 $\Delta/l<0.8\%$ 时，试件未出现混凝土的开裂和剥落；当 $\Delta/l=0.8\%$ 时，柱身两侧出现水平弯曲裂缝，并随着加载位移增大朝水平向发展；当 $\Delta/l=1.5\%$ 时，部分水平裂缝开始沿斜向发展，同时柱两侧也不断产生新的水平裂缝；随着水平位移的继续增大，水平弯曲裂缝与斜裂缝同时发展，当 $\Delta/l=3.5\%$ 时，试件柱脚混凝土出现了明显的劈裂与压溃情况，同时水平裂缝与斜裂缝在加载时不断加宽；当 $\Delta/l=4.5\%$ 时，因荷载往复而导致部分斜裂缝交叉处发生了混凝土剥落现象，试件最终的破坏形态表现为出现一定剪切破坏形态的弯曲破坏。

　　由上述分析可知，发生弯曲破坏与弯剪破坏的试件中均出现了不同程度的斜裂缝，这是因为 UHPC 中未添加粗骨料，缺少骨料咬合作用使各试件的预制外壳均出现不同程度的剪切裂缝[6]。

　　如图 7.8(b)、(h)、(k)所示，剪切裂缝的发展及荷载往复导致交叉剪切裂缝间的混凝土剥落情况随剪跨比的减小而严重。最终破坏时，剪跨比最小的试件 PPSRC-1-7 柱身水平弯曲裂缝的数量及长度均小于剪跨比较大的试件 HPSRC-1-2 与 PPSRC-1-4，说明剪切效应引发的柱身损伤随剪跨比的减小而增大。

　　由于 PPSRC 柱与 HPSRC 柱试件预制外壳均配置了矩形螺旋箍筋并采用配置钢纤维的 UHPC 浇筑，在加载过程中各试件均未出现混凝土剥落的现象，而在试件侧面则均出现若干细密的裂缝(图 7.8)。

　　在加载结束后，部分试件被破碎以观察内部纵筋、型钢及混凝土的损伤情况，结果表明试件中型钢与受力纵筋均未发生明显的屈曲，花纹钢板与型钢翼缘连接良好[图 7.8(m)]，表明各试件的高性能混凝土外壳可有效约束其内部的型钢与纵筋。

另外，在加载过程中，因为垂直于加载方向的型钢翼缘中螺栓保护层厚度较小，各试件中均出现了不同程度的纵向裂缝，通过裂缝的间距可知其产生的原因并不源于水平荷载加载方向中混凝土与主要受力型钢的失效，且裂缝并未贯通整个柱高，故可认为试件的最终破坏仍由弯曲破坏控制。

7.3.2　滞回曲线

在地震作用下，结构或构件的内力将随荷载的正负交替而呈现较为复杂的受力状态，现阶段可通过结构或构件的低周往复加载试验来研究在这种复杂受力状态下的抗震性能。滞回曲线是在低周往复加载试验过程中得到的试件柱顶水平荷载加载点处的荷载-位移曲线，是试件抗震性能的一种综合体现，可以较全面地体现试件的变形能力与耗能能力。滞回曲线越饱满，说明试件耗散地震能量的能力越强，试件的抗震性能越好。图 7.9 为各长柱试件的荷载-位移滞回曲线，其中 Δ 为加载点水平位移，P 为加载点水平荷载。对比各试件的滞回曲线可知：

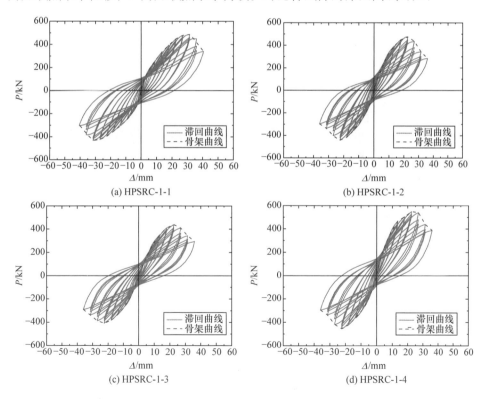

(a) HPSRC-1-1　　　　　　　　　　(b) HPSRC-1-2

(c) HPSRC-1-3　　　　　　　　　　(d) HPSRC-1-4

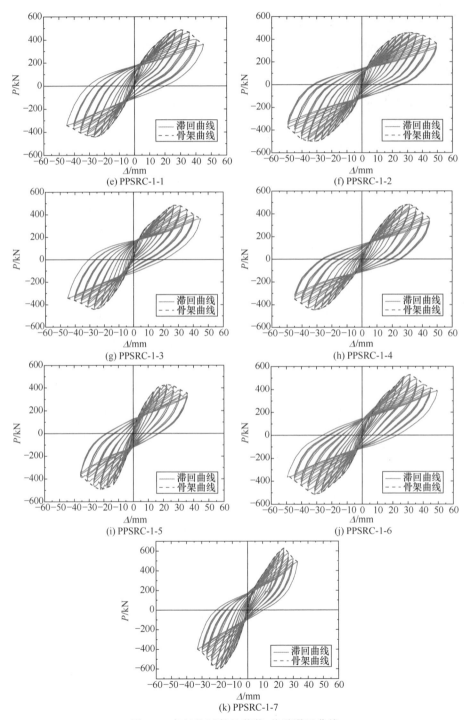

图 7.9　各长柱试件的荷载-位移滞回曲线

（1）PPSRC 长柱与 HPSRC 长柱试件在加载初期均基本呈弹性，滞回曲线接近于直线，即滞回曲线所包围的面积较小，卸载时残余变形也较小。各试件中的首条裂缝约在侧移角为 0.8% 时出现，开裂所对应的侧移角大于未掺杂钢纤维的型钢高强混凝土柱[9-10]，说明 PPSRC 长柱与 HPSRC 长柱试件中预制 UHPC 中的钢纤维很好地起到了阻裂的作用。各试件中型钢翼缘及纵筋在侧移角为 1.5%～2.0% 时进入屈服阶段，型钢与纵筋屈服后，各试件在每级侧移水平下峰值荷载的增长逐渐变小。由于内部型钢的存在，PPSRC 长柱与 HPSRC 长柱试件的滞回曲线均呈稳定的梭形，且未出现明显的捏拢现象，滞回性能表现稳定。在试件最终破坏时，HPSRC 长柱与 PPSRC 长柱试件的极限侧移角分别达到了 4.0% 与 5.5%，均表现出较好的变形能力。在本章试验中，各试件中的型钢均采用标准 H 型钢，为了保证型钢翼缘的保护层厚度进而确保型钢与混凝土间的共同工作性能，型钢配钢率偏小（5.0%），仅略高于我国《组合结构设计规范》中 SRC 柱的最小配钢率限值（4.0%），故滞回曲线的饱满程度相对于大配钢率型钢高强混凝土柱较弱[11]。但在实际工程应用中，足尺的 PPSRC 长柱及 HPSRC 长柱可通过增大型钢配钢率以进一步提升耗能能力[12]。

（2）由于型钢内部混凝土的存在，PPSRC 长柱的滞回曲线比 HPSRC 长柱的更为饱满。型钢内部混凝土因受到外围型钢翼缘与腹板的约束，拥有较好变形能力与较高的强度，能有效提高 PPSRC 长柱的刚度与变形能力[13]。HPSRC 长柱型钢内部空心，虽在峰值承载力方面与 PPSRC 长柱差别较小，但在耗能能力及变形能力方面有着明显的劣势，从而导致其滞回曲线的饱满程度较弱。如图 7.9(b)、(c)、(d)、(f)、(h) 和 (i) 所示，在其余设计参数相同时，增加配箍率可有效提高 PPSRC 长柱与 HPSRC 长柱的滞回性能。如图 7.9(a)、(b)、(e) 和 (h) 所示，高轴压力的试件表现出不稳定的滞回性能，说明提高轴压力对 PPSRC 长柱与 HPSRC 长柱的滞回性能均不利。

7.3.3　骨架曲线

试件的骨架曲线是指荷载-位移滞回曲线中,每一级荷载的第一次循环的峰值点所连成的外包络曲线。骨架曲线可以反映出试件在受力过程中的特征点,如试件的开裂点、屈服点、峰值点和破坏点等。同时试件的变形能力和刚度退化规律等抗震性能指标也可以从骨架曲线中有所体现。各长柱试件的骨架曲线如图 7.10 所示,对比各试件的骨架曲线可知:

（1）PPSRC 长柱与 HPSRC 长柱试件的受力过程均可分为弹性阶段、弹塑性阶段与破坏阶段。当试件水平荷载未达到其峰值荷载的 40%～50% 时,水平荷载与水平位移基本呈线性关系,说明试件处于弹性工作阶段;随着水平荷载的增加,各试件的骨架曲线的斜率逐渐降低,说明因为裂缝的产生与发展使试件进入了弹塑性工作阶段;当型钢屈服后,试件骨架曲线的斜率进一步减小,但因型钢与纵

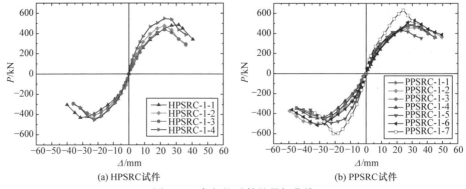

(a) HPSRC试件　　　　　　　　　　(b) PPSRC试件

图 7.10　各长柱试件的骨架曲线

筋的强化效应,试件的水平承载力进一步增加;当到达对应的水平峰值承载力后,试件的骨架曲线因混凝土的累积损伤而进入下降段;随着水平位移的进一步增加,试件的承载力不断降低直至试件破坏。

(2) 剪跨比对 PPSRC 长柱试件的峰值荷载与变形性能影响较大。长柱试验结果汇总如表 7.5 所示,剪跨比为 2.2 的试件 PPSRC-1-7 的峰值荷载是剪跨比为 3.0 的试件 PPSRC-1-4 的 1.28 倍,但试件 PPSRC-1-7 骨架曲线的下降段更陡峭,说明减小剪跨比可以提升 PPSRC 长柱的峰值荷载,但会降低其变形能力。

(3) 配箍率为 2.00%的试件 HPSRC-1-4 与 PPSRC-1-2 的峰值荷载分别是配箍率为 1.26%的试件 HPSRC-1-2 与 PPSRC-1-4 的 1.10 倍与 1.02 倍,分别是配箍率为 0.68%的试件 HPSRC-1-3 与 PPSRC-1-5 的 1.19 倍与 1.02 倍,说明提升配箍率可以提升 PPSRC 长柱与 HPSRC 长柱的峰值荷载,但提升幅度较小。造成这种现象的主要原因是本章试验中 HPSRC 长柱与 PPSRC 长柱的最终破坏形态以弯曲破坏为主,箍筋的作用主要在于约束预制 UHPC 以提升其强度与变形能力,因此配箍率的提升对两类试件的峰值荷载均无较大影响,但试件 PPSRC-1-2 骨架曲线的下降段坡度最缓,说明配箍率的增加可以提升两类试件的变形能力。

(4) 轴压力较高的试件 PPSRC-1-4 与 HPSRC-1-2 的峰值荷载分别是轴压力较低的试件 PPSRC-1-1 与 HPSRC-1-1 的 1.00 倍与 1.02 倍,同时骨架曲线的下降段斜率相当,说明本章试验中轴压力对两类试件的峰值荷载与变形能力的影响较小。这是因为试验条件有限,本章试验试件所施加的轴压力均较小,后续应针对大轴压力下 PPSRC 长柱与 HPSRC 长柱的滞回性能做进一步研究。

(5) 内部现浇 UHPC 的试件 PPSRC-1-6 的峰值荷载分别是内部现浇 C60 级混凝土的试件 PPSRC-1-3 与内部现浇 C30 级混凝土的试件 PPSRC-1-4 的 1.13 倍与 1.12 倍,说明现浇混凝土强度对 PPSRC 长柱峰值荷载的影响不明显。其主要原因是本章试验中 PPSRC 长柱的最终破坏形态以弯曲破坏为主,且所施加轴压力有限,因此内部现浇混凝土强度对试件压弯承载力的贡献较小。

7.3.4　应变分析

　　箍筋的应变发展可以直观地体现斜裂缝的发展趋势及箍筋对混凝土的约束程度，同时箍筋的屈服也可以间接判断试件的破坏模式。图 7.11(a)、(b)分别为试件 PPSRC-1-3 与 HPSRC-1-4 的箍筋应变结果。由图可以看出，两个试件在破坏前箍筋应变已超过其受拉屈服应变，说明 PPSRC 长柱与 HPSRC 长柱中的箍筋可有效地约束预制 UHPC，以提升其强度与变形能力。值得注意的是，两个试件的箍筋均在达到峰值荷载后屈服，说明在试件达到峰值荷载前斜裂缝的发展程度较小，从而进一步说明试件的破坏主要由弯曲破坏控制，这与 7.3.1 小节中记录的试件破坏形态吻合。

　　型钢翼缘的应变发展可以反映试件的破坏形态，同时也可以反映两类试件中型钢与混凝土间的组合作用。图 7.11(c)、(d)分别为试件 PPSRC-1-3 与 HPSRC-1-4 的型钢翼缘应变结果。可以看出，在试件达到峰值荷载前型钢翼缘均已屈服，并随着水平侧移的增加而逐步进入强化阶段，说明型钢充分参与了 PPSRC 长柱与 HPSRC 长柱的受力行为，证明本书提出的高强螺栓连接件可有效地协调型钢、预制 UHPC 与现浇混凝土间的变形。

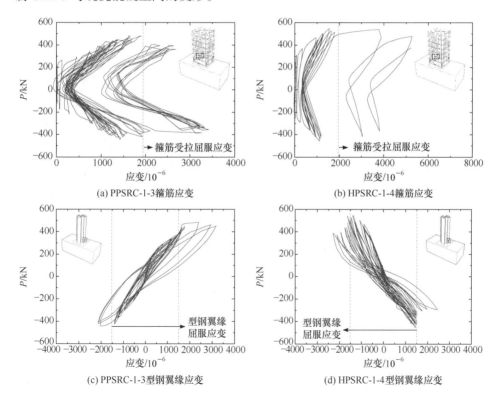

(a) PPSRC-1-3箍筋应变　　　　　　　(b) HPSRC-1-4箍筋应变

(c) PPSRC-1-3型钢翼缘应变　　　　　(d) HPSRC-1-4型钢翼缘应变

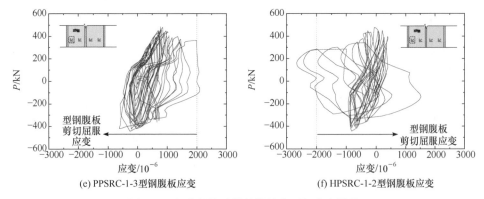

(e) PPSRC-1-3型钢腹板应变　　　　　　　　(f) HPSRC-1-2型钢腹板应变

图 7.11　部分长柱试件的箍筋和型钢应变结果

　　型钢腹板的应力状态可以有效体现型钢腹板在 PPSRC 长柱与 HPSRC 长柱滞回行为中的作用。因为型钢腹板处于平面应力状态，所以其测点的正应变与剪应变可由应变花的数据测定。如图 7.11(e)所示，$x\text{-}y$ 平面的正应变与剪应变可按式(7.1)进行计算：

$$\varepsilon_x = \varepsilon_1, \quad \varepsilon_y = \varepsilon_3, \quad \gamma_{xy} = 2\varepsilon_2 - \varepsilon_1 - \varepsilon_3 \tag{7.1}$$

式中，ε_x、ε_y、γ_{xy}——平行于加载方向的型钢腹板 $x\text{-}y$ 平面上的正应变与剪应变；

　　　　ε_1、ε_2、ε_3——应变花三个方向的实测应变值。

　　图 7.11(e)、(f)分别为试件 PPSRC-1-3 和试件 HPSRC-1-2 的型钢腹板应变结果。由图可以看出，两个试件型钢腹板的应变均在试验后期超过了其剪切屈服应变，这与 7.3.1 小节中的弯剪破坏形态相符。其中试件 HPSRC-1-2 由于柱核心区未浇筑混凝土，其型钢腹板的应变比试件 PPSRC-1-3 的大，说明 PPSRC 长柱核心区的混凝土有效承担了部分水平荷载，内部混凝土的存在可增强试件的承载能力。

　　综上所述，PPSRC 长柱与 HPSRC 长柱试件中型钢翼缘先于箍筋和型钢腹板屈服，同时型钢腹板与箍筋于试验后期及试验末期屈服，说明各试件的最终破坏仍由弯曲效应控制。

7.3.5　刚度退化

　　在低周往复荷载作用下，试件的累积损伤导致试件的割线刚度随位移加载循环的增加而逐渐减小，这种现象称为刚度退化。试件的割线刚度定义为每次循环的正向或负向最大荷载与相应位移的比值，其表达式为

$$K_{i+} = \frac{+P_i}{+\Delta_i}, \quad K_{i-} = \frac{-P_i}{-\Delta_i} \tag{7.2}$$

式中，K_{i+}、K_{i-}——第 i 级加载下正、反向加载的刚度；

$+\Delta_i$、$-\Delta_i$——第 i 级加载下正、反向水平峰值荷载对应的侧移；

$+P_i$、$-P_i$——第 i 级加载第 1 次循环的正、反向水平峰值荷载。

长柱试件刚度退化曲线见图 7.12。由图可以看出，型钢内部混凝土的存在，使得 PPSRC 试件的初始刚度略大于 HPSRC 试件的初始刚度。总体来说各试件的刚度退化均可分为两个阶段：由于试件开裂及裂缝的发展，从开始加载到试件屈服阶段，刚度快速退化；试件屈服后，刚度退化趋势逐渐变缓。由于试件配置了预制 UHPC 外壳，在两类试件中均未发现刚度的突然退化。

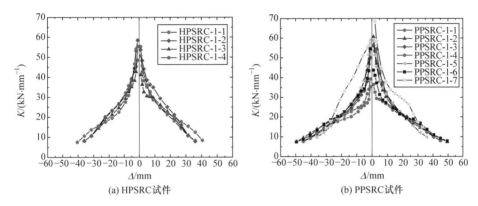

(a) HPSRC 试件　　　　　　　　　　(b) PPSRC 试件

图 7.12　长柱试件刚度退化曲线

如图 7.12(a)所示，由于 HPSRC 长柱均未浇筑型钢内部混凝土，各试件的初始刚度无明显差别，其中配箍率最大的试件 HPSRC-1-4 体现出最稳定的刚度退化趋势，配箍率最小的试件 HPSRC-1-3 的刚度退化曲线最为陡峭，说明配箍率对 HPSRC 长柱刚度退化的影响较大。

如图 7.12(b)所示，剪跨比较小的试件 PPSRC-1-7 的初始刚度最大，说明 PPSRC 试件的初始刚度随剪跨比的减小而增大。在剪跨比相同的前提下，内部现浇 UHPC 的试件 PPSRC-1-6 的初始刚度最大，说明 PPSRC 试件的初始刚度随内部现浇混凝土强度的增大而增大。配箍率最大的试件 PPSRC-1-2 体现出最稳定的刚度退化趋势，配箍率最小的试件 PPSRC-1-5 的刚度退化曲线最为陡峭，说明配箍率对 PPSRC 长柱刚度退化的影响较大。试件 PPSRC-1-3、PPSRC-1-4 与 PPSRC-1-6 的刚度退化曲线基本重合，说明现浇混凝土强度对 PPSRC 长柱的刚度退化影响较小。

值得注意的是，低轴压力的试件 HPSRC-1-1 与 PPSRC-1-1 加载前期的刚度退化较高轴压力的试件 HPSRC-1-2 与 PPSRC-1-4 快，在加载后期的刚度退化则较慢，说明轴压力可在加载前期抑制水平裂缝的发展，延缓试件的刚度退化，而在加载后期轴压力会加速混凝土的损伤，从而加速试件的刚度退化。

7.3.6　位移延性

位移延性是衡量结构构件弹塑性变形能力的重要指标。位移延性是指结构构件在承载能力没有显著降低的情况下承受变形的能力，也可以将位移延性定义为结构构件在最终破坏前承受弹塑性变形的能力[14]。对于建筑中需要进行抗震设防的结构构件，位移延性是判定其抗震性能优劣的一个重要指标，因为结构构件的位移延性越好，其抵御地震作用导致的结构变形能力越强，从而使结构构件耗散地震能量的能力越强。

通常，结构构件的位移延性可以用位移延性系数进行量化表示。位移延性系数越大，说明结构构件的变形能力越强，抗震性能越好。结构构件的位移延性系数 μ 可按式(7.3)计算：

$$\mu = \frac{\Delta_u}{\Delta_y} \tag{7.3}$$

式中，Δ_y——构件的屈服位移；

Δ_u——构件的极限位移。

理想弹塑性构件的荷载-位移曲线的骨架曲线有明显的屈服点，因而从其骨架曲线可以较容易地确定构件的屈服位移与屈服荷载。本章试验中的 PPSRC 长柱与 HPSRC 长柱试件的荷载-位移曲线均无明显的屈服点，即两类构件为非理想弹塑性构件。目前确定非理想弹塑性构件屈服点 Δ_y 的方法有能量等效法、R-Park 法与通用屈服弯矩法[15]，如图 7.13 所示。

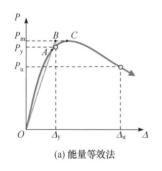

(a) 能量等效法

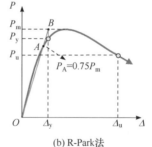

(b) R-Park法

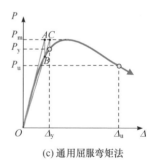

(c) 通用屈服弯矩法

图 7.13　位移延性系数计算方法

对于结构构件的极限位移 Δ_u，一般可以采用结构构件荷载-位移骨架曲线上水平荷载下降至名义极限荷载点所对应的侧移。结合本章试验的加载制度，定义推、拉两侧的水平荷载均下降至其最大荷载的 80% 时所对应的侧移为试件的极限位移。

试验实测各试件的位移及位移延性系数如表 7.5 所示。由表可以看出，由于内部混凝土的存在，PPSRC 长柱试件相对于 HPSRC 长柱试件表现出更高的位移延性系数，说明内部混凝土可有效提升 PPSRC 长柱的变形能力。

低轴压力试件 HPSRC-1-1 与 PPSRC-1-1 的位移延性系数分别为高轴压力试件 HPSRC-1-2 与 PPSRC-1-4 的 1.09 倍与 1.01 倍，说明提高轴压力会降低两类试件的变形能力。

高配箍率试件 HPSRC-1-4 与 PPSRC-1-2 的位移延性系数分别为中等配箍率试件 HPSRC-1-2 与 PPSRC-1-4 的 1.06 倍与 1.30 倍，低配箍率试件 HPSRC-1-3 与 PPSRC-1-5 的 1.08 倍与 1.31 倍，说明提高配箍率可有效提升两类试件的位移延性。因为内部混凝土与型钢组成的芯柱可在刚度和承载力方面与预制 UHPC 外壳的匹配度更好，所以增大配箍率对 PPSRC 长柱变形性能的提升更大。

内部现浇 UHPC 试件 PPSRC-1-6 与内部现浇 C60 级混凝土试件 PPSRC-1-3 的位移延性系数分别是内部现浇 C30 级混凝土试件 PPSRC-1-4 的 1.13 倍与 1.22 倍，说明提升内部现浇混凝土强度可以有效提升 PPSRC 长柱的变形能力，主要原因是内部填充 C30 级混凝土试件中型钢与内部混凝土的承载力和变形能力远低于型钢外部的预制 UHPC 外壳，造成内、外部承载力与刚度的不协调。因此在实际工程应用中，应合理控制预制与现浇混凝土的强度差。

同时，高剪跨比试件 PPSRC-1-4 的位移延性系数是低剪跨比试件 PPSRC-1- 7 的 1.17 倍，说明 PPSRC 柱的变形性能随剪跨比的减小而降低。

综上所述，提升配箍率与现浇混凝土强度可将 PPSRC 长柱的中度延性破坏模式(μ>2.0)转化为高延性破坏模式(μ>3.0)[16]。在实际工程中，地震设防区域中使用的 PPSRC 柱可通过提升配箍率及控制预制与现浇混凝土的强度差的方法来提升整体结构的变形性能。

7.3.7　耗能能力

结构构件的耗能能力是指在地震作用下结构构件吸收地震能量的大小。耗能能力是判别结构构件抗震性能优劣的一个重要指标，反映了结构构件在地震作用下的弹塑性力学性能。在地震作用下，结构构件在维持承载能力基本不变的前提下，耗能能力越强，则其阻尼越大，吸收地震能量越多，从而可以减小整体结构在地震作用下的响应，使结构不发生严重破坏。

试件耗能计算方法如图 7.14 所示，试件荷载-位移滞回曲线一次循环中包围的面积即代表一级加载循环内所耗散的能量，结构构件的累积耗能 E_{sum} 是指当前侧移水平前荷载-位移曲线中所有滞回环包围面积的总和，长柱试件的累积耗能曲线见图 7.15，试件破坏时的累积耗能见表 7.5。与前述位移延性表现出的特征类似，PPSRC 长柱试件破坏时的累积耗能远高于 HPSRC 长柱试件，其中内部现浇 UHPC 试件 PPSRC-1-6 在破坏时的累积耗能是试件 HPSRC-1-2 的 2.14 倍，说明 PPSRC 长柱的耗能能力明显优于 HPSRC 长柱。

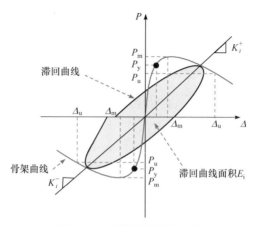

图 7.14　试件耗能计算方法

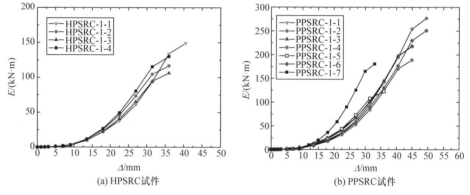

(a) HPSRC试件　　　　　　　　　(b) PPSRC试件

图 7.15　长柱试件的累积耗能曲线

高配箍率试件 HPSRC-1-4 与 PPSRC-1-2 破坏时的累积耗能分别是中等配箍率试件 HPSRC-1-2 与 PPSRC-1-4 的 1.11 倍与 1.46 倍,是低配箍率试件 HPSRC-1-3 与 PPSRC-1-5 的 1.22 倍与 2.25 倍,说明提高配箍率可以有效提升 HPSRC 长柱与 PPSRC 长柱的耗能能力,且对 PPSRC 长柱的提升幅度更大。主要原因是配箍率的提升可以加强矩形螺旋箍对预制 UHPC 的约束,虽可同时提升两类长柱试件的耗能能力,但是因为 PPSRC 长柱中柱核心区存在现浇混凝土,其在往复荷载下的耗能能力优于柱核心区空心的 HPSRC 长柱,所以与受到有效约束的预制 UHPC 的共同工作能力更强。

低轴压力试件 HPSRC-1-1 与 PPSRC-1-1 破坏时的累积耗能分别是高轴压力试件 HPSRC-1-2 与 PPSRC-1-4 的 1.27 倍与 1.15 倍,说明轴压力的提高会降低 PPSRC 长柱与 HPSRC 长柱的耗能能力,但 PPSRC 长柱的降低幅度远低于 HPSRC 长柱。主要原因是试件型钢外侧的预制 UHPC 容易受到轴压力的影响,而 PPSRC 长柱因内部混凝土的存在其型钢外侧预制 UHPC 部分承担的轴压力相对于

HPSRC 长柱中型钢外侧预制 UHPC 部分较低，所以 PPSRC 长柱的耗能能力受轴压力影响的程度较低。

内部现浇 C60 级混凝土试件 PPSRC-1-3 与内部现浇 UHPC 试件 PPSRC-1-6 破坏时的累积耗能分别为内部现浇 C30 级混凝土试件 PPSRC-1-4 的 1.15 倍与 1.32 倍，说明提高现浇混凝土强度可提升 PPSRC 长柱的耗能性能。

同时，高剪跨比试件 PPSRC-1-4 破坏时的累积耗能为低剪跨比试件 PPSRC-1-7 的 1.05 倍，说明 PPSRC 柱的耗能性能随剪跨比的减小而降低。

综上所述，在实际工程应用中，PPSRC 长柱可用于结构底层重载柱以提升整体结构的抗震性能，而 HPSRC 长柱虽在滞回性能方面相比 PPSRC 长柱较弱，但用于轴压力较小的高层结构柱时仍可提供充足的承载能力与耗能能力，并可降低整个结构的自重。在 PPSRC 长柱中，适当提升配箍率与内部混凝土强度可以同时提升 PPSRC 长柱的刚度退化特性、位移延性与耗能能力，故在实际工程应用中，可以使用造价相对 UHPC 较低的高强混凝土浇筑 PPSRC 柱柱芯并适当提升柱配箍率以在保证抗震性能的前提下降低造价。

7.4　长柱构件有限元分析

实际结构或构件往往体型较大，同时进行试验研究的时间及人力成本较大。随着试验复杂程度的不断增大，试验数据往往难以全部采集，且试验过程中的不可控因素也不断增多。与此同时，采用有限单元法对结构或构件进行不同荷载下的响应分析，从机理上分析结构或构件破坏机理的同时，还可以进行大量的参数分析，从而提炼出相应的计算方法，进一步指导实际工程的设计。因此，本章基于已有试验研究的基础，利用有限元软件对 PPSRC 长柱与 HPSRC 长柱进行非线性分析，进一步探究其他设计参数对 PPSRC 长柱与 HPSRC 长柱抗震性能的影响。

目前已有众多基于有限单元法的分析软件，如 ABAQUS、ANASYS、OpenSees 以及 MARC 等。在计算模型方面，目前 SRC 结构与构件的数值计算模型主要基于三种单元，即三维实体单元、集中塑性铰单元与纤维梁单元[17]。

(1) 三维实体单元模型。三维实体单元模型可以还原试件的设计细节，同时可较为直观地得到构件各组分的受力状态。但为了获得足够的计算精度需要将构件细分为足够小的单元，计算成本较高。

(2) 集中塑性铰单元模型。集中塑性铰单元模型构成较为简单且计算效率较高，但其引入了较多的假定，在计算时难以追踪构件的塑性区域随加载过程的时变，且构件中轴力与弯矩的相互耦合关系尚未合理解决，因此使用较少。

(3) 纤维梁单元模型。作为一种可考虑杆系结构分布塑性的梁柱单元模型，纤维梁单元模型假定构件截面上的每根纤维均处于单向受力状态。基于单轴材料本构关系与平截面假定,对各纤维进行数值积分即可得到整个截面的弯矩与轴力,因此纤维梁单元模型可以考虑构件弯矩与轴力的非线性耦合,同时也可以考虑构件的塑性段长度变化,近年来得到广泛的关注[18]。

刘祖强[19]使用 ABAQUS 软件对型钢混凝土异形柱框架的静力弹塑性性能进行了数值分析;柯晓军[20]使用 ABAQUS 软件模拟了新型高强混凝土组合柱的抗震性能;徐金俊[21]使用 ABAQUS 软件对型钢混凝土 T 形柱-钢梁空间节点的抗震性能进行了数值模拟;于云龙[22]使用 ABAQUS 软件模拟了部分预制装配型钢混凝土梁的弯剪受力性能;臧兴震[23]使用 ABAQUS 软件对钢管约束型钢高强混凝土柱的抗震性能进行了数值模拟分析。上述基于三维实体单元采用 ABAQUS 软件进行的非线性分析均取得较好的结果,但应注意到,上述大部分模拟分析是在单调荷载作用下进行的。在滞回荷载的分析中,因混凝土在低周往复荷载作用下容易出现受拉开裂且混凝土损伤无法准确考量,基于三维实体单元的数值分析往往计算收敛困难且计算效率低下,同时模拟分析所得的滞回曲线与实测曲线吻合度较差。因此现阶段基于三维实体单元使用 ABAQUS 等软件模拟 SRC 结构或构件的滞回性能存在一定的困难,而基于纤维梁单元的软件 OpenSees 则为模拟 SRC 结构或构件的滞回性能提供了新的途径。

OpenSees 软件是由美国太平洋地震研究中心(Pacific Earthquake Engineering Research Center)主导,以加州大学伯克利分校为主研发的一款用于结构工程与岩土工程中地震反应模拟的开放式程序平台。OpenSees 平台内含丰富的单元类型与材料模型,在构件的截面层次上,可将其截面划分为若干纤维单元;在构件的长度层次上,可通过数值积分来考虑分布塑性。同时,OpenSees 平台的非线性求解能力较强,主要的非线性方程组求解算法有线性算法、Newton-Raphson 法、Krylov-Newton 法、Newton 法及加速度迭代法等,且可通过 TCL 语言编写脚本程序以定义构件的几何尺寸、材料本构模型、单元类型以及非线性方程组求解方法等。刘祖强[19]使用 OpenSees 平台模拟了型钢混凝土异形柱框架在低周往复荷载下的滞回性能;马辉[24]使用 OpenSees 平台模拟了型钢再生混凝土柱的滞回性能;马英超[25]使用 OpenSees 平台进行了型钢超高强混凝土框架结构滞回性能的数值分析。上述研究表明,基于纤维梁单元模型使用 OpenSees 平台可以较好地模拟弯曲破坏控制的 SRC 结构或构件在低周往复荷载下的滞回性能,且计算效率较高。

OpenSees 平台的数值分析中一般基于纤维截面通过数值积分计算构件截面的弯曲与轴向刚度,进而计算其在荷载作用下的反应。由此可知传统纤维梁单元无法模拟构件的剪切性能,故无法应用于准确模拟剪切破坏控制构件的滞回性能。因为本章试验中试件的最终破坏形态均由弯曲破坏控制,所以本章基于传统纤维截面模型使用 OpenSees 平台进行 PPSRC 长柱与 HPSRC 长柱的滞回性能模拟分析与参数扩展分析。

7.4.1　纤维截面

长柱试件有限元模型的建立如图 7.16 所示，为了准确模拟 PPSRC 长柱与 HPSRC 长柱在低周往复荷载下的滞回性能，根据混凝土的不同约束状态，可将 PPSRC 长柱与 HPSRC 长柱的截面划分为以下三个区域[26]：

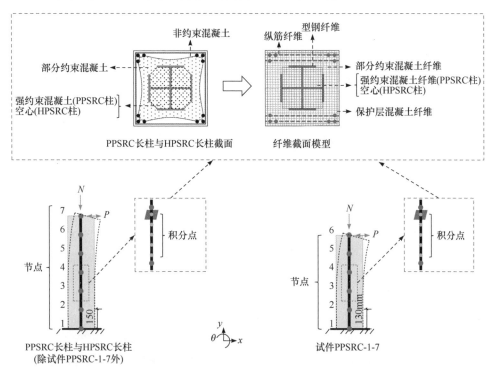

图 7.16　长柱试件有限元模型的建立

(1) 非约束混凝土。非约束混凝土位于箍筋和构件外边缘围合的区域，此区域混凝土没有受到任何约束。在纤维截面中，此部分混凝土纤维的尺寸约为 5mm× 2mm。

(2) 部分约束混凝土。部分约束混凝土位于箍筋与型钢外表面围合的区域，此区域混凝土可以受到箍筋的有效约束。在纤维截面中，此部分混凝土纤维的尺寸约为 10mm×8mm。

(3) 强约束混凝土。强约束混凝土位于型钢内部，在 PPSRC 长柱的纤维截面中，此部分混凝土纤维的尺寸约为 10mm×10mm。在 HPSRC 长柱的有限元模型中，型钢内部保持空心。

对于纵筋与型钢，纵筋通过"layer"指令确定其分布位置，而型钢翼缘与腹

板通过 "patch" 指令划分为尺寸为 9mm×8mm 与 10mm×5mm 的纤维。

7.4.2　单元类型

本章采用 displacement-based beam-column element 模拟 PPSRC 长柱与 HPSRC 长柱的滞回性能。该单元允许构件的刚度沿长度变化,再根据截面的恢复力模型得到其刚度与抗力矩阵,之后根据高斯-勒让德法沿构件长度积分即可得到整个单元的截面刚度与抗力矩阵。因为 displacement-based beam-column element 在使用时需要细分单元以保证足够的计算精度,本章将除剪跨比较小的试件 PPSRC-1-7 外的 PPSRC 长柱与 HPSRC 长柱沿长度方向分为 6 个单元,将试件 PPSRC-1-7 沿长度方向分为 5 个单元,每个单元中均设置 5 个积分点。在构件局部坐标与整体坐标转换时,各单元均采用 P-Delta 转换以考虑构件侧移引起的重力二阶效应。

7.5　有限元模型中的材料本构关系

7.5.1　混凝土

国内外对 UHPC 的受压与受拉本构关系的研究较少,加之没有相应的标准,因此本章依据现有的研究对混凝土的本构关系进行定义[6, 27-30]。通过文献[6]中记载的现有研究成果可以看出,UHPC 的单轴受压应力-应变曲线与普通混凝土和钢纤维混凝土类似,曲线上升段接近弹性,下降段为曲线。童小龙[30]使用 OpenSees 平台中的分层壳(THUShell)单元模拟了 UHPC 剪力墙的滞回性能,分层壳单元中的混凝土本构模型基于损伤力学与弥散裂缝模型开发,使用 Løland[31]建议的受压损伤演化曲线与 Mazars[32]建议的受拉损伤演化曲线来描述混凝土的受压与受拉行为,试验结果与模拟分析结果吻合较好,证明使用现有混凝土单轴拉压本构关系通过修改曲线关键点来表征 UHPC 的单轴拉压本构关系是可行的。因为 PPSRC 柱与 HPSRC 柱截面中均存在三种不同约束程度的混凝土,所以可以使用 Mander 模型[33]、Kent-Park 模型[34]或修正的 Kent-Park 模型[35]来模拟不同约束混凝土的受压行为。

基于此,本章选用 OpenSees 平台材料库中的 Concrete02 模型模拟 UHPC 与普通混凝土的拉压行为。Concrete02 模型的受压骨架曲线采用修正的 Kent-Park 模型,具体骨架曲线见图 7.17(a),其骨架曲线共分为 3 段:

$$\sigma_c = f_{cc}\left[2\left(\frac{\varepsilon}{\varepsilon_{cc}}\right) - \left(\frac{\varepsilon}{\varepsilon_{cc}}\right)^2\right] \quad (|\varepsilon| \leqslant |\varepsilon_{cc}|) \tag{7.4}$$

$$\sigma_c = f_{cc}\left[1 - Z(\varepsilon - \varepsilon_{cc})\right] \quad (|\varepsilon_{cc}| \leqslant |\varepsilon| \leqslant |\varepsilon_{cu}|) \tag{7.5}$$

$$\sigma_c = 0.2 f_{cc} \qquad (|\varepsilon| > |\varepsilon_{cu}|) \tag{7.6}$$

其中
$$f_{cc} = k f_c \tag{7.7}$$

$$\varepsilon_{cc} = k \varepsilon_{c0} \tag{7.8}$$

$$k = 1 + \frac{\rho_{ss} f_y}{f_c} \tag{7.9}$$

$$Z = \frac{0.5}{\dfrac{3 + 0.29 f_c}{145 f_c - 1000} + 0.75 \rho_{ss} \sqrt{\dfrac{h_c}{s}} - 0.002 k} \tag{7.10}$$

式中，ε_{cc}——约束混凝土的峰值应变；

  ε_{c0}——非约束混凝土的峰值应变；

  ε_{cu}——混凝土的极限压应变；

  f_{cc}——约束混凝土的峰值应力；

  f_c——非约束混凝土的峰值应力；

  k——考虑约束的增强系数；

  f_y——钢材屈服强度，对于部分约束混凝土，f_y 为箍筋屈服强度，对于强约
   束混凝土，f_y 为型钢屈服强度；

  Z——受压骨架曲线下降段的斜率；

  h_c——约束混凝土宽度；

  s——箍筋间距；

  ρ_{ss}——约束钢材的体积配钢率，对于部分约束混凝土，ρ_{ss} 为箍筋体积配箍
   率，对于强约束混凝土，ρ_{ss} 为型钢的体积配钢率，其计算方法与体
   积配箍率类似。

由式(7.4)～式(7.6)计算混凝土的极限压应变 ε_{cu} 的过程较为复杂，Scott[35]建议
采用下述简化计算方法：

$$\varepsilon_{cu} = 0.004 + 0.9 \rho_{ss} \left(\frac{f_{ys}}{300} \right) \tag{7.11}$$

由式(7.11)计算得到的混凝土的极限压应变比按式(7.5)、式(7.6)与式(7.10)计
算得到的混凝土的极限压应变小，说明式(7.11)的计算结果偏于安全。若取 $k=1$，
则可根据上述方法确定非约束混凝土的受压本构关系。

Concrete02 模型的受拉骨架曲线采用 Yassin 模型[36]，骨架曲线也分为 3 段：

$$\sigma_t = \frac{2 f_c}{\varepsilon_{c0}} \varepsilon \qquad (\varepsilon \leqslant \varepsilon_t) \tag{7.12}$$

$$\sigma_t = f_t - E_{ts}(\varepsilon - \varepsilon_t) \quad (\varepsilon_t \leqslant \varepsilon \leqslant \varepsilon_{tu}) \tag{7.13}$$

$$\sigma_t = 0 \quad (\varepsilon > \varepsilon_{tu}) \tag{7.14}$$

式中，ε_t——混凝土的峰值拉应变；

　　　E_{ts}——受拉骨架曲线下降段斜率；

　　　f_t——混凝土的峰值拉应力。

Concrete02 模型的滞回准则如图 7.17(b) 所示，具体的滞回准则相关表达式参见文献[37]，本章不再赘述。本章模型中非约束混凝土、部分约束混凝土与强约束混凝土的受压与受拉骨架曲线的关键点可通过 7.2.2 小节中的材性试验确定，建模时系数 λ 取 0.1。

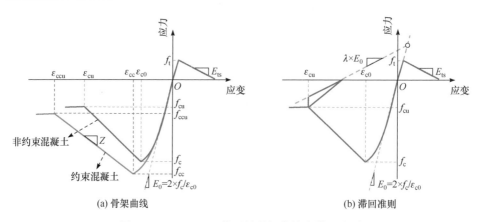

图 7.17　Concrete02 模型的骨架曲线和滞回准则

7.5.2　钢材

本章采用 OpenSees 平台材料库中的 Steel02 模型模拟型钢与纵筋的受力性能。Steel02 模型由 Menegotto 与 Pinto 提出，并由 Filippou 修正，该模型可以考虑等向应变硬化的影响，且能够反映包辛格效应，Steel02 模型的骨架曲线及滞回准则如图 7.18 所示。

Menegotto 与 Pinto 提出的模型如下[38]：

$$\sigma^* = b\varepsilon^* + \frac{(1-b)\varepsilon^*}{\left(1+\varepsilon^{*R}\right)^{\frac{1}{R}}} \tag{7.15}$$

$$\varepsilon^* = \frac{\varepsilon - \varepsilon_r}{\varepsilon_0 - \varepsilon_r} \tag{7.16}$$

$$\sigma^* = \frac{\sigma - \sigma_r}{\sigma_0 - \sigma_r} \tag{7.17}$$

$$R = R_0 - \frac{a_1\xi}{a_2 + \xi} \tag{7.18}$$

式中，σ_0、ε_0、σ_r、ε_r 的含义如图 7.18(b) 所示；

　　　　b——应变率；

　　　　R——过渡曲线形状系数，R 的取值反应包辛格效应的程度；

　　　　R_0、a_1、a_2——材料常数；

　　　　ξ——上一侧移水平下塑性应变的绝对值。

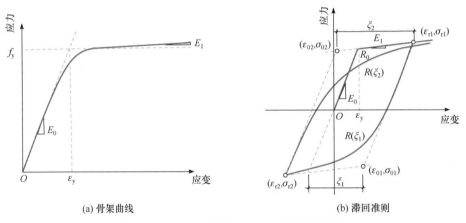

图 7.18　Steel02 模型的骨架曲线和滞回准则

　　为了体现材料的等向应变硬化，将 Menegotto 和 Pinto 模型的线性屈服渐近线进行应力平移：

$$\frac{\sigma_{st}}{f_y} = a_3\left(\frac{\varepsilon_{max}}{\varepsilon_y} - a_4\right) \tag{7.19}$$

式中，σ_{st}——应力平移值；

　　　　ε_y——钢材屈服应变；

　　　　ε_{max}——应变反向对应的应变最大值；

　　　　a_3、a_4——系数，由试验确定。

　　本章模型中型钢与纵筋骨架曲线的关键点可通过 7.2.2 小节中的材性试验确定，建模时系数 b 取 0.05，R_0 取 12，R_1 与 R_2 分别取 0.925 与 0.15，其余参数均取默认值。

7.6　有限元分析结果与试验结果对比

为了检验上述有限元模型的有效性，本节使用本章记录的 PPSRC 长柱与 HPSRC 长柱的试验结果对上述有限元模型进行了验证。在模拟加载过程中，轴向荷载分 10 步加载在柱顶，并在后续加载过程中保持恒定；水平加载过程中采用位移控制加载，每个侧移水平的加载幅值与试验相同。在目标侧移下，非线性计算使用 Newton 法，最大迭代次数为 500 次，边界控制选用 Plain，当模拟分析中的侧移水平与试验终止时的侧移相同，停止加载。

7.6.1　滞回曲线

有限元模拟与试验所得滞回曲线如图 7.19 所示。由图 7.19 可以看出，对于 PPSRC 长柱与 HPSRC 长柱，模拟分析所得的滞回曲线与试验实测滞回曲线吻合较好，尤其在试件的破坏阶段，模拟分析所得的滞回曲线与试验实测滞回曲线在滞回环形状及加、卸载特征方面均较为接近，说明本章使用的纤维截面模型与材料本构模型可较准确地描述 PPSRC 长柱与 HPSRC 长柱在往复荷载下的滞回性能。

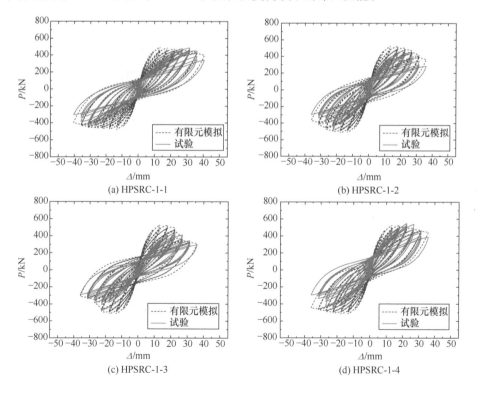

(a) HPSRC-1-1　　　　　　　　　　(b) HPSRC-1-2

(c) HPSRC-1-3　　　　　　　　　　(d) HPSRC-1-4

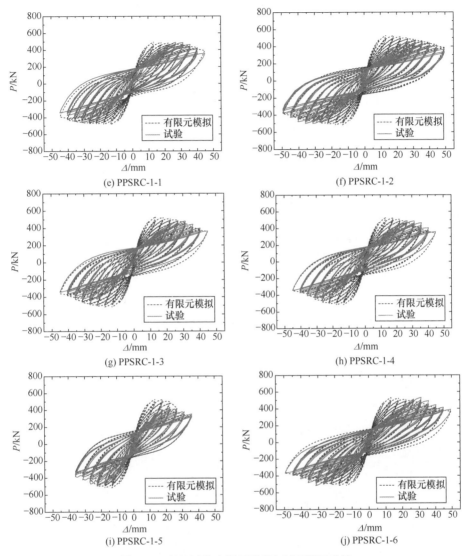

图 7.19　长柱试件有限元模拟与试验滞回曲线

　　总体来说，模拟曲线的初始刚度均大于试验曲线的初始刚度，这是因为在试件混凝土浇筑时会有不同程度的初始缺陷，同时因为实际加载的初始阶段中施加的水平侧移较小，试件与反力系统间的微小间隙将一定程度地降低试件的初始刚度，但这种影响会随着加载侧移的不断增大而被缩小。但本章有限元模拟中并未考虑试验误差对试件初始刚度产生的影响，所以模拟曲线的初始刚度均较大。

　　图 7.20 为试件 HPSRC-1-4 与试件 PPSRC-1-2 模拟分析时单元 1(图 7.16 中节点 1 与节点 2 所连接的单元)中沿加载方向型钢翼缘外侧的荷载-应变曲线。如图 7.20

所示，两个试件的型钢翼缘均在模拟加载早期屈服，且随着模拟加载过程逐渐进入塑性阶段，模拟加载结束时型钢翼缘的塑性得到充分发展，说明本章采用的纤维截面模型可较好地体现出各试件的弯曲破坏特征。

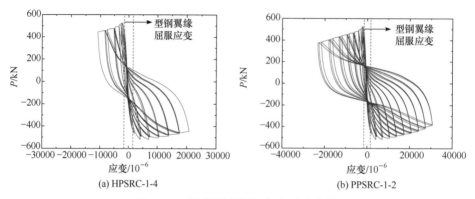

(a) HPSRC-1-4　　　　　　　(b) PPSRC-1-2

图 7.20　型钢翼缘外侧的荷载-应变曲线

值得注意的是，试件 HPSRC-1-4 的型钢翼缘塑性发展程度不及试件 PPSRC-1-2 的型钢翼缘，说明截面空心导致的 HPSRC 长柱峰值荷载后相对脆性的软化段会限制型钢的塑性发展。

7.6.2　峰值荷载与耗能能力

等效黏滞阻尼系数计算方法如图 7.21 所示，本节采用等效黏滞阻尼系数 h_e 衡量各试件模拟与试验中的耗能能力，其计算公式如下：

$$h_e = \frac{1}{2\pi} \cdot \frac{S_{(DBC+DAC)}}{S_{(OBE+OAF)}}$$

式中，$S_{(DBC+DAC)}$ 和 $S_{(OBE+OAF)}$ 的含义见图 7.21。

可以看出，等效黏滞阻尼系数可以较好地表征试件各级侧移下滞回曲线的形状，等效黏滞阻尼系数越大，说明对应的滞回曲线越饱满，耗能性能越好。因此，通过对比各试件模拟分析与试验所得的等效黏滞阻尼系数与骨架曲线关键点，可以定量地评判本章采用的纤维截面模型的适用性。

PPSRC 长柱与 HPSRC 长柱的模拟峰值荷载与试验实测峰值荷载见表 7.6，同时对模拟曲线的等效黏滞阻尼系数与试验曲线的等效黏滞阻尼系数进行了比较。由表可知，各试件的模拟峰值荷载与试验实测峰值荷载较为接近，模拟值与实测值的比值均值为 1.10，变异系数为 0.06，说明本章模型中使用的 Concrete02 模型与 Steel02 模型可以较好地模拟各试件中的 UHPC、普通混凝土、纵筋及型钢的受力行为。同时可以看出，模拟峰值荷载略高于试验实测峰值荷载，说明在使用

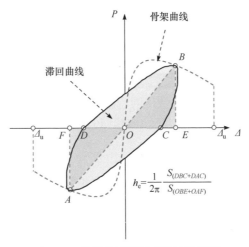

图 7.21　等效黏滞阻尼系数计算简图

Concrete02 模型模拟 UHPC 受力行为的过程中，修正的 Kent-Park 模型会高估箍筋约束 UHPC 的强度，后续研究应针对 UHPC 及约束 UHPC 的实际力学特性在 OpenSees 平台中开发出新的混凝土本构模型，或修正现有强度增强系数的计算方法。

表 7.6　长柱试件试验与模拟结果汇总

试件编号	P_e/kN	P_n/kN	P_n/P_e	h_{ee}	h_{en}	h_{en}/h_{ee}
HPSRC-1-1	451.07	470.35	1.04	0.18	0.22	1.22
HPSRC-1-2	459.69	519.64	1.13	0.19	0.24	1.26
HPSRC-1-3	422.96	522.33	1.23	0.18	0.23	1.28
HPSRC-1-4	501.92	523.50	1.04	0.19	0.19	1.00
PPSRC-1-1	465.71	490.84	1.05	0.21	0.25	1.19
PPSRC-1-2	474.12	521.19	1.10	0.21	0.23	1.10
PPSRC-1-3	463.26	519.69	1.12	0.21	0.25	1.19
PPSRC-1-4	465.16	519.78	1.12	0.20	0.26	1.30
PPSRC-1-5	463.71	518.49	1.12	0.18	0.24	1.33
PPSRC-1-6	523.18	519.85	0.99	0.18	0.24	1.33
平均值			1.10			1.22
变异系数			0.06			0.09

注：P_e 为实测峰值荷载；P_n 为模拟峰值荷载；h_{ee} 为实测试件破坏时的等效黏滞阻尼系数；h_{en} 为模拟试件破坏时的等效黏滞阻尼系数。

　　各试件破坏阶段的模拟等效黏滞阻尼系数与试验实测等效黏滞阻尼系数的比

值均值为 1.22, 变异系数为 0.09。虽然模拟值与实测值有一定差距, 但从模拟与长柱试验滞回曲线的对比可以看出, 二者耗能能力的差距主要出现在卸载与再加载过程中。其主要原因在于各试件预制 UHPC 中钢纤维分布的随机性会导致加载过程中损伤的非对称性, 所以试验滞回曲线的正负向存在一定的区别, 但在有限元模型中各 UHPC 纤维的本构模型相同, 即无法考虑其中钢纤维分布的随机性。总体而言, 该数值分析模型可较准确地模拟 PPSRC 长柱与 HPSRC 长柱滞回曲线的形状与加、卸载特征。

本节并未对剪跨比较小的试件 PPSRC-1-7 的模拟结果进行验证, 主要原因在于试件 PPSRC-1-7 虽然发生了弯剪破坏, 但其出现了较大程度的剪切破坏特征, 基于纤维截面模型的分析结果与试验结果误差较大。故在实际设计中, 应尽量避免破坏由弯曲与剪切同时控制的中长柱构件, 其具体破坏机理与受力过程尽量采用基于三维实体单元的有限元分析软件进行分析。

7.7　参　数　分　析

除了试验研究中已考虑的影响参数外, PPSRC 长柱与 HPSRC 长柱抗震性能的影响因素还有很多, 如预制混凝土强度、型钢强度与配钢率等, 同时试验研究中考虑的影响参数也需要进行进一步扩展分析。通过前面试验与模拟分析结果的对比可知, 使用纤维截面模型可以较好地模拟 PPSRC 长柱与 HPSRC 长柱的滞回性能, 因此本节使用纤维截面模型对 PPSRC 长柱与 HPSRC 长柱的滞回性能进行参数扩展分析。

分析中的具体参数选取如下:

(1) 轴压力。由试验分析结果可知, 轴压力是影响 PPSRC 长柱与 HPSRC 长柱滞回性能的重要因素。因试验条件制约, 本章试验中所施加的轴压力较小, 为了研究高轴压力下 PPSRC 长柱与 HPSRC 长柱的滞回性能, 参数分析时轴压力选择 2000kN、4000kN 与 6000kN 三个等级。

(2) 型钢强度。由试验分析结果可知, 相比于普通 SRC 柱,本章试验中 PPSRC 长柱与 HPSRC 长柱的位移延性偏弱, 其原因可能是 UHPC 浇筑的预制外壳与型钢及内部混凝土芯柱间的强度匹配度不佳。为了研究不同型钢强度下 PPSRC 长柱与 HPSRC 长柱的滞回性能, 参数分析中型钢强度选择 Q235、Q460 与 Q690 三个等级。

(3) 配钢率。本章试验各试件中的型钢均采用标准 H 型钢, 为了保证型钢翼缘的保护层厚度进而确保型钢与混凝土间的共同工作性能, 各试件的型钢配钢率偏小。因此相比于普通 SRC 柱, 本章试验中 PPSRC 长柱与 HPSRC 长柱的相对耗能性能偏弱。为了研究不同型钢配钢率下 PPSRC 长柱与 HPSRC 长柱的滞回性能，参数分析中型钢配钢率选择 5.0%、9.5% 与 16.7% 三个等级。

(4) 预制混凝土强度。本章试验各试件中的预制外壳均使用 C100 级的 UHPC 浇筑，虽然 UHPC 可以提升 PPSRC 长柱与 HPSRC 长柱的受力性能与耐久性能，但其造价较高，且现阶段仍未大规模应用于实际工程。为了进一步推广 PPSRC 长柱与 HPSRC 长柱的实际工程应用，参数分析中预制混凝土强度选择 C40、C60 与 C100 三个等级。

参数分析中的关键参数与取值如表 7.7 所示。

表 7.7　参数分析中的关键参数与取值

参数	水平 1	水平 2	水平 3
轴压力	2000kN	4000kN	6000kN
型钢强度	Q235	Q460	Q690
配钢率	5.0%	9.5%	16.7%
预制混凝土强度等级	C40	C60	C100

7.7.1　轴压力

图 7.22 为不同轴压力下 HPSRC 长柱与 PPSRC 长柱的滞回曲线，其中 PPSRC 长柱型钢内部混凝土强度等级为 C60，其材料和几何参数均与本章试验中的试件相同。轴压力的三个水平对应的试验轴压比分别约为 0.25(2000 kN)、0.50(4000 kN) 与 0.75(6000 kN)。由图 7.22 可以看出，随着轴压力的增大，HPSRC 长柱与 PPSRC 长柱的峰值荷载先增大后减小，峰值荷载后骨架曲线的下降段随之变陡，极限侧移不断减小。说明轴压力一定程度的增大可以增大截面受压区面积并有效抑制裂缝的发展，从而提升 HPSRC 长柱与 PPSRC 长柱的峰值荷载；而过大的轴压力会使两类长柱的初始压应力过大，从而增大其在往复荷载下的损伤，导致峰值荷载

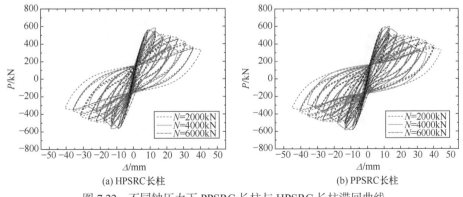

(a) HPSRC 长柱　　　　　　　(b) PPSRC 长柱

图 7.22　不同轴压力下 PPSRC 长柱与 HPSRC 长柱滞回曲线

及变形能力的降低。因此，在实际工程设计中，应提出 HPSRC 长柱与 PPSRC 长柱的轴压力(轴压比)限值，从而保证两类试件的抗震能力。

7.7.2 型钢强度

图 7.23 与图 7.24 分别为不同型钢强度的 HPSRC 长柱与 PPSRC 长柱的滞回曲线，其中图 7.23(a)与图 7.24(a)中的 HPSRC 长柱与 PPSRC 长柱的预制混凝土强度等级为 C60，图 7.23(b)与图 7.24(b)中的 HPSRC 长柱与 PPSRC 长柱的预制混凝土强度等级为 C100。参数分析中，当预制混凝土强度等级为 C60 时，PPSRC 长柱型钢内部混凝土强度等级为 C30；当预制混凝土强度等级为 C100 时，PPSRC 长柱型钢内部混凝土强度等级为 C60；其余材料与几何参数均与本章试验中的试件相同。

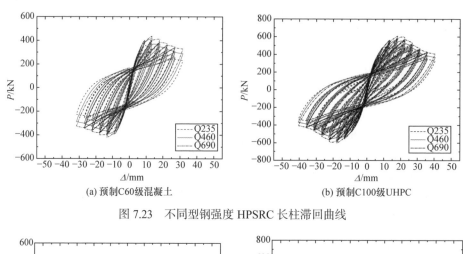

(a) 预制C60级混凝土   (b) 预制C100级UHPC

图 7.23 不同型钢强度 HPSRC 长柱滞回曲线

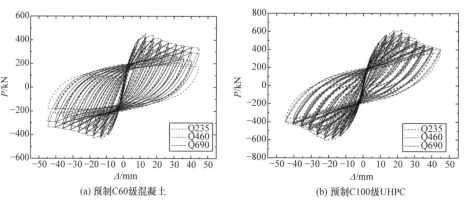

(a) 预制C60级混凝土   (b) 预制C100级UHPC

图 7.24 不同型钢强度 PPSRC 长柱滞回曲线

如图 7.23(a)与图 7.24(a)所示，当预制混凝土强度等级为 C60 时，提升型钢强度可以同时提高 HPSRC 长柱与 PPSRC 长柱的峰值荷载与滞回曲线饱满程度；而如图 7.23(b)与图 7.24(b)所示，当预制混凝土强度等级为 C100 时，提升型钢强度仅小幅度地提升了两类长柱的峰值荷载。主要原因是当预制混凝土强度较低时，型钢的滞回性能会成为影响整体试件滞回性能的重要因素，因此提升型钢强度会显著提升整体试件的峰值荷载，同时型钢由于强度提升而引起的耗能性能的提升也会较明显地体现在整体试件的滞回曲线中。当预制混凝土强度较高时，预制部分的强度与刚度会明显高于型钢及其内部混凝土的，因此型钢强度的提升对整体试件滞回性能的提升程度有限。值得注意的是，在同时提升型钢强度的前提下，PPSRC 长柱的滞回性能仍明显优于 HPSRC 长柱，说明型钢内部混凝土对整体试件滞回性能的提升较大。

7.7.3 配钢率

图 7.25 与图 7.26 分别为不同型钢配钢率的 HPSRC 长柱与 PPSRC 长柱的滞回曲线，其中图 7.25(a)与图 7.26(a)中的 HPSRC 长柱与 PPSRC 长柱的预制混凝土强度等级为 C60，图 7.25(b)与图 7.26(b)中的 HPSRC 长柱与 PPSRC 长柱的预制混凝土强度等级为 C100。

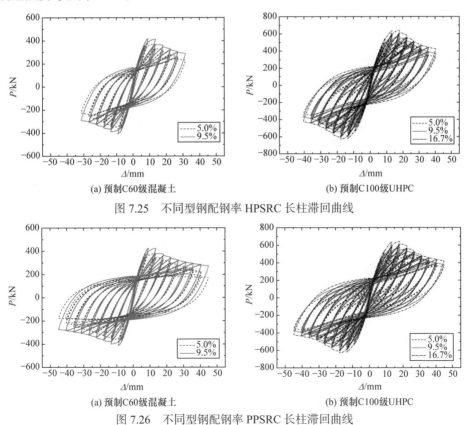

(a) 预制C60级混凝土   (b) 预制C100级UHPC

图 7.25 不同型钢配钢率 HPSRC 长柱滞回曲线

(a) 预制C60级混凝土   (b) 预制C100级UHPC

图 7.26 不同型钢配钢率 PPSRC 长柱滞回曲线

　　本节参数分析中，不同配钢率的型钢腹板高度与翼缘宽度均与本章试验中采用的型钢相同，仅通过成比例增大腹板与翼缘的厚度以得到不同的型钢配钢率。当预制混凝土强度等级为 C60 时，PPSRC 长柱型钢内部混凝土强度等级为 C30；当预制混凝土强度等级为 C100 时，PPSRC 长柱型钢内部混凝土强度等级为 C60，各试件的型钢强度等级均为 Q235，其余材料与几何参数均与本章试验中的试件相同。

　　由图 7.25 与图 7.26 所示，无论预制混凝土强度等级为 C60 或 C100，提升型钢配钢率可同时提升 PPSRC 长柱与 HPSRC 长柱的峰值荷载及滞回曲线饱满程度，同时还可改善各模拟试件峰值荷载后软化段的变形能力。当预制混凝土强度等级为 C60 时，高配钢率的 PPSRC 长柱峰值后荷载骨架曲线下降段相比于低配钢率的 PPSRC 长柱明显变缓，而不同配钢率的 HPSRC 长柱峰值荷载后骨架曲线下降段趋势基本相同，说明 PPSRC 长柱中提高配钢率可更好地约束型钢内部混凝土，从而改善整体试件的变形与耗能性能。当预制混凝土强度等级为 C100 时，需要大幅提升配钢率(由 5.0%提升至 16.7%)才可明显提升整体试件的峰值荷载与耗能能力，结合 7.7.2 小节的分析，说明当预制混凝土强度过高时，单纯提高型钢强度或配钢率对 PPSRC 长柱与 HPSRC 长柱滞回性能的提升均有限。

　　图 7.27 为大配钢率(16.7%)下不同型钢强度 PPSRC 长柱的滞回曲线。由图可以看出，当预制混凝土强度等级为 C100，型钢内部混凝土强度等级为 C60 时，在大配钢率的前提下提升型钢强度可大幅提升 PPSRC 长柱的峰值荷载与耗能能力。主要原因是大配钢率下的高强型钢与混凝土组成的芯柱的刚度与变形能力均较强，可与外部预制 UHPC 与钢筋骨架组成的预制外壳更好地匹配。因此在实际工程设计中，应充分注意预制混凝土、现浇混凝土与型钢间的强度匹配关系及最小配钢率限值，且当 PPSRC 长柱与 HPSRC 长柱的预制混凝土强度较高时，《组合结构设计规范》中的最小配钢率限值(4.0%)应予以放大。

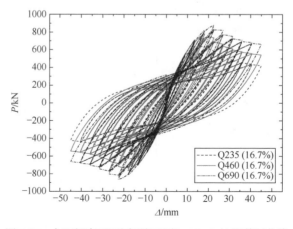

图 7.27　大配钢率下不同型钢强度 PPSRC 长柱滞回曲线

7.7.4 预制混凝土强度

图 7.28 为不同预制混凝土强度的 HPSRC 长柱与 PPSRC 长柱的滞回曲线,其中 PPSRC 长柱型钢内部混凝土强度等级为 C30,型钢强度等级为 Q235,其余材料与几何参数均与本章试验中的试件相同。

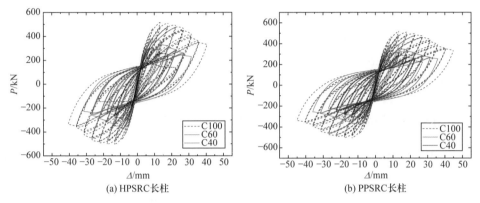

(a) HPSRC 长柱   (b) PPSRC 长柱

图 7.28 不同预制混凝土强度 HPSRC 长柱与 PPSRC 长柱滞回曲线

由图 7.28 可以看出,预制混凝土强度的改变会影响 HPSRC 长柱与 PPSRC 长柱的滞回性能。预制混凝土强度的提高会小幅提升整体试件的初始刚度,大幅提高两类长柱的峰值荷载与变形能力,进而提升其耗能能力。但是预制混凝土强度等级为 C60 的 HPSRC 长柱的等效黏滞阻尼系数是预制混凝土强度等级为 C100 的 HPSRC 长柱的 1.26 倍;预制混凝土强度等级为 C60 的 PPSRC 长柱的等效黏滞阻尼系数是预制混凝土强度等级为 C100 的 PPSRC 长柱的 1.23 倍,说明使用普通高强混凝土浇筑预制外壳的 HPSRC 长柱与 PPSRC 长柱的滞回曲线更饱满,其主要原因是 Q235 级型钢和 C30 级混凝土组成的芯柱的强度与刚度相对于 C100 级 UHPC 浇筑的预制外壳较弱,芯柱的耗能占比较小。因此,普通高强混凝土浇筑预制外壳的 HPSRC 长柱与 PPSRC 长柱仍具有充足的耗能能力,可在轴压承载力与建筑布置需求不高的中、高层建筑中使用。

7.8 PPSRC 长柱与 HPSRC 长柱压弯承载力计算

以日本规范为基础[39],我国《钢骨混凝土结构技术规程》在 SRC 柱压弯承载力计算方面采用强度叠加法进行求解,即使用《混凝土结构设计规范》[40]计算 RC 部分承载力的同时通过《钢结构设计标准》[41]计算型钢部分承载力,将两者进行叠加即为 SRC 柱的压弯承载力;我国《组合结构设计规范》[2]中通过引入平截面假定提出了 SRC 柱压弯承载力计算公式;而 AISC 360-16[42]与 Eurocode 4[43]

均采用塑性分析方法进行 SRC 柱压弯承载力的计算。在上述的计算方法中，《钢骨混凝土结构技术规程》因在计算过程中未考虑混凝土与型钢间的组合作用，计算所得压弯承载力过于保守[44]；《组合结构设计规范》基于平截面假定计算的压弯承载力较为准确，但其承载力计算方法无法考虑构件截面存在多种混凝土的情况；AISC 360-16 与 Eurocode 4 中的塑性分析方法虽较简便，但在破坏时 SRC 柱中和轴附近的型钢腹板可能仍处于弹性受力状态，当型钢腹板厚度较大时，塑性分析方法会高估 SRC 柱的压弯承载力。

从试件破坏现象及应变分析可知，PPSRC 长柱与 HPSRC 长柱试件的破坏形态主要表现为弯曲控制的弯剪破坏，破坏主要由截面上的正应力控制。因此，本章基于试验结果，参考普通 SRC 柱弯压承载力计算理论，提出适用于 PPSRC 长柱与 HPSRC 长柱的压弯承载力计算方法。

7.8.1　基本假定

为方便计算，本节做出如下假定：

(1) 平截面假定。因 PPSRC 长柱与 HPSRC 长柱中均设置了高强螺栓连接件，且在试件加载过程中均未发现型钢与混凝土间明显的相对滑移，因此在计算中认为型钢、预制混凝土与现浇混凝土在受力过程中可共同工作，协调变形。

(2) 型钢及钢筋均为理想弹塑性材料，其计算相关假定中的本构关系如图 7.29(a) 所示。

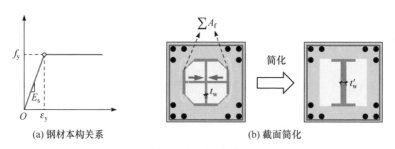

(a) 钢材本构关系　　　　　　　　(b) 截面简化

图 7.29　基本假定

(3) 受压区混凝土压应力为矩形分布，矩形应力图的宽度取为 αf_c，高度取为 βx，x 为截面受压区高度。对于预制 UHPC，系数 $\alpha_1=0.9$，$\beta_1=0.77$[45]；对于普通混凝土，系数 $\alpha_2=1.0$，$\beta_2=0.80$[1]。为简便计算，对预制 UHPC 与普通混凝土可偏安全地取系数 $\beta=0.77$，UHPC 的极限压应变 $\varepsilon_{cu}=0.0055$[45]。

(4) 对于普通混凝土，不考虑受拉区混凝土的作用；对于预制 UHPC，因为预制 UHPC 中添加了钢纤维，需要考虑纤维的桥联作用对承载力的贡献，故假定受拉区 UHPC 拉应力为矩形分布，矩形应力图的宽度取为 kf_t，其中 $k=0.25$[45]。

(5) 现浇混凝土截面简化为矩形，且只考虑平行于加载方向型钢的作用，将另一个方向的型钢翼缘等效至型钢腹板中，等效型钢腹板厚度 t'_w 计算公式如下[2]：

$$t'_w = t_w + \frac{0.5\sum A_f}{h_w} \tag{7.20}$$

式中，$\sum A_f$——垂直于加载方向的型钢翼缘面积总和；

t_w——型钢腹板厚度；

h_w——型钢腹板截面高度。

7.8.2　压弯承载力计算方法

在合理设计的前提下，PPSRC 长柱与 HPSRC 长柱在达到峰值承载力时中和轴高度一般不小于型钢受压翼缘混凝土保护层厚度，因此本章提出的压弯承载力计算方法仅考虑中和轴高度大于型钢受压翼缘混凝土保护层厚度的情况，同时仅考虑距截面受拉(受压)边缘较近的第一排受拉(受压)钢筋对压弯承载力的贡献，具体可分为以下 4 种情况。压弯承载力的计算简图如图 7.30 所示。

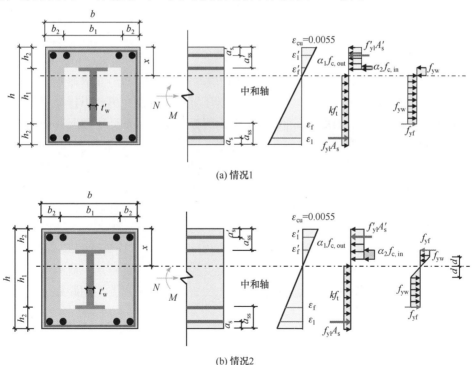

(a) 情况1

(b) 情况2

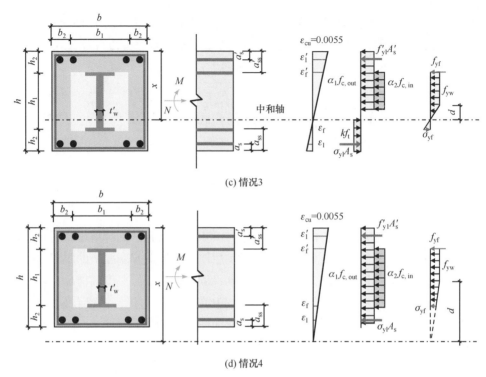

(c) 情况3

(d) 情况4

图 7.30　压弯承载力的计算简图

(1) 中和轴高度大于型钢受压翼缘保护层厚度,同时小于 1.4 倍型钢受压翼缘保护层厚度,即 $a'_{ss} < x < 1.4a'_{ss}$。此时型钢受压翼缘不屈服,因此不计型钢受压翼缘强度的贡献,同时可认为中和轴以上型钢腹板与受压钢筋受压屈服,中和轴以下型钢腹板、型钢翼缘与受拉钢筋受拉屈服。

(2) 中和轴高度大于 1.4 倍型钢受压翼缘保护层厚度,同时小于界限受压区高度,即 $1.4a'_{ss} < x < x_b$。此时中和轴以上型钢翼缘、部分型钢腹板与受压钢筋受压屈服,中和轴以下部分型钢腹板、型钢翼缘与受拉钢筋受拉屈服,中和轴附近的型钢腹板保持弹性。

(3) 中和轴高度大于界限受压区高度,同时小于等效截面高度,即 $x_b < x < h - a_s$,其中 h 为构件截面高度, a_s 为受拉区边缘至受拉纵筋形心的距离。此时中和轴以上型钢翼缘、部分型钢腹板与受压钢筋受压屈服,中和轴以下型钢腹板、型钢翼缘与受拉钢筋均未受拉屈服。

(4) 中和轴高度大于等效截面高度,即 $h - a_s < x$。此时构件全截面受压,一侧型钢翼缘、一侧钢筋与部分型钢腹板受压屈服,另一侧型钢翼缘与钢筋未达到受压屈服强度。

上述 4 种情况中界限受压区高度是指构件发生界限破坏时的截面受压区高

度，其中界限破坏指破坏时构件受压区边缘混凝土达到极限压应变的同时受拉型
钢翼缘达到受拉屈服应变，即

$$x_{\mathrm{b}}=\frac{1}{1+\dfrac{f_{\mathrm{yf}}}{E_{\mathrm{s}}\varepsilon_{\mathrm{cu}}}}(h-a_{\mathrm{ss}})\qquad(7.21)$$

式中，f_{yf}——型钢翼缘屈服强度；

$\quad\quad E_{\mathrm{s}}$——钢材弹性模量；

$\quad\quad \varepsilon_{\mathrm{cu}}$——预制 UHPC 极限压应变；

$\quad\quad a_{\mathrm{ss}}$——受拉型钢翼缘混凝土保护层厚度。

以下对上述 4 种情况分别进行讨论。

(1) 情况 1：$a'_{\mathrm{ss}}<x<1.4a'_{\mathrm{ss}}$。

根据力的平衡可得

$$\begin{aligned}N_{\mathrm{u}}=&\alpha_1 f_{\mathrm{c,out}}bh_2+2\alpha_1 f_{\mathrm{c,out}}b_2(\beta x-h_2)+\alpha_2 f_{\mathrm{c,in}}b_1(\beta x-h_2)+f'_{\mathrm{yl}}A'_{\mathrm{s}}-f_{\mathrm{yl}}A_{\mathrm{s}}\\&+f_{\mathrm{yw}}t'_{\mathrm{w}}(x-h_2-t_{\mathrm{f}})-f_{\mathrm{yf}}A_{\mathrm{f}}-f_{\mathrm{yw}}t'_{\mathrm{w}}(h_1+h_2-x-t_{\mathrm{f}})\\&-kf_{\mathrm{t}}[b(h-x)-b_1(h_1+h_2-x)]\end{aligned}\qquad(7.22)$$

式中，$f_{\mathrm{c,out}}$——预制 UHPC 抗压强度；

$\quad\quad b$——截面宽度；

$\quad\quad x$——截面受压区高度；

$\quad\quad t'_{\mathrm{w}}$——等效型钢腹板厚度；

$\quad\quad f_{\mathrm{c,in}}$——现浇普通混凝土抗压强度；

$\quad\quad f_{\mathrm{yw}}$——型钢腹板屈服强度；

$\quad\quad t_{\mathrm{f}}$——型钢翼缘厚度；

$\quad\quad f_{\mathrm{yl}}$——受拉纵筋屈服强度；

$\quad\quad A_{\mathrm{f}}$——受拉型钢翼缘面积；

$\quad\quad A'_{\mathrm{s}}$——受压钢筋截面积总和；

$\quad\quad A_{\mathrm{s}}$——受拉钢筋截面积总和；

$\quad\quad f'_{\mathrm{yl}}$——受压纵筋屈服强度；

$\quad\quad f_{\mathrm{t}}$——预制 UHPC 抗拉强度。

其余符号含义详见图 7.30。

由式(7.22)求得截面受压区高度(中和轴高度)x 后，若满足 $a'_{\mathrm{ss}}<x<1.4a'_{\mathrm{ss}}$，可
通过中和轴力矩平衡条件求得截面的峰值弯矩，如式(7.23)所示：

$$M_u = \alpha_1 f_{c,out} b h_2 \left(x - \frac{h_2}{2} \right) + 2\alpha_1 f_{c,out} b_2 (\beta x - h_2) \left[(x - h_2) - \frac{(\beta x - h_2)}{2} \right]$$

$$+ \alpha_2 f_{c,in} b_1 (\beta x - h_2) \left[(x - h_2) - \frac{(\beta x - h_2)}{2} \right] + f'_{yl} A'_s (x - a'_s) + f_{yl} A_s (h - a_s - x)$$

$$+ f_{yw} t'_w \frac{(x - h_2 - t_f)^2}{2} + f_{yf} A_f (h_1 + h_2 - x) + f_{yw} t'_w \frac{(h_1 + h_2 - x - t_f)^2}{2}$$

$$+ k f_t (h - x)^2 + k f_t b_1 h_2 \left(h - x - \frac{h_2}{2} \right) + N \left(\frac{h}{2} - x \right)$$

$$(7.23)$$

式中，a'_s——受压区边缘至受压纵筋形心的距离；

$\qquad a_s$——受拉区边缘至受拉纵筋形心的距离。

(2) 情况 2：$1.4 a'_{ss} < x < x_b$。

根据力的平衡可得

$$N_u = \alpha_1 f_{c,out} b h_2 + 2\alpha_1 f_{c,out} b_2 (\beta x - h_2) + \alpha_2 f_{c,in} b_1 (\beta x - h_2) + f'_{yl} A'_s - f_{yl} A_s$$

$$+ f_{yw} t'_w (x - h_2 - t_f - d) - f_{yw} t'_w (h_1 + h_2 - x - t_f - d) \qquad (7.24)$$

$$- k f_t \left[b(h - x) - b_1 (h_1 + h_2 - x) \right]$$

$$d = \frac{f_{yw}}{E_s \varepsilon_{cu}} x \qquad (7.25)$$

由式(7.24)与式(7.25)求得截面受压区高度(中和轴高度)x 后，若满足 $1.4 a'_{ss} < x < x_b$，可通过中和轴力矩平衡条件求得截面的峰值弯矩，如式(7.26)所示：

$$M_u = \alpha_1 f_{c,out} b h_2 \left(x - \frac{h_2}{2} \right) + 2\alpha_1 f_{c,out} b_2 (\beta x - h_2) \left[(x - h_2) - \frac{(\beta x - h_2)}{2} \right]$$

$$+ \alpha_2 f_{c,in} b_1 (\beta x - h_2) \left[(x - h_2) - \frac{(\beta x - h_2)}{2} \right] + f'_{yl} A'_s (x - a'_s) + f_{yl} A_s (h - a_s - x)$$

$$+ f_{yf} A_f (h_1 + h_2 - x) + f_{yf} A'_f (x - h_2) + \frac{2}{3} f_{yw} t'_w d^2$$

$$+ f_{yw} t'_w (x - h_2 - t_f - d) \frac{(x - h_2 - t_f + d)}{2}$$

$$+ f_{yw} t'_w (h_1 + h_2 - x - t_f - d) \frac{(h_1 + h_2 - x - t_f + d)}{2}$$

$$+ k f_t (h - x)^2 + k f_t b_1 h_2 \left(h - x - \frac{h_2}{2} \right) + N \left(\frac{h}{2} - x \right)$$

$$(7.26)$$

式中，A'_f——受压型钢翼缘面积。

(3) 情况 3：$x_b < x < h - a_s$。

根据力的平衡可得

$$
\begin{aligned}
N_u &= \alpha_1 f_{c,out} b h_2 + 2\alpha_1 f_{c,out} b_2 (\beta x - h_2) + \alpha_2 f_{c,in} b_1 (\beta x - h_2) \\
&\quad + f'_{yl} A'_s + f_{yf} A'_f + f_{yw} t'_w (x - h_2 - t_f - d) + \frac{1}{2} f_{yw} t'_w d \\
&\quad - \sigma_{yf} A_f - \sigma_{yl} A_s - \frac{1}{2} \sigma_{yf} t'_w (h_1 + h_2 - x - t_f) \\
&\quad - k f_t \left[b(h - x) - b_1 (h_1 + h_2 - x) \right]
\end{aligned}
\tag{7.27}
$$

$$
\sigma_{yf} = \frac{(h_1 + h_2 - x)}{x} \varepsilon_{cu} E_s
\tag{7.28}
$$

$$
\sigma_{yl} = \frac{(h - a_s - x)}{x} \varepsilon_{cu} E_s \leqslant f_{yf}
\tag{7.29}
$$

由式(7.25)、式(7.27)~式(7.29)求得截面受压区高度(中和轴高度)x后，若满足 $x_b < x < h - a_s$，可通过中和轴力矩平衡条件求得截面的峰值弯矩，如式(7.30)所示：

$$
\begin{aligned}
M_u &= \alpha_1 f_{c,out} b h_2 \left(x - \frac{h_2}{2} \right) + 2\alpha_1 f_{c,out} b_2 (\beta x - h_2) \left[(x - h_2) - \frac{(\beta x - h_2)}{2} \right] \\
&\quad + \alpha_2 f_{c,in} b_1 (\beta x - h_2) \left[(x - h_2) - \frac{(\beta x - h_2)}{2} \right] + f'_{yl} A'_s (x - a'_s) + \sigma_{yl} A_s (h - x - a_s) \\
&\quad + \sigma_{yf} A_f (h_1 + h_2 - x) + f_{yf} A'_f (x - h_2) + \frac{1}{3} f_{yw} t'_w d^2 \\
&\quad + \frac{1}{3} \sigma_{yf} t'_w (h_1 + h_2 - x - t_f)^2 + f_{yw} t'_w (x - h_2 - d - t_f) \frac{(x - h_2 - t_f + d)}{2} \\
&\quad + k f_t (h - x)^2 + k f_t b_1 h_2 \left(h - x - \frac{h_2}{2} \right) - N \left(x - \frac{h}{2} \right)
\end{aligned}
\tag{7.30}
$$

(4) 情况 4：$h - a_s < x$。

根据力的平衡可得

$$
\begin{aligned}
N_u &= \alpha_1 f_{c,out} \left[b h_2 + 2 b_2 h_1 + b(\beta x - h_1 - h_2) \right] + \alpha_2 f_{c,in} b_1 h_1 \\
&\quad + f'_{yl} A'_s + f_{yf} A'_f + f_{yw} t'_w (x - h_2 - t_f - d) + \sigma_{yl} A_s \\
&\quad + \sigma_{yf} A_f + \frac{1}{2} (\sigma_{yf} + f_{yw}) t'_w (d - x + h - h_2 - t_f)
\end{aligned}
\tag{7.31}
$$

$$
\sigma_{yf} = \frac{(x - h_1 - h_2)}{x} \varepsilon_{cu} E_s \leqslant f_{yf}
\tag{7.32}
$$

$$\sigma_{yl} = \frac{(x - h + a_s)}{x} \varepsilon_{cu} E_s \leqslant f_{yl}'$$ (7.33)

由式(7.25)、式(7.31)~式(7.33)求得截面受压区高度(中和轴高度)x 后，若满足 $h - a_s < x$，截面的峰值弯矩可通过式(7.34)求得：

$$
\begin{aligned}
M_u = &\, \alpha_1 f_{c,\,out} b h_2 \left(x - \frac{h_2}{2} \right) + 2\alpha_1 f_{c,\,out} b_2 h_1 \left(x - h_2 - \frac{h_1}{2} \right) \\
&+ \alpha_1 f_{c,\,out} b \left(\beta x - h_2 - h_1 \right) \left(\frac{2x - h_2 - h_1 - \beta x}{2} \right) - N \left(x - \frac{h}{2} \right) \\
&+ \alpha_2 f_{c,\,in} b_1 h_1 \left(x - h_2 - \frac{h_1}{2} \right) + f_{yl} A_s \left(x - a_s' \right) + \sigma_{yl} A_s \left(x - h + a_s \right) \\
&+ \sigma_{yf} A_f \left(x - h_1 - h_2 \right) + f_{yf} A_f \left(x - h_2 \right) + f_{yw} t_w' \left(x - h_2 - t_f - d \right) \left(\frac{x - h_2 - t_f + d}{2} \right) \\
&+ \sigma_{yf} t_w' \left(d - x + h - h_2 - t_f \right) \frac{(d + x - h + h_2 + t_f)}{2} \\
&+ \left(f_{yw} - \sigma_{yf} \right) \left(d - x + h - h_2 - t_f \right) \frac{(2d + x - h + h_2 + t_f)}{3}
\end{aligned}
$$ (7.34)

在水平荷载作用下，PPSRC 长柱与 HPSRC 长柱柱底弯矩由柱顶水平荷载产生，故由上述方法计算得出的峰值弯矩可换算为柱顶水平荷载，如式(7.35)所示：

$$P_c = \frac{M_c}{H}$$ (7.35)

式中，M_c——计算峰值弯矩；

H——柱底至柱顶水平荷载加载点间的距离。

PPSRC 长柱与 HPSRC 长柱压弯承载力计算值与试验值的比较见表 7.8，其中所有试件均属于上述第二种情况。由表 7.8 可以看出，计算值与试验值比值的均值为 0.94，变异系数为 0.06，说明本章提出的压弯承载力计算方法可以准确地预测弯曲破坏控制的 PPSRC 长柱与 HPSRC 长柱的承载力。此外，剪跨比较小的试件 PPSRC-1-7 的承载力计算值比实测值高，主要原因是试件 PPSRC-1-7 的最终破坏形态由弯曲与剪切效应同时控制，因剪切效应引发的试件截面损伤会一定程度降低其压弯承载力。

表 7.8 PPSRC 长柱与 HPSRC 长柱压弯承载力计算值与试验值的比较

试件编号	λ	截面形式	N /kN	$f_{c,\,in}$ /MPa	P_m /kN	P_c /kN	P_c / P_m
HPSRC-1-1	3.0	空心	1500	—	451.07	412.16	0.91
HPSRC-1-2	3.0	空心	2000	—	459.69	437.91	0.95

续表

试件编号	λ	截面形式	N/kN	$f_{c,in}$/MPa	P_m/kN	P_c/kN	P_c/P_m
HPSRC-1-3	3.0	空心	2000	—	422.96	437.91	1.04
HPSRC-1-4	3.0	空心	2000	—	501.92	437.91	0.87
PPSRC-1-1	3.0	实心	1500	24.30	465.71	413.18	0.89
PPSRC-1-2	3.0	实心	2000	24.30	474.12	443.70	0.94
PPSRC-1-3	3.0	实心	2000	46.60	463.26	447.23	0.97
PPSRC-1-4	3.0	实心	2000	24.30	465.16	443.70	0.95
PPSRC-1-5	3.0	实心	2000	24.30	463.71	443.70	0.96
PPSRC-1-6	3.0	实心	2000	96.80	523.18	452.15	0.86
PPSRC-1-7	2.2	实心	2000	24.30	594.98	614.35	1.03
平均值							0.94
变异系数							0.06

注：λ 为剪跨比；N 为轴压力；$f_{c,in}$ 为现浇混凝土抗压强度；P_m 为实测峰值承载力；P_c 为计算峰值承载力。

7.8.3 轴力-弯矩相关曲线

轴力-弯矩(N-M)相关曲线可以作为判别 PPSRC 长柱与 HPSRC 长柱失效的条件。采用 7.8.2 小节所述计算方法，通过变换中和轴位置，可求得不同中和轴位置下构件的弯矩与轴力，对不同中和轴位置下求得的弯矩与轴力组合进行连接，即可形成 PPSRC 长柱与 HPSRC 长柱的 N-M 相关曲线。

由于上述 N-M 相关曲线计算过程较为烦琐，因此可通过确定关键中和轴位置下的弯矩与轴力组合以简化计算。如图 7.31(a)所示，简化的 N-M 相关曲线可通过5 个关键点(点 A、B、C、D 与 E)的连线得到。其中 A 点为轴力为零(N=0)时的情况，此时构件的中和轴高度小于型钢上翼缘混凝土保护层厚度，不属于上述 4 种情况中的任何一种，但可通过塑性分析得到此时的截面弯矩；B 点为中和轴通过型钢上翼缘的情况，可由上述情况 1 中的相关公式计算此时的弯矩与轴力；C 点为中和轴通过截面中心时的情况，此时截面弯矩最大，可由上述情况 2 中的相关公式计算此时的弯矩与轴力；D 点为中和轴通过型钢下翼缘的情况，可由上述情况 3 中的相关公式计算此时的弯矩与轴力；E 点为弯矩为零(M=0)时的情况，此时构件处于轴压受力状态，同样可由塑性分析得到此时的截面轴力。

图 7.31(b)中的虚线为 PPSRC 长柱与 HPSRC 长柱简化的 N-M 相关曲线，空心点为 PPSRC 长柱与 HPSRC 长柱试件的实测弯矩与轴力。同时，利用建立的有限元模型对不同竖向荷载下的 PPSRC 长柱与 HPSRC 长柱进行 Pushover 分析[46]，并由分析得到的峰值水平荷载通过式(7.35)反算出不同现浇混凝土强度的 PPSRC 长柱与 HPSRC 长柱柱底截面的峰值弯矩，进一步得到基于有限元分析的 PPSRC

长柱与 HPSRC 长柱的 N-M 相关曲线，如图 7.31(b)中的实线所示。

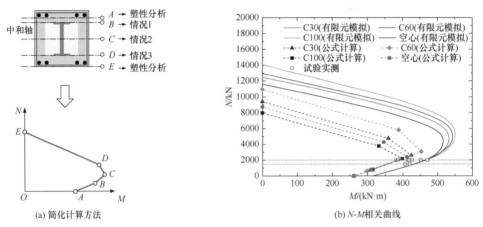

(a) 简化计算方法　　　　　　　　(b) N-M相关曲线

图 7.31　N-M 相关曲线的确定

图 7.31(b)可以看出,有限元模拟得到的 N-M 相关曲线的包络面积明显大于公式计算 N-M 相关曲线。主要原因是本章提出的压弯承载力计算方法提出了相关假定, 不计垂直于加载方向型钢腹板及第二排受拉(受压)钢筋对承载力的贡献, 且不计钢材强化段的强度贡献, 因此在轴力水平相同的前提下, 计算所得峰值弯矩低于不采用上述假定的有限元模拟值。但在实际工程设计中,本节提出的简化 N-M 相关曲线确定方法计算简便且偏于安全,可用作 PPSRC 长柱与 HPSRC 长柱的失效判别条件。

此外, 从图 7.31(b)还可看出, 在竖向荷载为 1500 kN 与 2000 kN 时, HPSRC 长柱与内部现浇 C30、C60 及 C100 级混凝土的 PPSRC 长柱拥有几乎相同的峰值弯矩, 因此第 2 章中各试件的峰值荷载均相差较小;且两类试件的峰值弯矩均随轴向荷载的增大先增大后减小, 这与第 2 章有限元扩展参数分析中的结论一致。

因在中低试验轴压比(n=0.2~0.3)下, HPSRC 长柱与 PPSRC 长柱的压弯承载力相近, 所以 HPSRC 长柱可与 PPSRC 长柱在同一高层建筑中沿结构高度方向混合使用。对于底层对轴压比需求较高的柱构件, PPSRC 长柱可以提供足够的承载力与变形能力, 而 HPSRC 长柱可以应用于上层结构中对轴压比需求较低的构件中, 在保证压弯承载力的同时降低构件自重。同时, HPSRC 长柱可用作 PPSRC 长柱在施工期的模板, 以抵御施工期地震作用对结构造成的损伤。

7.9　本 章 小 结

本章记录了 7 个 PPSRC 长柱与 4 个 HPSRC 长柱的低周往复加载试验结果并

对其进行了分析。总结了 PPSRC 长柱与 HPSRC 长柱的破坏形态特征，同时对试件的滞回曲线、骨架曲线、应变特征、刚度退化、位移延性与耗能能力进行了研究，详细分析了截面形式、剪跨比、轴压力、配箍率及内部现浇混凝土强度对 PPSRC 长柱与 HPSRC 长柱抗震性能的影响。此外基于 OpenSees 平台提出了纤维截面模型，并使用试验数据对其准确性进行了验证。同时在对各国标准进行综合分析的基础上提出了 PPSRC 长柱与 HPSRC 长柱的压弯承载力计算公式，主要结论如下。

(1) PPSRC 长柱与 HPSRC 长柱中的预制高性能混凝土、型钢与现浇混凝土有较好的共同工作性能，破坏时各试件沿加载方向的主要受力型钢与混凝土间均未发现明显的纵向裂缝，高强螺栓连接件可较好地保证各试件的组合作用。由于各试件中的 UHPC 外壳未添加粗骨料，缺少骨料咬合作用而使各试件的预制外壳均出现不同程度的剪切裂缝。在各试件中，配箍率较大的试件与内部现浇 UHPC 的试件发生弯曲破坏，其余试件均发生弯剪破坏。同时各试件中配置钢纤维的 UHPC 外壳可有效避免因往复加载而导致的混凝土脱落现象。

(2) 由于柱核心区混凝土的存在，PPSRC 长柱相比于 HPSRC 长柱拥有更好的滞回性能、承载能力及耗能能力。其他设计参数相同时，内部混凝土强度较高、轴压力较小、配箍率较大及剪跨比较大的试件位移延性及耗能能力相对较好。提升配箍率与现浇混凝土强度可将 PPSRC 长柱的中度延性破坏模式($\mu>2.0$)转化为高延性破坏模式($\mu>3.0$)。由于各试件的预制外壳由配置钢纤维的 UHPC 浇筑，两类试件中均未发现刚度的突然退化，且配箍率最大的试件体现出最稳定的刚度退化趋势，内部现浇混凝土强度对试件刚度退化的影响较小。

(3) 基于 OpenSees 平台，本章使用纤维截面模型进行 PPSRC 长柱与 HPSRC 长柱在往复荷载下的滞回性能分析，其中使用 Concrete02 材料模型模拟预制 UHPC 与现浇混凝土的受力行为，使用 Steel02 材料模型模拟型钢与纵筋的受力行为。模拟分析结果表明，纤维截面模型可较准确地模拟大剪跨比下 PPSRC 长柱与 HPSRC 长柱在低周往复荷载下的滞回特性。

(4) 扩展参数分析表明：随着轴压力的增大，PPSRC 长柱与 HPSRC 长柱的峰值荷载先增加后减小，变形性能与耗能能力随轴压力的增大而减小。当预制混凝土强度等级为 C60 时，提升型钢强度可以同时提高 HPSRC 长柱与 PPSRC 长柱的峰值荷载与滞回曲线饱满程度；而当预制混凝土强度等级为 C100 时，提升型钢强度仅小幅度地提升了两类长柱的峰值荷载。无论预制混凝土强度等级为 C60 或 C100，提升型钢配钢率可同时提升 PPSRC 长柱与 HPSRC 长柱的峰值荷载和滞回曲线饱满程度，同时还可改善各模拟试件峰值荷载后软化段的变形能力，且在大配钢率的前提下提升型钢强度可大幅提升 PPSRC 长柱的峰值荷载与耗能能力。预制混凝土强度的改变会大幅影响 HPSRC 长柱与 PPSRC 长柱的滞回性能，预制混凝土强度的提高会小幅提升试件的初始刚度，但会大幅提高两类长柱的峰值荷载与变形能力。

(5) 根据截面中和轴的不同位置，基于平截面假定通过 4 种情况建立了 PPSRC 长柱与 HPSRC 长柱的压弯承载力计算公式，计算结果与试验结果吻合较好，计算值与试验值比值的平均值为 0.94，变异系数为 0.06。

(6) 基于所提出的压弯承载力计算方法得到了两类构件的轴力-弯矩相关曲线，从轴力-弯矩相关曲线可以看出在竖向荷载较小时，HPSRC 长柱与内部现浇 C30、C60 及 C100 级混凝土的 PPSRC 长柱拥有几乎相同的峰值弯矩，且两类试件的峰值弯矩均随轴向荷载的增大先增大后减小。因此 HPSRC 长柱可与 PPSRC 长柱在同一高层建筑中沿结构高度方向混合使用，对于底层对轴压比需求较高的柱构件，PPSRC 长柱可以提供足够的承载力与变形能力，而 HPSRC 长柱可以应用于上层结构中对轴压比需求较低的构件中，在保证压弯承载力的同时降低构件自重。同时，HPSRC 长柱可用作 PPSRC 长柱在施工期的模板，以抵御施工期地震作用对结构造成的损伤。

参 考 文 献

[1] 过镇海. 钢筋混凝土原理[M]. 北京: 清华大学出版社, 2013.

[2] 中华人民共和国住房和城乡建设部. 组合结构设计规范: JGJ 138—2016[S]. 北京: 中国建筑工业出版社, 2016.

[3] 中华人民共和国建设部, 国家质量监督检验检疫总局. 普通混凝土力学性能试验方法: GB/T 50081—2002[S]. 北京: 中国建筑工业出版社, 2003.

[4] 中国工程建设标准化协会. 纤维混凝土试验方法标准: CECS13: 2009[S]. 北京: 中国计划出版社, 2010.

[5] 中华人民共和国国家质量监督检验检疫总局, 中国国家标准化管理委员会. 金属材料拉伸试验 第 1 部分: 室温试验方法: GB/T 228. 1—2010[S]. 北京: 中国标准出版社, 2010.

[6] 郑文忠, 吕雪源. 活性粉末混凝土研究进展[J]. 建筑结构学报, 2015, 36(10): 44-58.

[7] 冯宏. 型钢高强混凝土框架柱抗震性能研究[D]. 重庆: 重庆大学, 2013.

[8] Xue J, Zhang X, Ke X, et al. Seismic resistance capacity of steel reinforced high-strength concrete columns with rectangular spiral stirrups[J]. Construction and Building Materials, 2019, 229: 116880.

[9] Zhu W, Jia J, Gao J, et al. Experimental study on steel reinforced high-strength concrete columns under cyclic lateral force and constant axial load[J]. Engineering Structures, 2016, 125: 191-204.

[10] 李俊华, 王新堂, 薛建阳, 等. 低周反复荷载下型钢高强混凝土柱受力性能试验研究[J]. 土木工程学报, 2007, 40(7): 11-18.

[11] 殷小溦, 吕西林, 卢文胜. 配置十字型钢的型钢混凝土柱恢复力模型[J]. 工程力学, 2014, 31(1): 97-103.

[12] 殷小溦, 吕西林, 卢文胜. 大比尺高含钢率型钢混凝土柱滞回性能试验[J]. 土木工程学报, 2012, 45(12): 91-98.

[13] Han L H, Li W, Bjorhovde R. Developments and advanced applications of concrete-filled steel tubular (CFST) structures: Members[J]. Journal of Constructional Steel Research, 2014, 100: 211-228.

[14] 沈聚敏. 抗震工程学[M]. 北京: 中国建筑工业出版社, 2000.

[15] 冯鹏, 强翰霖, 叶列平. 材料、构件、结构的"屈服点"定义与讨论[J]. 工程力学, 2017, 34(3): 36-46.

[16] American Society of Civil Engineers. Seismic Evaluation and Retrofit of Existing Buildings: ASCE/SEI 41-13[S]. Virginia: American Society of Civil Engineers, 2013.

[17] Spacone E, El-Tawil S. Nonlinear analysis of steel-concrete composite structures: State of the art[J]. Journal of Structural Engineering, 2004, 130(2): 159-168.

[18] 陶慕轩, 丁然, 潘文豪, 等. 传统纤维模型的一些新发展[J]. 工程力学, 2018, 35(3): 1-21.

[19] 刘祖强. 型钢混凝土异形柱框架抗震性能及设计方法研究[D]. 西安: 西安建筑科技大学, 2012.

[20] 柯晓军. 新型高强混凝土组合柱抗震性能及设计方法研究[D]. 西安: 西安建筑科技大学, 2014.

[21] 徐金俊. 型钢混凝土 T 形柱-钢梁空间节点的震损机制与计算理论[D]. 南宁: 广西大学, 2016.

[22] 于云龙. 部分预制装配型钢混凝土梁基本性能及设计方法研究 [D]. 西安: 西安建筑科技大学, 2018.

[23] 臧兴震. 钢管约束型钢高强混凝土柱滞回性能研究[D]. 兰州: 兰州大学, 2018.

[24] 马辉. 型钢再生混凝土柱抗震性能及设计计算方法研究[D]. 西安: 西安建筑科技大学, 2013.

[25] 马英超. 单层单跨钢骨超高强混凝土框架结构抗震性能研究[D]. 大连: 大连理工大学, 2017.

[26] Chen S, Wu P. Analytical model for predicting axial compressive behavior of steel reinforced concrete column[J]. Journal of Constructional Steel Research, 2017, 128: 649-660.

[27] Dong S, Han B, Yu X, et al. Constitutive model and reinforcing mechanisms of uniaxial compressive property for reactive powder concrete with super-fine stainless wire[J]. Composites Part B: Engineering, 2019, 166: 298-309.

[28] Hou X, Cao S, Rong Q, et al. Effects of steel fiber and strain rate on the dynamic compressive stress-strain relationship in reactive powder concrete[J]. Construction and Building Materials, 2018, 170: 570-581.

[29] 王秋维, 史庆轩, 陶毅, 等. 钢纤维活性粉末混凝土抗压力学性能及指标取值[J]. 建筑材料学报, 2020, 23(6): 1381-1389.

[30] 童小龙, 方志, 罗肖. 活性粉末混凝土剪力墙抗震性能试验研究[J]. 建筑结构学报, 2016, 37(1): 21-30.

[31] Løland K E. Continuous damage model for load-response estimation of concrete [J]. Cement and Concrete Research, 1980, 10(3): 395-402.

[32] Mazars J. A description of micro-and macroscale damage of concrete structures [J]. Engineering Fracture Mechanics, 1986, 25(5): 729-737.

[33] Mander J B, Priestley M J N, Park R. Theoretical stress-strain model for confined concrete[J]. Journal of Structural Engineering, 1988, 114(8): 1804-1826.

[34] Kent D C, Park R. Flexural members with confined concrete[J]. Journal of the Structural Division, 1971, 97(7): 1969-1990.

[35] Scott B D, Park R, Priestley M J N. Stress-strain behavior of concrete confined by overlapping hoops at low and high strain rates[J]. ACI Journal, 1982, 79(1): 13-27.

[36] Yassin M H M. Nonlinear analysis of prestressed concrete structures under monotonic and cyclic loads[D]. Berkeley: University of California, 1994.

[37] 陈伟. 基于 OpenSees 平台开发的混凝土滞回本构模型在结构分析中的应用[D]. 重庆: 重庆大学, 2012.

[38] Menegotto M, Pinto P. Method of analysis for cyclically loaded RC plane frames including changes in geometry and non-elastic behavior of elements under combined normal force and bending[C]. Proceedings of IABSE Symposium on Resistance and Ultimate Deformability of Structures Acted on by Well Defined Repeated Loads, Lisbon, 1973: 15-22.

[39] 日本建筑学会. 钢骨钢筋混凝土结构计算标准及解说[M]. 冯乃谦, 译. 北京: 原子能出版社, 1996.

[40] 中华人民共和国住房和城乡建设部, 中华人民共和国国家质量监督检验检疫总局. 混凝土结构设计规范: GB

50010—2010[S]. 北京: 中国建筑工业出版社, 2015.

[41] 中华人民共和国住房和城乡建设部, 中华人民共和国国家质量监督检验检疫总局. 钢结构设计标准: GB 50017—2017[S]. 北京: 中国建筑工业出版社, 2017.

[42] American Institute of Steel Construction. Specification for structural steel buildings: AISC 360-16[S]. Chicago: American Institute of Steel Construction, 2016.

[43] Comité Européen de Normalisation. Eurocode 4: Design of composite steel and concrete structures-part I-1: General rules and rules for buildings: EN 1994-1-1: 2004E[S]. Brussels: European Committee for Standardization, 2004.

[44] 薛建阳. 钢与混凝土组合结构[M]. 2 版. 武汉: 华中科技大学出版社, 2010.

[45] 李莉. 活性粉末混凝土梁受力性能及设计方法研究[D]. 哈尔滨: 哈尔滨工业大学, 2010.

[46] 梁兴文, 叶艳霞. 混凝土结构非线性分析[M]. 北京: 中国建筑工业出版社, 2007.

第 8 章　PPSRC 短柱的抗震性能研究

8.1　引　　言

由于轴向荷载过大、局部错层及填充墙不通高等原因，剪跨比小于 2.0 的短柱构件常出现在高层或超高层建筑的下层结构中及框支结构的转换层中。结构底层柱的抗震性能直接影响整个结构的抗震性能，同时相较于发生延性弯曲破坏的长柱构件，短柱构件会发生脆性剪切破坏而导致其抗震性能较差，因此开展 PPSRC 短柱与 HPSRC 短柱的抗震性能研究十分必要。

第 7 章研究了剪跨比为 3.0 与 2.2 的 PPSRC 长柱与 HPSRC 长柱的抗震性能，本章在前文研究的基础上开展了剪跨比为 1.7 的 PPSRC 短柱与 HPSRC 短柱的抗震性能研究。本章的研究目的为：

(1) 通过试验了解 PPSRC 短柱与 HPSRC 短柱在轴力、剪力及弯矩共同作用下的受力过程、破坏形态及灾变机理；

(2) 研究低周往复荷载作用下 PPSRC 短柱与 HPSRC 短柱的荷载-位移滞回曲线特征、承载力变化规律、刚度退化机理、位移延性及耗能能力；

(3) 研究截面形式、纵筋配筋率、轴压力、内部混凝土强度及配箍率对 PPSRC 短柱与 HPSRC 短柱抗震性能的影响；

(4) 建立合理有效的有限元分析模型，对 PPSRC 短柱与 HPSRC 短柱在低周往复荷载作用下的滞回性能进行模拟分析。

为建立 PPSRC 短柱与 HPSRC 短柱在地震作用下的受剪承载力计算理论和设计方法，本章试验对截面形式、纵筋配筋率、轴压力、内部混凝土强度及配箍率等参数进行了分析，以期为 PPSRC 短柱与 HPSRC 短柱的设计及工程应用提供试验依据。

8.2　试　验　概　况

8.2.1　试件设计

本试验共设计制作了 6 个 PPSRC 短柱试件和 4 个 HPSRC 短柱试件。试件主体尺寸为 300mm×300mm×600mm；试件地梁尺寸为 550mm×500mm×1200mm。各试件中型钢均为十字型钢，由 2 个 HN175×90×5×8 的 Q235B 级轧制型钢切割并焊接而成，配钢率为 5.0%。水平荷载施加在距柱顶 100mm 处，因此柱剪跨比 λ=500/300≈1.7。若假定柱中反弯点处于柱跨中，则框架柱的长细比约为 3.4，因此剪切效应对试件的抗震性能影响较大。为了提升试件预制部分的抗震性能，与第 7 章类似，采用 UHPC 浇筑试件的高性能混凝土外壳，内部现浇混凝土按 C30 级、C60 级混凝土和 UHPC 制备。依据试验参数设计，各试件中配置纵筋 12Φ18 或 12Φ28，配筋率 ρ_s 为 3.4%或 8.2%；配置矩形螺旋箍筋ϕ8@40 或ϕ8@65，体积配箍率 ρ_{ts} 为 2.00%或 1.26%。短柱试件设计参数见表 8.1，PPSRC 短柱试件设计尺寸详见图 8.1。

表 8.1　PPSRC 短柱抗剪试件参数汇总表

试件编号	λ	截面形式	N /kN	$f_{cu, out}$ /MPa	$f_{cu, in}$ /MPa	型钢		钢筋	
						型钢型号	ρ_{ss}	ρ_{ls}	ρ_{ts}
HPSRC-2-1	1.7	空心	1200	92.3	—	2(HN175×90×5 ×8)	5.0%	12 Φ18 (3.4%)	ϕ8@65 (1.26%)
HPSRC-2-2	1.7	空心	1200	92.3	—	2(HN175×90×5 ×8)	5.0%	12 Φ28 (8.2%)	ϕ8@65 (1.26%)
HPSRC-2-3	1.7	空心	1500	92.3	—	2(HN175×90×5 ×8)	5.0%	12 Φ28 (8.2%)	ϕ8@65 (1.26%)
HPSRC-2-4	1.7	空心	1500	92.3	—	2(HN175×90×5 ×8)	5.0%	12 Φ28 (8.2%)	ϕ8@40 (2.00%)
PPSRC-2-1	1.7	实心	1200	92.3	31.97	2(HN175×90×5 ×8)	5.0%	12 Φ18 (3.4%)	ϕ8@65 (1.26%)
PPSRC-2-2	1.7	实心	1200	92.3	31.97	2(HN175×90×5 ×8)	5.0%	12 Φ28 (8.2%)	ϕ8@65 (1.26%)
PPSRC-2-3	1.7	实心	1500	92.3	31.97	2(HN175×90×5 ×8)	5.0%	12 Φ28 (8.2%)	ϕ8@65 (1.26%)
PPSRC-2-4	1.7	实心	1500	92.3	62.63	2(HN175×90×5 ×8)	5.0%	12 Φ28 (8.2%)	ϕ8@65 (1.26%)
PPSRC-2-5	1.7	实心	1500	92.3	31.97	2(HN175×90×5 ×8)	5.0%	12 Φ28 (8.2%)	ϕ8@40 (2.00%)
PPSRC-2-6	1.7	实心	1500	92.3	92.30	2(HN175×90×5 ×8)	5.0%	12 Φ28 (8.2%)	ϕ8@65 (1.26%)

注：λ 为剪跨比；N 为轴压力；$f_{cu, out}$ 为预制混凝土立方体抗压强度；$f_{cu, in}$ 为现浇混凝土立方体抗压强度；ρ_{ss} 为型钢配钢率；ρ_{ls} 为纵筋配筋率；ρ_{ts} 为体积配箍率。

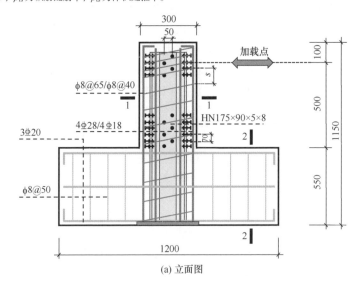

(a) 立面图

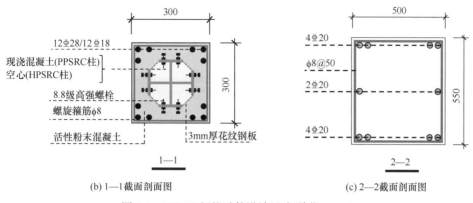

(b) 1—1截面剖面图　　　　　　　　(c) 2—2截面剖面图

图 8.1　PPSRC 短柱试件设计尺寸(单位：mm)

如图 8.1 所示，为了保证型钢与混凝土之间的组合作用，制作型钢骨架时分别在柱顶及柱底处型钢翼缘钻孔，并按间距 70mm 梅花状共布置 5 排 8.8 级高强螺栓(柱顶 2 排，柱底 3 排)。为了便于预制混凝土的浇筑，将厚 3mm 的扁豆型花纹钢板点焊于相邻型钢翼缘间，在作为内模板的同时可进一步增强预制及现浇混凝土性能。

8.2.2　材料性能

试验采用的 C30 与 C60 级混凝土均为商品混凝土，为匹配试件强度与试验机的加载能力，UHPC 按 C90 等级配置。UHPC 由水泥、硅灰、粉煤灰、矿粉、石英砂、高性能减水剂及钢纤维拌制而成，其中钢纤维的体积掺量为 1.5%，短柱试验 UHPC 配合比见表 8.2。UHPC 中使用的钢纤维为直径 0.2mm、长度 13.0mm 的镀铜平直纤维，其抗拉强度为 2850.0MPa。所有试件均为同批浇筑，自然养护。UHPC 浇筑时制作两组 100mm×100mm×100mm 的立方体试块及两组依据《纤维混凝土试验方法标准》(CECS13：2009)制作的轴心受拉强度测试试件；C30 及 C60 级混凝土浇筑时均制作两组 150 mm×150 mm×150 mm 的立方体试块。所有混凝土试块均与试验试件进行 28 天同条件养护，混凝土试块强度试验采用电液式压力试验机进行加载，短柱试验混凝土的力学性能参数如表 8.3 所示。依据《金属材料 拉伸试验 第 1 部分：室温试验方法》(GB/T 228.1—2010)，对钢筋及型钢进行材性试验，实测结果见表 8.4。

表 8.2　短柱试验 UHPC 配合比

质量比						钢纤维掺量(体积比)	水灰比
52.5 级水泥	粉煤灰	硅灰	矿粉	石英砂	高效减水剂		
1.0	0.2	0.15	0.1	1.3	0.003	0.15	0.22

表 8.3　短柱试验混凝土力学性能参数

混凝土强度等级	立方体抗压强度 f_{cu}/MPa	轴心抗压强度 f_c/MPa	轴心抗拉强度 f_t/MPa	弹性模量 E_c/MPa
C30	31.97	24.30	2.65	3.04×10^4
C60	62.23	46.60	3.83	3.63×10^4
C90(UHPC)	92.30	83.07	5.76	3.77×10^4

注:对于 C30 及 C60 级混凝土,$f_c=\alpha_{c1}\alpha_{c2}f_{cu}$,当 $f_{cu} \leqslant 50$ MPa 时 $\alpha_{c1}=0.76$,$\alpha_{c2}=1.0$;$f_{cu}=80$ MPa 时,$\alpha_{c1}=0.82$,$\alpha_{c2}=0.87$;中间线性插值;$f_t=0.395f_{cu}^{0.55}$。对于 UHPC,$f_c=0.9f_{cu}$。

表 8.4　短柱试验钢材力学性能

钢材		类别	钢材牌号	屈服强度 f_y/MPa	极限强度 f_u/MPa	弹性模量 E_s/MPa
型钢	翼缘	HN175×90×5×8	Q235B	311.7	438.3	2.05×10^5
	腹板		Q235B	272.5	520.0	2.05×10^5
纵筋		$\Phi 18$	HRB400	443.5	598.0	2.07×10^5
		$\Phi 28$	HRB400	487.6	603.4	2.05×10^5
箍筋		$\phi 8$	HPB300	393.2	562.3	2.06×10^5

8.2.3　试件制作

本章试验的试件制作过程与第 7 章相同。PPSRC 短柱试件由预制与现浇两个阶段制作而成,第一阶段中先预制型钢与钢筋骨架并支设外部模板,再使用 UHPC 浇筑型钢外部区域;待 UHPC 硬化并自然养护 28 天后浇筑型钢内部混凝土以形成完整的 PPSRC 短柱。HPSRC 短柱试件制作过程与 PPSRC 短柱的预制阶段基本相同,在 UHPC 硬化后即完成整个 HPSRC 短柱的制作。试件的制作过程详见 7.2.3 小节。

8.2.4　量测方案

试验中的应变与位移测点布置见图 8.2。试验过程中主要位移测点布置如下:

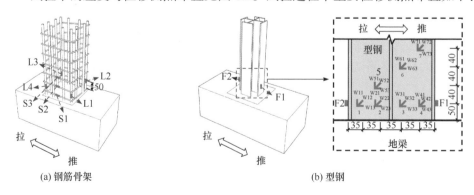

(a) 钢筋骨架　　　　　　　　　　　　　　(b) 型钢

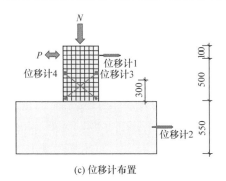

(c) 位移计布置

图 8.2　应变及位移测点布置(单位：mm)

在柱顶加载点处布置电子位移计测定柱顶水平位移；在地梁中部布置电子位移计观测地梁滑移；在柱根 300mm 范围内交叉布置 2 个位移计以观察试件的剪切变形。试验过程中主要应变测点布置如下：S1～S3 为箍筋轴向应变片；L1～L4 为纵筋轴向应变片；W1～W7 为型钢腹板三向应变片；F1 与 F2 为型钢翼缘轴向应变片。

8.2.5　加载方案

短柱试验加载装置如图 8.3 所示,试验加载方式为悬臂式,水平荷载通过 2500 kN 电液伺服作动器施加, 轴向荷载通过在刚性大梁上可水平滑动的 5000 kN 油压千斤顶施加于柱顶。试验正式加载时, 首先由油压千斤顶在柱顶施加目标轴向压力, 然后利用电液伺服作动器在柱顶加载点施加水平低周往复荷载。水平低周往复荷载采用位移控制加载，前 5 级荷载的目标位移角分别为 0.2%、0.4%、0.6%、0.8% 与 1.0%，每级循环 1 次；此后每级位移角的增量为 0.5%，每级循环 3 次，当推、拉两侧的水平荷载均下降至其对应的最大荷载的 80% 以下或柱身无法继续承担轴向压力时停止加载。短柱试验加载制度如图 8.4 所示。

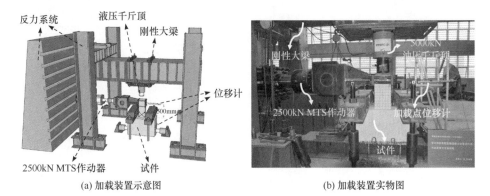

(a) 加载装置示意图　　　　　　　　　(b) 加载装置实物图

图 8.3　短柱试验加载装置

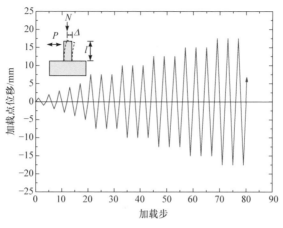

图 8.4　短柱试验加载制度

8.3　试　验　结　果

8.3.1　试验现象

图 8.5 与图 8.6 分别为试件 PPSRC-2-1 与 HPSRC-2-2 的裂缝发展过程图，图 8.7 为各试件的最终破坏形态。图 8.5～图 8.7 展示了距柱底 400mm 距离内平行于加载方向的柱身裂缝发展情况及损伤过程。短柱试验结果如表 8.5 所示。

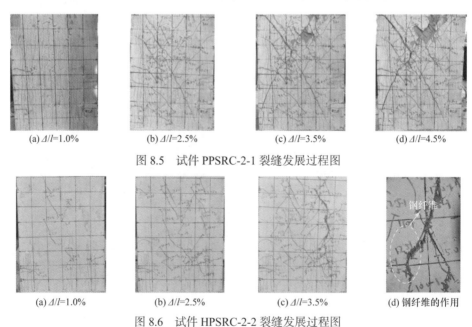

(a) Δ/l=1.0%　　　(b) Δ/l=2.5%　　　(c) Δ/l=3.5%　　　(d) Δ/l=4.5%

图 8.5　试件 PPSRC-2-1 裂缝发展过程图

(a) Δ/l=1.0%　　　(b) Δ/l=2.5%　　　(c) Δ/l=3.5%　　　(d) 钢纤维的作用

图 8.6　试件 HPSRC-2-2 裂缝发展过程图

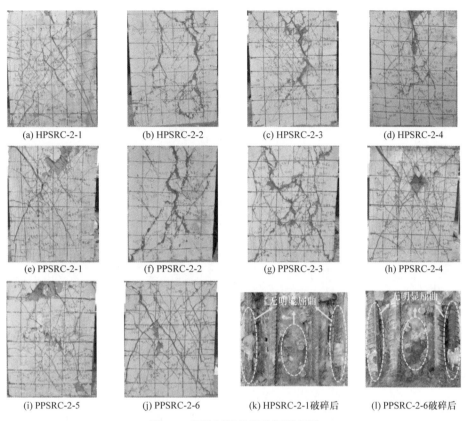

(a) HPSRC-2-1　　　(b) HPSRC-2-2　　　(c) HPSRC-2-3　　　(d) HPSRC-2-4

(e) PPSRC-2-1　　　(f) PPSRC-2-2　　　(g) PPSRC-2-3　　　(h) PPSRC-2-4

(i) PPSRC-2-5　　　(j) PPSRC-2-6　　　(k) HPSRC-2-1破碎后　　　(l) PPSRC-2-6破碎后

图 8.7　短柱试件柱脚破坏形态图

表 8.5　短柱试验结果汇总

试件编号	破坏形态	加载方向	Δ_y/mm	P_y/kN	Δ_u/mm	P_m/kN	$\overline{P}_m$/kN	E_{sum}/(kN·m)	μ	$\overline{\mu}$
HPSRC-2-1	弯剪破坏	正向	10.01	572.33	20.96	690.91	690.03	91.40	2.09	2.25
		负向	9.36	585.80	22.50	689.14			2.40	
HPSRC-2-2	剪切破坏	正向	9.09	640.13	20.10	754.83	751.49	126.14	2.21	2.25
		负向	10.20	641.87	23.50	748.14			2.30	
HPSRC-2-3	剪切破坏	正向	13.17	558.63	24.05	698.76	760.07	107.91	1.83	1.79
		负向	12.82	729.44	22.49	821.37			1.75	
HPSRC-2-4	剪切破坏	正向	7.08	785.85	17.03	912.31	811.68	144.15	2.40	2.58
		负向	9.09	644.62	25.00	711.05			2.75	
PPSRC-2-1	弯剪破坏	正向	8.13	548.98	22.50	698.49	669.56	123.53	2.77	2.67
		负向	8.74	534.83	22.50	640.63			2.57	
PPSRC-2-2	剪切破坏	正向	12.57	703.90	24.52	843.58	854.19	208.26	1.95	2.28
		负向	10.93	687.06	28.49	864.79			2.61	

续表

试件编号	破坏形态	加载方向	Δ_y/mm	P_y/kN	Δ_u/mm	P_m/kN	$\overline{P}_m$/kN	E_{sum}/(kN·m)	μ	$\overline{\mu}$
PPSRC-2-3	剪切破坏	正向	13.72	629.38	25.02	812.76	889.93	201.80	1.82	1.94
		负向	14.14	788.31	29.01	967.09			2.05	
PPSRC-2-4	剪切破坏	正向	6.09	731.83	28.41	967.55	898.60	317.59	4.67	4.33
		负向	7.53	734.98	30.00	829.64			3.98	
PPSRC-2-5	剪切破坏	正向	9.01	759.89	25.48	964.09	926.29	288.05	2.83	3.00
		负向	9.64	770.41	29.85	888.49			3.10	
PPSRC-2-6	剪切破坏	正向	7.90	830.76	30.22	975.34	982.17	386.50	3.83	4.01
		负向	7.75	823.03	32.50	988.99			4.19	

注：Δ_y 为试件屈服位移；Δ_u 为试件极限位移；P_y 为试件屈服荷载；P_m 为试件峰值荷载；E_{sum} 为试件破坏时的累积耗能；μ 为试件位移延性系数。

试件的破坏形态分为弯剪破坏和剪切破坏两种。如图 8.5 所示，纵筋配筋率较小的试件 PPSRC-2-1 与 HPSRC-2-1 发生弯剪破坏，当 $\Delta/l<0.8\%$ 时，上述两个试件均未出现混凝土的开裂；当 $\Delta/l=0.8\%$ 时，柱身两侧出现水平弯曲裂缝，并随着加载位移增大而在水平向发展；当 $\Delta/l=1.5\%$ 时，部分水平裂缝开始沿斜向发展，同时柱身中部出现多条斜向腹剪裂缝；随着水平位移的增大，水平弯曲裂缝与斜向剪切裂缝均有不同程度的加宽，即试件最终的破坏形态表现为弯曲破坏与剪切破坏共同控制的复合破坏形态。如图 8.7(a) 与图 8.7(e) 所示，相比于高配筋率的试件，最终破坏时低配筋率的 PPSRC 短柱与 HPSRC 短柱的水平弯曲裂缝数量更多且发展更为充分，同时荷载往复而导致的剪切裂缝处的混凝土脱落程度更低，表明低配筋率的试件发生了弯剪破坏。相比于空心试件 HPSRC-2-1，实心试件 PPSRC-2-1 短柱柱身裂缝数量更少，表明现浇混凝土的存在能有效降低预制部分混凝土在往复荷载下的损伤。

除试件 HPSRC-2-1 与 PPSRC-2-1，其余试件均发生典型的剪切破坏。如图 8.6 所示，当 $\Delta/l=1.0\%$ 时，柱身两侧出现水平弯曲裂缝，但随加载位移的增大水平裂缝的发展受到有效抑制；当 $\Delta/l=1.5\%$ 时，同时在柱身出现多条斜向腹剪裂缝，裂缝数量与长度均随着加载历程不断增多与发展。与使用普通混凝土浇筑的 SRC 短柱相比，PPSRC 短柱与 HPSRC 短柱试件在往复循环荷载下均未形成明显的近似沿试件对角线的 "X" 形主裂缝，而是在柱身形成多条交叉的斜裂缝带，最终破坏时交叉的斜裂缝带遍布柱身，即试件最终的破坏形态主要由剪切破坏控制。

如图 8.7(a)、(b) 与图 8.7(e)、(f) 所示，对比低配筋率与高配筋率试件的破坏形态可知，加载过程中高配筋率试件的水平弯曲裂缝受到有效抑制，同时荷载往复而导致的交叉斜裂缝处混凝土粉碎、脱落的现象更严重，说明高配筋率试件剪切破坏的程度更高。如图 8.7(b)、(c) 与图 8.7(f)、(g) 所示，相比于低轴压力的试件，最终破坏时高轴压力的试件柱身裂缝更多，且荷载往复作用而导致的混凝土脱落现象更严重，说明提高轴压力会加重 PPSRC 短柱与 HPSRC 短柱的损伤。如图 8.7(c)、(d)与图 8.7(g)、(i)所示，高配箍率的试件中柱身斜裂缝的宽度更小，说明提高配箍率可以降低试件破坏时斜裂缝的发展程度。

在加载过程中，各试件表面均未发现明显的纵向裂缝，说明高强螺栓连接件可保证两类短柱试件中预制混凝土、型钢及现浇混凝土的共同工作性能。如图 8.6(d)所示，相比于型钢超高强混凝土短柱，由于 PPSRC 短柱与 HPSRC 短柱试件的预制外壳均采用配置钢纤维的 UHPC 浇筑，钢纤维的桥联作用能有效抑制柱身裂缝的产生与发展，故各试件在加载过程中均未出现明显的混凝土剥落现象[1]。

如图 8.7(i)、(k)所示，加载结束后，部分试件被破碎以观察内部纵筋、型钢及混凝土的损伤情况，结果发现各试件中的型钢与受力纵筋均未发生明显的屈曲，表明高性能混凝土外壳可有效约束其内部的型钢与纵筋。

8.3.2　滞回曲线

图 8.8 为各短柱试件的滞回曲线，图中 $\varDelta$ 为加载点水平位移，P 为加载点水平荷载。对比各试件的滞回曲线可知：

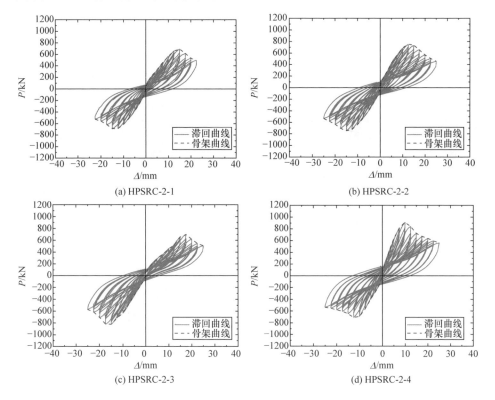

(a) HPSRC-2-1　　　　　　　　　　(b) HPSRC-2-2

(c) HPSRC-2-3　　　　　　　　　　(d) HPSRC-2-4

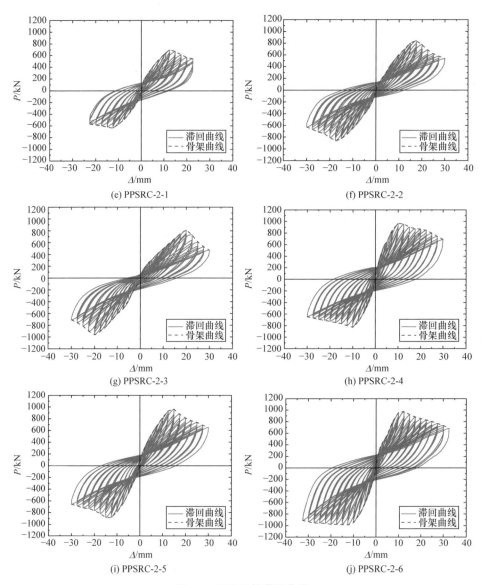

图 8.8 短柱试件滞回曲线

(1) 在试件加载初期，荷载和位移近似呈线性关系，滞回曲线包围的面积很小，试件刚度退化不明显，残余变形很小，试件处于弹性工作状态。试件出现首条裂缝的侧移角约为 1.0%，大于未掺杂钢纤维的型钢高强混凝土柱[1-2]，说明钢纤维可较好地起到阻裂的作用。随着水平位移的增加，试件表面裂缝不断产生并发展，滞回环包围的面积不断变大，残余变形逐渐加大，试件进入弹塑性工作状态。由于内部型钢的存在，PPSRC 短柱与 HPSRC 短柱试件的滞回曲线均呈稳定的梭形，且未出现明显的捏拢现象，滞回性能表现稳定。

(2) PPSRC 短柱试件的滞回曲线比 HPSRC 短柱试件更为饱满，说明内部混凝土的存在能大幅提升 PPSRC 短柱的耗能及变形能力。这是因为柱芯现浇混凝土受到型钢的有效约束，拥有较高的强度及变形性能，同时内部混凝土可作为型钢腹板的侧向支撑，能有效避免型钢腹板的局部屈曲。如图 8.8(b)、(c)、(f)、(g)所示，在其余设计参数相同时，高轴压力的试件表现出不稳定的滞回性能，说明提高轴压力对 PPSRC 短柱与 HPSRC 短柱的滞回性能不利；如图 8.8(c)、(d)、(g)、(i)所示，高配箍率的试件的滞回环更饱满，说明提升配箍率可以有效地提升PPSRC 短柱与 HPSRC 短柱的滞回性能；如图 8.8(g)、(h)、(j)所示，提升内部混凝土强度可以有效地增加试件的滞回环面积，同时，小幅度提高内部现浇混凝土强度(由 C30 提升至 C60)即可大幅增强 PPSRC 试件的滞回性能。

(3) 为了保证型钢翼缘的混凝土保护层厚度进而确保型钢与混凝土间的组合作用，同时为了形成型钢内筒便于预制混凝土的浇筑，各试件中的型钢均为十字型钢且配钢率偏小(5.0%)，仅略高于我国《组合结构设计规范》中 SRC 柱的最小配钢率限制(4.0%)，故试验试件滞回曲线的饱满程度与大配钢率的型钢高强混凝土柱相比较弱[3-4]。因为《组合结构设计规范》中规定的型钢保护层厚度可认为是定值(不宜小于 200mm)，故在实际工程应用中，足尺的 PPSRC 短柱及 HPSRC 短柱可通过增大型钢配钢率以进一步提升耗能能力[5]。

8.3.3　骨架曲线

各短柱试件的骨架曲线如图 8.9 所示，对比可知，各试件的骨架曲线均可分为上升段、强化段及下降段。

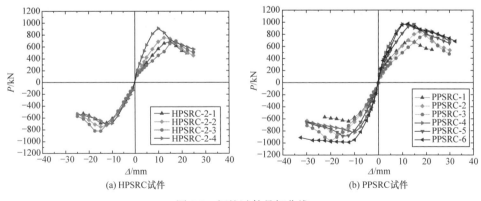

图 8.9　短柱试件骨架曲线

(1) 由图 8.9(a)可以看出，HPSRC 短柱试件中，配箍率最高的试件 HPSRC-2-4具有最高的初始刚度及承载力，而配筋率最低的试件 HPSRC-2-1 具有最低的初始刚度及承载力。这是因为试件 HPSRC-2-1 的弯曲承载力相对其余高配筋率的试件较低，破坏形态为体现出一部分弯曲破坏特征的弯剪破坏，故其承载力受到一定程度的制约；而试件 HPSRC-2-4 配箍率较高，箍筋对预制 UHPC 的约束更强，破坏时有更多的箍筋可参与受剪，故体现出最好的滞回性能。相比试件 HPSRC-2-2，承受轴压力更高的试件 HPSRC-2-3 的峰值荷载提升了 1.0%，但骨架曲线波动程度更大，曲线下降程度更剧烈，说明增加轴压力会提升 HPSRC 短柱破坏时的脆性；相比试件 HPSRC-2-3，配箍率更大的试件 HPSRC-2-4 的峰值荷载提升了 6.8%，同时骨架曲线的下降段更加平缓，说明提升配箍率会提升 HPSRC 短柱的承载力并改善其最终破坏时的脆性。

(2) 由图 8.9(b)可以看出，PPSRC 短柱试件中，内部现浇 UHPC 的试件 PPSRC-2-6 具有最高的初始刚度及承载力，与 HPSRC 短柱试件相似，配筋率最低的试件 PPSRC-2-1 具有最低的初始刚度及承载力。相比试件 PPSRC-2-2，试件 PPSRC-2-3 的峰值荷载提升了 4.1%，但骨架曲线的下降程度更剧烈，说明增加轴压力可提升 PPSRC 短柱的承载力但会降低其变形性能。相比试件 PPSRC-2-3，试件 PPSRC-2-5 的峰值荷载提升了 4.1%，同时骨架曲线的下降段更平滑，说明提升配箍率可提高 PPSRC 短柱的承载与变形能力。对比试件 PPSRC-2-3、PPSRC-2-4 与 PPSRC-2-6 的骨架曲线可知，内部现浇混凝土强度的提升可大幅提高 PPSRC 短柱的承载力与变形能力。值得注意的是，除承载力外，内浇 C60 级混凝土的试件 PPSRC-2-4 与内浇 UHPC 的试件 PPSRC-2-6 的骨架曲线下降段均较为平缓，说明适量提高内部现浇混凝土强度即可有效提升 PPSRC 短柱的变形性能。

8.3.4　应变分析

短柱试件的应变分析如图 8.10 所示。箍筋的应变发展可以直观地体现斜裂缝的发展趋势。如图 8.10(a)、(b)、(c)所示，在达到试件峰值荷载前，试件 HPSRC-2-1、PPSRC-2-1 与 PPSRC-2-4 的箍筋均超过其受拉屈服应变，说明试件均有不同程度的剪切破坏特征。同时由图 8.10(a)可以看出，空心试件 HPSRC-2-1 在达到其峰值荷载时箍筋的应变出现了明显的平台段，说明在此荷载水平下裂缝突然加宽，而实心试件 PPSRC-2-1 与 PPSRC-2-4 的箍筋应变均未出现明显的平台段，说明型钢内部混凝土分担了部分水平荷载，从而有效控制了预制 UHPC 外壳的斜裂缝发展程度。

纵筋的应变发展可以直观地体现试件的破坏形态。如图 8.10(d)、(e)所示，在达到试件峰值荷载时，试件 HPSRC-2-1 与 PPSRC-2-1 的纵筋均已屈服，结合之前分析的试件 HPSRC-2-1 与 PPSRC-2-1 到达其峰值荷载前箍筋也均已屈服，可以看出，配筋率较小的试件均发生弯剪破坏，这与前述的试件破坏形态吻合。如图 8.10(f)所示，在加载结束时试件 PPSRC-2-4 的纵筋受拉屈服，但其实测应变仅

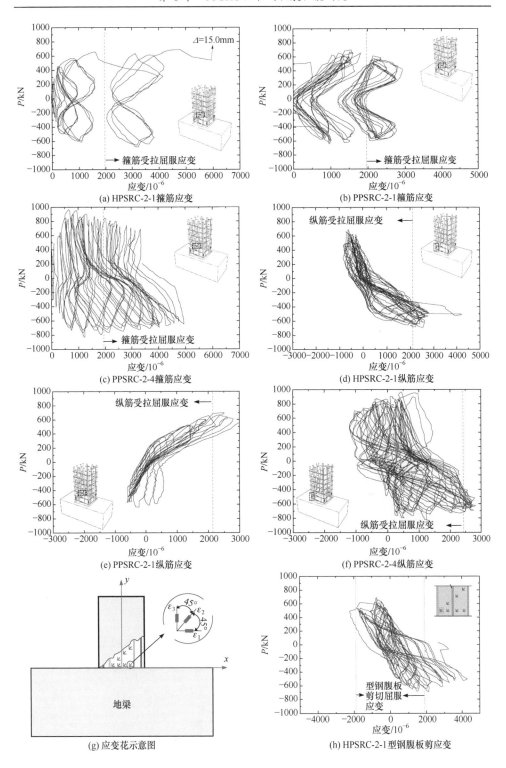

(a) HPSRC-2-1箍筋应变

(b) PPSRC-2-1箍筋应变

(c) PPSRC-2-4箍筋应变

(d) HPSRC-2-1纵筋应变

(e) PPSRC-2-1纵筋应变

(f) PPSRC-2-4纵筋应变

(g) 应变花示意图

(h) HPSRC-2-1型钢腹板剪应变

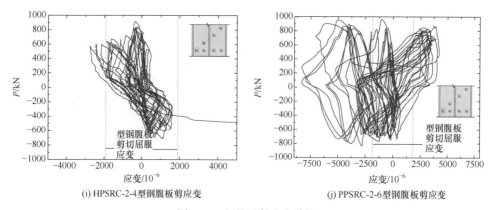

(i) HPSRC-2-4型钢腹板剪应变　　　　　　　　(j) PPSRC-2-6型钢腹板剪应变

图 8.10　短柱试件应变分析

小幅度超过纵筋受拉屈服应变，说明高配筋率的试件在破坏前纵筋基本处于弹性受力阶段，试件未到达其弯曲承载力，故其破坏形态主要由剪切破坏控制。

型钢腹板的应力状态可以有效体现型钢在 PPSRC 短柱与 HPSRC 短柱受剪行为中的作用。因为型钢腹板处于平面应力状态，其测点的正应变与剪应变可由应变花的数据测定。如图 8.10(g)所示，x-y 平面的正应变与剪应变可按式(8-1)进行计算：

$$\varepsilon_x = \varepsilon_1, \quad \varepsilon_y = \varepsilon_3, \quad \gamma_{xy} = 2\varepsilon_2 - \varepsilon_1 - \varepsilon_3 \tag{8.1}$$

式中，ε_x、ε_y、γ_{xy}——平行于加载方向的型钢腹板 x-y 平面上的正应变与剪应变；

ε_1、ε_2、ε_3——应变花三个方向的实测应变值。

图 8.10(h)、(i)、(j)分别为试件 HPSRC-2-1、HPSRC-2-4 与 PPSRC-2-6 的型钢腹板剪应变。可以看出到达峰值荷载时，各试件的型钢腹板剪应变均已超过型钢剪切屈服时的应变，实心试件 PPSRC-2-6 的型钢腹板剪应变大于空心试件 HPSRC-2-1 与 HPSRC-2-4，说明 PPSRC 短柱的型钢腹板塑性发展更充分。图 8.10(h)、(i)、(j)中的应变花均为最靠近型钢翼缘的测点，根据弹性分析可知，型钢翼缘处的弹性剪应力最小，故若靠近型钢翼缘处的型钢腹板进入塑性受力阶段，即可认为试件最终破坏时整个型钢腹板均已进入塑性受力阶段[6]。

8.3.5　刚度退化

与第 7 章相同，本章使用试件的割线刚度分析各 PPSRC 短柱与 HPSRC 短柱试件的刚度退化。试件的割线刚度为每次循环的正向或负向最大荷载与相应位移的比值，其表达式为

$$K_{i+} = \frac{+P_i}{+\Delta_i}, \quad K_{i-} = \frac{-P_i}{-\Delta_i} \tag{8.2}$$

式中，K_{i+} 和 K_{i-} 为第 i 级加载下正、反向加载的刚度；$+\Delta_i$ 和 $-\Delta_i$ 分别为第 i 级加载下正、反向水平峰值荷载对应的侧移；$+P_i$ 和 $-P_i$ 分别为第 i 级加载第 1 次循环的正、反向水平峰值荷载值。

各短柱试件刚度退化曲线见图 8.11。由图 8.11 可以看出，因为内部现浇混凝土的存在，PPSRC 短柱试件的初始刚度均高于 HPSRC 短柱试件的初始刚度。其中内部现浇 UHPC 的试件 PPSRC-2-6 表现出最高的初始刚度；因为纵筋配筋率较低，发生弯剪破坏的试件 HPSRC-2-1 与 PPSRC-2-1 表现出最低的初始刚度。总体来说，PPSRC 短柱与 HPSRC 短柱试件的刚度均随侧移的增加而逐渐降低，但由于各试件均配置了高性能混凝土外壳，在两类试件中均未发现刚度的突然退化。

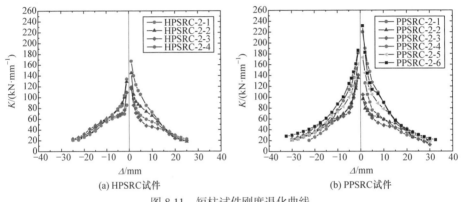

图 8.11　短柱试件刚度退化曲线

由图 8.11(a)可知，HPSRC 短柱试件中，配箍率最大的试件 HPSRC-2-4 体现出最稳定的刚度退化。相对试件 HPSRC-2-2，高轴压力的试件 HPSRC-2-3 刚度退化较快，刚度退化曲线更加陡峭，说明轴压力的增大会加大刚度退化的幅度。同时由图 8.11(b)可知，低轴压力的试件 PPSRC-2-2 与高轴压力的试件 PPSRC-2-3 的刚度退化曲线基本重合，说明轴压力对 PPSRC 短柱的刚度退化影响较小，型钢内部混凝土能有效分担部分轴压力以降低轴压力对 PPSRC 短柱预制部分的损伤。

由图 8.11(b)可以看出，内部现浇 C60 级混凝土的试件 PPSRC-2-4 与内部现浇 UHPC 的试件 PPSRC-2-6 的刚度退化趋势基本相同，均远优于内部现浇 C30 级混凝土的试件 PPSRC-2-3，说明适当提高内部现浇混凝土的强度等级即可得到与内部现浇 UHPC 的构件相当的刚度退化特性，故在实际工程应用中，可采用造价远低于 UHPC 的高强混凝土浇筑型钢内部核心区以达到较优的刚度退化特性。此外对比试件 PPSRC-2-3 与 PPSRC-2-5 的刚度退化曲线可知，增大配箍率可有效缓解 PPSRC 短柱刚度的不稳定退化。

8.3.6　位移延性

试验实测各试件的位移及位移延性系数见表 8.5。与第 7 章相同，各试件的屈

服荷载 P_y 及屈服位移 Δ_y 使用"通用屈服弯矩法"确定，同时定义试件的水平荷载下降至峰值荷载 80%时对应的加载点水平侧移为极限位移 Δ_u，位移延性系数 μ 取 $\mu=\Delta_u/\Delta_y$[7]。

由表 8.5 可以看出，由于内部混凝土的存在，PPSRC 短柱试件相对 HPSRC 短柱试件表现出更高的位移延性系数，说明内部混凝土可有效提升 PPSRC 短柱的变形能力。对比试件 PPSRC-2-1 与 PPSRC-2-2 及试件 HPSRC-2-1 与 HPSRC-2-2 的位移延性系数可知，发生弯剪破坏的试件表现出略高的位移延性。由表 8.5 可知，低轴压力的试件 HPSRC-2-2 与 PPSRC-2-2 的位移延性系数分别为高轴压力的试件 HPSRC-2-3 与 PPSRC-2-3 的 1.27 倍及 1.18 倍，说明提高轴压力会降低两类试件的变形能力；高配箍率的试件 HPSRC-2-4 与 PPSRC-2-5 的位移延性系数分别为低配箍率的试件 HPSRC-2-3 与 PPSRC-2-3 的 1.44 倍及 1.55 倍，说明提高配箍率可有效提升两类试件的位移延性。值得注意的是，内部现浇 C60 级混凝土的试件 PPSRC-2-4 与内部现浇 UHPC 的试件 PPSRC-2-6 的位移延性系数为内部现浇 C30 级混凝土的试件 PPSRC-2-3 的 2.23 倍与 2.06 倍，说明提高内部现浇混凝土强度可大幅度提升 PPSRC 短柱的变形性能。其主要原因是内部填充 C30 级混凝土的试件中型钢与内部混凝土的承载力和变形能力远低于型钢外部的预制 UHPC 外壳，造成内、外部承载力与刚度的不协调，而被型钢约束的 C60 级混凝土及 UHPC 可大幅提升 PPSRC 柱内部的承载力与变形能力，从而大幅提升了其位移延性。

综上所述，增加配箍率可将 PPSRC 短柱与 HPSRC 短柱的脆性破坏模式 $(\mu<2.0)$转化为中度延性破坏模式$(\mu>2.0)$，适度提升内部现浇混凝土强度可将 PPSRC 短柱与 HPSRC 短柱的脆性破坏模式$(\mu<2.0)$转化为高延性破坏模式 $(\mu>3.0)$。

8.3.7　耗能能力

短柱试件的累积耗能曲线见图 8.12，试件破坏时的累积耗能 E_{sum} 见表 8.5。与位移延性表现出的特征类似，PPSRC 短柱试件的累积耗能远高于 HPSRC 短柱试件，其中高配箍率试件 PPSRC-2-5 的累积耗能是试件 HPSRC-2-4 的 2 倍，内部现浇 UHPC 的试件 PPSRC-2-6 的累积耗能是试件 HPSRC-2-4 的 2.68 倍，说明 PPSRC 短柱的滞回性能明显优于 HPSRC 短柱。故在实际应用中，PPSRC 短柱可用于结构底层重载柱以提升整个结构的抗震性能，而 HPSRC 短柱虽在滞回性能方面相比 PPSRC 短柱较弱，但用于高层结构柱时仍可提供充足的承载能力与耗能能力，并可降低整个结构的自重。

高轴压力的试件 HPSRC-2-3 破坏时的累积耗能相比低轴压力的试件 HPSRC-2-2 降低了 16.89%，同时高轴压力的试件 PPSRC-2-3 破坏时的累积耗能相比低轴

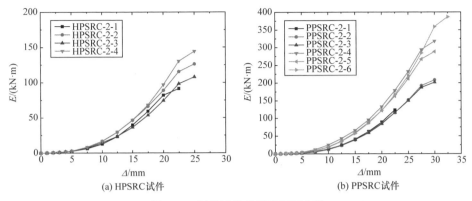

图 8.12　短柱试件的累积耗能曲线

压力的试件 PPSRC-2-2 仅降低了 3.20%，说明轴压力的提高会降低 PPSRC 短柱与 HPSRC 短柱的耗能能力，但 PPSRC 短柱的降低幅度远低于 HPSRC 短柱的。主要原因是试件型钢外侧的 RC 部分容易受到轴压力的影响，而 PPSRC 短柱因内部混凝土的存在型钢外侧 RC 部分承担的轴压力相对 HPSRC 短柱中型钢外侧 RC 部分较低。

高配箍率的试件 HPSRC-2-4 与 PPSRC-2-5 破坏时的累积耗能分别为低配箍率的试件 HPSRC-2-3 与 PPSRC-2-3 的 1.34 倍与 1.42 倍，说明提高配箍率可以提升 HPSRC 短柱与 PPSRC 短柱的耗能能力，且提升幅度相当。主要原因是配箍率的提升可以加强矩形螺旋箍对预制 UHPC 的约束，从而同时提升两类短柱试件的耗能能力。

值得注意的是，内部现浇 C60 级混凝土的试件 PPSRC-2-4 与内部现浇 UHPC 的试件 PPSRC-2-6 破坏时的累积耗能为内部现浇 C30 级混凝土的试件 PPSRC-2-3 的 1.57 倍与 1.91 倍，说明提高现浇混凝土强度可大幅度提升 PPSRC 短柱的耗能性能。

综上所述，适当提升内部混凝土强度可以同时提升 PPSRC 短柱的刚度退化特性、位移延性与耗能能力。故在实际工程应用中，可以使用造价相对 UHPC 较低的高强混凝土浇筑 PPSRC 短柱柱芯以在保证抗震性能的前提下降低造价。

8.4　短柱构件有限元分析

与第 7 章相同，本章使用非线性有限元软件 OpenSees 模拟 PPSRC 短柱与 HPSRC 短柱在低周往复荷载下的滞回性能。由第 7 章的分析结果可知，使用 OpenSees 平台并基于纤维截面模型模拟 PPSRC 长柱与 HPSRC 长柱在低周往复荷载下的滞回性能可以得到较为准确的结果。但是在 OpenSees 平台的数值分析中一般基于纤维截面通过数值积分计算构件截面的弯曲与轴向刚度，进而计算其在荷载作用下的响应。由此可知传统纤维梁单元无法模拟构件的剪切性能，故无法用于准确模拟剪切破坏控制的 PPSRC 短柱与 HPSRC 短柱的滞回性能。

目前基于 OpenSees 平台的 RC 及 SRC 短柱滞回性能数值分析方法主要分为以下两类：

(1) 基于可考虑弯剪耦合效应的位移型梁柱单元(flexure-shear interaction displacement-based beam-column element)模拟 RC 及 SRC 短柱的滞回性能[8-9]。该单元可以同时考虑剪切与弯曲效应，允许刚度沿构件长度发生变化，是一种分布塑性单元。其截面应变除了通过线性插值以考虑轴向应变及曲率外还考虑了剪切应变，故与传统仅考虑单轴性能的纤维梁单元不同，该单元离散后得到的纤维可描述双轴性能。考虑弯剪耦合效应的位移型梁柱单元可以通过纤维截面命令定义其竖向纤维与横向纤维，然后通过纤维条带细分截面即可精确地模拟构件在轴向变形、弯曲变形及剪切变形作用下的响应。该方法在建模过程中无须输入构件的荷载-剪切变形关系，仅需构件的几何尺寸与材料本构参数即可建立整体模型，建模分析过程较为简便。但是该单元无法准确模拟 RC 及 SRC 短柱的非线性剪切性能，同时其相关参数是根据单调加载试验确定与校正，故该单元在往复荷载下的模拟分析准确性仍需进一步验证[10]。另外，该单元的相容方程中的内部应变与节点位移的定义均基于二维平面，所以现阶段不可用于三维分析，也不便于进一步进行三维结构在地震作用下的响应分析。

胡健[9]基于上述可考虑弯剪耦合效应的位移型梁柱单元对已有文献中的 SRC 短柱的滞回性能进行了数值模拟，分析结果表明该单元无法准确捕捉 SRC 短柱的荷载-位移滞回关系，模拟滞回曲线过于饱满，无法准确对 SRC 短柱的耗能性能进行模拟。马辉[8]基于上述可考虑弯剪耦合效应的位移型梁柱单元对型钢再生混凝土短柱(steel reinforced recycled concrete，SRRC)的滞回性能进行了数值模拟，结果也表明该单元无法准确捕捉 SRRC 短柱的滞回环形状及捏拢效应。

(2) 基于纤维截面与非线性剪切弹簧的组合模型模拟 RC 及 SRC 短柱的滞回性能。这类方法旨在建立一种能考虑构件剪切性能的截面，然后将其与能同时考虑轴向变形与弯曲变形的纤维截面组合，这样得到的组合截面模型即可同时考虑轴力、弯矩及剪力的作用。该组合截面可通过定义非线性剪切弹簧的力学性能准确地反映 RC 与 SRC 短柱构件在剪切破坏时的荷载-位移滞回性能，但如何准确定义非线性剪切弹簧在水平荷载作用下剪力-剪切变形骨架曲线关键点及其滞回准则是目前亟待解决的问题。

胡健[9]基于上述组合截面对已有文献中的 SRC 短柱的滞回性能进行了数值模拟，使用 OpenSees 平台材料库中的 Hysteretic material 模拟组合截面中的非线性剪切弹簧。试验结果表明，在合理确定非线性剪切弹簧滞回准则及骨架曲线特征点的前提下该种组合截面可较好地体现 SRC 短柱的峰值承载力及耗能等滞回特性。但在该研究中，将型钢翼缘及腹板等效为钢筋，且数值分析所得滞回曲线在形状及饱满度方面均与试验滞回曲线存在一定的误差，说明其模型中非线性弹簧的骨架曲线及滞回准则应进一步修正。解琳琳[11]使用组合截面进行了 RC 剪力墙的数值分析，数值分析结果与试验结果吻合较好，但其通过关键截面的应变监测推断出所模拟剪力墙中非线性剪切弹簧的剪力-剪应变曲线仍处于弹性状态，无法准确体现相关参数取值的准确性。

　　由上述分析可知，基于可考虑弯剪耦合效应的位移型梁柱单元的数值模拟建模较为简单，但无法准确模拟 SRC 短柱构件剪力-剪切变形的非线性关系。基于纤维截面与非线性剪切弹簧组合模型的数值建模较为复杂，除了定义 SRC 短柱构件的纤维截面外还需定义非线性剪切弹簧的滞回准则及关键力学参数，但可以准确捕捉剪切破坏时短柱构件剪力-剪切变形的非线性关系。故本章采用基于纤维截面与非线性剪切弹簧的组合模型进行 PPSRC 短柱及 HPSRC 短柱在低周往复荷载下的滞回性能模拟分析。

　　短柱试件有限元模型的建立如图 8.13 所示，PPSRC 短柱与 HPSRC 短柱有限元模型的建立分为两个部分，即纤维截面部分与非线性剪切弹簧部分。

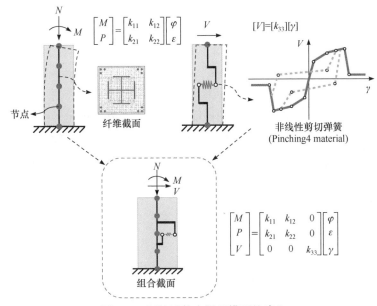

图 8.13　短柱试件有限元模型的建立

8.4.1　纤维截面

与第 7 章 PPSRC 长柱与 HPSRC 长柱的有限元模型类似，纤维截面是将结构构件的复杂受力行为通过纤维束进行划分，每根纤维可以定义不同的材料本构关系。因此通过每根纤维的轴向应变与材料本构关系可以得到各纤维的应力与刚度，并基于平截面假定得到整个截面的承载力与刚度，说明纤维截面可以较好地模拟弯矩与轴力耦合时截面的变形。与第 7 章相同，本章也将 PPSRC 短柱截面通过 6 种类型的纤维进行划分，即保护层混凝土、部分约束混凝土、核心混凝土、纵筋、型钢腹板与型钢翼缘。其中纵筋通过"layer"指令确定其分布位置，其余部分通过"patch"指令进一步划分。除了不指定核心混凝土纤维外，HPSRC 短柱截面纤维束的划分与 PPSRC 短柱相同。

8.4.2　非线性剪切弹簧

对于非线性剪切弹簧部分，OpenSees 平台提供了多种用于模拟构件滞回性能的材料本构模型，其中 Hysteretic material 模型因其参数定义简单而被广泛接受[9,11]。Hysteretic material 模型的骨架曲线为典型的三折线，调用该模型时无须定义其滞回准则中的加、卸载关键点，仅需输入捏拢系数(pinching factor)即可模拟出短柱构件滞回曲线中的捏拢效应。但是目前捏拢系数的取值仍多基于使用者的试算或依据经验，且模拟所得滞回曲线的形状较为单一，无法依据试验参数的不同而改变。同时当短柱构件的骨架曲线不呈典型三折线时，用 Hysteretic material 模型无法得到准确的分析结果。

OpenSees 同时提供了另一种用于模拟构件滞回性能的材料本构模型，即 Pinching4 material 模型。与 Hysteretic material 模型不同，Pinching4 material 模型的骨架曲线为五折线，可通过分段线性逼近实际构件在剪切作用下的响应。同时在 Pinching4 material 模型的滞回准则中，可通过定义基于能量的损伤指数以得到非线性剪切弹簧在循环荷载下的卸载刚度退化、再加载刚度退化及强度退化，且可以定义滞回曲线在捏拢处的刚度变化，为体现不同试验参数对捏拢效应及滞回曲线形状的影响提供基础。因此，本章创新性地采用 Pinching4 material 模型进行非线性剪切弹簧部分的模拟分析。

8.4.3　截面的组合

当纤维截面部分与非线性剪切弹簧部分建模完成后，使用"section aggregator"命令即可将纤维截面与非线性剪切弹簧叠加为新的组合截面。因为组合截面必须使用基于力的单元相结合，故选用 Nonlinear Beam-Column 单元进行分析。Nonlinear Beam-Column 单元为一种基于柔度法的梁柱单元，是一种计算精度高且计算成本较低的宏观单元，在计算时一般无须较细的单元划分即可达到较好的计算效果[12]。

8.5　有限元模型中的材料本构关系

8.5.1　混凝土与钢材

与第 7 章相同,本章有限元模型纤维截面中混凝土的本构模型选用 OpenSees 平台材料库中可有效考虑混凝土受拉强度的 Concrete02 material 模型,钢筋及型钢选用能有效考虑钢材等向应变硬化及包辛格效应的 Steel02 material 模型。

8.5.2　Pinching4 material 模型

本章采用 Pinching4 material 模型进行非线性剪切弹簧部分的模拟分析。图 8.14 为 Pinching4 material 模型的滞回行为示意图,由图 8.14 可以看出,该模型分为实线所示的骨架曲线部分与虚线所示的滞回准则部分。

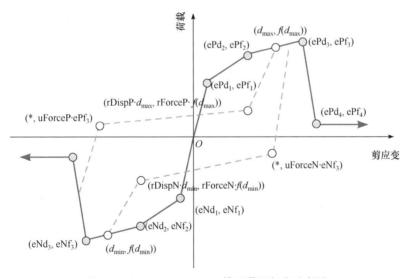

图 8.14　Pinching4 material 模型滞回行为示意图

1. 骨架曲线

Pinching4 material 模型的骨架曲线部分为五线性,图 8.14 中的(ePd₁,ePf₁)、(ePd₂,ePf₂)、(ePd₃,ePf₃)与(ePd₄,ePf₄)为其正向骨架曲线的 4 个控制点,(eNd₁,eNf₁)、(eNd₂,eNf₂)、(eNd₃,eNf₃)与(eNd₄,eNf₄)为其负向骨架曲线的 4 个控制点,其中 ePd(eNd)与 ePf(eNd)分别为加载正(负)向对应的剪应变与剪力值。目前关于如何准确定义 RC 及 SRC 短柱上述 8 个控制点的研究较为缺乏。臧登科[13]根据 Hirosawa 模型定义了 RC 短柱及剪力墙的恢复力特性;解琳琳[11]基于

Hirosawa 模型研究了 RC 剪力墙在往复荷载下的响应, 试验结果与分析结果吻合较好。但上述分析多针对 RC 剪力墙, 并未提供 SRC 短柱恢复力特性的量化方法, 且上述方法多采用基于试验结果回归分析的半经验-半理论公式, 缺乏合理力学模型的支撑, 在扩大试验样本库后的准确性需要进一步探讨。

胡健[9]使用修正压力场理论确定了 Hysteretic material 模型的骨架曲线, 并使用纤维截面与 Hysteretic material 模型的组合截面模型对 SRC 短柱的滞回性能进行了模拟分析。但其在 Hysteretic material 模型的骨架曲线确定过程中, 将型钢腹板与型钢翼缘等效为箍筋与纵筋并应用修正压力场理论进行了计算。

与箍筋在混凝土开裂后才参与 SRC 构件的受剪行为不同, 型钢因其较大的刚度, 可有效参与 SRC 短柱的全受力阶段。且将型钢腹板等效为箍筋的过程中, 不同的等效箍筋间距与不同等效箍筋的单肢截面积可得到不同的剪力-剪应变曲线, 故该假定的合理性需得到进一步验证。

Pinching4 material 模型骨架曲线的确定方法如图 8.15 所示。该模型将 SRC 短柱拆分为型钢部分与 RC 部分, RC 部分的剪力-剪应变曲线由修正压力场理论确定, 而型钢腹板的剪力-剪应变曲线简化为理想弹塑性, 将上述两部分的剪力-剪应变曲线叠加即可得到 Pinching4 material 模型的骨架曲线。因此叠加的剪力-剪应变曲线可以有效考虑型钢在 SRC 短柱全受力阶段中起到的作用, 下面分别介绍 RC 部分与型钢部分的剪力-剪应变曲线确定方法。

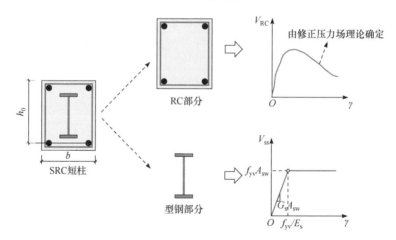

图 8.15　Pinching4 material 模型骨架曲线的确定方法

RC 部分的剪力-剪应变曲线由修正压力场理论确定。修正压力场理论由 Vecchio 与 Collins[14]提出, 用于确定 RC 构件的剪应力-剪应变骨架曲线。修正压力场理论计算简图如图 8.16所示。修正压力场理论建立了开裂混凝土的本构关系, 可以较为准确地考虑混凝土的软化效应, 同时可检验 RC 构件裂缝处局部应力,即将根据裂缝处钢筋的应力和裂缝表面受剪能力确定的平均主拉应力限制到允许的范围内。在计算中，可通过指定混凝土的主拉应变计算 RC 构件相应的剪应变与剪应力，从而形成剪应力-剪应变骨架曲线，计算步骤如下[14]。

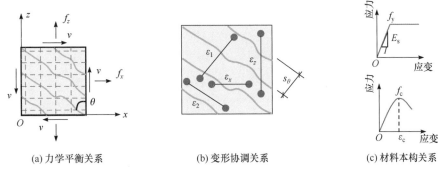

(a) 力学平衡关系　　　　　(b) 变形协调关系　　　　(c) 材料本构关系

图 8.16　修正压力场理论计算简图

(1) 确定构件 x 向与 z 向的裂缝平均间距 s_{mx} 与 s_{mz}，可以采用 s_{mx}=1.5×(x 向钢筋的间距)，s_{mz}=1.5×(z 向钢筋的间距)，也可采用更精确的经验公式。确定 x 向与 z 向的钢筋参数，即 x 向钢筋的配筋率(ρ_{sx})、z 向钢筋的配筋率(ρ_{sz})、x 向钢筋的屈服强度(f_{yx})、z 向钢筋的屈服强度(f_{yz})、x 向钢筋的弹性模量(E_{sx})、z 向钢筋的弹性模量(E_{sz})；混凝土的材料参数，即受压强度(f_c)、弹性模量(E_c)、峰值压应变(ε_c)、开裂强度(f_{cr})及骨料最大粒径(a)；外荷载 f_x、f_z 与 v_{xz}。

(2) 假定当前混凝土的主拉应变 ε_1。

(3) 假定当前混凝土的主压应变方向角 θ。

(4) 计算平均裂缝宽度 ω：

$$\omega = \frac{\varepsilon_1}{\left(\dfrac{\sin\theta}{s_{mx}} + \dfrac{\cos\theta}{s_{mz}}\right)} \tag{8.3}$$

(5) 假定配筋较弱侧的钢筋平均应力。假定 z 向为配筋较弱侧，则假定 z 向钢筋的平均应力 f_{sz}。

(6) 计算混凝土平均拉应力 f_1：

$$f_1 = E_c \times \varepsilon_{cr}, \quad \varepsilon_1 \leqslant \varepsilon_{cr} \tag{8.4}$$

$$f_1 = \frac{f_{cr}}{1+\sqrt{200\varepsilon_1}}, \quad \varepsilon_1 > \varepsilon_{cr} \tag{8.5}$$

并确保

$$f_1 \leqslant v_{\text{ci,max}} \left[0.18 + 0.3 \left(1.64 - \frac{1}{\tan\theta} \right)^2 \right] \tan\theta + \rho_{\text{sz}} \left(f_{\text{yz}} - f_{\text{sz}} \right) \tag{8.6}$$

$$v_{\text{ci,max}} = \frac{\sqrt{f_c}}{0.31 + \frac{24\omega}{a+16}} \tag{8.7}$$

(7) 计算 z 向混凝土应力 f_{cz} 及剪应力 v_{xz}：

$$f_{cz} = f_z - \rho_{\text{sz}} f_{\text{sz}} \tag{8.8}$$

$$v_{xz} = \frac{(f_1 - f_{cz})}{\tan\theta} \tag{8.9}$$

(8) 计算混凝土主压应力 f_2：

$$f_2 = f_1 - v_{\text{c},xz} \left(\tan\theta + \frac{1}{\tan\theta} \right) \tag{8.10}$$

(9) 使用当前混凝土的主拉应变 ε_1 计算混凝土主压应力的最大值 $f_{2,\text{max}}$：

$$f_{2,\text{max}} = \frac{1}{0.8 - 0.34 \dfrac{\varepsilon_1}{\varepsilon_c}} f_c \quad (\text{其中 } \varepsilon_c \text{ 为负值}) \tag{8.11}$$

(10) 校核 f_2 与 $f_{2,\text{max}}$ 的比值。若 $f_2/f_{2,\text{max}}>1.0$，则返回(3)选择一个更接近 45° 的 θ 值，或返回(2)降低 ε_1 的取值；若 $f_2/f_{2,\text{max}} \leqslant 1.0$，则进行下一步计算。

(11) 计算混凝土的主压应变 ε_2：

$$\varepsilon_2 = \varepsilon_c \left(1 - \sqrt{1 - \frac{f_2}{f_{2,\text{max}}}} \right) \tag{8.12}$$

(12) 计算 z 向的应变 ε_z：

$$\varepsilon_z = \frac{\varepsilon_1 + \varepsilon_2 \tan^2\theta}{1 + \tan^2\theta} \tag{8.13}$$

(13) 计算 z 向的钢筋应力 f_{sz}：

$$f_{\text{sz}} = E_{\text{sz}} \varepsilon_z \leqslant f_{\text{yz}} \tag{8.14}$$

若不满足，则取 $f_{\text{sz}} = f_{\text{yz}}$。

(14) 校核由(13)得到的 f_{sz} 与(5)假定的 f_{sz} 是否相等。若相等，则进入下一步计算；若不等，则返回(5)重新假定 f_{sz} 的取值。

(15) 计算 x 向的应变 ε_x：

$$\varepsilon_x = \varepsilon_1 + \varepsilon_2 - \varepsilon_z \tag{8.15}$$

(16) 计算 x 向的钢筋应力 f_{sx}：

$$f_{sx}=E_{sx}\varepsilon_x \leqslant f_{yx} \tag{8.16}$$

若不满足，则取 $f_{sx}=f_{yx}$。

(17) 计算 x 向的混凝土应力 f_{cx} 与外荷载 f_x：

$$f_{cx}=f_1-\frac{v_{xz}}{\tan\theta} \tag{8.17}$$

$$f_x=f_{cx}+\rho_{sx}f_{sx} \tag{8.18}$$

(18) 校核由(17)计算得到的 f_x 与实际的外荷载 f_x 是否相等。若相等，则进入下一步计算；若不等，则返回(3)重新假定 θ 的取值(若计算得到的 f_x 偏小，则增大 θ 的取值)。

(19) 计算裂缝处的应力 v_{ci} 与 f_{ci}。

首先计算 Δf_1：

$$\Delta f_1 = f_1 - \rho_{sz}\left(f_{yz}-f_{sz}\right) \tag{8.19}$$

如果 $\Delta f_1 \leqslant 0$，则 $v_{ci}=0$，$f_{ci}=0$，直接进入(20)计算；

如果 $\Delta f_1 > 0$，即计算 $C=\Delta f_1/\tan\theta-0.18v_{ci,\max}$：

①若 $C \leqslant 0$，则 $f_{ci}=0$，$v_{ci}=\Delta f_1/\tan\theta$；②若 $C > 0$，则取 $A=0.82/v_{ci,\max}$，$B=1/\tan\theta-1.64$，可得

$$f_{ci}=\left(-B-\sqrt{B^2-4AC}\right)/2A, \quad v_{ci}=\left(f_1+\Delta f_1\right)/\tan\theta$$

(20) 计算裂缝处的 x 向与 z 向钢筋应力：

$$f_{sxcr}=f_{sx}+\left(f_1+f_{ci}+\frac{v_{ci}}{\tan\theta}\right)\rho_{sx} \tag{8.20}$$

$$f_{szcr}=f_{sz}+\left(f_1+f_{ci}+\frac{v_{ci}}{\tan\theta}\right)\rho_{sz} \tag{8.21}$$

(21) 校核(20)计算的裂缝处钢筋应力是否达到其屈服强度，若 $f_{sxcr}>f_{yx}$，则返回(6)降低 f_1 的取值。

(22) 计算剪应变 γ_{xz}：

$$\gamma_{xz}=\frac{2(\varepsilon_x-\varepsilon_2)}{\tan\theta} \tag{8.22}$$

当上述计算完成后，可返回(2)增大 ε_1 的取值，直至得到完整的剪力-剪应变曲线。出现下列情况时认为 RC 部分已破坏：

(1) 当(6)计算的 f_1 超过限值，可认为 RC 部分在斜裂缝处发生滑移破坏；

(2) 当混凝土的主压应力 f_2 超过限值 $f_{2,\max}$ 时，可认为 RC 部分发生混凝土压溃导致斜压破坏；

(3) 当裂缝处的 x 向钢筋应力 f_{sxcr} 超过其屈服强度 f_{yx} 时，可认为 RC 部分因裂缝处的 x 向钢筋屈服而发生破坏。

根据上述算法即可编制程序进行 SRC 短柱中 RC 部分剪应力-剪应变曲线的绘制，其流程图如图 8.17 所示。

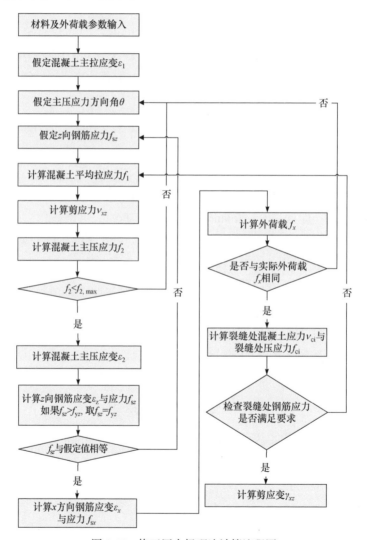

图 8.17　修正压力场理论计算流程图

得到 RC 部分的剪应力-剪应变曲线后，将所得剪应力乘以 RC 部分的有效受剪面积即可得到 RC 部分的剪力-剪应变曲线。RC 部分的有效受剪面积 $A=bh_0$，

其中 h_0 为 SRC 短柱截面受压区混凝土边缘至受拉钢筋形心的距离；b 为 SRC 构件的截面宽度。

对于型钢部分，如图 8.15 所示，型钢部分的剪力-剪应变曲线可简化为双线性，即型钢达到剪切屈服强度前的上升段与型钢达到剪切屈服强度后的水平段，其中折线上升段的斜率为型钢剪切模量 G_s 与型钢腹板面积 A_{sw} 的乘积。因为我国《组合结构设计规范》[4]中规定 SRC 短柱中型钢的配钢率一般为 4.0%～15.0%，故 SRC 短柱中的 RC 部分的截面面积远大于型钢的截面面积，且 RC 部分的轴向刚度一般远大于型钢，RC 部分将承担大部分的轴向荷载。因此可认为型钢腹板处于纯剪应力状态而不计正应力的影响。

根据第四强度理论，可用型钢单轴拉伸时的许用拉应力来推算纯剪应力状态下的许用剪应力[6]。型钢腹板屈服破坏应满足：

$$\sqrt{\frac{1}{2}\left[\left(\sigma_1-\sigma_2\right)^2+\left(\sigma_2-\sigma_3\right)^2+\left(\sigma_3-\sigma_1\right)^2\right]} \leqslant f_{ys} \tag{8.23}$$

$$\sigma_{1,2}=\frac{\sigma_x+\sigma_y}{2}\pm\sqrt{\left(\frac{\sigma_x-\sigma_y}{2}\right)^2+\tau_{xy}^2} \tag{8.24}$$

式中，f_{ys}——型钢腹板受拉屈服强度。

在受到平面内荷载的情况下，型钢腹板可认为处于平面受力状态，即 $\sigma_3=0$；同时可忽略沿加载方向各单元间的挤压，即 $\sigma_x=0$；根据上述分析可简化地认为轴向荷载全部由 RC 部分承担，型钢因此可以简化为处于纯剪应力状态，即 $\sigma_y=0$。则由式(8.24)得 $\sigma_1=\tau$，$\sigma_2=-\tau$。将主应力代入式(8.23)即可得出纯剪应力状态下剪应力与型钢屈服强度关系：

$$\sqrt{3\tau^2} \leqslant f_{ys} \tag{8.25}$$

则型钢的剪切屈服强度 f_{yv} 可通过式(8.26)计算：

$$f_{yv}=\frac{1}{\sqrt{3}}f_{ys} \tag{8.26}$$

综上所述，将根据修正压力场理论确定的 RC 部分的剪力-剪应变曲线与根据理想弹塑性假定确定的型钢部分的剪力-剪应变曲线进行叠加，即可得到 Pinching4 material 模型的骨架曲线。

2. 滞回准则

除了定义 Pinching4 material 模型的骨架曲线外，还需定义其滞回准则。Pinching4 material 模型的强度与刚度退化如图 8.18 所示。Pinching4 material 模型可以考虑在往复荷载作用下产生的强度退化、卸载刚度退化与再加载刚度退化，采用损伤因子计算损伤后构件的强度及刚度[15-16]。

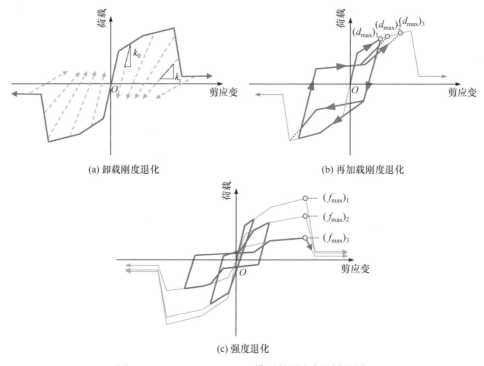

(a) 卸载刚度退化　　　　　　　　　　(b) 再加载刚度退化

(c) 强度退化

图 8.18　Pinching4 material 模型的强度与刚度退化

如图 8.18(a)所示，对于卸载刚度退化：

$$k_i = k_0 \left(1 - \delta_{k_i}\right) \tag{8.27}$$

式中，k_i——当前卸载刚度；

　　　k_0——不计损伤时的初始卸载刚度；

　　　δ_{k_i}——当前的卸载刚度损伤因子。

如图 8.18(b)所示，对于再加载刚度退化：

$$\left(d_{\max}\right)_i = \left(d_{\max}\right)_0 \left(1 - \delta_{d_i}\right) \tag{8.28}$$

式中，$(d_{\max})_i$——当前再加载的目标剪应变；

　　　$(d_{\max})_0$——历史最大剪应变；

　　　δ_{d_i}——当前的再加载刚度损伤因子。

如图 8.18(c)所示，对于强度退化：

$$\left(f_{\max}\right)_i = \left(f_{\max}\right)_0 \left(1 - \delta_{f_i}\right) \tag{8.29}$$

式中，$(f_{\max})_i$——当前骨架曲线最高强度；

　　　$(f_{\max})_0$——不计损伤时初始骨架曲线最高强度；

δ_{f_i}——当前的强度损伤因子。

上述卸载刚度退化、再加载刚度退化及强度退化中的损伤因子计算都是基于 Park 与 Ang[17]提出的广义损伤指标理论，计算公式如下：

$$\delta_i = \left[\alpha_1 \left(\tilde{d}_{\max} \right)^{\alpha_3} + \alpha_2 \left(\frac{E_i}{E_m} \right)^{\alpha_4} \right] \leqslant \text{limit} \qquad (8.30)$$

$$\tilde{d}_{\max} = \max \left\{ \frac{(d_{\max})_i}{d_{e_{f_{\max}}}}, \frac{(d_{\min})_i}{d_{e_{f_{\min}}}} \right\} \qquad (8.31)$$

式中，δ_i——损伤因子；

　　　i——当前剪应变增量；

　　　α_1——损伤因子计算系数；

　　　α_2——损伤因子计算系数；

　　　α_3——损伤因子计算系数；

　　　α_4——损伤因子计算系数；

　　　$(d_{\max})_i$——历史最大剪应变；

　　　$(d_{\min})_i$——历史最小剪应变；

　　　$d_{e_{f_{\max}}}$——损伤因子计算系数；

　　　$d_{e_{f_{\min}}}$——损伤因子计算系数；

　　　E_i——历史最大剪应变；

　　　E_m——历史最小剪应变；

Stevens 等[18]在修正压力场理论的基础上进行了发展，使该模型可以模拟 RC 构件在低周往复荷载下的滞回性能与其捏拢效应。这一模型可通过对 Pinching4 material 模型中卸载与再加载路径及损伤因子的定义来实现[19]。

对于卸载刚度退化：$\alpha_1 = 1.134$，$\alpha_2 = 0.0$，$\alpha_3 = 0.101$，$\alpha_4 = 0.0$，limit=0.9165。

对于再加载刚度退化：$\alpha_1 = 0.12$，$\alpha_2 = 0.0$，$\alpha_3 = 0.23$，$\alpha_4 = 0.0$，limit=0.95。

对于强度退化：$\alpha_1 = 1.11$，$\alpha_2 = 0.0$，$\alpha_3 = 0.319$，$\alpha_4 = 0.0$，limit=0.125。

如图 8.18 所示，假定再加载点的剪切变形为本循环下最大剪应变的 15%，即 rDispP=rDispN=0.15；假定再加载点的剪力为本循环下最大剪力的 45%，即 rForceP=rForceN=0.45；假定卸载点的起始剪力为本循环与其对应的再加载方向最大剪力的 40%，即 uForceP=uForceN=−0.4。

8.6　有限元分析结果与试验结果对比

为了检验有限元模型的有效性，本节分别使用本章 PPSRC 短柱与 HPSRC 短

柱的试验结果及文献[8]中记载的 SRRC 短柱的试验结果对所建立有限元模型进行
验证。

8.6.1　部分预制装配型钢混凝土短柱

参照表 8.1~表 8.4 中的 PPSRC 短柱与 HPSRC 短柱的相关设计参数,使用纤
维截面与非线性剪切弹簧组合模型对 6 个 PPSRC 短柱及 4 个 HPSRC 短柱进行往
复荷载下的滞回性能分析,具体加载步骤与第 7 章相同,在此不再赘述。短柱有
限元模拟与试验滞回曲线的对比如图 8.19 所示。

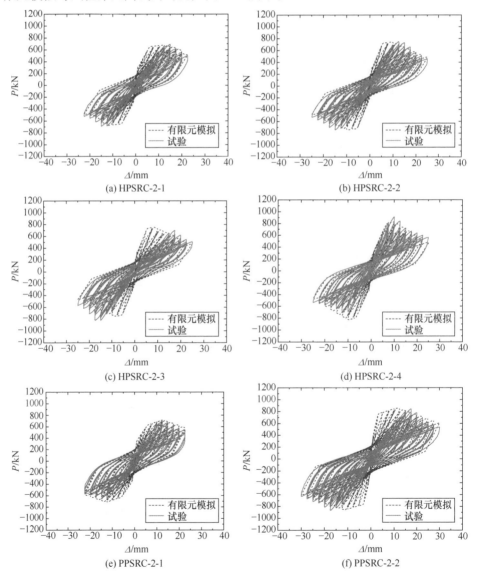

(a) HPSRC-2-1　　　　　　　　　(b) HPSRC-2-2

(c) HPSRC-2-3　　　　　　　　　(d) HPSRC-2-4

(e) PPSRC-2-1　　　　　　　　　(f) PPSRC-2-2

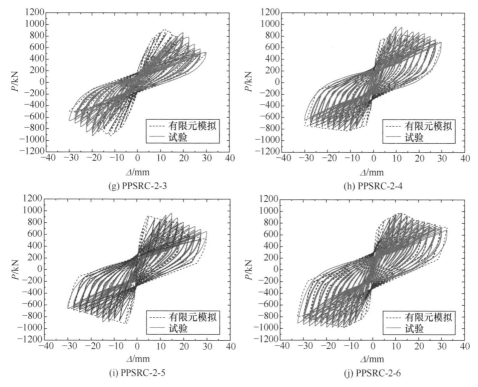

图 8.19　短柱有限元模拟与试验滞回曲线的对比

由图 8.19 可以看出,对于 PPSRC 短柱与 HPSRC 短柱,模拟分析所得的滞回曲线与试验实测滞回曲线吻合较好,尤其在试件的破坏阶段,模拟分析所得的滞回曲线与试验实测滞回曲线在滞回环形状及加、卸载特征方面均较为接近,说明本章提出的纤维截面与非线性剪切弹簧组合模型可较准确地描述 PPSRC 短柱与 HPSRC 短柱在往复荷载下的滞回性能。

总体来说,模拟曲线的初始刚度均大于试验曲线的初始刚度,这是因为在试件安装时试件与加载装置中的反力系统间可能存在微小间隙,试件混凝土的浇筑也会存在不同程度的初始缺陷,同时实际加载的初始阶段中施加的水平侧移较小,所以上述试验误差将一定程度地降低试件的初始刚度。但有限元模拟中并未考虑试验误差对试件初始刚度产生的影响,因此模拟曲线的初始刚度均较大。通过对各试件模拟过程中非线性弹簧的剪力-剪应变曲线监测结果可知,试件的非线性弹簧部分均进入了所定义的剪力-剪应变曲线的下降段,说明试件均发生了剪切破坏,这与前述的试件实际破坏形态一致。

表 8.6 为 PPSRC 短柱与 HPSRC 短柱试验与模拟结果汇总。由表 8.6 可知,各试件的模拟峰值荷载与试验实测峰值荷载较为接近,模拟值与实测值的比值均

值为 0.98，变异系数为 0.04，说明本章提出的基于 RC 部分与型钢部分剪力-剪应变曲线叠加的非线性剪切弹簧骨架曲线可以准确地预估 PPSRC 短柱与 HPSRC 短柱的峰值承载力。各试件破坏阶段的模拟等效黏滞阻尼系数与试验实测等效黏滞阻尼系数的比值均值为 1.30，变异系数为 0.13，虽然模拟值与实测值有一定差距，但从短柱模拟与试验滞回曲线的对比可以看出，二者耗能能力的差距主要出现在坐标轴原点附近，即模拟滞回曲线未体现出试验滞回曲线中轻微的捏拢效应，但该模型可准确模拟 PPSRC 短柱与 HPSRC 短柱滞回曲线的形状与加、卸载特征。

表 8.6 PPSRC 短柱与 HPSRC 短柱试验与模拟结果汇总

试件编号	V_e/kN	V_n/kN	V_n/V_e	h_{ee}	h_{en}	h_{en}/h_{ee}
HPSRC-2-1	690.03	664.92	0.96	0.14	0.18	1.29
HPSRC-2-2	751.49	693.63	0.92	0.14	0.18	1.29
HPSRC-2-3	760.07	724.29	0.95	0.11	0.18	1.64
HPSRC-2-4	811.68	817.73	1.01	0.16	0.19	1.19
PPSRC-2-1	669.56	686.06	1.02	0.18	0.19	1.06
PPSRC-2-2	854.19	848.66	0.99	0.14	0.18	1.36
PPSRC-2-3	889.93	906.52	1.02	0.14	0.18	1.29
PPSRC-2-4	898.60	816.10	0.91	0.19	0.21	1.11
PPSRC-2-5	926.29	912.47	0.99	0.17	0.24	1.41
PPSRC-2-6	982.17	972.54	0.99	0.17	0.23	1.35
平均值			0.98			1.30
变异系数			0.04			0.13

注：V_e 为实测受剪承载力；V_n 为模拟受剪承载力；h_{ee} 为实测试件破坏时的等效黏滞阻尼系数；h_{en} 为模拟试件破坏时的等效黏滞阻尼系数。

8.6.2 型钢再生混凝土短柱

文献[8]中记录了 8 个 SRRC 短柱在低周往复荷载下的滞回性能，并使用 OpenSees 平台中可考虑弯剪耦合效应的位移型梁柱单元对 SRRC 短柱的滞回性能进行了模拟分析，其中可考虑弯剪耦合效应的位移型梁柱单元的利弊已在之前的内容中进行了分析。文献[8]的分析结果表明，虽然考虑弯剪耦合效应的位移型梁柱单元可较准确地预估 SRRC 短柱的峰值荷载，但模拟滞回曲线与试验滞回曲线的差异较大，同时，基于考虑弯剪耦合效应的位移型梁柱单元无法准确判定 SRRC 短柱的最终破坏方式。因此，本节采用纤维截面与非线性剪切弹簧组合模型对文献[8]中记录的 8 个 SRRC 短柱进行模拟分析。

图 8.20 为文献[8]中试件 SRRC-5 与 SRRC-8 的非线性剪切弹簧部分的骨架曲线。如图 8.20 可知，基于修正压力场理论确定的 RC 部分的剪力-剪应变曲线与基于理想弹塑性假定的型钢部分的剪力-剪应变曲线的叠加曲线呈典型的非线性，

为了使用 Pinching4 material 模型的五折线骨架曲线模拟实际计算出的剪力-剪应变曲线，需要采用分段线性的方法。图 8.20 中虚线即为简化后的骨架曲线，图中简化后的骨架曲线均不同程度地低估了计算剪力-剪应变曲线峰值荷载后的剪力，在模拟分析中可能会导致滞回曲线下降段过陡。

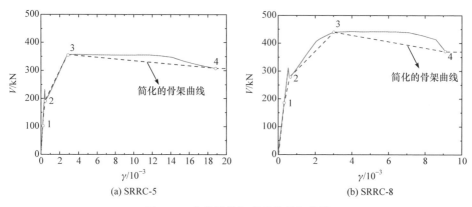

图 8.20 非线性剪切弹簧的骨架曲线

图 8.21 为 8 个 SRRC 短柱的有限元模拟与试验滞回曲线的对比。由图可以看出，模拟所得的滞回曲线与试验实测滞回曲线吻合较好，尤其在试件的破坏阶段，模拟所得的滞回曲线与试验实测滞回曲线在滞回环形状及加、卸载特征方面均较为接近，说明本章提出的纤维截面与非线性剪切弹簧组合模型可较准确地描述 SRRC 短柱在往复荷载下的滞回性能。同时，由于试件制作时混凝土的不均匀性以及两侧混凝土不同程度的损伤，SRRC 短柱加载正向与负向的实测滞回曲线均呈现不同程度的不对称性。因为有限元模型中暂未考虑上述误差，所以部分 SRRC 短柱的正向与负向的模拟与实测滞回曲线吻合程度不同。与 PPSRC 短柱及 HPSRC 短柱的模拟结果相似，由于试验误差等因素，SRRC 短柱模拟曲线的初始刚度均大于试验曲线的初始刚度。

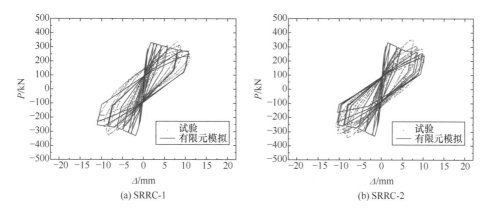

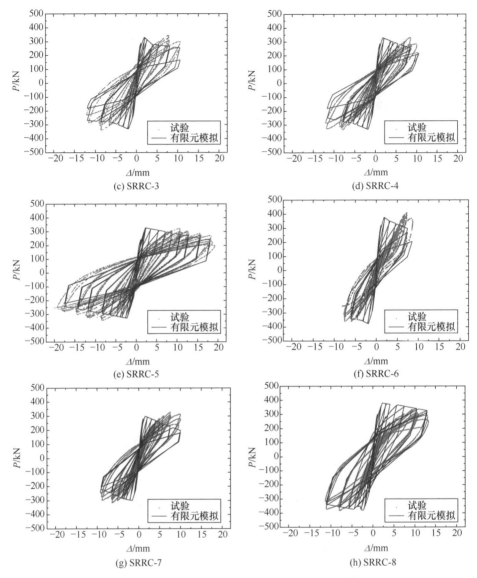

图 8.21　短柱模拟与试验滞回曲线的对比(基于文献[8])

通过对各 SRRC 试件模拟过程中非线性弹簧的剪力-剪应变曲线监测结果可知,试件模型中的非线性弹簧均进入了所定义的剪力-剪应变曲线的下降段,说明试件均发生了剪切破坏,这与文献[8]中记录的试件实际破坏形态一致。

表 8.7 为 SRRC 短柱试验与模拟结果汇总。由表 8.7 可知,各试件的模拟峰值荷载与试验实测峰值荷载较为接近,模拟值与实测值的比值均值为 0.99,变异系数为 0.04,说明本章提出的基于 RC 部分与型钢部分剪力-剪应变曲线叠加的非

线性剪切弹簧骨架曲线可以准确地预估 SRRC 短柱试件的峰值承载力。同时各试件破坏阶段的模拟等效黏滞阻尼系数与试验实测等效黏滞阻尼系数的比值均值为 1.18，变异系数为 0.10，说明该模型可较为准确地模拟 SRRC 短柱滞回曲线的形状与加、卸载特征。

表 8.7　SRRC 短柱试验与模拟结果汇总[8]

试件编号	V_e /kN	V_n /kN	V_n/V_e	h_{ee}	h_{en}	h_{en}/h_{ee}
SRRC-1	325.5	318.5	0.98	0.19	0.19	1.00
SRRC-2	335.4	324.0	0.97	0.17	0.18	1.06
SRRC-3	331.2	328.9	0.99	0.16	0.19	1.19
SRRC-4	328.6	318.9	0.97	0.15	0.19	1.27
SRRC-5	318.6	326.1	1.02	0.18	0.22	1.22
SRRC-6	380.4	374.9	0.99	0.13	0.15	1.15
SRRC-7	318.7	295.0	0.93	0.13	0.18	1.38
SRRC-8	354.8	376.2	1.06	0.16	0.19	1.19
平均值			0.99			1.18
变异系数			0.04			0.10

注：V_e 为实测受剪承载力；V_n 为模拟受剪承载力；h_{ee} 为实测试件破坏时的等效黏滞阻尼系数；h_{en} 为模拟试件破坏时的等效黏滞阻尼系数。

综上所述，本章提出的纤维截面与非线性剪切弹簧组合模型不仅可较准确地模拟 PPSRC 短柱与 HPSRC 短柱在往复荷载下的滞回特性，还可以有效地进行型钢再生混凝土等普通截面形式的 SRC 短柱在往复荷载下的模拟分析。由模拟结果可以看出，该模型仍存在一些缺陷，需要在后续的研究中进行改进：

(1) SRC 短柱中 RC 部分的剪力-剪应变骨架曲线由修正压力场理论确定，而修正压力场理论中单元承受的外荷载为常量，即各单元的正应力为常量，这与实际 SRC 短柱同时受到轴力、弯矩与剪力的受力状态不符，将导致计算所得的剪力-剪应变曲线的初始刚度有偏差。之后的研究中应进一步结合截面分析与修正压力场理论计算 RC 部分的剪力-剪应变骨架曲线。

(2) 上述模拟分析的等效黏滞阻尼系数较实测值普遍偏大。因现阶段使用 Pinching4 material 模型进行剪切破坏控制的 RC 及 SRC 构件的数值模拟较少，之后的研究中应进一步扩大试验数据库，对 Pinching4 material 模型的滞回准则做进一步修正。

(3) 纤维截面与非线性剪切弹簧组合模型虽然可以较准确地模拟 SRC 短柱在轴力、弯矩与剪力共同作用下的滞回性能并考虑轴力与弯矩的耦合作用，但其无法体现剪力与轴力及弯矩之间的耦合。故之后的研究应进一步开发该模型，使其不仅可考虑轴力、弯矩与剪力的共同作用，还可以体现三者间的耦合作用。

8.7　本章小结

本章记录了 6 个 PPSRC 短柱与 4 个 HPSRC 短柱的低周往复加载试验结果并对其进行了分析，总结了 PPSRC 短柱与 HPSRC 短柱的破坏形态特征，同时对试件的滞回曲线、骨架曲线、应变特征、刚度退化、位移延性与耗能能力进行了研究，详细分析了截面形式、轴压力、配箍率、纵筋配筋率与内部现浇混凝土强度对 PPSRC 短柱与 HPSRC 短柱抗震性能的影响。此外基于 OpenSees 平台提出了纤维截面与非线性剪切弹簧组合模型，并使用试验数据对其准确性进行了验证，主要结论如下：

(1) PPSRC 短柱与 HPSRC 短柱中的预制高性能混凝土、型钢与现浇混凝土有较好的共同工作性能，破坏时各试件中均未发现明显的纵向裂缝，高强螺栓连接件可较好地保证各试件的组合作用。在各试件中，纵筋配筋率较小的试件发生弯剪破坏，其余试件发生剪切破坏。同时各试件中配置钢纤维的 UHPC 外壳可有效避免因往复加载而导致的混凝土脱落现象及裂缝的开展。

(2) PPSRC 短柱相比于 HPSRC 短柱拥有更好的滞回性能、承载能力及耗能能力。其他设计参数相同时，内部混凝土强度较高、轴压力较大、配筋率及配箍率较大的试件受剪承载力较高；内部混凝土强度较低，轴压力较大及配箍率较小的试件位移延性及耗能能力相对较差。增加配箍率可将 PPSRC 短柱与 HPSRC 短柱的脆性破坏模式($\mu<2.0$)转化为中度延性破坏模式($\mu>2.0$)，适度提升内部现浇混凝土强度可将 PPSRC 短柱与 HPSRC 短柱的脆性破坏模式($\mu<2.0$)转化为高延性破坏模式($\mu>3.0$)。

(3) 因为柱芯混凝土的存在，PPSRC 短柱试件的初始刚度高于 HPSRC 短柱试件的，同时在两类试件中均未发现刚度的突然退化。内部现浇混凝土强度较高、轴压力较低及配箍率较大的试件体现出更稳定的刚度退化趋势。

(4) 因传统纤维梁单元无法模拟 SRC 构件的剪切性能，本章基于 OpenSees 平台使用纤维截面与非线性剪切弹簧组合模型进行了 PPSRC 短柱与 HPSRC 短柱在往复荷载下的滞回性能分析。采用 OpenSees 平台材料库中的 Pinching4 material 模型对非线性剪切弹簧的荷载-变形特性进行了定义，其骨架曲线通过基于修正压力场理论确定的 RC 部分的剪力-剪应变曲线与基于理想弹塑性假定的型钢部分的剪力-剪应变曲线叠加而成，其滞回准则基于已有文献及试验数据确定。

(5) 纤维截面与非线性剪切弹簧组合模型不仅可较准确地模拟PPSRC 短柱与HPSRC 短柱在往复荷载下的滞回特性,还可以有效地进行型钢再生混凝土柱等普通截面形式的 SRC 短柱在往复荷载下的模拟分析。针对模拟滞回曲线初始刚度普遍偏大的问题,之后的研究中应进一步结合截面分析与修正压力场理论计算 RC 部分的剪力-剪应变骨架曲线;针对模拟分析中构件耗能能力普遍偏大的问题,之后的研究中应进一步扩大试验数据库对 Pinching4 material 模型的滞回准则做进一步修正。

参 考 文 献

[1] Zhu W, Jia J, Zhang J. Experimental research on seismic behavior of steel reinforced high-strength concrete short columns[J]. Steel & Composite Structures, 2017, 25(5): 603-615.

[2] 李俊华, 王新堂, 薛建阳, 等. 低周反复荷载下型钢高强混凝土柱受力性能试验研究[J]. 土木工程学报, 2007, 40(7): 11-18.

[3] 赵鸿铁. 钢与混凝土组合结构[M]. 北京: 科学出版社, 2001.

[4] 中华人民共和国住房和城乡建设部. 组合结构设计规范: JGJ 138—2016[S]. 北京: 中国建筑工业出版社, 2016.

[5] 殷小溦, 吕西林, 卢文胜. 大比尺高含钢率型钢混凝土柱滞回性能试验[J]. 土木工程学报, 2012, 45(12): 91-98.

[6] Chen W F, Zhang H. Structural Plasticity: Theory, Problems, and CAE Software[M]. New York: Springer-Verlag, 1991.

[7] 冯鹏, 强翰霖, 叶列平. 材料、构件、结构的"屈服点"定义与讨论[J]. 工程力学, 2017, 34(3): 36-46.

[8] 马辉. 型钢再生混凝土柱抗震性能及设计计算方法研究[D]. 西安: 西安建筑科技大学, 2013.

[9] 胡健. 型钢混凝土短柱剪切承载力评价及数值模拟研究[D]. 长沙: 湖南大学, 2017.

[10] Massone L M. RC wall shear-flexure interaction: Analytical and experimental responses[D]. Los Angeles: University of California, 2006.

[11] 解琳琳. 基于 OPENSEES 的 RC 构件抗震性能数值模拟及验证[D]. 合肥: 合肥工业大学, 2012.

[12] Neuenhofer A, Filippou F C. Evaluation of nonlinear frame finite-element models[J]. Journal of Structural Engineering, 1997, 123(7): 958-966.

[13] 臧登科. 纤维模型中考虑剪切效应的 RC 结构非线性特征研究[D]. 重庆: 重庆大学, 2008.

[14] Vecchio F J, Collins M P. The modified compression field theory for reinforced concrete elements subjected to shear[J]. ACI Structural Journal, 1986, 83(2): 219-231.

[15] Mazzoni S, McKenna F, Scott M H, et al. OpenSees User's Manual[M]. Berkeley: University of California, Berkeley, 2006.

[16] Lowes L N, Mitra N, Altoontash A. A Beam-Column Joint Model for Simulating the Earthquake Response of Reinforced Concrete Frames[M]. Berkeley: University of California, Berkeley, 2003.

[17] Park Y J, Ang A H S. Mechanistic seismic damage model for reinforced concrete[J]. Journal of Structural Engineering, 1985, 111(4): 722-739.

[18] Stevens N J, Uzumeri S M, Collins M P. Reinforced concrete subjected to reversed-cyclic shear experiments and constitutive model[J]. ACI Structural Journal, 1991, 88(2): 135-146.

[19] 解琳琳, 叶献国, 种迅, 等. OpenSEES 中混凝土框架结构节点模型关键问题的研究与验证[J]. 工程力学, 2014, 31(3): 116-121.

第9章 PPSRC 柱的受剪承载力计算方法研究

9.1 引　言

剪切破坏控制的 SRC 构件如图 9.1 所示。SRC 柱多用于高层或超高层建筑的下层结构中，且因重载而产生的柱截面面积过大、建筑局部错层及填充墙不通高等问题经常形成剪跨比较小的、会发生脆性剪切破坏的 SRC 短柱，故其受剪承载力很大程度上决定着整个结构在地震作用下抵抗水平荷载的能力。此外，SRC 梁多用于框支结构中的竖向转换层，且多因上部荷载较大及正常使用阶段刚度控制等使梁截面过大，形成跨高比较小的、会发生脆性剪切破坏的 SRC 深梁，故其受剪承载力很大程度上决定了整个转换层的承载能力[1-2]。因此，合理准确地计算 SRC 梁、柱构件的受剪承载力至关重要。影响 SRC 梁、柱构件受剪承载力的因素较多，需要综合考虑弯矩、轴力及剪力的相互作用及各因素对受剪承载力的影响，同时还需要考虑型钢与混凝土间的相互作用。

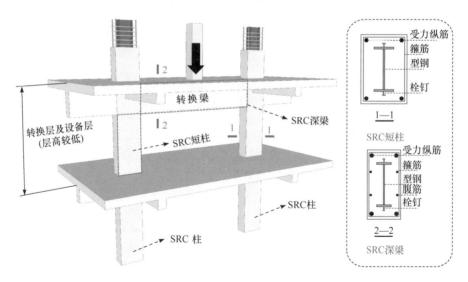

图 9.1　剪切破坏控制的 SRC 构件

为了合理阐述 SRC 构件的受剪机理，国内外研究者提出了大量针对 SRC 构件的受剪理论。现有的 SRC 构件受剪理论主要分为三类：第一类基于简单强度叠加法，即 SRC 构件的受剪承载力由基于试验结果回归分析的 RC 部分受剪承载力与基于塑性分析的型钢部分受剪承载力叠加而成，该方法多在各国规范、规程中使用，但 SRC 结构大多用于地震设防区域，试验数据较为有限，因此基于试验回归分析的计算方法有一定的局限性[3-6]；第二类基于拉-压杆模型，即将型钢受拉翼缘与受拉钢筋等效为拉杆，将混凝土、型钢受压翼缘及受压钢筋等效为压杆，将箍筋与型钢腹板等效为腹杆，利用力学平衡关系建立整体拉-压杆模型[7-10]；第三类同样基于强度叠加法，但不同于前述的简单强度叠加法，这类方法多使用成熟的力学模型来描述 RC 部分与型钢部分的受剪承载力贡献，但未考虑型钢与 RC 部分的变形协调关系[11-13]。虽然拉-压杆模型有明确的力学基础，但其精确的求解过程需要进行迭代运算，计算较为复杂；基于强度叠加法的计算模型虽然计算步骤简单，无须进行迭代计算，但型钢的受剪承载力与 RC 部分的受剪承载力无法同时达到峰值，故简单进行叠加可能得到不安全的结果。

　　为了便于实际工程设计应用，本章首先通过修正现有设计规范、规程对 PPSRC 短柱及 HPSRC 短柱的受剪承载力进行计算；其次基于上述第三类强度叠加法，提出基于剪切变形的变形协调条件，形成适用于 SRC 柱构件的受剪承载力计算模型；最后运用国内外已有试验结果对该模型进行验证，并提出相关设计建议。

9.2　现行相关标准计算方法

　　本节重点介绍我国相关设计标准，同时对具有代表性的国外标准进行描述。各国标准大多以桁架模型为理论基础确定 RC 部分的受剪承载力，计算公式的形式一般为混凝土贡献、箍筋贡献和附加轴向力或预应力贡献三项相加，同时叠加以塑性分析为理论基础确定的型钢部分的受剪承载力，即形成上述的第一类受剪承载力计算方法。为了体现规范、规程中计算公式涉及的具体设计参数，下述各公式中均未包含与结构构件可靠性相关的承载力抗震调整系数。

9.2.1　《组合结构设计规范》计算方法

　　《组合结构设计规范》(JGJ 138—2016)中对于集中荷载作用下的 SRC 梁：

$$V_{SRC} = V_c + V_s + V_{ss} = \frac{1.75}{\lambda + 1} f_t b h_{0\text{-JGJ}} + f_y \frac{A_s}{s} h_{0\text{-JGJ}} + \frac{0.58 h_w t_w f_{ys}}{\lambda} \tag{9.1}$$

式中，V_{SRC}——SRC 构件的受剪承载力；

　　　　V_c——RC 部分对受剪承载力的贡献；

　　　　V_s——箍筋部分对受剪承载力的贡献；

　　　　V_{ss}——型钢部分对受剪承载力的贡献；

$h_{0\text{-}JGJ}$——型钢受拉翼缘与纵向受拉钢筋合力点至混凝土受压边缘的距离；

λ——计算截面剪跨比，$\lambda=a/h_{0\text{-}JGJ}$，$a$ 为剪跨段长度，$\lambda<1.4$ 时，取 $\lambda=1.4$，当 $\lambda>3$ 时，取 $\lambda=3$；

f_t——混凝土受拉强度；

b——SRC 构件截面宽度；

f_y——箍筋屈服强度；

A_s——配置在同一截面内箍筋各肢的全部截面面积；

s——沿 SRC 构件长度方向上箍筋的间距；

h_w——型钢腹板截面高度；

t_w——型钢腹板厚度；

f_{ys}——型钢腹板屈服强度。

对于地震作用下的 SRC 柱：

$$V_{SRC}=V_c+V_s+V_{ss}+\gamma_N=\frac{1.05}{\lambda+1}f_tbh_{0\text{-}JGJ}+f_y\frac{A_s}{s}h_{0\text{-}JGJ}+\frac{0.58h_wt_wf_{ys}}{\lambda}+0.056N \tag{9.2}$$

式中，γ_N——附加轴向力或预应力对受剪承载力的贡献；

N——轴向力。

9.2.2 《钢骨混凝土结构技术规程》计算方法

《钢骨混凝土结构技术规程》(YB 9082—2006)中对于集中荷载作用下的 SRC 梁：

$$V_{SRC}=V_c+V_s+V_{ss}=\frac{1.75}{\lambda+1}f_tbh_0+f_y\frac{A_s}{s}h_0+h_wt_wf_{ysv} \tag{9.3}$$

式中，h_0——纵向受拉钢筋合力点至混凝土受压边缘的距离；

f_{ysv}——型钢腹板剪切强度，$f_{ysv}=0.58f_{ys}$。

对于地震作用下的 SRC 柱：

$$V_{SRC}=V_c+V_s+V_{ss}+\gamma_N=\frac{1.05}{\lambda+1}f_tbh_0+f_y\frac{A_s}{s}h_0+h_wt_wf_{ysv}+0.056N \tag{9.4}$$

9.2.3 AISC 360-16 计算方法

AISC 360-16 中对于 SRC 梁及 SRC 柱：

$$V_{SRC}=V_c+V_s+V_{ss}=0.17\alpha\left(1+\frac{N}{14A_e}\right)\sqrt{f_c}bh_0+f_y\frac{A_s}{s}h_0+0.6h_wt_wf_{ys} \tag{9.5}$$

式中，α——针对轻骨料混凝土的修正系数，对于普通混凝土 $\alpha=1.0$；

A_e——构件全截面面积。

9.2.4　Eurocode 4 计算方法

Eurocode 4 仅提供了型钢部分填充混凝土梁的受剪承载力计算公式, 将其扩展到 SRC 构件, 则

$$V_{\mathrm{SRC}}=V_{\mathrm{c}}+V_{\mathrm{s}}+V_{\mathrm{ss}}=\left[0.18k\left(100\rho_{\mathrm{s}}f_{\mathrm{c}}\right)^{\frac{1}{3}}+0.15\sigma_{\mathrm{cp}}\right]bh_{0}+0.9f_{\mathrm{y}}\frac{A_{\mathrm{s}}}{s}h_{0}\cot\theta+\frac{1}{\sqrt{3}}f_{\mathrm{ys}}h_{\mathrm{w}}t_{\mathrm{w}}$$

$$(9.6)$$

$$k=1+\sqrt{\frac{200}{h_{0}}}\leqslant 2.0 \tag{9.7}$$

$$\rho_{\mathrm{s}}=\frac{A_{\mathrm{sl}}}{bh_{0}}\leqslant 0.02 \tag{9.8}$$

$$\sigma_{\mathrm{cp}}=\frac{N}{A_{\mathrm{g}}}\leqslant 0.2f_{\mathrm{c}} \tag{9.9}$$

式中, A_{sl}——构件受拉钢筋总截面面积;

θ——混凝土压杆与构件纵轴间的夹角, $1.0\leqslant\cot\theta\leqslant 2.5$。

对比上述四种计算方法可以看出, 均采用强度叠加的方法来建立 SRC 梁、柱构件的受剪承载力计算公式。其中, 混凝土贡献及附加轴向力或预应力贡献的取值区别较大, 各国标准均采用基于试验结果回归分析所得的半经验公式; 对于箍筋贡献,各国标准无较大区别,除 Eurocode 4 外均基于经典 45°桁架模型; 对于型钢对整体受剪承载力的贡献, 各国标准都基于米泽斯屈服准则并且不考虑正应力的影响, 此外我国《组合结构设计规范》在型钢贡献中引入了剪跨比的影响。

上述各国标准采用的 SRC 构件受剪承载力计算公式均无法考虑同一截面存在多种类型或多种强度混凝土的情况。但本书提出的 PPSRC 柱及 HPSRC 柱预制部分均采用 UHPC 或高强混凝土, PPSRC 柱现浇部分为普通混凝土, HPSRC 柱截面空心, 故需要结合 PPSRC 柱与 HPSRC 柱的特点对上述受剪承载力计算公式进行修正。型钢计算简图如图 9.2 所示, 考虑到 PPSRC 柱同一截面中存在两种不同强度的混凝土, 可采用面积加权法得到换算混凝土强度:

$$f_{\mathrm{com}}=\frac{A_{\mathrm{cp}}}{A_{\mathrm{cp}}+A_{\mathrm{cc}}}f_{\mathrm{out}}+\frac{A_{\mathrm{cc}}}{A_{\mathrm{cp}}+A_{\mathrm{cc}}}f_{\mathrm{in}} \tag{9.10}$$

式中, f_{com}——换算混凝土强度;

A_{cc}——现浇混凝土面积;

A_{cp}——预制混凝土面积;

f_{out}——预制混凝土强度；

f_{in}——现浇混凝土强度。

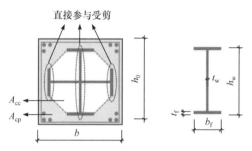

图 9.2　型钢计算简图

为了形成型钢内筒，PPSRC 柱与 HPSRC 柱中均采用十字型钢，相比于采用工字型钢的 SRC 柱，垂直于受力方向的型钢翼缘与沿受力方向的型钢腹板均直接参与构件的受剪行为，故型钢贡献项(V_{ss})中的型钢腹板面积应改为型钢腹板面积与两侧型钢翼缘面积的叠加，如图 9.2 所示。对于 HPSRC 柱，因为其截面空心，所以计算其受剪承载力时的构件宽度可取其 RC 部分的宽度。根据上述方法计算出的 PPSRC 短柱试件与 HPSRC 短柱试件的受剪承载力与试验值的比较见表 9.1，其中基于各国标准计算的受剪承载力中的材料强度均取标准值。

表 9.1　短柱试件受剪承载力计算值与试验值的比较

试件编号	V_e/kN	$V_{c\text{-}JGJ}$/kN	$V_{c\text{-}JGJ}/V_e$	$V_{c\text{-}YB}$/kN	$V_{c\text{-}YB}/V_e$	$V_{c\text{-}AISC}$/kN	$V_{c\text{-}AISC}/V_e$	$V_{c\text{-}EC}$/kN	$V_{c\text{-}EC}/V_e$
HPSRC-2-1	690.03	482.90	0.70	690.18	1.00	771.93	1.12	826.23	1.20
HPSRC-2-2	751.49	482.90	0.64	690.18	0.92	771.93	1.03	826.23	1.10
HPSRC-2-3	760.07	499.70	0.66	706.98	0.93	796.28	1.05	865.68	1.14
HPSRC-2-4	811.68	599.63	0.74	806.91	0.99	896.21	1.10	955.62	1.18
PPSRC-2-1	669.56	548.13	0.82	755.42	1.13	784.09	1.17	831.31	1.24
PPSRC-2-2	854.19	548.13	0.64	755.42	0.88	784.09	0.92	831.31	0.97
PPSRC-2-3	889.93	564.93	0.63	772.22	0.87	809.92	0.91	870.76	0.98
PPSRC-2-4	898.60	574.52	0.64	781.80	0.87	822.30	0.92	875.29	0.97
PPSRC-2-5	926.29	664.86	0.72	872.15	0.94	909.85	0.98	960.70	1.04
PPSRC-2-6	982.17	589.95	0.60	797.24	0.81	840.05	0.86	881.64	0.90
平均值			0.68		0.93		1.00		1.07
变异系数			0.10		0.10		0.11		0.11

注：V_e 为实测受剪承载力；$V_{c\text{-}JGJ}$ 为基于《组合结构设计规范》方法的计算受剪承载力；$V_{c\text{-}YB}$ 为基于《钢骨混凝土结构技术规程》方法的计算受剪承载力；$V_{c\text{-}AISC}$ 为基于 AISC 360-16 方法的计算受剪承载力；$V_{c\text{-}EC}$ 为基于 Eurocode 4 方法的计算受剪承载力。

由表 9.1 可以看出，除《组合结构设计规范》外，其余 3 种计算方法均高估了试件 HPSRC-2-1 与 PPSRC-2-1 的受剪承载力，这是因为试件 HPSRC-2-1 与 PPSRC-2-1 发生弯剪破坏，其弯曲承载力的不足限制了其受剪性能的充分发挥。计算结果对比如图 9.3 所示，由图可以看出，因为对型钢的贡献做了折减，基于《组合结构设计规范》的计算方法较大程度地低估了 PPSRC 短柱及 HPSRC 短柱的受剪承载力，而其余 3 种标准提出的计算公式均可较为准确地计算 PPSRC 短柱及 HPSRC 短柱的受剪承载力。其中基于 AISC 360-16 的计算方法可以得到最准确的受剪承载力预测值，计算承载力与试验承载力比值的均值为 1.00，变异系数为 0.11。证明本章提出的基于采用面积加权法的换算混凝土强度公式行之有效，可用于修正《钢骨混凝土结构技术规程》、AISC 360-16 及 Eurocode 4 中的计算方法，为实际工程应用提供参考。

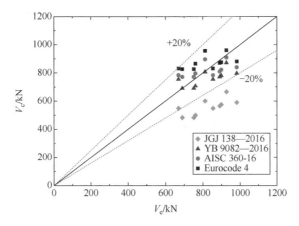

图 9.3　不同方法计算受剪承载力对比

虽然基于现行相关标准的计算方法可较为准确地预测本书 PPSRC 短柱与 HPSRC 短柱的受剪承载力，但本书试验样本量较小，且所预测结果有一定离散度，同时有部分预测结果偏于不安全。此外，上述计算方法均为试验结果回归分析发展出的半理论-半经验计算方法，缺乏明确的力学模型及理论支撑，若进一步扩大试验结果数据库，可能得出离散度更大的预测结果。

9.3　型钢混凝土构件受剪承载力计算理论

Schlaich 等[14]提出了 B(Bernoulli)区和 D(Discontinuity)区的概念，在 B 区，构件应变为线性分布，而在 D 区，构件应变为非线性分布。对于一个 RC 构件，其内部一般同时存在 B 区与 D 区，对于剪跨比较小的 RC 构件，则一般完全由 D 区组成。Schlaich 等[14]在桁架模型的基础上提出了拉-压杆模型，该模型适用于在沿构件高度方向具有高度非线性的 D 区。

为了有效解决上述第一类 SRC 构件受剪理论缺乏明确的力学模型及理论支撑的问题，国内外学者以适用于 RC 构件的拉-压杆模型为基础，提出了基于修正拉-压杆模型的 SRC 深梁受剪承载力计算模型，即第二类 SRC 构件受剪理论。主要分为受力机制不同的两类，即修正拉-压杆模型和软化拉-压杆模型[7-10]。

9.3.1　基于修正拉-压杆模型

邓明科等[7]基于 Tan 等[15-16]建立的适用于普通 RC 深梁及预应力 RC 深梁的拉-压杆模型，提出了基于修正拉-压杆模型的 SRC 深梁受剪承载力计算模型(图 9.4)。该模型综合考虑了纵筋、箍筋、水平分布钢筋、弯起钢筋和预应力钢筋对 SRC 深梁受剪承载力的影响。同时该模型还建立了适用于压杆底部节点区混凝土的莫尔-库仑破坏准则，可以反映节点区混凝土由于横向拉应变引起的抗压强度软化效应。

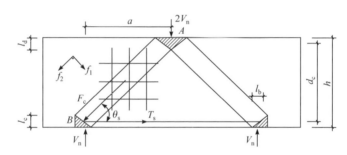

图 9.4　SRC 深梁修正拉-压杆模型

基于拉-压杆理论，该模型将型钢翼缘简化为纵筋，将型钢腹板简化为水平分布钢筋或竖向分布钢筋，以此建立了 SRC 深梁的修正拉-压杆模型，推导了 SRC 深梁的受剪承载力计算公式。虽然在将型钢腹板简化为水平分布钢筋的情况下，该模型的计算值与试验值吻合较好，但在 SRC 深梁中设置型钢的主要目的是增强深梁的受剪承载力，故将型钢腹板简化为水平分布钢筋这一假定的正确性需要进一步探讨。同时，型钢翼缘的存在可能会扰动混凝土斜压杆的传力机制，使其传力机理改变，且该模型无法考虑混凝土压杆中存在两种或多种不同强度、不同种类混凝土的情况，适用性有限。

9.3.2　基于软化拉-压杆模型

Chen 等[10]基于 Hwang 等[17-18]建立的适用于普通 RC 深梁、短柱及梁柱节点的软化拉-压杆(softened strut-and-tie model，SST)模型，提出了基于软化拉-压杆模型的 SRC 深梁受剪承载力计算模型(图 9.5)。软化拉-压杆模型由斜向压杆、水平机构与竖向机构组成:①斜向主压杆由具有一定宽度的梁腹核心区混凝土形成;②水平机构由两个平压杆与一个平拉杆组成,平压杆由混凝土形成,平拉杆由梁水平腹筋形成;③竖向机构包括两个陡压杆与一个竖向拉杆,陡压杆由混凝土组成,竖向拉杆由型钢腹板组成。

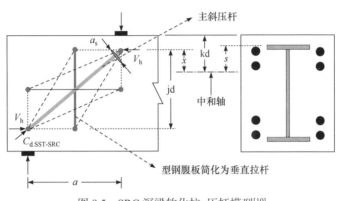

图 9.5　SRC 深梁软化拉-压杆模型[10]

软化拉-压杆模型为超静定结构,拉杆屈服后 SRC 深梁的受剪承载能力可继续增长,直到梁腹核心区混凝土被压碎才认为机构失效。由软化拉-压杆模型得到的精确解需要大量迭代计算,Hwang 等[18]提出了便于手算的简化计算过程,本节所述的基于软化拉-压杆模型的 SRC 深梁受剪承载力计算模型也是基于该简化计算方法,故其计算精度相对于基于迭代运算的精确解有所降低。

此外,不同于箍筋在混凝土开裂后才参与 SRC 构件的受剪行为,型钢因其较大的剪切及弯曲刚度,在 SRC 构件全受力阶段皆可起到较大的作用,故简单将型钢腹板简化为箍筋作为垂直拉杆应用于软化拉-压杆模型中的合理性需要进一步探讨。同时,该模型无法考虑混凝土压杆中存在两种或多种不同强度、不同种类混凝土的情况,适用性有限。

9.4　型钢混凝土柱受剪承载力计算模型

由上述分析可知,两种基于拉-压杆模型的受剪承载力计算模型均只适用于 SRC 深梁,不适用于 SRC 短柱的受剪承载力计算。但在地震作用下,如何准确确定 SRC 短柱的受剪承载力,以避免其发生脆性的剪切破坏,成为亟待解决的问题。同时,一个能同时适用于 SRC 梁、柱构件的受剪承载力计算模型应便于结构工程师的设计计算。基于此,相关学者提出了第三类 SRC 构件受剪理论[11-13]。在该类理论中，强度叠加法的概念仍被使用，即由混凝土贡献、箍筋贡献和附加轴向力或预应力贡献三项相加以得到 RC 部分的受剪承载力，同时叠加型钢的受剪承载力以得到 SRC 构件的受剪承载力。但不同于前述第一类计算方法，该类方法多使用成熟的力学模型来描述 RC 部分与型钢部分的受剪承载力贡献。该类模型存在的问题如下：

(1) RC 部分的受剪承载力与型钢部分的受剪承载力无法同时达到峰值，故基于强度叠加法得出的结果可能偏于不安全；

(2) 无法考虑同一截面存在多种类型或多种强度混凝土的情况；

(3) 无法考虑 RC 部分与型钢部分的相互作用。

为了解决上述问题，本章基于第三类 SRC 构件受剪理论提出了适用于 SRC 柱的受剪承载力计算模型。

9.4.1　模型的基本思想

模型计算简图如图 9.6 所示，对于设置足量抗剪连接件的 SRC 构件，即在完全组合的情况下，模型将 SRC 构件简化为两个部分：空心 RC 部分与型钢及内部混凝土部分。因 RC 部分的主要受剪区域即 RC 腹板的宽度在此被定义为构件整体宽度减去型钢翼缘宽度，故其 RC 部分中的桁架作用与拱作用均不会因型钢翼缘的存在而受到扰动。

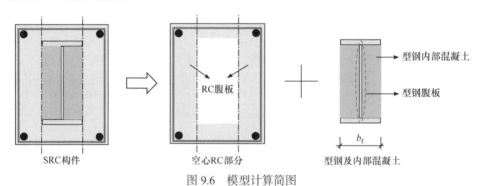

图 9.6　模型计算简图

结构构件正常使用极限状态的变形控制是保证结构正常使用并避免非结构构件破坏的重要前提。结构构件的总变形可以考虑为剪切变形与弯曲变形的叠加，但对于剪切破坏控制的结构构件，即小剪跨比的梁、柱构件，剪切变形占据构件变形的主要部分[19-20]。因此，本模型使用剪力-剪切变形曲线来描述 RC 部分及型钢及内部混凝土部分的受力性能。

RC 部分与型钢及内部混凝土部分受力行为的简化如图 9.7 所示。对于 RC 部分，其剪力-剪切变形曲线呈典型的三线性，如图 9.7(a)中红色虚线所示。在斜裂缝出现之前，RC 部分处于弹性阶段，其剪切刚度($K_{RC, e}$)可以根据经典弹性力学的

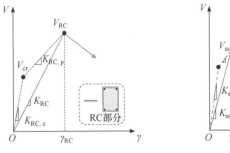
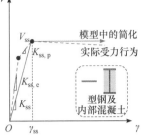

(a) RC部分受力行为的简化　　　　　　(b) 型钢及内部混凝土受力行为的简化

图 9.7　RC 部分与型钢及内部混凝土部分受力行为的简化(后附彩图)

方法计算；在斜裂缝出现后，RC 部分的剪切刚度($K_{RC,p}$)因为累积损伤而减小；承载力峰值过后，RC 部分的承载力因斜裂缝的发展及剪压区混凝土的压溃而迅速下降，从而发生脆性的剪切破坏，位移延性较差。该模型主要目的为确定 SRC 构件的受剪承载力，因此在之后的分析中使用完全开裂刚度(K_{RC})取代弹性剪切刚度($K_{RC,e}$)和开裂后刚度($K_{RC,p}$)来描述 RC 部分的剪切受力行为，故其剪力-剪切变形曲线可简化为双线性，如图 9.7(a)中的绿色实线所示。

对于型钢及内部混凝土部分，其截面形式及受力行为类似于部分填充混凝土 (partially encased composite，PEC)构件。如图 9.7(b)中红色虚线所示，剪切控制的 PEC 构件的剪力-剪切变形曲线也可简化为典型的三线性[21-24]。在型钢内部混凝土斜裂缝出现之前，PEC 构件处于弹性阶段，其剪切刚度($K_{ss,e}$)可以根据经典弹性力学的方法计算；在型钢内部混凝土斜裂缝出现后，PEC 构件的剪切刚度($K_{ss,p}$)因为斜裂缝的发展而减小；在承载力峰值过后，因为型钢的存在，PEC 构件能体现出较好的韧性，即荷载可随着剪切变形的增大而维持不变或仅出现较低程度的降低，位移延性较好。该模型主要目的为确定 SRC 构件的受剪承载力，因此在之后的分析中同样使用完全开裂刚度(K_{ss})来描述型钢及内部混凝土部分的剪切受力行为，故其剪力-剪切变形曲线可简化为双线性，如图 9.7(b)中的红色实线所示。

SRC 构件中 RC 部分与型钢及内部混凝土部分在受力时的相互关系如图 9.8 所示，具体可分为以下 6 种情况。

(1) 如图 9.8(a)所示，在情况 1 中，RC 部分的刚度(K_{RC})小于型钢及内部混凝土部分的刚度(K_{ss})，同时 RC 部分的受剪承载力(V_{RC})小于型钢及内部混凝土部分的受剪承载力(V_{ss})。这种情况下，型钢及内部混凝土部分会先于 RC 部分达到受剪承载力峰值，因为型钢及内部混凝土部分拥有承载力峰值后长时间持荷的能力，故可以认为 SRC 构件的受剪承载力(V_{SRC})为 RC 部分的受剪承载力(V_{RC})与型钢及内部混凝土部分的受剪承载力(V_{ss})的叠加。

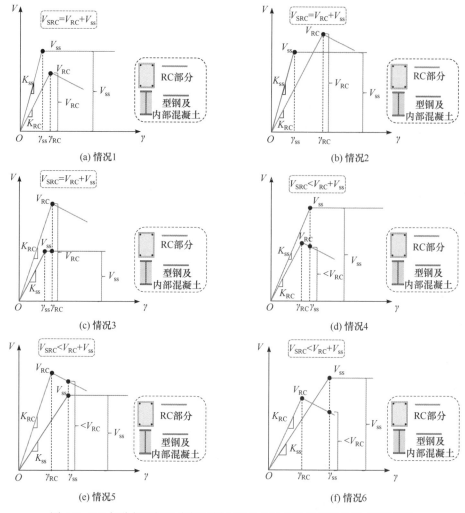

图 9.8　RC 部分与型钢及内部混凝土部分在受力时的相互关系(后附彩图)

(2) 如图 9.8(b)所示,在情况 2 中,RC 部分的刚度(K_{RC})小于型钢及内部混凝土部分的刚度(K_{ss}),同时 RC 部分的受剪承载力(V_{RC})大于型钢及内部混凝土部分的受剪承载力(V_{ss})。这种情况下,型钢及内部混凝土部分会先于 RC 部分达到受剪承载力峰值,因为型钢及内部混凝土部分拥有承载力峰值后长时间持荷的能力,故可以认为 SRC 构件的受剪承载力(V_{SRC})为 RC 部分的受剪承载力(V_{RC})与型钢及内部混凝土部分的受剪承载力(V_{ss})的叠加。

(3) 如图 9.8(c)所示,在情况 3 中,RC 部分的刚度(K_{RC})大于型钢及内部混凝土部分的刚度(K_{ss}),同时 RC 部分的受剪承载力(V_{RC})大于型钢及内部混凝土部分的受剪承载力(V_{ss})。这种情况下,型钢及内部混凝土部分会先于 RC 部分达到受剪承载力峰值,因为型钢及内部混凝土部分拥有承载力峰值后长时间持荷的能力,故可以认为 SRC 构件的受剪承载力(V_{SRC})为 RC 部分的受剪承载力(V_{RC})与型钢及内部混凝土部分的受剪承载力(V_{ss})的叠加。

(4) 如图 9.8(d)所示,在情况 4 中,RC 部分的刚度(K_{RC})小于型钢及内部混凝土部分的刚度(K_{ss}),同时 RC 部分的受剪承载力(V_{RC})小于型钢及内部混凝土部分的受剪承载力(V_{ss})。这种情况下,RC 部分会先于型钢及内部混凝土部分达到受剪承载力峰值,因为承载力峰值后 RC 部分承担的荷载会迅速下降,此时型钢及内部混凝土部分仍未达到其承载力峰值,故可以认为 SRC 构件的受剪承载力(V_{SRC})小于 RC 部分的受剪承载力(V_{RC})与型钢及内部混凝土部分的受剪承载力(V_{ss})的叠加。

(5) 如图 9.8(e)所示,在情况 5 中,RC 部分的刚度(K_{RC})大于型钢及内部混凝土部分的刚度(K_{ss}),同时 RC 部分的受剪承载力(V_{RC})大于型钢及内部混凝土部分的受剪承载力(V_{ss})。这种情况下,RC 部分会先于型钢及内部混凝土部分达到受剪承载力峰值,因为承载力峰值后 RC 部分承担的荷载会迅速下降,此时型钢及内部混凝土部分仍未达到其承载力峰值,故可以认为 SRC 构件的受剪承载力(V_{SRC})小于 RC 部分的受剪承载力(V_{RC})与型钢及内部混凝土部分的受剪承载力(V_{ss})的叠加。

(6) 如图 9.8(f)所示,在情况 6 中,RC 部分的刚度(K_{RC})大于型钢及内部混凝土部分的刚度(K_{ss}),同时 RC 部分的受剪承载力(V_{RC})小于型钢及内部混凝土部分的受剪承载力(V_{ss})。这种情况下,RC 部分会先于型钢及内部混凝土部分达到受剪承载力峰值,因为承载力峰值后 RC 部分承担的荷载会迅速下降,此时型钢及内部混凝土部分仍未达到其承载力峰值,故可以认为 SRC 构件的受剪承载力(V_{SRC})小于 RC 部分的受剪承载力(V_{RC})与型钢及内部混凝土部分的受剪承载力(V_{ss})的叠加。

通过上述分析可知,以上 6 种情况可又分为两类。第一类为情况 1、情况 2 和情况 3,其中 RC 部分达到其承载力峰值时的剪切变形($\gamma_{RC}=V_{RC}/K_{RC}$)大于型钢及内部混凝土部分达到其承载力峰值时的剪切变形($\gamma_{ss}=V_{ss}/K_{ss}$),即 $\gamma_{RC}>\gamma_{ss}$,这类情况下强度叠加法可以得出安全的结果;第二类为情况 4、情况 5 和情况 6,其中 RC 部分达到其承载力峰值时的剪切变形($\gamma_{RC}=V_{RC}/K_{RC}$)小于型钢及内部混凝土部分达到其承载力峰值时的剪切变形($\gamma_{ss}=V_{ss}/K_{ss}$),即 $\gamma_{RC}<\gamma_{ss}$,这类情况下强度叠加法会得出不安全的结果,需要引入相关系数对强度叠加法得到的结果进行折减。

9.4.2　计算流程

图 9.9 为本章提出的 SRC 柱构件受剪承载力计算模型的计算流程。由图 9.9 可以看出,为了保证模型计算的精准性,需要使用成熟的力学模型或理论计算 RC

部分的剪切刚度(K_{RC})、RC 部分的受剪承载力(V_{RC})、型钢及内部混凝土部分的剪切刚度(K_{ss})及型钢及内部混凝土部分的受剪承载力(V_{ss})。同时还需要确定合理的折减系数对属于上述情况 4、情况 5 和情况 6 的 SRC 构件的计算受剪承载力进行折减。

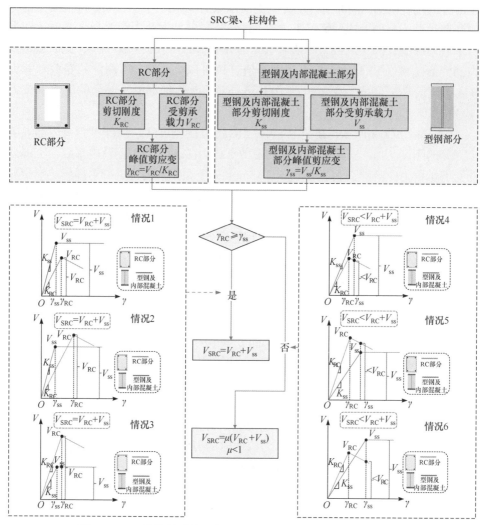

图 9.9　SRC 柱构件受剪承载力计算模型的计算流程图(后附彩图)

9.5　PPSRC 柱受剪承载力计算模型

如 9.4 节所述，合理准确地确定 SRC 梁、柱构件中 RC 部分与型钢及内部混凝土部分的剪切刚度以及受剪承载力是证明本章提出的计算模型适用性的关键。本节针对 SRC 柱构件，通过对已有成熟力学模型的修正，推导 SRC 柱构件中 RC 部分的剪切刚度(K_{RC})、RC 部分的受剪承载力(V_{RC})、型钢及内部混凝土部分的刚度(K_{ss})和型钢及内部混凝土部分的受剪承载力(V_{ss})。

9.5.1　RC 部分的剪切刚度

RC 部分的剪切刚度(K_{RC})使用桁架–拱模型进行推导。桁架模型自 Ritter 及 Mörsch 提出以来，因其力学概念明确并且计算简便，被广泛应用于 RC 构件的设计和分析中，是 RC 构件受剪承载力计算方法的重要理论。目前，桁架模型不断发展，经历了 45°桁架模型、定角桁架模型(constant-angle truss model，CATM)、变角桁架模型(variable-angle truss model，VATM)、压力场理论(compression field theory，CFT)、修正压力场理论(modified compression field theory，MCFT)、转角软化桁架模型(rotating-angle softened truss model，RA-STM)及定角软化桁架模型(fixed-angle softened truss model，FA-STM)几个重要阶段[25]。在利用桁架模型确定 RC 构件的剪切变形方面，Kim 和 Mander[26]采用定角桁架模型及变角桁架模型提出了 RC 柱的剪切刚度的计算方法；吴畅[27]采用定角桁架模型及变角桁架模型提出了 ECC 柱的剪切刚度的计算方法；潘钻峰等[28]提出了有效剪切刚度的概念，并基于定角桁架模型和变角桁架模型推导出计算 RC 梁有效剪切刚度的显式公式。由此可知定角桁架模型及变角桁架模型可用于计算 RC 构件剪切刚度。

RC 构件中不仅存在桁架作用，还存在拱作用。前述的桁架模型中均未考虑混凝土的拱效应，对于小剪跨比的 RC 构件，这将低估其受剪承载力及剪切刚度。Leondardt[29]于 1965 年在桁架模型中加入了混凝土斜压杆以考虑混凝土的拱效应，形成了桁架–拱模型。此后，Ichinose[30]于 1992 年提出了一种新型桁架–拱模型以计算剪切破坏控制的 RC 构件的受剪承载力，在该模型中，混凝土拱体高度被假设为构件截面高度的一半，与试验现象相比，拱体高度被高估。近年来，Pan 与 Li[31]基于 Ichinose 的理论提出了一种考虑拱体与桁架部分变形协调的新型桁架–拱模型，理论计算值与试验值吻合较好。

由上述分析可知，桁架–拱模型可以较好地模拟 RC 构件的剪切性能，故本章使用桁架–拱模型推导 SRC 构件中 RC 部分的剪切刚度(K_{RC})。RC 部分的剪切刚度(K_{RC})由桁架部分的剪切刚度(K_t)与拱部分的剪切刚度(K_a)叠加而成：

$$K_{RC} = K_t + K_a \tag{9.11}$$

桁架部分的剪切刚度可采用定角桁架模型或变角桁架模型计算。由上述分析可知，按照是否符合平截面假定，RC 构件可分为 B 区与 D 区。在 B 区，构件应变为线性分布，而在 D 区，构件应变为非线性分布。SRC 柱中 RC 部分的桁架模型如图 9.10 所示，对于 RC 构件，一般同时存在 B 区与 D 区；对于剪跨比较小的梁、柱构件，则一般完全由 D 区组成。对于 B 区，可采用定角桁架模型分析其剪切刚度；对于 D 区，可采用变角桁架模型分析其剪切刚度；对于同时存在 B 区与 D 区的构件，可采用混合桁架模型进行分析。但是混合桁架模型推导出的计算公式通常较为复杂且难以应用，Pan 等[28]通过理论分析和试验验证后认为当 $l > d_v \cot\theta$ 时，采用定角桁架模型可以得出的结果与混合桁架模型相差不大。因此，当 $l > d_v \cot\theta$ 时，可采用定角桁架模型计算 RC 桁架部分的剪切刚度；当 $l \leqslant d_v \cot\theta$ 时，可采用变角桁架模型计算 RC 桁架部分的剪切刚度。这里 l 表示剪跨段的长度；d_v 表示受拉纵筋与受压纵筋间的距离；θ 表示最小裂缝倾角，是区别两种模型的基础，其具体计算方法将在后文介绍。

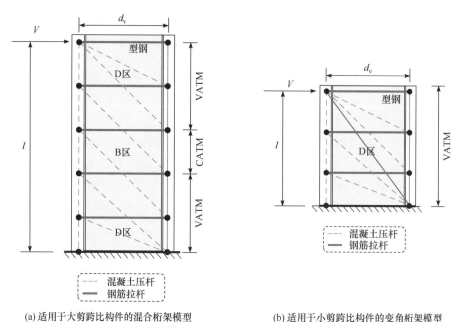

(a) 适用于大剪跨比构件的混合桁架模型　　　　(b) 适用于小剪跨比构件的变角桁架模型

图 9.10　SRC 柱中 RC 部分的桁架模型

1. 基于定角桁架模型的桁架部分剪切刚度

定角桁架模型计算简图如图 9.11 所示。其中，图 9.11(a) 为 RC 部分 B 区的定角桁架模型单元体[26]。在 B 区，不同斜裂缝接近平行，故各斜裂缝的倾角 θ 可认为保持不变，这种桁架模型被称为定角桁架模型。

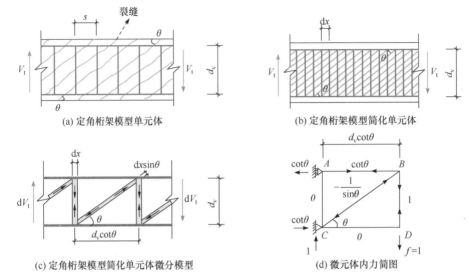

图 9.11　定角桁架模型计算简图

斜裂缝产生后，两条裂缝之间的混凝土形成斜向压杆，而箍筋形成拉杆。如图 9.11(b)与 9.11(c)所示，将箍筋和斜裂缝弥散至整个单元体，并取出一微元体进行分析。该微元体受到剪力的微分为 dV_t，斜压杆的平面内宽度为 dx，拉杆的平面内宽度为 $dx\sin\theta$。该微元体的内力简图如图 9.11(d)所示，当作用一单位力时，各杆件的内力可通过结构力学分析求得。当假定其上、下弦杆 AB 及 BC 的刚度无穷大，即不考虑其弯曲变形时，其总体变形可通过虚功原理求得，如式(9.12)所示：

$$\Delta_t = \sum \frac{Ppl}{EA} \tag{9.12}$$

式中，Δ_t——桁架微元体在剪切作用下的变形；

　　　P——微元体杆件的内力；

　　　p——单位力作用下微元体杆件的内力；

　　　l——微元体中杆件的长度；

　　　E——弹性模量；

　　　A——微元体中杆件的面积。

图 9.11(d)中微元体的内力及几何参数如表 9.2 所示。

表 9.2　定角桁架微元体的内力及几何参数

杆件	E	A	l	P	p
BD	E_s	$\rho_v b_{RC} dx$	d_v	dV_t	1
BC	E_c	$b_{RC} dx \sin\theta$	$\dfrac{d_v}{\sin\theta}$	$\dfrac{dV_t}{\sin\theta}$	$\dfrac{1}{\sin\theta}$

将两杆件的变形进行叠加，可以得到微元体的总变形为

$$\Delta_s = \sum \frac{Ppl}{EA} = \frac{d_v dV_t}{E_s b_{RC} \rho_v dx} + \frac{d_v dV_t}{E_c b_{RC} \sin^4 \theta dx} \tag{9.13}$$

式中，b_{RC}——RC 部分的有效宽度，$b_{RC}=b-b_f$，b_f 为型钢翼缘宽度；

ρ_v——箍筋面积配箍率，$\rho_v = A_s / sb_{RC}$。

则微元体的剪切变形为

$$\gamma_t = \frac{\Delta_s}{d_v \cot \theta} = \frac{dV_t}{E_s b_{RC} \rho_v dx \cot \theta} + \frac{dV_t}{E_c b_{RC} \sin^4 \theta dx \cot \theta} \tag{9.14}$$

微元体的剪切刚度为

$$dK_t = \frac{dV_t}{\gamma_t} \tag{9.15}$$

将式(9.15)沿长度方向积分，可以得到基于定角桁架模型的桁架部分剪切刚度：

$$K_t = \int_0^{d_v \cot \theta} dK_t = \int_0^{d_v \cot \theta} \frac{dV_t}{\gamma_t} = \frac{E_c A_v n \rho_v \cot^2 \theta}{1 + n \rho_v \csc^4 \theta} \tag{9.16}$$

式中，n——E_s/E_c；

A_v——有效受剪面积，$A_v = b_{RC} d_v$。

2. 基于变角桁架模型的桁架部分剪切刚度

图 9.12(a)为 RC 部分 D 区的变角桁架模型单元体。在 D 区，不同斜裂缝的倾角 θ 不同，这种桁架模型被称为变角桁架模型。与前述分析类似，如图 9.12(b)与(c)所示，将箍筋和斜裂缝弥散至整个单元体，并取出一微元体进行分析。该微元体受到剪力的微分 dV_t 作用，与定角桁架模型不同，dV_t 沿长度方向并非均匀分布。其斜向压杆由两根变截面杆件组成，平面内宽度从 0 变至 $ldx \sin\theta_1$ 及 $ldx \sin\theta_2$；其水平拉杆的平面内宽度为 ldx，x 为 0～1 变化的参数。该微元体的受力简图如图 9.12(d)所示，当作用一单位力时，各杆件的内力可通过结构力学分析求得，当假定其上、下弦杆的刚度无穷大，即不考虑其弯曲变形时，其总体变形可通过虚功原理求得。

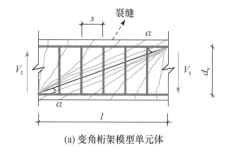

(a) 变角桁架模型单元体

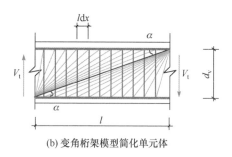

(b) 变角桁架模型简化单元体

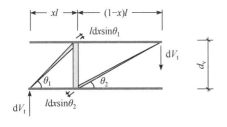

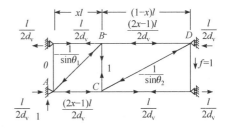

(c) 变角桁架模型简化单元体微分模型　　　　　　　(d) 微元体内力简图

图 9.12　变角桁架模型计算简图

图 9.12(d)中微元体的内力及几何信息如表 9.3 所示。

表 9.3　变角桁架微元体的内力及几何参数

杆件	E	A	l	P	p
BC	E_s	$\rho_v b_{RC} l \mathrm{d}x$	d_v	$\mathrm{d}V_t$	1
AB	E_c	$\dfrac{1}{2} b_{RC} l \mathrm{d}x \sin\theta_1$	$\dfrac{d_v}{\sin\theta_1}$	$\dfrac{\mathrm{d}V_t}{\sin\theta_1}$	$\dfrac{1}{\sin\theta_1}$
CD	E_c	$\dfrac{1}{2} b_{RC} l \mathrm{d}x \sin\theta_2$	$\dfrac{d_v}{\sin\theta_2}$	$\dfrac{\mathrm{d}V_t}{\sin\theta_2}$	$\dfrac{1}{\sin\theta_2}$

将两杆件的变形进行叠加，可以得到微元体的总变形：

$$\Delta_s = \sum \frac{Ppl}{EA} = \frac{d_v \mathrm{d}V_t}{E_s b_{RC} \rho_v l \mathrm{d}x} + \frac{2d_v \mathrm{d}V_t}{E_c b_{RC} l \sin^4\theta_1 \mathrm{d}x} + \frac{2d_v \mathrm{d}V_t}{E_c b_{RC} l \sin^4\theta_2 \mathrm{d}x} \tag{9.17}$$

如图 9.12 所示，单元体对角线与纵轴的夹角为 α ，则 $l=d_v \cot\alpha$，将其代入式(9.17)可得

$$\Delta_s = \sum \frac{Ppl}{EA} = \frac{d_v \mathrm{d}V_t}{E_c A_v \cot\alpha \mathrm{d}x}\left(2\left\{ \left(1+x^2 \cot^2\alpha\right)^2 + \left[1+(1-x)^2 \cot^2\alpha\right]^2 \right\} + \frac{1}{n\rho_v} \right) \tag{9.18}$$

则微元体的剪切变形为

$$\gamma_t = \frac{\Delta_s}{d_v \cot\alpha} = \frac{\mathrm{d}V_t}{E_c A_v \cot^2\alpha \mathrm{d}x}\left(2\left\{ \left(1+x^2 \cot^2\alpha\right)^2 + \left[1+(1-x)^2 \cot^2\alpha\right]^2 \right\} + \frac{1}{n\rho_v} \right) \tag{9.19}$$

微元体的剪切刚度为

$$\mathrm{d}K_t = \frac{\mathrm{d}V_t}{\gamma_t} = \frac{E_c A_v \cot^2\alpha \mathrm{d}x}{\left(2\left\{ \left(1+x^2 \cot^2\alpha\right)^2 + \left[1+(1-x)^2 \cot^2\alpha\right]^2 \right\} + \frac{1}{n\rho_v} \right)} \tag{9.20}$$

将式(9.20)中的 x 沿 $0\sim1$ 积分，即可得到基于变角桁架模型的桁架部分剪切刚度：

$$K_t = \int_0^1 \mathrm{d}K_t = \int_0^1 \frac{E_c A_v \cot^2 \alpha}{\left(2\left\{\left(1+x^2\cot^2\alpha\right)^2 + \left[1+\left(1-x\right)^2\cot^2\alpha\right]^2\right\} + \dfrac{1}{n\rho_v}\right)}\mathrm{d}x \qquad (9.21)$$

因式(9.21)中的积分较为复杂，很难得到显式的解析解，故需要使用数值积分的方法进行处理。为了便于实际应用，本章采用两点高斯积分求解。首先将式(9.21)改写为高斯积分的形式：

$$K_t = \sum_{i=1}^m \frac{\omega_i E_c A_v \cot^2 \alpha}{\left(2\left\{\left(1+x_i^2\cot^2\alpha\right)^2 + \left[1+\left(1-x_i\right)^2\cot^2\alpha\right]^2\right\} + \dfrac{1}{n\rho_v}\right)} \qquad (9.22)$$

式中，ω_i——第 i 个积分点的权系数；

　　　　m——积分点的个数；

　　　　x_i——第 i 个积分点的 x 值。

查高斯积分表得 $\omega_1 = \omega_2 = 0.5$，$x_1 = 0.21$，$x_2 = 0.79$，则基于变角桁架模型的桁架部分剪切刚度为

$$K_t = \frac{E_c A_v n\rho_v \cot^2 \alpha}{1 + 4n\rho_v \left(1 + 0.39\cot^2\alpha\right)^2} \qquad (9.23)$$

3. 最小裂缝倾角 θ 的确定

在计算桁架部分的剪切刚度前，需确定最小裂缝倾角 θ 从而确定应使用定角桁架模型还是变角桁架模型进行计算。本节基于两点高斯积分的变角桁架模型对最小裂缝倾角 θ 进行计算，计算简图如图 9.13 所示。式(9.23)已经确定了基于两点高斯积分的变角桁架模型的剪切刚度，为了确定最小裂缝倾角 θ，还需计算其上、下弦杆变形而产生的弯曲变形。图 9.13(b)所示的变角桁架模型简化单元体中(边界条件为一端固定，一端简支)，AB、BC 及 CD 为受拉弦杆，EF、FG 及 GH 为受压弦杆，且其变形可通过虚功原理求得，单元体的内力及几何参数如表 9.4所示。

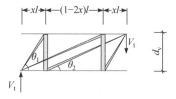

(a) 基于两点高斯积分的变角桁架模型简化单元体

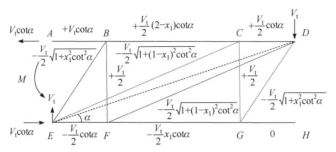

(b) 基于两点高斯积分的变角桁架模型简化单元体受力图

图 9.13　基于两点高斯积分的变角桁架模型的计算简图

表 9.4　基于两点高斯积分的变角桁架单元体的内力及几何参数

杆件	E	A	l	P	p
AB	E_s	$\dfrac{A_{st}}{2}$	$x_1 l$	$+\dfrac{2V_t}{\tan\alpha}$	$+\dfrac{1}{\tan\alpha}$
EF	E_s	$\dfrac{A_{st}}{2}$	$x_1 l$	$-\dfrac{V_t}{2\tan\alpha}$	$-\dfrac{1}{2\tan\alpha}$
BC	E_s	$\dfrac{A_{st}}{2}$	$(1-2x_1)l$	$+\dfrac{V_t(2-x_1)}{2\tan\alpha}$	$+\dfrac{(2-x_1)}{2\tan\alpha}$
FG	E_s	$\dfrac{A_{st}}{2}$	$(1-2x_1)l$	$-\dfrac{V_t x_1}{2\tan\alpha}$	$-\dfrac{x_1}{2\tan\alpha}$
CD	E_s	$\dfrac{A_{st}}{2}$	$x_1 l$	$+\dfrac{V_t}{2\tan\alpha}$	$+\dfrac{1}{2\tan\alpha}$
GH	E_s	$\dfrac{A_{st}}{2}$	$x_1 l$	0	0

将表 9.4 中各杆件在弯曲作用下的变形叠加，即可得微元体的总变形：

$$\Delta_f = \sum \frac{Ppl}{EA} = \left(2 - 3x_1 + 5x_1^2 - 2x_1^3\right)\frac{V_t l \cot^2\alpha}{E_s A_{st}} \approx 1.57\frac{V_t l \cot^2\alpha}{E_s A_{st}} \tag{9.24}$$

式中，A_{st}——纵筋总截面面积。

则因弯曲变形产生的单元体转角为

$$\Theta_f = \frac{\Delta_f}{l} = 1.57\frac{V_t \cot^2\alpha}{E_s A_{st}} \tag{9.25}$$

由式(9.23)可以得出因剪切变形产生的转角

$$\Theta_s = \frac{V_t}{K_t} = \frac{1 + 4n\rho_v\left(1 + 0.39\cot^2\alpha\right)^2}{E_c A_v n\rho_v \cot^2\alpha}V_t \tag{9.26}$$

在整个受力过程中，RC 部分斜裂缝的倾角同时受到剪切效应和弯曲效应的影响，根据最小能量原理，斜裂缝将沿能量最小的方向发展[32]。图 9.13 所示的变角桁架模型单元体的外力功可表示为式(9.25)与式(9.26)的叠加：

$$\text{EWD} = \Theta_f + \Theta_s = \frac{1 + 4n\rho_v\left(1 + 0.39\cot^2\alpha\right)^2}{E_c A_v n\rho_v \cot^2\alpha} V_t + 1.57\frac{V_t \cot^2\alpha}{E_s A_{st}} \tag{9.27}$$

令 $\alpha = \theta$，可通过最小能量原理得到最小裂缝倾角 θ，即

$$\frac{\text{d}(\text{EWD})}{\text{d}\theta} = 0 \tag{9.28}$$

$$\theta = \tan^{-1}\left(\frac{0.6n\rho_v + 1.57\dfrac{\rho_v}{\rho_t}\dfrac{A_v}{A_g}}{1 + 4n\rho_v}\right)^{0.25} \tag{9.29}$$

式中，ρ_t——纵筋配筋率，$\rho_t = A_{st}/(b_{RC}h_0)$；

A_g——RC 部分截面面积。

类似的，将式(9.29)中的系数 1.57 改为 0.57 即可得到边界条件为两端固定的变角桁架模型的最小裂缝倾角 θ。

4. 定角桁架模型裂缝倾角 θ 的确定

定角桁架模型裂缝倾角也根据最小能量原理确定，边界条件为一端固定、一端简支的定角桁架模型的外力功可表示为

$$\text{EWD} = \Theta_f + \Theta_s = \frac{1 + n\rho_v \csc^4\theta}{E_c A_v n\rho_v \cot^2\theta} V_t + 1.57\frac{V_t \cot^2\theta}{E_s A_{st}} \tag{9.30}$$

为得到使外力功最小的裂缝倾角，可将式(9.30)对 θ 求导并使其等于 0，即

$$\frac{\text{d}(\text{EWD})}{\text{d}\theta} = 0 \tag{9.31}$$

$$\theta = \tan^{-1}\left(\frac{n\rho_v + 1.57\dfrac{\rho_v}{\rho_t}\dfrac{A_v}{A_g}}{1 + n\rho_v}\right)^{0.25} \tag{9.32}$$

类似的，将式(9.32)中的系数 1.57 改为 0.57 即可得到边界条件为两端固定的定角桁架模型的最小裂缝倾角 θ。

综上，计算 RC 桁架部分的剪切刚度步骤如下：

(1) 根据式(9.29)计算最小裂缝倾角 θ，并判定 $d_v\cot\theta$ 与长度 l 的关系。若 $l>d_v\cot\theta$，使用定角桁架模型计算 RC 桁架部分的剪切刚度；若 $l\leqslant d_v\cot\theta$，使用变角桁架模型计算 RC 桁架部分的剪切刚度。

(2) 若使用定角桁架模型，首先通过式(9.32)确定裂缝倾角 θ，之后代入式(9.16)计算剪切刚度 K_t；若使用变角桁架模型，令 α 等于式(9.29)计算所得的最小裂缝倾角 θ，之后代入式(9.23)计算剪切刚度 K_t。

5. 拱部分的剪切刚度

SRC 柱中 RC 部分的混凝土拱效应(图 9.14)可以用一根从柱底受压区至柱顶受压区的受压杆来考虑。如图 9.14(a)所示，如果柱的约束条件为顶端可以自由转动同时底端固结，即采用悬臂式加载方式的构件，混凝土拱由柱顶面截面中心指向柱底受压区中心；如果柱的约束条件为两端同时固结，即采用顶部无转动的抗剪试验加载方式的构件，混凝土拱由柱顶受压区中心指向柱底受压区中心[33]。

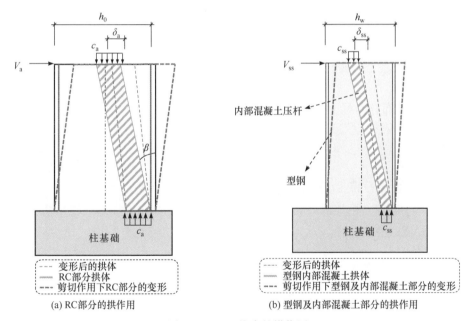

(a) RC 部分的拱作用　　　　　　　(b) 型钢及内部混凝土部分的拱作用

图 9.14　SRC 柱中的拱作用

由图 9.14(a)可得，混凝土拱体在剪力作用下的轴向压缩应变为

$$\varepsilon_a = \frac{V_a}{E_c b_{RC} c_a \cos\beta \sin\beta} \tag{9.33}$$

式中，ε_a——混凝土拱体的轴向应变；

V_a——混凝土拱体的受剪承载力贡献；

c_a——混凝土拱体的有效高度，$c_a=c-c_c$，其中 c 为 SRC 柱中 RC 部分混凝
　　　土受压区高度，c_c 为 RC 部分混凝土保护层厚度；

β——混凝土拱体与构件轴线的夹角，对于两端固定的构件，$\beta=$
$\arctan\left(\dfrac{h-c_a-c_c}{l}\right)$，对于一端固定、一端简支的构件，$\beta=$
$\arctan\left(\dfrac{h-c_a-c_c}{2l}\right)$，$h$ 为 RC 部分截面高度。

则混凝土拱体在剪力作用下的轴向压缩量为

$$\varDelta_a = \varepsilon_a \frac{l}{\cos\beta} = \frac{V_a l}{E_c b_{RC} c_a \cos^2\beta \sin\beta} \tag{9.34}$$

混凝土拱体在剪力作用下的竖向变形为

$$\delta_a = \frac{\varDelta_a}{\sin\beta} = \frac{V_a l}{E_c b c_a \cos^2\beta \sin^2\beta} \tag{9.35}$$

拱部分的抗剪刚度为

$$K_a = \frac{V_a}{\gamma_a} = \frac{V_a}{\dfrac{\delta_a}{l}} = E_c b_{RC} c_a \cos^2\beta \sin^2\beta \tag{9.36}$$

对于 RC 部分混凝土拱体的有效高度，可按文献[10]中的公式确定：

$$c_a = \left(0.25 + 0.85 \frac{N}{f_c A_g}\right) h - c_c \tag{9.37}$$

综上，RC 部分的剪切刚度(K_{RC})可由式(9.11)计算，其中拱部分的剪切刚度(K_a)
可由式(9.36)确定，桁架部分的剪切刚度(K_t)可根据定角桁架模型或变角桁架模型
由式(9.16)或式(9.23)确定。

6. 型钢及内部混凝土部分的剪切刚度

由上述分析可知，型钢及内部混凝土部分的受力行为类似于 PEC 构件。故型
钢及内部混凝土部分的剪切刚度(K_{ss})由型钢的剪切刚度(K_s)与内部混凝土的剪切
刚度(K_{wc})叠加而成：

$$K_{ss} = K_s + K_{wc} \tag{9.38}$$

式中，K_s——型钢的剪切刚度；

K_{wc}——内部混凝土的剪切刚度。

型钢的剪切刚度(K_{ss})可通过弹性分析求得：

$$K_s = \frac{E_s}{2(1+\nu)} A_{sw} \tag{9.39}$$

式中，A_{sw}——型钢受剪部分的面积，对于 H 型钢或工字型钢，A_{sw} 为型钢腹板面积，对于十字型钢，A_{sw} 为型钢腹板面积叠加沿受力方向的型钢翼缘面积；

　　　　ν——钢材泊松比，$\nu=0.3$。

　　通过文献[34]可知，型钢内部的混凝土部分在剪力作用下会产生与 RC 部分类似的混凝土拱体，故可效仿 RC 部分中拱部分的剪切刚度计算方法得到型钢内部混凝土的剪切刚度(K_{wc})。图 9.15 展示了文献[35]中记载的 PPSRC 梁受剪破坏形态，由图可知在将梁腹外部混凝土破碎后，型钢内部的混凝土拱体与试件纵轴的倾角和 RC 部分的混凝土拱体与试件纵轴的倾角相同。

图 9.15　文献[35]中记载的 PPSRC 梁受剪破坏形态

由图 9.14(b)可知，型钢内部混凝土在剪力作用下的轴向压缩应变为

$$\varepsilon_{ss} = \frac{V_{sw}}{E_c (b_f - t_w) c_{ss} \cos\beta \sin\beta} \tag{9.40}$$

$$c_{ss} = c_a + c_c - a_{ss} - t_f \tag{9.41}$$

式中，ε_{ss}——型钢内部混凝土拱体的轴向应变；

　　　　V_{sw}——型钢内部混凝土拱体的受剪承载力；

　　　　c_{ss}——型钢内部混凝土受压区截面高度；

　　　　a_{ss}——型钢的混凝土保护层厚度；

　　　　b_f——型钢翼缘宽度；

t_w——型钢腹板厚度；

t_f——型钢翼缘厚度。

则型钢内部混凝土拱体在剪力作用下的轴向压缩量为

$$\Delta_{ss} = \varepsilon_{ss} \frac{l}{\cos\beta} = \frac{V_{sw}l}{E_c(b_f - t_w)c_{ss}\cos^2\beta\sin\beta} \tag{9.42}$$

型钢内部混凝土拱体在剪力作用下的竖向变形为

$$\delta_a = \frac{\Delta_a}{\sin\beta} = \frac{V_{sw}l}{E_c(b_f - t_w)c_{ss}\cos^2\beta\sin^2\beta} \tag{9.43}$$

型钢内部混凝土拱体在剪力作用下的抗剪刚度为

$$K_{wc} = E_c(b_f - t_w)c_{ss}\cos^2\beta\sin^2\beta \tag{9.44}$$

综上，型钢及内部混凝土部分的剪切刚度(K_{ss})可由式(9.38)计算，其中型钢的剪切刚度(K_s)可由式(9.39)确定，型钢内部混凝土拱体的剪切刚度(K_{wc})可由式(9.44)确定。

9.5.2　RC 部分的受剪承载力

由上述分析可知，桁架-拱模型可以较好地模拟 RC 构件的剪切性能，故本章使用桁架-拱模型推导 RC 部分的受剪承载力。RC 部分的受剪承载力(V_{RC})由桁架部分的受剪承载力(V_t)与拱部分的受剪承载力(V_a)叠加而成：

$$V_{RC} = V_t + V_a \tag{9.45}$$

1. 桁架部分的受剪承载力

本章使用修正压力场理论计算 RC 桁架部分的受剪承载力(V_t)，修正压力场理论基于压力场理论修正而来[35]。为了考虑混凝土拉应力的影响以提高压力场理论计算结果的准确性，Vecchio 和 Collins[36]提出了可考虑开裂混凝土本构模型的修正压力场理论。修正压力场理论采用的公式与压力场理论基本相同，可以模拟 RC 构件的荷载-变形特性。根据变形协调关系、平衡方程、钢筋本构关系和受压、受拉开裂混凝土的本构关系，可确定平均应变、平均应力和任意荷载下裂缝的倾角。修正压力场理论的主要公式如图 9.16 所示。

修正压力场理论求解需联立图 9.16 中所列 15 个方程，因方程间未知数相互耦合，所以需使用迭代算法，计算过程较为复杂。为了简化计算，Bentz 等[37]提出一种简化的修正压力场理论，在大量简化计算过程的同时也保证了计算的精度。本章使用上述简化修正压力场理论计算 RC 桁架部分的受剪承载力(V_t)。

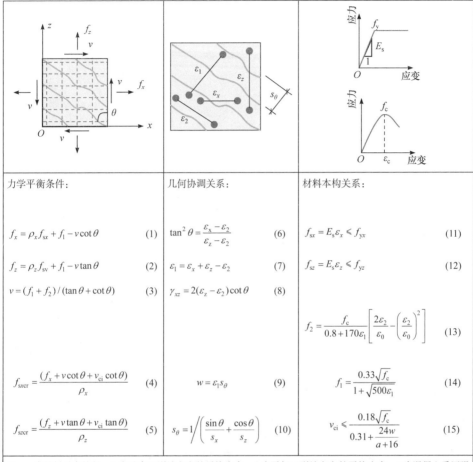

力学平衡条件：

$$f_x = \rho_x f_{sx} + f_1 - v\cot\theta \tag{1}$$

$$f_z = \rho_z f_{sv} + f_1 - v\tan\theta \tag{2}$$

$$v = (f_1 + f_2)/(\tan\theta + \cot\theta) \tag{3}$$

$$f_{sxcr} = \frac{(f_x + v\cot\theta + v_{ci}\cot\theta)}{\rho_x} \tag{4}$$

$$f_{szcr} = \frac{(f_z + v\tan\theta + v_{ci}\tan\theta)}{\rho_z} \tag{5}$$

几何协调关系：

$$\tan^2\theta = \frac{\varepsilon_x - \varepsilon_2}{\varepsilon_z - \varepsilon_2} \tag{6}$$

$$\varepsilon_1 = \varepsilon_x + \varepsilon_z - \varepsilon_2 \tag{7}$$

$$\gamma_{xz} = 2(\varepsilon_z - \varepsilon_2)\cot\theta \tag{8}$$

$$w = \varepsilon_1 s_\theta \tag{9}$$

$$s_\theta = 1 \left/ \left(\frac{\sin\theta}{s_x} + \frac{\cos\theta}{s_z} \right) \right. \tag{10}$$

材料本构关系：

$$f_{sx} = E_s \varepsilon_x \leqslant f_{yx} \tag{11}$$

$$f_{sz} = E_s \varepsilon_z \leqslant f_{yz} \tag{12}$$

$$f_2 = \frac{f_c}{0.8 + 170\varepsilon_1}\left[\frac{2\varepsilon_2}{\varepsilon_0} - \left(\frac{\varepsilon_2}{\varepsilon_0}\right)^2\right] \tag{13}$$

$$f_1 = \frac{0.33\sqrt{f_c}}{1 + \sqrt{500\varepsilon_1}} \tag{14}$$

$$v_{ci} \leqslant \frac{0.18\sqrt{f_c}}{0.31 + \frac{24w}{a+16}} \tag{15}$$

注：a 为骨料最大粒径；f_1 为垂直于裂缝方向的平均应力；f_2 为平行于裂缝方向的平均应力；f_c 为混凝土受压强度；f_{sx} 为纵筋应力；f_{sz} 为箍筋应力；f_{sxcr} 为纵向裂缝处的应力；f_{szcr} 为横向裂缝处的应力；s_x 为垂直于 x 方向裂缝的间距；s_z 为垂直于 z 方向裂缝的间距；s_θ 为平均裂缝间距；ε_1 为垂直于裂缝面的平均主拉应变；ε_2 为沿裂缝方向的主压应变；ε_x 为平均纵向应变；ρ_x 为纵筋配筋率；ρ_z 为箍筋配筋率；θ 为裂缝倾角；v 为受剪强度；γ_{xz} 为剪应变；v_{ci} 为沿裂缝面传递的剪应力；ω 为平均裂缝宽度。

图 9.16　修正压力场理论主要公式

图 9.17 为修正压力场理论中应力跨越裂缝传递的示意图，图 9.16 中式(5)为图 9.17 所示单元体 z 方向的力学平衡方程。在 RC 部分受力过程中，通常可认为单元垂直于轴线的方向应力为零，即不计沿加载方向各单元间的挤压，且在 RC 部分达到峰值受剪承载力时，可认为箍筋应力达到屈服应力。故当 $f_z=0$ 且 $f_{szcr}=f_y$ 时，图 9.16 中式(5)可化简为

$$v = v_{ci} + \rho_z f_y \cot\theta \tag{9.46}$$

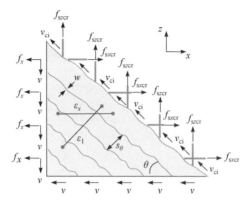

图 9.17　修正压力场理论中应力跨越裂缝传递示意图

同理，图 9.16 中式(2)可简化为

$$v = \rho_z f_y \cot\theta + f_1 \cot\theta \tag{9.47}$$

由式(9.46)和式(9.47)可得

$$v = \eta\sqrt{f_c} + \rho_z f_y \cot\theta \tag{9.48}$$

$$\eta = \frac{0.33\cot\theta}{1 + \sqrt{500\varepsilon_1}} \tag{9.49}$$

由式(9.48)和式(9.49)可知，桁架部分的受剪承载力为

$$V_t = \eta\sqrt{f_c} b_{RC} d_v + \frac{A_s f_y d_v \cot\theta}{s} \tag{9.50}$$

式(9.50)中，由于确定系数 η 仍需迭代求解，需要进一步简化。Bentz 等[37]提出了系数 η 的简化取值公式，无须迭代求解，如式(9.51)所示：

$$\eta = \frac{0.4}{1 + 5000\varepsilon_x} \times \frac{1300}{1000 + s_{xe}} \tag{9.51}$$

式中，s_{xe}——等效裂缝间距，$s_{xe} = 300\text{mm}$。

式(9.51)中，ε_x 为 RC 部分截面中心处的平均纵向应变，其确定如图 9.18 所示[38]。

由图 9.18 可得，在弯矩、轴力与剪力的共同作用下，ε_x 的取值可简化为

$$\varepsilon_x = \frac{\varepsilon_{sx}}{2} = \frac{\dfrac{V_t l}{d_v} + 0.5N_t + 0.5V_t}{E_s A_{st}} \tag{9.52}$$

式中，ε_{sx}——受拉纵筋处沿 x 方向的应变。

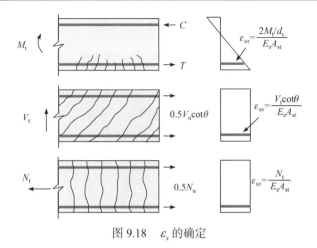

图 9.18　ε_x 的确定

同时，式(9.50)中的裂缝倾角 θ 可根据定角桁架模型或变角桁架模型由式(9.32)或式(9.29)确定。

综上所述，RC 桁架部分的受剪承载力(V_t)可由式(9.50)、式(9.51)及式(9.52)联立求得。

2. 拱部分的受剪承载力

由文献[39]可知，拱部分的受剪承载力可通过桁架部分与拱部分的变形协调条件求得。在剪力作用下，桁架部分与拱部分的剪切变形一致，即

$$\gamma = \frac{V_t}{K_t} = \frac{V_a}{K_a} \tag{9.53}$$

故拱部分的受剪承载力(V_a)可表示为

$$V_a = \frac{K_a}{K_t} V_t \tag{9.54}$$

式(9.54)中拱部分的剪切刚度(K_a)可通过式(9.36)求得，桁架部分的剪切刚度(K_t)可根据定角桁架模型或变角桁架模型分别由式(9.16)或式(9.23)求得。

综上，RC 部分的受剪承载力(V_{RC})可由式(9.45)计算，其中桁架部分的受剪承载力(V_t)可由式(9.50)确定，拱部分的受剪承载力(V_a)可由式(9.54)确定。

9.5.3　型钢及内部混凝土部分的受剪承载力

型钢及内部混凝土部分的受力机理如图 9.19 所示，与 PEC 构件类似，型钢及内部混凝土部分的受剪承载力(V_{ss})由型钢的受剪承载力(V_s)与内部混凝土的受剪承载力(V_{wc})叠加而成：

$$V_{ss} = V_s + V_{wc} \tag{9.55}$$

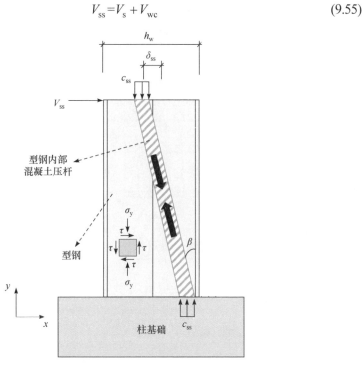

图 9.19　型钢及内部混凝土部分的受力机理

型钢的受剪承载力(V_s)根据第四强度理论确定，可用型钢单轴拉伸时的许用拉应力来推算纯剪应力状态下的许用剪应力[18]。型钢腹板屈服破坏应满足：

$$\sqrt{\frac{1}{2}\left[\left(\sigma_1 - \sigma_2\right)^2 + \left(\sigma_2 - \sigma_3\right)^2 + \left(\sigma_3 - \sigma_1\right)^2\right]} \leqslant f_{ys} \tag{9.56}$$

$$\sigma_{1,2} = \frac{\sigma_x + \sigma_y}{2} \pm \sqrt{\left(\frac{\sigma_x - \sigma_y}{2}\right)^2 + \tau_{xy}^2} \tag{9.57}$$

在受到平面内荷载的情况下，型钢腹板可认为处于平面受力状态，即 $\sigma_3=0$，同时可忽略沿加载方向各单元间的挤压，即 $\sigma_x=0$。在 SRC 柱中，柱顶的轴向荷载由 RC 部分与型钢及内部混凝土部分共同承担。混凝土部分的轴向刚度一般远大于型钢部分的轴向刚度，故可认为轴向荷载全部由混凝土部分承担，型钢因此可以简化为处于纯剪应力状态，即 $\sigma_y=0$。则由式(9.57)得 $\sigma_1=\tau$，$\sigma_2=-\tau$。将主应力代入式(9.56)即得出纯剪应力状态下剪应力与型钢屈服强度关系：

$$\sqrt{3\tau^2} \leqslant f_{ys} \tag{9.58}$$

则型钢的受剪承载力(V_s)可通过式(9.59)计算：

$$V_s = \frac{1}{\sqrt{3}} f_{ys} A_{sw} \tag{9.59}$$

由图 9.19 可知,型钢内部混凝土的受剪承载力(V_{wc})即混凝土拱体受压承载力沿加载方向的分量为

$$V_{wc} = f_{c,\,in} c_{ss} (b_f - t_w) \sin\beta \cos\beta \tag{9.60}$$

式中,$f_{c,\,in}$——型钢内部混凝土的受压强度。

综上,型钢及内部混凝土部分的受剪承载力(V_{ss})可由式(9.55)计算,其中型钢的受剪承载力(V_s)可由式(9.59)确定,型钢内部混凝土的受剪承载力(V_{wc})可由式(9.60)确定。由式(9.60)可以看出,该模型可以考虑型钢内外使用不同强度的混凝土对 SRC 柱受剪承载力的贡献,即该模型不仅适用于传统的现浇 SRC 柱,也适用于与 PPSRC 柱及 HPSRC 柱类似的 SRC 叠合柱。

在 RC 部分的剪切刚度(K_{RC})、RC 部分的受剪承载力(V_{RC})、型钢及内部混凝土部分的刚度(K_{ss})和型钢及内部混凝土部分的受剪承载力(V_{ss})均确定后,即可通过图 9.9 所示的计算流程得到 SRC 柱的受剪承载力。

9.5.4　计算结果与试验结果对比

本小节基于本书试验与现有文献建立了发生剪切破坏的 SRC 柱的试验结果数据库,基于 84 个发生剪切破坏 SRC 柱的试验结果对本章提出的受剪承载力计算模型进行了验证。

84 个发生剪切破坏 SRC 柱的主要参数如表 9.5 所示,根据本章提出的受剪承载力计算模型计算了本书和文献[11]、[34]、[40]～[43]共 66 根发生剪切破坏的 PPSRC 柱、HPSRC 柱及 SRC 柱的受剪承载力。其中试件的宽度为 160～350mm;高度为 200～350mm;试件混凝土抗压强度为 27.53～118.70MPa;混凝土种类包括普通混凝土、再生骨料混凝土及超高强混凝土;试件配钢率为 4.5%～7.48%。

表 9.5　84 个发生剪切破坏 SRC 柱的主要参数

编号	试件来源	试件编号	λ	ρ_{ss}	f_c/MPa	$f_{c,in}$/MPa	桁架模型	γ_{ss}/γ_{RC}	情况	V_e/kN	V_c/kN	V_c/V_e	$V_{c\text{-}R}$/kN	$V_{c\text{-}R}/V_e$
1		PPSRC-Z-1	1.0	4.5%	45.78	0	C	0.80	1	1106.12	1068.76	0.97	1068.76	0.97
2		PPSRC-Z-2	1.0	4.5%	45.78	0	C	0.93	1	1142.23	1227.55	1.07	1227.55	1.07
3	第6章 PPSRC 受剪柱	PPSRC-Z-3	1.0	4.5%	45.78	0	C	0.97	1	1266.02	1062.75	0.84	1062.75	0.84
4		PPSRC-Z-4	1.0	4.5%	45.78	27.53	C	0.92	1	1659.34	1675.28	1.01	1675.28	1.01
5		PPSRC-Z-5	1.0	4.5%	45.78	27.53	C	0.95	1	1739.63	1412.04	0.81	1412.04	0.81
6		PPSRC-Z-6	1.0	4.5%	45.78	27.53	C	0.91	1	1951.53	1829.84	0.94	1829.84	0.94

编号	试件来源	试件编号	λ	ρ_{ss}	f_c /MPa	$f_{c,in}$ /MPa	桁架模型	γ_{ss}/γ_{RC}	情况	V_e/kN	V_c/kN	V_c/V_e	$V_{c\text{-}R}$/kN	$V_{c\text{-}R}/V_e$
7		PPSRC-Z-7	1.5	4.5%	45.78	0	C	1.01	1	872.28	838.82	0.96	838.82	0.96
8		PPSRC-Z-8	1.5	4.5%	45.78	18.77	C	1.02	1	932.90	852.56	0.91	852.56	0.91
9		PPSRC-Z-9	1.5	4.5%	45.78	27.53	C	0.91	1	1066.56	1027.22	0.96	1027.22	0.96
10		PPSRC-Z-10	1.5	4.5%	45.78	45.78	C	1.01	1	1191.75	1153.74	0.97	1153.74	0.97
11		PPSRC-Z-11	2.0	4.5%	45.78	0	C	0.92	1	732.84	702.82	0.96	702.82	0.96
12	第6章 PPSRC 受剪柱	PPSRC-Z-12	2.0	4.5%	45.78	27.53	C	0.79	1	859.04	827.64	0.96	827.64	0.96
13		PPSRC-Z-13	1.0	4.9%	45.78	27.53	C	1.02	1	1653.03	1484.04	0.90	1484.04	0.90
14		PPSRC-Z-14	1.5	4.9%	45.78	0	C	0.92	2	819.85	829.93	1.01	829.93	1.01
15		PPSRC-Z-15	1.5	4.9%	45.78	27.53	C	0.88	1	1039.02	1016.64	0.98	1016.64	0.98
16		PPSRC-Z-16	1.5	4.9%	45.78	45.78	C	0.79	1	1105.73	1026.98	0.93	1026.98	0.93
17		PPSRC-Z-17	1.5	4.9%	45.78	27.53	C	0.83	1	1043.74	1007.25	0.97	1007.25	0.97
18		PPSRC-Z-18	1.5	4.9%	45.78	27.53	C	0.87	1	1099.86	1024.70	0.93	1024.70	0.93
19		PPSRC-2-2	1.67	4.95%	92.30	31.97	C	0.75	1	854.19	815.98	0.96	815.98	0.96
20		PPSRC-2-3	1.67	4.95%	92.30	31.97	C	0.75	1	889.93	823.50	0.93	823.50	0.93
21		PPSRC-2-4	1.67	4.95%	92.30	62.63	C	0.80	1	898.60	856.27	0.95	856.27	0.95
22	第8章 PPSRC 短柱	PPSRC-2-5	1.67	4.95%	92.30	31.97	C	0.68	2	926.29	939.25	1.01	939.25	1.01
23		PPSRC-2-6	1.67	4.95%	92.30	92.30	C	0.90	1	982.17	911.34	0.93	774.64	0.79
24		HPSRC-2-2	1.67	4.95%	92.30	0	C	0.71	1	751.49	783.71	1.04	783.71	1.04
25		HPSRC-2-3	1.67	4.95%	92.30	0	C	0.70	1	760.07	783.68	1.03	783.68	1.03
26		HPSRC-2-4	1.67	4.95%	92.30	0	C	0.64	2	811.68	898.81	1.11	898.81	1.11
27		SRRC1	1.40	6.03%	47.70		C	0.83	1	325.50	348.35	1.07	348.35	1.07
28		SRRC2	1.40	6.03%	49.63		C	0.84	1	335.40	350.65	1.05	350.65	1.05
29		SRRC3	1.40	6.03%	51.82		C	0.84	1	331.20	352.88	1.07	352.88	1.07
30	文献 [41]	SRRC4	1.40	6.03%	48.89		C	0.83	1	328.60	349.77	1.06	349.77	1.06
31		SRRC5	1.40	6.03%	48.89		C	0.80	2	318.60	347.77	1.09	347.77	1.09
32		SRRC6	1.40	6.03%	48.89		C	0.79	1	380.40	333.95	0.88	333.95	0.88
33		SRRC7	1.40	6.03%	48.89		C	0.88	1	318.70	325.43	1.02	276.62	0.87
34		SRRC8	1.40	6.03%	48.89		C	0.74	2	354.80	398.09	1.12	398.09	1.12
35		SRC-1	1.00	7.48%	66.40		V	0.73	1	371.63	333.97	0.90	333.97	0.90
36	文献 [11]	SRC-2	1.00	7.48%	67.30		C	0.94	1	395.33	325.65	0.82	276.80	0.70
37		SRC-3	1.00	7.48%	70.40		C	0.97	1	424.22	340.97	0.80	289.83	0.68
38		SRC-4	1.50	7.48%	66.40		C	0.80	1	282.55	270.05	0.96	270.05	0.96

续表

编号	试件来源	试件编号	λ	ρ_{ss}	f_c/MPa	$f_{c,in}$/MPa	桁架模型	γ_{ss}/γ_{RC}	情况	V_e/kN	V_c/kN	V_c/V_e	$V_{c\text{-}R}$/kN	$V_{c\text{-}R}/V_e$
39		SRC-5	1.50	7.48%	67.30		C	0.93	1	292.81	270.37	0.92	229.82	0.78
40	文献[11]	SRC-6	1.50	7.48%	70.40		C	0.94	1	315.40	286.10	0.91	243.19	0.77
41		SRC-19	1.00	7.48%	84.40		C	0.92	1	473.82	372.31	0.79	316.46	0.67
42		SRC-20	1.50	7.48%	84.90		C	0.96	1	344.56	305.43	0.89	259.61	0.75
43		SRHC-8	1.50	6.72%	108.56		C	0.91	1	359.63	368.65	1.03	313.35	0.87
44		SRHC-9	1.21	6.72%	78.49		C	1.03	4	322.17	345.66	1.07	293.81	0.91
45		SRHC-10	1.50	6.72%	80.19		C	1.02	4	312.74	315.86	1.01	268.48	0.86
46		SRHC-11	1.50	6.72%	79.42		C	0.91	1	354.49	335.20	0.95	284.92	0.80
47	文献[34]	SRHC-12	1.50	6.72%	96.14		C	1.01	4	366.30	338.93	0.93	288.09	0.79
48		SRHC-13	1.50	6.72%	117.42		C	0.92	1	434.31	380.81	0.88	323.69	0.75
49		SRHC-14	1.50	6.72%	81.07		C	1.00	4	339.23	327.75	0.97	278.58	0.82
50		SRHC-18	2.00	6.72%	77.65		C	1.09	4	252.57	275.96	1.09	234.57	0.93
51		SRHC-19	2.00	6.72%	80.69		C	1.08	4	269.72	290.16	1.08	246.63	0.91
52		SRHC-20	2.00	5.85%	75.68		C	1.08	4	212.01	254.11	1.20	216.00	1.02
53		SRC15-12-60	1.50	5.64%	103.70		C	0.84	3	339.00	332.17	0.98	332.17	0.98
54		SRC15-22-50	1.50	5.64%	102.10		C	0.89	3	398.00	357.07	0.90	303.51	0.76
55		SRC15-08-50	1.50	5.64%	101.00		C	0.82	2	354.00	307.64	0.87	307.64	0.87
56		SRC20-22-95	2.00	5.64%	94.10		C	0.71	3	324.00	313.21	0.97	313.21	0.97
57	文献[42]	SRC20-12-95	2.00	5.64%	107.60		C	0.59	2	306.00	318.16	1.04	318.16	1.04
58		SRC20-16-60	2.00	5.64%	95.40		C	0.85	3	287.00	291.69	1.02	247.94	0.86
59		SRC20-12-60	2.00	5.64%	92.90		C	0.85	2	259.00	273.61	1.06	232.57	0.90
60		SRC20-22-50	2.00	5.64%	100.30		C	0.84	3	284.00	319.00	1.12	319.00	1.12
61		SRC20-16-50	2.00	5.64%	98.30		C	0.87	3	268.00	290.52	1.08	246.94	0.92
62		SCR20-12-50	2.00	5.64%	108.10		C	0.88	2	251.00	281.78	1.12	239.52	0.95
63		SRC20-22-75	2.00	5.64%	113.20		C	0.85	3	393.60	341.90	0.87	290.61	0.74
64		SRC-20-16-75	2.00	5.64%	93.70		C	0.77	2	365.70	295.01	0.81	295.01	0.81
65		SRC20-12-75	2.00	5.64%	110.90		C	0.79	2	330.40	330.65	1.00	330.65	1.00
66		SRC20-08-75	2.00	5.64%	105.60		C	0.63	2	353.00	317.14	0.90	317.14	0.90
67		SRC20-22-70	2.00	5.64%	118.70		C	0.88	3	377.80	345.96	0.92	294.07	0.78
68	文献[43]	SRC20-16-70	2.00	5.64%	84.60		C	0.84	2	370.30	275.35	0.74	275.35	0.74
69		SRC20-12-70	2.00	5.64%	112.80		C	0.83	2	321.10	327.91	1.02	327.91	1.02
70		SRC20-08-70	2.00	5.64%	96.50		C	0.70	2	301.50	292.07	0.97	292.07	0.97
71		SRC20-22-65	2.00	5.64%	104.70		C	0.93	3	360.70	320.52	0.89	272.44	0.76
72		SRC20-16-65	2.00	5.64%	96.80		C	0.84	2	356.60	291.20	0.82	247.52	0.69
73		SRC20-12-65	2.00	5.64%	103.40		C	0.89	3	302.50	306.20	1.01	260.27	0.86

续表

编号	试件来源	试件编号	λ	ρ_{ss}	f_c /MPa	$f_{c,m}$ /MPa	桁架模型	γ_{ss}/γ_{RC}	情况	V_e/kN	V_c/kN	V_c/V_e	V_{c-R}/kN	V_{c-R}/V_e
74		SRC20-08-65	2.00	5.64%	92.80		C	0.76	2	264.00	279.56	1.06	279.56	1.06
75	文献[43]	SRC20-22-60	2.00	5.64%	94.10		C	0.94	3	362.00	305.37	0.84	259.56	0.72
76		SRC20-16-60	2.00	5.64%	87.40		C	0.89	2	330.00	272.96	0.83	232.01	0.70
77		SRC20-12-60	2.00	5.64%	107.60		C	0.91	3	287.00	307.13	1.07	261.06	0.91
78		SRC20-08-60	2.00	5.64%	105.60		C	0.75	2	293.00	295.64	1.01	295.64	1.01
79		SRHC-1	1.50	5.05%	70.52		C	1.31	4	143.13	230.07	1.61	195.56	1.37
80		SRHC-4	1.50	5.05%	75.01		C	1.26	4	190.90	254.67	1.33	216.47	1.13
81	文献[40]	SRHC-7	1.50	5.05%	79.44		C	1.17	6	210.93	281.27	1.33	239.08	1.13
82		SRHC-10	1.50	5.05%	75.01		C	1.14	6	215.24	264.33	1.23	224.68	1.04
83		SRHC-11	1.50	5.05%	75.01		C	0.99	1	252.39	272.46	1.08	231.59	0.92
84		SRHC-12	1.50	5.05%	75.01		C	1.26	4	194.61	254.67	1.31	216.47	1.11
平均值												1.00		0.93
变异系数												0.13		0.14

注：ρ_{ss} 为型钢配钢率；C 为定角桁架模型(CATM)；V 为变角桁架模型(VATM)；V_e 为实测受剪承载力；V_c 为计算受剪承载力；V_{c-R} 为折减后的计算受剪承载力。

　　由表 9.5 可以看出，本章提出的计算模型可有效预测 PPSRC 柱、HPSRC 柱及 SRC 柱的受剪承载力，计算值与试验值比值的均值为 1.00，变异系数为 0.13。由前述分析可知，若 SRC 柱构件属于情况 4、情况 5 或者情况 6，强度叠加法将高估 SRC 柱的受剪承载力，故应引入强度折减系数以保证构件及结构的安全性。当试件 RC 部分达到其承载力峰值时的剪切变形($\gamma_{RC}=V_{RC}/K_{RC}$)小于型钢及内部混凝土部分达到其承载力峰值时的剪切变形($\gamma_{ss}=V_{ss}/K_{ss}$)，即 $\gamma_{ss}/\gamma_{RC}>1.0$ 时，使用强度叠加法会高估的受剪承载力，且承载力高估的程度随 γ_{ss}/γ_{RC} 的增大而增大。同时由表 9.5 也可以看出，对于部分属于情况 1、情况 2 或者情况 3 的试件，强度叠加法也得到了不安全的结果，这是因为型钢及内部混凝土的受剪承载力会随着剪切变形的增大而缓慢降低，但模型中为了简化计算，假定型钢及内部混凝土的受剪承载力随着剪切变形的增大而维持不变。同时，不可避免的计算误差也会导致对不同情况的些许误判。但当判别情况 1、2、3 与情况 4、5、6 的界限 $\gamma_{ss}/\gamma_{RC}=1.0$ 下调至 $\gamma_{ss}/\gamma_{RC}=0.85$ 时，可以发现 $\gamma_{ss}/\gamma_{RC}>0.85$ 的范围涵盖了大多数承载力高估的试件。同时，若对 $\gamma_{ss}/\gamma_{RC}>0.85$ 试件的受剪承载力乘以 0.85 的折减系数，如表 9.5 所示，则除了文献[40]中试件的 γ_{ss}/γ_{RC} 远大于 1.0 的情况，本章提出的计算模型基本可安全地预估 SRC 柱的受剪承载力。此外，由于本章试验数据库的数据量限制，后续研究应进一步扩大数据库容量以得到适用于 SRC 柱的最佳强度折减系数取值。

9.6　本 章 小 结

　　本章首先通过修正现有规范、规程对 PPSRC 短柱及 HPSRC 短柱的受剪承载力进行了计算；其次基于强度叠加法，提出基于剪切变形的变形协调条件，形成适用于 SRC 柱的受剪承载力计算模型；最后基于现有文献建立了试验结果数据库对模型进行了验证，并提出了相关设计建议。主要结论如下：

　　(1) 本章提出的基于采用面积加权法的换算混凝土强度公式可用于修正《组合结构设计规范》《钢骨混凝土结构技术规程》、AISC 360-16 及 Eurocode 4 中的受剪承载力设计方法。计算结果表明基于《组合结构设计规范》的计算方法较大地低估了 PPSRC 短柱及 HPSRC 短柱的受剪承载力，其余 3 种标准提出的计算公式均可较为准确地计算 PPSRC 短柱及 HPSRC 短柱的受剪承载力。其中基于 AISC 360-16 的计算方法可以得到最准确的受剪承载力预测值，计算承载力与试验承载力比值的均值为 1.00，变异系数为 0.11。

　　(2) 本章基于强度叠加法提出了 SRC 柱构件受剪承载力计算模型，在型钢与混凝土完全组合的前提下，该模型将 SRC 构件拆分为 RC 部分与型钢及内部混凝土部分，并利用上述两部分剪切变形的相互关系，将 SRC 构件的受剪承载力计算划分为 6 种不同的情况加以考虑。对于情况 1、情况 2 及情况 3，强度叠加法可以得到相对安全的结果；对于情况 4、情况 5 及情况 6，强度叠加法会高估 SRC 构件的受剪承载力。

　　(3) 本章提出的受剪承载力计算模型可有效预测 SRC 柱构件的受剪承载力。对于发生剪切破坏的 SRC 柱，计算值与试验值比值的均值为 1.00，变异系数为 0.13。

　　(4) 由于计算误差，可使用 $\gamma_{ss}/\gamma_{RC}=0.85$ 作为强度折减系数的界限。对于 $\gamma_{ss}/\gamma_{RC}>0.85$ 的 SRC 柱构件，使用 0.85 的强度折减系数可以得到较为安全的受剪承载力预测值。但由于本章试验数据库的数据量限制，后续研究应进一步扩大数据库容量以得到分别适用于 SRC 柱构件的最佳强度折减系数取值。

参 考 文 献

[1] 赵鸿铁. 钢与混凝土组合结构[M]. 北京: 科学出版社, 2001.

[2] 薛建阳. 组合结构设计原理[M]. 北京: 中国建筑工业出版社, 2010.

[3] 中华人民共和国国家发展和改革委员会. 钢骨混凝土结构技术规程: YB 9082—2006[S]. 北京: 冶金工业出版社, 2007.

[4] 中华人民共和国住房和城乡建设部. 组合结构设计规范: JGJ 138—2016[S]. 北京: 中国建筑工业出版社, 2016.

[5] American Institute of Steel Construction. Specification for structural steel buildings: AISC 360-16[S]. Chicago:

American Institute of Steel Construction, 2016.

[6] Comité Européen de Normalisation. Eurocode 4: Design of composite steel and concrete structures-part I-1: General rules and rules for buildings: EN 1994-1-1: 2004E[S]. Brussels: European Committee for Standardization, 2004.

[7] 邓明科, 马福栋, 李勃志, 等. 基于修正拉-压杆模型的型钢混凝土深梁受剪承载力分析[J]. 工程力学, 2017, 34(12): 95-103.

[8] 吴轶, 蔡健, 杨春, 等. 基于软化拉-压杆模型内置钢构架型钢混凝土深梁受剪承载力预测[J]. 工程力学, 2009 (11): 134-139.

[9] Lu W Y. Shear strength prediction for steel reinforced concrete deep beams[J]. Journal of Constructional Steel Research, 2006, 62(10): 933-942.

[10] Chen C C, Lin K T, Chen Y J. Behavior and shear strength of steel shape reinforced concrete deep beams[J]. Engineering Structures, 2018, 175: 425-435.

[11] 李俊华, 王新堂, 薛建阳, 等. 型钢高强混凝土短柱的抗剪机理与抗剪承载力[J]. 工程力学, 2008, 25(4): 191-199.

[12] 唐九如, 庞同和, 丁建南. 劲性混凝土短柱试验及其受剪承载力分析[J]. 东南大学学报(自然科学版), 1991 (4): 74-81.

[13] 牟星之, 姜维山, 赵鸿铁. 型钢混凝土短柱抗震性能的试验研究[J]. 西安建筑科技大学学报(自然科学版), 1991 (3): 266-276.

[14] Schlaich J, Schäfer K, Jennewein M. Toward a consistent design of structural concrete[J]. PCI Journal, 1987, 32(3): 74-150.

[15] Tan K H, Tong K, Tang C Y. Direct strut-and-tie model for prestressed deep beams[J]. Journal of Structural Engineering, 2001, 127(9): 1076-1084.

[16] Zhang N, Tan K H. Direct strut-and-tie model for single span and continuous deep beams[J]. Engineering Structures, 2007, 29(11): 2987-3001.

[17] Hwang S J, Lu W Y, Lee H J. Shear strength prediction for deep beams[J]. ACI Structural Journal, 2000, 97(3): 367-376.

[18] Hwang S J, Lee H J. Strength prediction for discontinuity regions by softened strut-and-tie model[J]. Journal of Structural Engineering, 2002, 128(12): 1519-1526.

[19] 吴畅. 考虑剪切效应的 RECC 柱及框架结构抗震性能研究[D]. 南京: 东南大学, 2016.

[20] 潘钻峰. 混凝土结构的时效变形及受剪性能试验与理论研究[D]. 南京: 东南大学, 2011.

[21] He J, Liu Y, Chen A, et al. Shear behavior of partially encased composite I-girder with corrugated steel web: Experimental study[J]. Journal of Constructional Steel Research, 2012, 77: 193-209.

[22] He J, Liu Y, Lin Z, et al. Shear behavior of partially encased composite I-girder with corrugated steel web: Numerical study[J]. Journal of Constructional Steel Research, 2012, 79: 166-182.

[23] Chen C C, Sudibyo T. Behavior of partially concrete encased steel beams under cyclic loading[J]. International Journal of Steel Structures, 2019, 19(1): 255-268.

[24] Nakamura S, Narita N. Bending and shear strengths of partially encased composite I-girders[J]. Journal of Constructional Steel Research, 2003, 59(12): 1435-1453.

[25] Hsu T T C, Mo Y L. Unified theory of concrete structures[M]. West Sussex: John Wiley & Sons, 2010.

[26] Kim J H, Mander J B. Influence of transverse reinforcement on elastic shear stiffness of cracked concrete elements[J]. Engineering structures, 2007, 29(8): 1798-1807.

[27] Wu C, Pan Z, Kim K S, et al. Theoretical and experimental study of effective shear stiffness of reinforced ECC columns[J]. International Journal of Concrete Structures and Materials, 2017, 11(4): 585-597.

[28] Pan Z, Li B, Lu Z. Effective shear stiffness of diagonally cracked reinforced concrete beams[J]. Engineering Structures, 2014, 59: 95-103.

[29] Leondardt F. Reducing the shear reinforcement in reinforced concrete beams and slabs[J]. Magazine of Concrete Research, 1965, 17(53): 187-198.

[30] Ichinose T. A shear design equation for ductile R/C members[J]. Earthquake Engineering & Structural Dynamics, 1992, 21(3): 197-214.

[31] Pan Z, Li B. Truss-arch model for shear strength of shear-critical reinforced concrete columns[J]. Journal of Structural Engineering, 2012, 139(4): 548-560.

[32] Kim J H, Mander J B. Truss modeling of reinforced concrete shear-flexure behavior. Technical report MCEER-99-0005[R]. New York: State University of New York at Buffalo, 1999.

[33] 中华人民共和国住房和城乡建设部. 建筑抗震试验规程: JGJ/T 101—2015[S]. 北京: 中国建筑工业出版社, 2015.

[34] 张亮. 型钢高强高性能混凝土柱的受力性能及设计计算理论研究[D]. 西安: 西安建筑科技大学, 2011.

[35] Collins M P. Towards a rational theory for RC members in shear[J]. Journal of the Structural Division, 1978, 104(4): 649-666.

[36] Vecchio F J, Collins M P. The modified compression field theory for reinforced concrete elements subjected to shear[J]. ACI Structural Journal, 1986, 83(2): 219-231.

[37] Bentz E C, Vecchio F J, Collins M P. Simplified modified compression field theory for calculating shear strength of reinforced concrete elements[J]. ACI Structural Journal, 2006, 103(4): 614-624.

[38] Collins M P, Mitchell D, Adebar P, et al. A general shear design method[J]. ACI Structural Journal, 1996, 93(1): 36-45.

[39] Pan Z, Li B. Truss-arch model for shear strength of shear-critical reinforced concrete columns[J]. Journal of Structural Engineering, 2012, 139(4): 548-560.

[40] Xue J, Zhang X, Ke X, et al. Seismic resistance capacity of steel reinforced high-strength concrete columns with rectangular spiral stirrups[J]. Construction and Building Materials, 2019, 229: 116880.

[41] Ma H, Xue J, Liu Y, et al. Cyclic loading tests and shear strength of steel reinforced recycled concrete short columns[J]. Engineering Structures, 2015, 92: 55-68.

[42] 徐世烺, 姜睿, 贾金青, 等. 钢骨超高强混凝土短柱抗震性能试验研究[J]. 大连理工大学学报, 2007, 47(5): 699-706.

[43] 马兆标. 钢骨超高强混凝土短柱抗剪承载力的试验研究[D]. 大连: 大连理工大学, 2004.

彩　　图

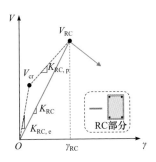

(a) RC部分受力行为的简化

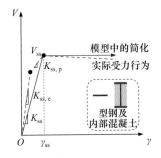

(b) 型钢及内部混凝土受力行为的简化

图 9.7　RC 部分与型钢及内部混凝土部分受力行为的简化

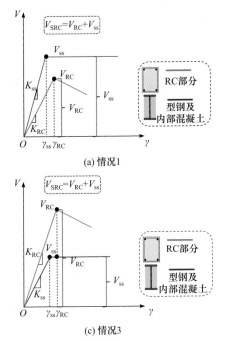

(a) 情况1

(c) 情况3

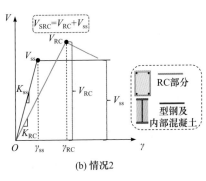

(b) 情况2

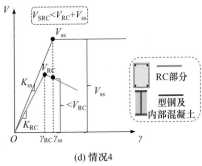

(d) 情况4

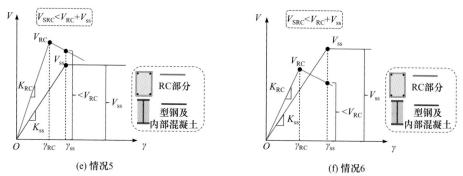

(e) 情况5　　　　　　　　　　　　　(f) 情况6

图 9.8　RC 部分与型钢及内部混凝土部分在受力时的相互关系

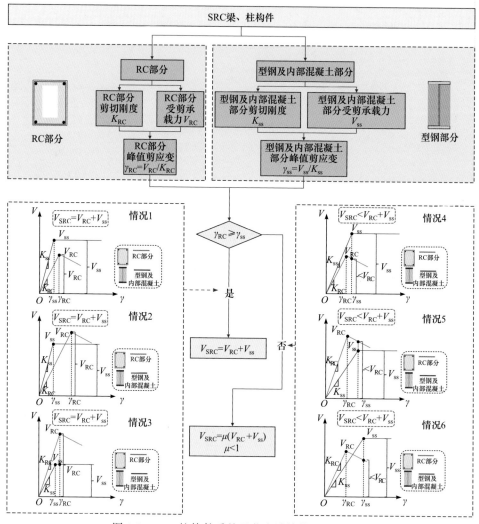

图 9.9　SRC 柱构件受剪承载力计算模型的计算流程图